SYBEX Modellbahnwelten

Michael Stein
Thomas Jungbluth

# Die digitale Modellbahn



SYBEX

**Bildnachweis**
Alle Bilder ohne Quellenangabe stammen aus dem Archiv der Autoren. Bei allen anderen Bildern ist die Quelle vermerkt. Der Dank der Autoren gilt den Firmen, die Bilder oder Illustrationen zur Verfügung gestellt haben.

Coverfotos: ROCO/Stefan Zenzmaier

ISBN 3-8155-0398-1

1. Auflage 2005

# Willkommen in der großen Welt der kleinen Bahnen

Wer sich mit Modelleisenbahnen beschäftigt, wird feststellen, dass sich in den letzten Jahren so einiges verändert hat. Denn nach den Büromaschinen, den Audio- und Video-Anlagen wird nun auch die Modellbahn digital: Die Computertechnik macht sich auch auf den Modellbahn-Anlagen breit. Manche alte Modellbahn aus Kindertagen war eine Märklin- Trix-Express- oder Fleischmann-Anlage in Spurweite Ho und hat in den vergangenen Jahren der Lagerung im Keller doch ziemlich gelitten. Wer vorhat, diese Bahn zu reaktivieren oder aus Platzgründen auf eine andere Bahngröße umzusteigen, sollte direkt mit der digitalen Steuerung beginnen. Doch die Recherchen in verschiedenen Modellbahn-Läden werden alles andere als ermutigend sein: Es gibt verschiedenste Systeme von diversen Herstellern, aber niemand kann einem so richtig sagen, welches dieser Systeme nun das Richtige sein könnte.

Auch Modellbahn-Zeitschriften helfen da nicht immer weiter, denn die kümmern sich meist nur am Rande um das Thema Digitaltechnik. Deswegen denken wir, ein Buch wie dieses hilft auch vor allem Neueinsteigern oder Umsteigern oder denen, die so recht den Wald vor lauter digitaler Bäume nicht sehen.

Die Schwierigkeit: Es gibt nicht nur viele verschiedene Baugrößen, Hersteller und Antriebssysteme. Nein, gleich mehrere Digitalsysteme existieren nebeneinander, und für den Digital-Modellbahner gilt es, für seine Eisenbahn und sein Antriebssystem das beste aus allen Welten zu finden. Und auch dafür soll dieses Buch gut sein.

Und schließlich brauchen Sie keine teuren, vorgefertigten Produkte eines großen Modellbahn-Herstellers einzusetzen. Denn gerade dann, wenn es um die Module geht, die Ihre Lok digitalfähig machen oder Sie ein System zur Steuerung der Weichen und Signale suchen: Das Buch zeigt preiswerte Alternativen, die zusätzlich oder anstelle der teuren Originale eingesetzt werden können. Der Einbau ist einfach und problemlos, selbst für Menschen mit zwei linken Händen.

In diesem Buch werden auch klare Empfehlungen ausgesprochen. Welches Gerät, welches System ist sehr gut? Von welchem sollte man lieber Abstand nehmen? Kein Modellbahn-Hersteller, keine Software-Firma hat jedoch auf diese Einschätzungen irgendeinen Einfluss gehabt. Keine Firma hat da nachgeholfen, weder durch finanzielle Zuwendungen noch durch Sachspenden. Die getesteten Geräte und Programme sind entweder Eigentum – dann wurden sie in einem ganz normalen Modellbahn-Laden gekauft und der volle Ladenpreis dafür bezahlt. Oder die Hersteller haben uns die Geräte für den Zeitraum der Arbeiten an diesem Buch *leihweise* zur Verfügung gestellt. Danach wurden sie unversehrt und vollständig zurückgegeben.

**Hinweis**

*Autoren und Verlag haben bei der Erstellung und Prüfung dieses Buches größtmögliche Sorgfalt walten lassen. Der lieben Ordnung halber weisen wir an dieser Stelle darauf hin, dass wir für die Arbeiten an Ihrer Anlage, die Sie aufgrund dieses Buches vornehmen, keine Garantie übernehmen können.*

Viel Spaß beim Lesen, beim Ausprobieren und bei der Beschäftigung mit unserem gemeinsamen Hobby.

*Michael Stein & Thomas Jungbluth*

# Inhalt

# 1 Vorteil: Digital!

Wer heutzutage mit dem Modellbahn-Hobby beginnen will, der sollte das mit einer digitalen Anlage tun. Dieser Ratschlag gilt ohne Wenn und Aber. Die Vorteile im Vergleich zu einer herkömmlichen Anlage sind einfach zu groß. Damit Sie direkt sehen und erleben, warum eine digitale Modellbahn sehr viel mehr Spaß macht als eine konventionelle, analoge, vergleichen wir sie einmal. Vom grundsätzlichen Prinzip unterscheiden sich beide Systeme darin, wie die Lokomotive den Strom erhält:

Bei analogen Modellbahnen bestimmt der Modellbahner mit einem Regler, wie viel Strom die Lok erhält. Bekommt sie viel Strom, fährt sie schnell, bei weniger Strom entsprechend langsamer. Unabhängig vom jeweils verwendeten System wird der Strom durch die Gleise (oder bei manchen Anlagen auch über die Oberleitung) zur Lokomotive übertragen.

Eine digitale Anlage steht dagegen elektrisch immer unter „Volldampf", es liegt also immer die volle Spannung an der Lokomotive an. Im Lokgehäuse sitzt dafür ein kleiner Regler, der – digital gesteuert durch den Modellbahner – bestimmt, wie viel „Saft" sich die Lok genehmigen darf und wie schnell sie somit ihre Runden dreht. Über Gleise bzw. Oberleitung fließen bei diesem System sowohl der Fahrstrom als auch die digitalen Signale, die der Decoder dann auswertet.

Genauer ins Detail wollen wir erst einmal nicht gehen, die notwendige Technik erläutern wir im zweiten Kapitel.

## Auspacken, anschließen, losfahren: digital

So genannte Anfangspackungen gibt es von fast allen Herstellern und in fast allen Baugrößen und inzwischen auch für die digitalen Modellbahnen. Neben Gleisen, Lokomotiven und Waggons sowie eventuell ein paar Zubehörteilen liegen noch mindestens zwei Apparate mit im Karton:

Der erste und wichtigste Teil einer Digitalpackung ist die Zentrale. In diesem Kästchen steckt ein mehr oder weniger leistungsfähiger, kleiner Computer.

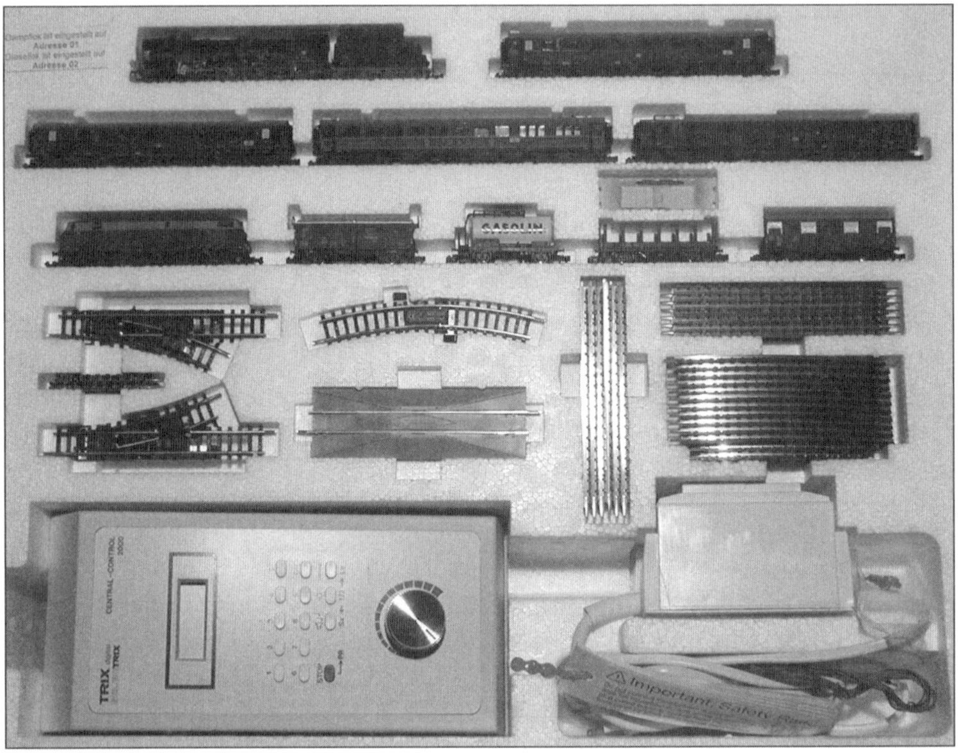


**Abb. 1.1: Eine typische digitale Anfangspackung enthält gleich zwei wichtige Geräte: Den Trafo und die Steuerzentrale.**

Mit zwei Drähten stellt man eine Verbindung zwischen dieser Zentrale und den Gleisen her. Die kleinen Loks und Wagen beziehen bei einer digitalen Modellbahn ihren Strom zum Fahren und für die Beleuchtung in aller Regel aus den Schienen – das ist also ein wenig anders als bei der „echten“ Bahn. Bei einer kleineren Anlage reicht es übrigens aus, wenn diese Zwei-Draht-Verbindung an einer Stelle des Gleis-Ovals oder -Kreises besteht. Denn da die beiden Schienen aus Metall sind, leiten sie den Strom in alle Gleise, die miteinander verbunden sind.

Wie jedes elektrische Gerät, so muss auch die Zentrale mit elektrischem Strom versorgt werden. In diesem Fall hat das sogar gleich zwei Gründe: Erstens braucht die Zentrale den Strom, um überhaupt zu funktionieren. Zweitens muss die Zentrale den Strom auch in die Gleise schicken, damit die kleinen Züge ihre Runden drehen können. Die Energie bekommt die Zentrale, wie viele andere elektrische Geräte auch, aus einem externen Netzteil, dem Transformator – oft auch liebevoll Trafo genannt. Stecken Sie den Stecker dieses zweiten Apparates aber bitte noch nicht in die Steckdose. Zunächst verbindet man nämlich mit zwei Drähten den Trafo mit der Zentrale. In den meisten Fällen war's das schon: Die digitale Modellbahn-Anlage ist einsatzbereit. Die Loks mit ihren Wagen können auf die Gleise gestellt werden. Irgendwo in der Packung, in der Bedienungsanleitung, vielleicht sogar auf der Unterseite der Loks, müsste eine Angabe darüber zu finden sein, auf welche Adresse die Loks hören. Stellen Sie sich diese Adresse so vor wie einen Namen, den die Zentrale benutzt, um die einzelnen Loks anzusprechen.

Jetzt ist es an der Zeit, den Trafo mit dem Stromnetz zu verbinden. Die Zentrale erwacht zum Leben und wartet auf die ersten Eingaben. Geben Sie die Adresse einer Lok ein, die auf den Gleisen steht, und bestätigen Sie die Eingabe. Dreht man nun den Geschwindigkeitsregler auf, setzt sich die Lok mit ihren Waggons in Bewegung. Ein eventuell ebenfalls noch auf den Gleisen wartender Zug bleibt hingegen stehen. Erst wenn die Adresse der zweiten Lok eingegeben wird, reagiert auch sie – völlig unabhängig von der ersten. Auf diese Weise können die Loks in derselben oder in unterschiedliche Richtungen mit verschiedenen Geschwindigkeiten fahren. Und da man die Geschwindigkeiten unabhängig voneinander regeln kann, kann man mehrere Loks – und damit ganze Züge – auf ein und demselben Gleis fahren lassen, ohne dass sie einander beeinflussen. Je nach verwendetem Digitalsystem können das acht oder mehr Lokomotiven sein, die gleichzeitig fahren können. Ansprechbar, also der Zentrale bekannt, können, je nach System, zwischen acht und 9.999 Loks sein.

Die Technik macht es also möglich – aber was ist mit uns, den Menschen, die die Anlage bedienen wollen? Es liegt auf der Hand, dass kein Mensch mehr als etwa drei Züge gleichzeitig im Auge behalten, geschweige denn steuern kann.

Abb. 1.2: Mit einer Digitalsteuerung können mehrere Züge auf demselben Gleisabschnitt fahren – unabhängig voneinander.

Will man also mehr als drei Züge gleichzeitig fahren lassen, braucht man Hilfe. Am meisten Spaß macht es sicher, wenn diese Hilfe aus Fleisch und Blut besteht. Wer also Freunde oder Bekannte hat, die ebenfalls dem kostspieligen Hobby Modellbahn verfallen sind, und wenn man sich auf eine Baugröße und eine Digitalsystem-Familie geeinigt hat, kann man gemeinsam seine digitalen Züge fahren lassen. Wobei dann am besten jeder einen oder maximal zwei Züge steuert. Es gibt aber noch einen Spielgefährten und der ist den menschlichen Modellbahnern in vieler Hinsicht überlegen: der Computer. Und um den und seine Verbindung zur Modellbahn soll es in diesem Buch auch gehen.

**Abb. 1.3: Wer viele Züge gleichzeitig fahren lassen möchte, der braucht einfach eine Digital-Steuerung.**

## Auspacken, anschließen, losfahren: analog

Nun haben Sie also die ersten Runden mit einer digitalen Modellbahn gedreht. Aus Gründen der Fairness soll nun exakt das Gleiche mit einer konventionellen, analogen Anfangspackung geschehen. Die Unterschiede werden dann sicher am deutlichsten. Also heißt es noch einmal: Schienen zusammenstecken und Loks sowie Waggons auf die Gleise stellen. Auch in einer typischen analogen Anfangspackung liegen heute meistens zwei Apparate: Der Trafo (das Netzteil) liefert den elektrischen Strom, mit dem Fahrregler regelt man die Geschwindigkeit. Stecken Sie den Trafo-Stecker noch nicht in die Steckdose. Mit zwei Drähten wird erst der Trafo mit dem Fahrregler verbunden. Weitere Drähte führen vom Fahrregler zum Gleis. Bei manchen Systemen erfolgt der Anschluss beider Komponenten am Anschlussgleis.

Auch wenn es in diesem Moment und auf den ersten Blick nur wenige Unterschiede zur digitalen Anlage gibt: Das Gehäuse des Fahrreglers ist im Vergleich zu dem einer digitalen Zentrale recht leer. Der Fahrregler ist nämlich lediglich dafür verantwortlich, die Stromstärke zu regeln: Die Stromstärke nimmt zu, je stärker man den Regler aufdreht. Und je stärker der Strom, desto schneller fährt die Lok.

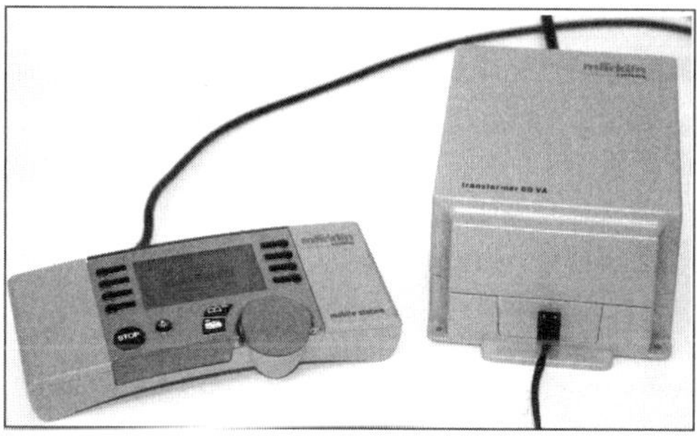

Abb. 1.4: Netzteil und Fahrregler müssen mittlerweile zwei voneinander getrennte Geräte sein – so verlangt es eine EU-Richtlinie.

Und jetzt kommt die Praxissituation: Setzen Sie nun zwei Züge auf die Gleise und stecken Sie den Trafo-Stecker in die Steckdose. Drehen Sie jetzt den Fahrregler auf, fahren beide Züge in dieselbe Richtung los. Solange beide Lokomotiven in etwa gleich schnell sind, gibt es keine Probleme. Oft ist jedoch ein Motor stärker als der andere: Ein Zug holt den anderen ein und es kommt zum Zusammenstoß. Daran kann man nur wenig ändern. Denn wenn man den Fahrregler etwas herunter dreht, werden zwar beide Loks langsamer. Unabhängig voneinander kann man ihre Geschwindigkeit oder Richtung jedoch nicht ändern oder kontrollieren. Kein Wunder also, dass die wenigsten Modellbahn-Einsteiger es lange mit ihrer analogen Anfangspackung aushalten und schnell Erweiterungssets anschaffen.

## Unterschiede zwischen analog und digital

Gemerkt? Die analoge Modellbahnsteuerung ist weniger flexibel, und für analog brauchen Sie sehr viel mehr Aufwand in der Steuerung, wenn es darum geht, mehrere Züge zu kontrollieren oder fahren zu lassen. Und auch dann werden Sie niemals die gleiche Freiheit in der Zugkontrolle besitzen wie bei einer digital gesteuerten Anlage. Soll es gar automatisch oder gesteuert durch einen Computer nach einem bestimmten Fahrplan funktionieren, ist die analoge Technik vollkommen überfordert.

Denn das Prinzip ist nun einmal: Alle Züge innerhalb eines analogen Stromkreises fahren gleichzeitig los, wenn man den Fahrregler aufdreht. Ihre Geschwindigkeit richtet sich danach, wie sehr man den Fahrregler aufgedreht hat und hängt somit direkt davon ab, wie stark der Strom im Gleis gerade ist. Bei einer digitalen Steuerung hingegen reagiert nur die Lok auf den Regler, von dem sie „angesprochen“ wurde. Der Strom bei einer digitalen Anlage ist außerdem auch immer gleich hoch, selbst dann, wenn alle Loks stehen.

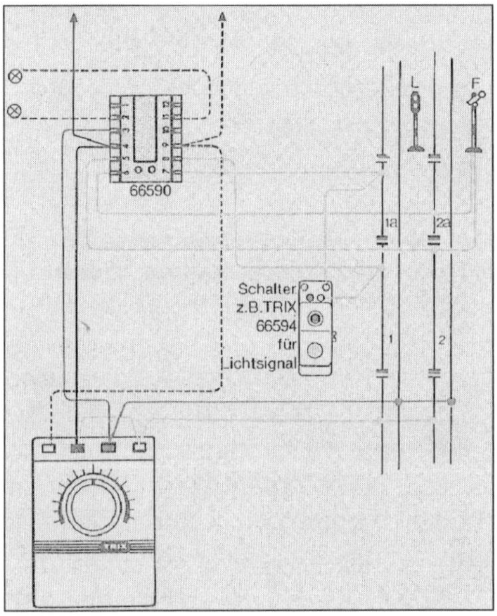


**Abb. 1.5: So kompliziert ist bei einer Analog-Anlage häufig die Schaltung, die für nichts anderes als für das Anhalten eines Zuges vor einem Signal verantwortlich ist.**

Wie aber bekommen es die vielen alt eingesessenen Modellbahner mit ihren riesigen Anlagen dann hin, dass trotz dieser doch offenbar nicht vorhandenen Möglichkeit viele, viele Züge ihre Runden unabhängig voneinander über kunstvoll angelegte Berge ziehen und auch unabhängig voneinander stehen bleiben? Natürlich haben sich findige Modellbahner jede Menge Tricks einfallen lassen, um auch auf einer analogen Modellbahn Züge scheinbar unabhängig voneinander fahren zu lassen.

Vereinfacht gesagt: Man teilt dabei die gesamte Anlage in viele kleine, elektrisch voneinander getrennte Abschnitte auf. Jeder einzelne Abschnitt wird von einer eigenen elektrischen Schaltung einzeln kontrolliert. Zwischen den einzelnen Gleisen darf keine elektrische Verbindung bestehen – oft sägen die Modellbahner mit einer kleinen Trennscheibe winzige Schienenstückchen heraus, um das zu erreichen.

Man hat dann keinen zusammenhängenden Schienenstrang mehr, sondern eine Art Flickenteppich. Trotzdem gilt aber auch hier: Wenn durch Zufall in einem dieser isolierten Abschnitte zwei Loks oder Züge fahren, reagieren beide völlig gleich und fahren auch beide gleich schnell. Gleichzeitig ist diese Technik nicht nur mit einem enormen Aufwand beim Bauen und Planen der

Anlage verbunden, sondern sie ist auch wenig flexibel: Änderungen und Umbauten lassen sich nur äußerst schwierig durchführen.

Es ist zwar nur eine Kleinigkeit, vielen Modellbahnern ist gerade sie aber wichtig, denn Details wie dieses machen eine Modellbahn erst originalgetreu: Stellen Sie sich einmal vor, ein Zug soll vor einem Signal stehen bleiben. Bei einer analogen Modellbahn realisiert man das, indem genau vor dem Signal ein isolierter Schienenabschnitt installiert wird. Schaltet das Signal auf „rot" oder „Halt", wird gleichzeitig der Strom in dem Schienenabschnitt abgeschaltet, mit dem Ergebnis, dass die Lok und damit der ganze Zug direkt vor dem Signal stehen bleibt.

Gleichzeitig gehen aber auch sämtliche Lichter im Zug aus: Die Lampen ganz vorne an der Lok und auch die unter Umständen mit viel Liebe eingebauten Innenbeleuchtungen der Waggons verlöschen, da sie keinen Strom mehr aus dem Gleis bekommen.

Bei einer digitalen Modellbahn ist das anders: Die Lok bekommt über das Gleis den Befehl stehen zu bleiben. Sie hält vor dem Signal an, der Strom im Gleis bleibt jedoch unverändert stark, was zur Folge hat, dass trotz des Halts vor dem Signal alle Lichter unverändert brennen – ganz wie bei der echten Bahn auch. Oder haben Sie schon mal einen Zug erlebt, in dem bei einem Streckenhalt die Lichter ausgehen?

Und die Sache mit der Beleuchtung geht noch weiter: Als Modellbahner hat man ja Spaß daran, sich eine kleine, eigene Welt zu bauen. Natürlich soll diese Welt möglichst nah an das Vorbild heranreichen. Und so ist es ein verdienter Lohn für die vielen Stunden Arbeit, wenn die Loks und Wagen am Abend ihre Runden durch die beleuchtete Landschaft drehen. Im Inneren der Personen-Waggons brennt Licht und die Scheinwerfer der Lokomotiven erleuchten die Strecke. Bei einer digitalen Anlage gilt diese Beschreibung ohne Einschränkung. Nur bei der herkömmlichen Modellbahn muss man Abstriche machen. Weil die Lämpchen in den Waggons und Loks auch immer so viel Strom bekommen, wie der Fahrregler in die Anlage lässt, leuchten sie nur so hell. Bei langsamer Fahrt ist es auch im Wagen umso dunkler.

Ein großer Nachteil der herkömmlichen im Vergleich zur digitalen Steuerung ist, dass der PC als Steuergerät einer analogen Anlage nicht geeignet ist. Vielleicht werden Sie jetzt sagen: Computer und Modellbahn – das schließt sich für mich sowieso aus. Das ist mir alles viel zu künstlich – ich will doch selbst mit der Bahn fahren und ins Geschehen eingreifen. Viele Modellbahner denken so. Tatsächlich ist es aber genau umgekehrt: Bei einer analogen Anlage hat man nur wenige Möglichkeiten. Wenn nämlich einmal alles verdrahtet und aufgebaut ist, kann man nur immerzu die gleichen Zugfahrten erleben. Das ist bei einer digitalen Modellbahn – egal ob mit oder ohne Computer-Steuerung – anders.

In Gestalt des Computers haben Sie mehrere Spielpartner ständig im Haus. Der PC steuert mehrere Züge, passt auf, dass es keine Zusammenstöße gibt und kann sogar Fahrpläne simulieren. Sie steuern einen weiteren Zug selbst und müssen dabei auf die anderen, ja auch real auf der Anlage fahrenden Züge aufpassen. Steuern müssen Sie diese allerdings nicht – Sie sollten nur darauf achten mit den anderen Zügen nicht zusammenzustoßen.

Während bei einer analogen Modellbahn die einzelnen Zugfahrten in der Regel immer gleich sind, ist auf einer digital gesteuerten Anlage keine Situation wie die andere: Der PC sorgt dafür, dass zufällige Fahrten stattfinden, es kommt zu Zugbegegnungen, die Sie vorher noch nicht gesehen haben. Es hat fast den Anschein, als würden sich die Züge untereinander verständigen – und ganz so falsch ist dieser Eindruck nicht.

## Faszination Modellbahn

Wenn Sie noch nicht genug Blut geleckt haben, empfehlen wir den Besuch in einer Modellbahnanlage, die dem Publikumsverkehr offen steht. Hier können Sie sich Anregungen holen und sehen, wie viel Spaß es macht, den Computer teilweise mit an das Schaltpult zu lassen. Im Folgenden zeigen wir die wichtigsten Ausstellungen. Über die Öffnungszeiten und Eintrittspreise informieren Sie sich bitte auf der jeweiligen Website bzw. telefonisch, da wir sie aus Aktualitätsgründen nicht mit aufgenommen haben.

### Miniatur Wunderland Hamburg

Im Fernsehen konnten Sie vielleicht schon einmal einen Bericht über diese Riesen-Anlage sehen, die seit mehreren Jahren in Betrieb ist und ständig weiter wächst. In verschiedenen Bauabschnitten werden thematisch bestimmte Länder behandelt. Zum Einsatz kommen verschiedene Gleis- und Bahnsysteme, so ist der erste Teil mit Märklin-Gleisen realisiert, während bestimmte Abschnitte auch mit Zweileiter-Gleisen gebaut wurden.

Mindestens genauso interessant ist auch das Car-System, bei dem – ebenfalls computergesteuert – kleine Autos umherfahren. So begeben sich zum Bei-

**ABB. 1.6: DAS MINIATUR WUNDERLAND BIETET VIELE TECHNISCHE SPIELEREIEN UND DETAILS, DIE MAN ENTDECKEN KANN.**

spiel regelmäßig Löschzüge zu Brandeinsätzen. Alle 15 Minuten wird es Nacht auf der Anlage, damit die vielen tausend Lichter bestaunt werden können. Auf der Website gibt es viele Fotos und Informationen zu den Hintergründen, sowie eine wöchentliche Reportage über den Fortgang der Arbeiten an neuen Bauabschnitten.

### Infos

Miniatur Wunderland Hamburg
im Kultur & Gewerbespeicher
Kehrwieder 2 Block D
Tel. 040/3006800
*www.miniatur-wunderland.de*

## Loxx MiniaturWelten

Wer Modellbahninteressiert ist und in Berlin weilt, sollte die riesige Loxx-Anlage in einem Keller in Berlin auch einmal ansehen. Thematischer Schwerpunkt ist das Berliner Stadtgebiet. Als Besonderheit gibt es einen Flughafen, auf dem auch Flugzeuge starten und landen. Als Gleise und rollendes Material werden verschiedene Systeme nach dem Zweischienen-Gleichstrom-System eingesetzt. Auch die Loxx MiniaturWelten werden ständig ausgebaut und um weitere Bauabschnitte ergänzt.

Abb. 1.7: In den Loxx-MiniaturWelten gibt es einen Flughafen, auf dem Flugzeuge richtig starten und landen - möglich macht es die Plexiglas-Flugbahn.

### Infos

Loxx MiniaturWelten Berlin
Meinekestrasse 24
10719 Berlin
Tel. 030/44723040
*www.loxx-berlin.com*

## Mowi-World

Gleich mehrere Hallen mit verschiedenen Anlagen unterschiedlicher Baugröße erwarten den Besucher, wenn er sich in das thüringische Wiehe begibt. Drei Hallen sind mit je einer Riesen-Anlage in Größe Ho, TT und G (LGB) gefüllt. Daneben gibt es noch kleinere Schauanlagen, zum Beispiel eine der Firma Fleischmann für das Format N. Die Mowi-World ist also gut geeignet, sich die erforderlichen Platzverhältnisse buchstäblich vor Augen zu führen.

Abb. 1.8: In der Mowi-World findet der Besucher interessante Details, wie den Mount Rushmore aus den USA (oben im Bild).

### Infos

Mowi-World
Am Anger 19
06571 Wiehe
Tel. 034672/83630
*www.mowi-world.de*

## Weitere Adressen

Es gibt noch viele Modellbahnschauen und Ausstellungen, die hier gar nicht alle aufgeführt werden können. Im Folgenden finden Sie noch ein paar Adressen. Ansonsten empfehlen wir, im Internet nach weiteren zu suchen.

**Galleria Baumgartner**
CH-6850 Mendrisio/TI
Via Stefano Franscini 24, gegenüber dem SBB-Güterbahnhof
Tel. 0041/91/6400400
*www.galeriebaumgartner.ch*

**Mo-Lok Modelleisenbahnschau**
Grüntenstraße
87527 Sonthofen
Tel. 08321/22180
*www.mo-lok.de*

**Der Deutschland Express**
Am Bugapark 1c
45899 Gelsenkirchen
Tel. 0209/5083660
*www.der-deutschlandexpress.de*

**Ruhpoldinger Modellbahnschau**
Rathausplatz 5
83324 Ruhpolding
Tel. 08663/5613
*www.ruhpoldinger-modellbahn-schau.de*

**Modellshow Merklingen**
Siemensstraße 2
89188 Merklingen
Tel. 07337/923194
*www.modellbahnshow.de*

## Modellbahn-Clubanlagen

Von den Medien weniger stark beachtet, gibt es viele Modellbahnclubs und Privatleute, die ebenfalls eine Modellbahnanlage besitzen. Sie buhlen damit vielleicht nicht um einen Eintrag im Guinnesbuch, aber es steckt häufig auch jede Menge Herzblut und Detailtreue in den Anlagen. Viele Clubs haben eine Internetseite, und über die MIBA-Adressenseite oder die Suchmaschine Google lassen sich die entsprechenden Adressen herausfinden. Wer beispielsweise eine LGB-Anlage ansehen will, findet auf der Website des Herstellers (*www.lgb.de*) in der Rubrik „Atlas“ mehrere Adressen rund um die Welt.

## Ausstellungen und Messen

Im gesamten Bundesgebiet und in den Nachbarländern finden regelmäßig Ausstellungen und Messen statt. Auf diesen können Sie sich Anlagen ansehen, mit Experten fachsimpeln und sich mit Informationsmaterial versorgen. Auf vielen Veranstaltungen können Sie auch einkaufen, dabei gibt es das ein oder andere Schnäppchen (Messeangebot) mitzunehmen. Eine Übersicht können wir hier natürlich nicht geben, wir verweisen auf die Websites der Moba (*www.moba-deutschland.de/veraus.htm*).

# 2 So funktioniert die digitale Modellbahn

**Abb. 2.1: Damit eine Anlage dieser Grösse reibungslos funktioniert, kommt man kaum um eine digitale Steuerung herum.**

Bevor Sie die passende Digitalsteuerung für Ihre Modelleisenbahn aussuchen, sollten Sie sich mit ein paar Grundlagen vertraut machen. Dazu gehört unter anderem, wie die Bahn grundsätzlich funktioniert, mit der Sie bisher fahren, oder die Sie betreiben wollen. Stichworte dazu sind: Gleichstrom- oder Wechselstrom-System? Zweischienen Strom oder Mittelleiter? Manch ein Modellbahner, dem ein Verkäufer in einem Modellbahn-Laden diese Fragen zum ersten Mal stellt, muss zugeben, dass er sich darüber eigentlich noch nie ernsthafte Gedanken gemacht hat. Und auch wie viel Strom die einzelnen Loks brauchen, wissen nur die wenigsten.

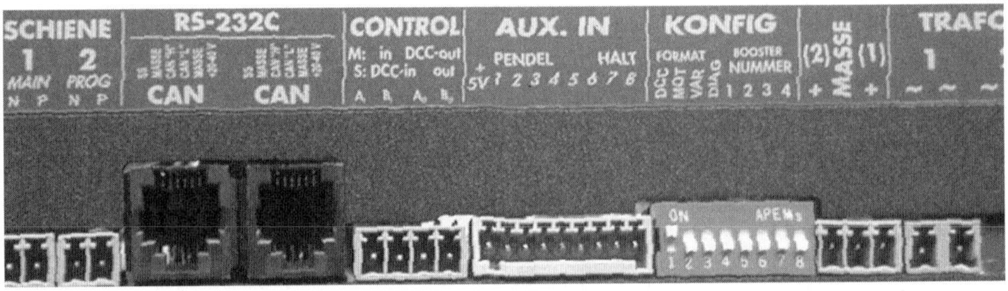


**Abb. 2.2: Für Viele auf den ersten Blick verwirrend: Die digitale Steuerung. Mit einigen Grundkenntnissen wird man sich aber schnell mit Begriffen wie „Protokoll", „Bussystem" oder „Schnittstellen" anfreunden.**

Obwohl man als Digitalbahner gar nicht so viele technische Details wissen muss – ein paar Grundlagen sollten Sie dennoch kennen. Dann hat man es in vielen Situationen leichter, bestimmte Sachverhalte zu verstehen oder zumindest beim Kauf im Laden nicht falsch beraten zu werden.

Das ist so ähnlich wie beim PC: Wer sich ein wenig mit Computern und Windows auskennt, wird sich bei kleineren Schwierigkeiten leichter selbst helfen können. Und wer ein wenig über die Hintergründe der Modellbahntechnik weiß, hat es auch beim Bau der Anlage oder bei der Überwindung von Schwierigkeiten leichter.

## Ampere, Volt & Co. – Die Stromversorgung Ihrer Anlage

Das Thema des nachfolgenden Abschnittes hat mit der digitalen Steuerung zunächst einmal nichts zu tun. Auf einer Modellbahn-Anlage kommen sich analoge und digitale Technik aber sehr nahe: Motoren werden von einem PC gesteuert, eine Weiche klickt per Mausklick auf „Abzweig", ein Lämpchen schaltet sich auf Befehl des Computers ein. Sie kommen also nicht drum herum, Sie müssen sich ein wenig mit Basis-Themen der Elektrotechnik beschäftigen.

Der größte Unterschied in der Stromversorgung besteht darin, ob die Anlage mit Wechselstrom oder Gleichstrom arbeitet. Dieses wesentliche technische Detail spielt allerdings nur bei der Baugröße H0 eine Rolle: So ist nur Märklin bei seiner H0-Bahn nach wie vor ein Verfechter des Wechselstrom-Systems, während die meisten anderen Firmen in allen Baugrößen Gleichstrom bevorzugen.

In Zeichnungen oder technischen Unterlagen wird Wechselstrom durch eine kleine Welle (~) symbolisiert, Gleichstrom hat als Kennzeichnung das Gleichheitszeichen (=).

Vom Prinzip her ist auch der Strom, der in unseren Steckdosen fließt, Wechselstrom. Er ändert in schneller Folge Richtung und Stärke, während Gleichstrom permanent in einer Richtung fließt.

Generell gibt es auch bei Modellbahnen den Plus-Pol und den Minus-Pol. Letzterer wird oft auch als Masse oder Nullleiter bezeichnet. Ein Stromkreis entsteht immer dadurch, dass Strom vom Trafo ins Gleis, durch einen Stromverbraucher hindurch zurück zum Trafo fließt. Der Modelleisenbahner kann eine Anlage in mehrere Stromkreise aufteilen, indem er statt der Strom leitenden Schienenverbinder isolierende benutzt. Dann muss aber auch jeder dieser Abschnitte separat mit Strom versorgt werden, wobei jedes Mal ein separater Stromkreis entsteht. Das ist noch bei beiden Systemen gleich.

Die Unterschiede machen sich in der Modellbahnpraxis bemerkbar. Bei Modellbahnen, die mit Gleichstrom arbeiten, wird eine Änderung der Fahrtrichtung dadurch erreicht, dass im Inneren des Trafos die Pole vertauscht werden, wenn man den Fahrregler über die Null-Position hinaus in die andere Richtung dreht. Bei analogen Gleichstrom-Bahnen hat somit jede Lok innerhalb eines Stromkreises die gleiche Fahrtrichtung.

Bei Wechselstrom-Modellbahnen ist das anders: Hier kann auf einem Gleis eine Lok in die eine und eine zweite in die andere Richtung fahren. Die Änderung der Fahrtrichtung geschieht durch das Umschalten im Motor. Bei den meisten Wechselstrom-Fahrgeräten geschieht das, indem man den Fahrregler ganz nach links dreht, kurz über die Nullstellung hinweg bewegt und so den Umschaltimpuls auslöst.

Da Märklin als Marktführer einen großen Anteil an den verkauften Modellbahnen besitzt, ist das Wechselstrom-System weit verbreitet. Da fast alle anderen systembestimmenden – also großen – Hersteller von Gleisen und Fahrzeugen Gleichstrom-Komponenten bauen, ist dieser Anteil aber ebenfalls sehr groß, zumal das Gleichstrom-System auch in den Spuren N, TT und IIm (Gartenbahn) zum Einsatz kommt.

Im Grunde kann es Ihnen als Digitalbahner vollkommen egal sein, mit welchem Strom Ihr System arbeitet – Sie sollten es nur wissen, wenn Sie zusätzliche Komponenten kaufen, damit diese mit dem jeweiligen System gut umgehen können.

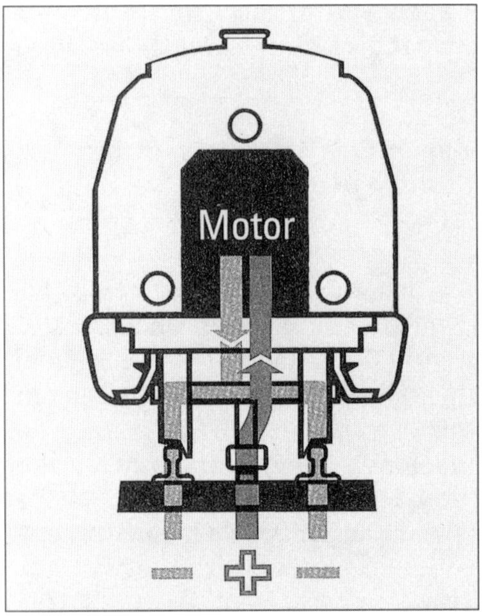


**Abb. 2.3: Beim Mittelleiter-System fliesst Strom aus dem Mittelleiter in die Lok und über die beiden miteinander verbundenen Aussenschienen wieder zurück.**

Schon wichtiger ist die Sache mit der Stromführung. Da gibt es ebenfalls zwei Welten: Märklin propagiert für seine Ho-Bahn das so genannte Mittelleiter-System – früher oft auch als „Dreileiter-System“ bezeichnet. Hier gelangt der Strom über einen langen Schleifer in der Mitte jeder Lok ins Innere. Der Mittelleiter ist in Form von Punktkontakten in der Mitte des Gleisbetts angeordnet, und über die Räder fließt er wieder zurück ins Gleis – so ist ein Stromkreis geschlossen. Da beide Außenschienen den Strom zurückleiten, können sie miteinander verbunden sein, und auch die Achsen des rollenden Materials können aus leitendem Metall sein – was sogar von Vorteil ist.

Anders als beim in allen Spurweiten vorkommenden so genannten Zweileiter-System: Hier ist die eine Schiene der Plus-, die andere der Minus-Pol. Der Strom fließt über die Räder der einen Seite in die Lok und über die der anderen Seite wieder zurück. Die Achsen der Räder müssen also in der Mitte voneinander getrennt sein, sonst würde es zum Kurzschluss kommen.

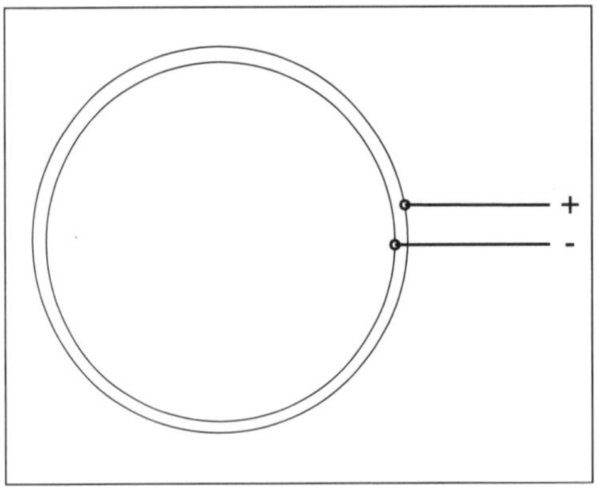


**Abb. 2.4: Das Prinzip des Zweileiter-Systems basiert auf den beiden Schienen, von denen eine der Plus- und die andere der Minus-Pol ist.**

Es gibt Vor- und Nachteile bei beiden Systemen. Der größte Vorteil beim Mittelleiter-System ist aber die Tatsache, dass durch keine auch noch so verschlungen kunstvolle Gleisführung ein Kurzschluss entstehen kann, da Mittelleiter und Schienen sich leicht voneinander getrennt im Gleis unterbringen lassen. Führen Sie dagegen eine Zweischienen-Gleisführung in sich zurück (die berühmte Kehrschleife), kommt es auch zur ungewünschten Verbindung des Plus- mit dem Minuspol. Die Hersteller haben sich etwas einfallen lassen, um diesen Nachteil auszubügeln: Für alle gängigen Digitalsysteme, und nur die sollen ja Thema sein, gibt es so genannte Kehrschleifenmodule, die das Problem elektronisch lösen.

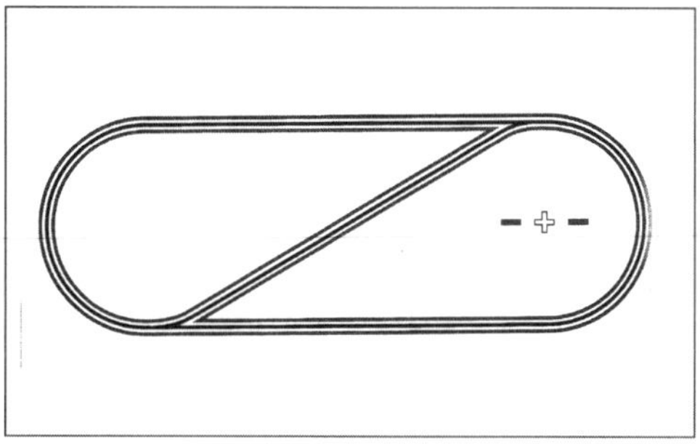

**Abb. 2.5: Das Kehrschleifen-Problem: Beim Mittelleiter stossen immer gleiche Pole aneinander – beim Zweileiter-System würde es zu einem Kurzschluss kommen.**

## Spannung und Stromstärke

Sie wissen bestimmt, dass man die Spannung des elektrischen Stroms in Volt (V) angibt. Dabei gibt es verschiedene Kategorien. Die „richtige" Bahn fährt mit 2.000 Volt, die Geräte im normalen Haushalt, die Sie an der Steckdose anschließen, werden mit 230 Volt versorgt. Eine Modellbahn funktioniert in der Regel mit maximal 16 bis 24 Volt (je nach Hersteller, System und Spurgröße). Wie viel davon zur Verfügung steht, die Stromstärke, gibt man in Ampere (A) an. So sind auf einem Transformator auch immer beide Werte zu finden.

Ohne allzu tief in die Grundlagen einsteigen zu wollen und Sie mit Formeln zu langweilen: Der erste Wert (Spannung in Volt) sagt gewissermaßen etwas darüber, ob ich den Trafo überhaupt mit meiner Modellbahn zusammen verwenden kann, der zweite (Stärke in Ampere) etwas darüber, wie viel Stromverbraucher er denn mit Energie versorgen kann. Das alles gilt für konventionelle, analoge und digitale Modellbahnen gleichermaßen.

Vergleichen können Sie das mit einer Wasserleitung. Die Spannung ist der Druck, der sich auf der Leitung befindet, und die Stärke ist die Menge an Wasser, die zur Verfügung steht.

Wie viel von diesem Strom benötigt wird, wird in Voltampere (VA) oder Watt angegeben. Das alles ist reichlich abstrakt, daher hier ein paar Beispiele:

| *Leistung von Zentralen* | |
|---|---|
| *Märklin-Zentrale 6021* | *ca. 47 VA* |
| *Uhlenbrock Intellibox* | *ca. 48 VA* |
| *Selectrix-Zentrale* | *ca. 40 VA* |
| *LGB Zentrale (Typ 2)* | *ca. 90 VA* |

***Leistungsaufnahme von Modellbahnartikeln***

| | |
|---|---|
| *Fahrende Lok (Größe Ho)* | *ca. 10 VA* |
| *Fahrende Lok (Gartenbahn-Größe IIm/G)* | *ca. 20 VA* |
| *Fahrende Lok (Größe N)* | *ca. 7 VA* |
| *Modellbahn-Lämpchen (Hausbeleuchtung)* | *ca. 1,5 VA* |
| *Weichenantrieb je Spule* | *ca. 10 VA* |

Übrigens: Die Digital-Technik bringt auch bei einer Gleichstrom-Modellbahn Wechselstrom ins Gleis: Der Strom, den die Zentrale erzeugt und ins Gleis schickt, ist eine konstante Wechselspannung. Trotzdem muss man an den Gleichstrom-Motoren der Gleichstrom-Modellbahnen nichts verändern: Der Lokdecoder wandelt den Wechselstrom nämlich in Gleichstrom um, er richtet ihn gleich, bevor er ihn an den Motor der Lok weitergibt. Wie genau Lokdecoder und Zentrale zusammenarbeiten, das erfahren Sie jetzt.

## Funktionsweise und Komponenten einer digitalen Anlage

**Hinweis**

*Auch wenn es auf den ersten Blick so aussieht, als könnte man ein Gerät von Hersteller A mit einem von Hersteller B verbinden, weil die Buchsen und Stecker ähnlich sind: Die verschiedenen Firmen verwenden zum Teil unterschiedliche Belegungen der Kontakte. Werden diese trotzdem miteinander verbunden, kommt es zur Zerstörung. Die Hersteller lehnen in solchen Fällen auch Garantieleistungen ab. Also sollten Sie sich besser zuerst informieren, ob die Verbindung möglich ist, und dann einstöpseln. Dieses Buch hilft, das zu finden, was zusammenpasst.*

Nur durch Verwendung der Digitaltechnik ändert sich nicht grundsätzlich etwas an der Modellbahn. Es gibt noch immer Schienen, Loks und Gleise. Durch digitale Zusatzgeräte steuert sie der Modellbahner. Die einzelnen externen Geräte sind über Kabel oder Leitungen miteinander verbunden. Die Leitung, über welche die Daten transportiert werden, wird im Fachjargon auch Bus genannt.

Leider gibt es kein einheitliches System für alle, sondern jeder Hersteller möchte möglichst ein exklusives System entwickeln und verkaufen. Deshalb gibt es auch so viele verschiedene Digital-Systeme, Bus-Systeme und Bezeichnungen. Trotzdem

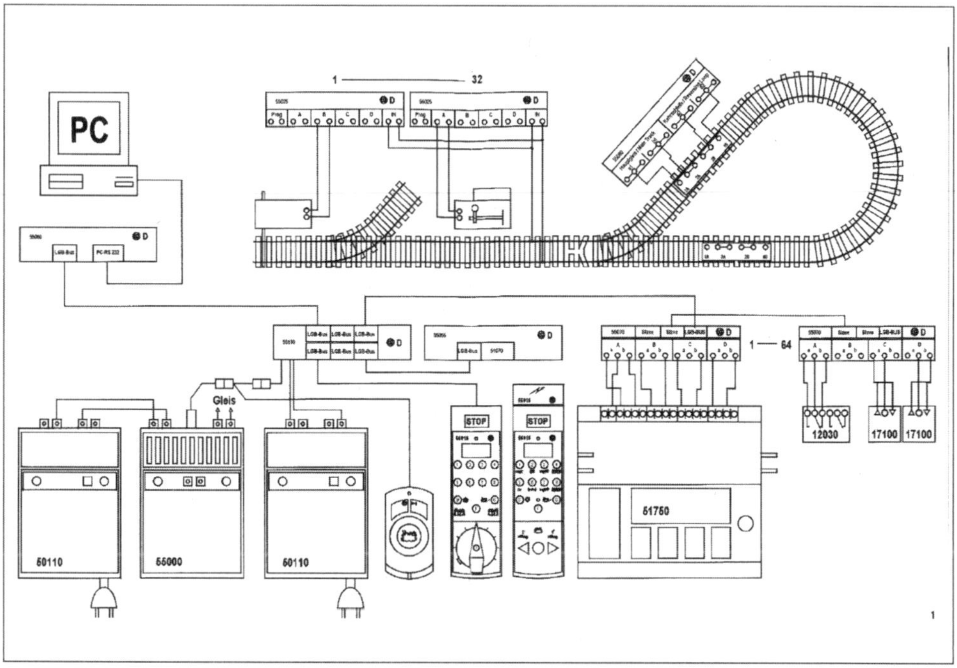


**Abb. 2.6: Aus diesen Komponenten kann eine typische digitale Modellbahn-Anlage bestehen. Einige Hersteller haben für spezielle Funktionen noch zusätzliche Geräte im Angebot.**

haben sich, gerade bei der Verbindung der Geräte untereinander, eine Reihe von Standards durchgesetzt, die Sie später noch kennen lernen werden.

Ein Digitalsystem enthält eine Vielzahl verschiedener Geräte, die zum Teil in mehreren Gehäusen untergebracht sind und zum Teil als bloße Funktionen in einem Gerät stecken. Damit Sie sich mit der Terminologie auskennen und die Aufgaben der einzelnen Komponenten kennen, lernen Sie die wichtigsten von ihnen jetzt kennen. Wie gesagt: Oft kann man die einzelnen Geräte nicht als solche erkennen, weil die Hersteller mehrere davon in ein Gehäuse gesteckt haben.

## Zentrale – ein kleiner Computer

Eine Zentrale, häufig auch Central Unit genannt, ist das wichtigste Gerät einer digitalen Modellbahn-Anlage. Sie steuert das gesamte System und sorgt dafür, dass der Modellbahner die Regie über seine Loks und Wagen führen kann: Im Grunde handelt es sich bei einer Zentrale um einen kleinen Computer. Es gibt, wie im Inneren eines PC, einen oder mehrere Rechenbausteine (Prozessoren), einige Speicherbausteine, sowie Chips für die Verarbeitung der Ein- und Ausgabe-Signale.

Anders als beim Kauf eines Personal Computers für das Büro müssen Sie sich bei der Anschaffung jedoch keine Gedanken über Geschwindigkeit, Taktfrequenz oder Speicherausbau machen. Der Hersteller des jeweiligen Digitalsystems legt selbst fest, was für die Realisierung der Funktionen sinnvoll und notwendig ist. Sie kaufen nur eine Black Box, wie sie funktioniert braucht Sie eigentlich nicht zu interessieren – eigentlich nicht. Denn trotzdem ist es sinnvoll, über die Arbeitsweise der Digitalanlage Bescheid zu wissen, um bestimmte Komponenten verschiedener Hersteller miteinander verwenden und kombinieren zu können. Ob und wie gut das möglich ist, bestimmt die „Kompatibilität“, also die Fähigkeit der Bausteine, miteinander zu funktionieren.

Leider sind in der Modellbahnwelt verschiedene Systeme nur selten miteinander zu verbinden. Irgendein Detail führt oft dazu, dass man an die Zentrale eines Herstellers die Decoder oder andere Geräte des anderen nicht anschließen kann, oder dass man sie anschließen kann, aber nicht alles reibungslos funktioniert.

## Stromversorgung

Eine Modellbahn braucht Strom. Das trifft auf die digitale Variante genauso zu wie auf die konventionelle, analoge Version. Sowohl bei analogen als auch digitalen Anlagen (und unabhängig von der Art der Stromversorgung) liefert den Strom ein Trafo.

Eine weitere Ähnlichkeit gibt es zwischen vielen Zentralen und herkömmlichen Trafos: Beide Gerätetypen besitzen Drehregler. Da aber ist dann auch endgültig Schluss mit den Ähnlichkeiten.

Denn intern ist das System ein völlig anderes. Dreht man den Regler an einem analogen Trafo auf, gelangt entsprechend der Stellung Gleich- oder Wechselstrom in die Gleise. Dreht man den Regler an einer Digital-Zentrale auf, passiert etwas völlig anderes: Die Elektronik übersetzt die Reglerstellung, die für eine bestimmte Geschwindigkeit steht, in Computerdaten. Diese werden dann, zusammen mit der eingestellten Lok-Adresse huckepack über den Fahrstrom und das Gleis an die Lokomotive geschickt. Die Lok-Adresse kann man sich wie einen Namen vorstellen. Wenn die Zentrale die Lok bei ihrem Namen „ruft“, reagiert sie auf die nachfolgenden Befehle.

Die Spannung, die von der Zentrale zur Anlage gelangt, ist bei einer digitalen Modellbahn stets gleich hoch und von Hersteller zu Hersteller bzw. Bahnsystem zu Bahnsystem unterschiedlich. Bei Märklin Digital sind es beispielsweise 16 Volt, bei der großen LGB sogar 24 Volt, um nur zwei recht unterschiedliche Systeme zu nennen. In diesen Strom mit gleich hoher Spannung werden von der Zentrale Datentelegramme versteckt. Das können Befehle wie „Lok 4 losfahren bis zum Erreichen der Maximalgeschwindigkeit 12“ oder auch „Weiche 4 auf geradeaus schalten“ sein.

Mit diesen Kurzbefehlen könnte eine analoge Gleichstrom-Lok auf einer digitalen Anlage nichts anfangen – sie wird laut brummend auf den Gleisen stehen bleiben oder permanent mit der ständig anliegenden Höchstgeschwindigkeit ihre Kreise ziehen. Nur eine digitale, also eine mit einem Lokdecoder ausgestattete Lokomotive, wird die Befehle ausführen, wenn sie gemeint ist. Die Zentrale ist für die Erzeugung genau dieser Datentelegramme zuständig.

Die Datentelegramme werden als binärer Code übermittelt. Binär bedeutet, dass es nur zwei Werte gibt, nämlich 0 und 1, Strom fließt oder Strom fließt nicht. Die Befehle für die Decoder werden wie ein Morsecode blitzschnell hintereinander von der Zentrale ins Gleis geschickt. Das geschieht nicht nur einmal sondern in regelmäßigen Abständen immer wieder. Die Daten selbst – also Adresse der Lok und Fahrstufe – werden dabei im internen Speicher der Zentrale festgehalten. Das alles geht natürlich sehr schnell, so schnell, dass eine Lokomotive auch tatsächlich scheinbar unmittelbar auf die Bewegung des Drehreglers reagiert.

## Analog und digital zusammen?

Einige Zentralen, z. B. von LGB, Arnold oder Lenz, bringen ein wahres Kunststück fertig – und jetzt werden Sie sich vermutlich zunächst wundern: Sie steuern nämlich auch analoge Loks, also solche, in die kein Decoder eingebaut wurde. Man muss die Zentrale dafür aber meistens in einen speziellen Modus umschalten und büßt dafür manchmal andere Funktionen ein. So funktionieren zum Beispiel bei der Zentrale von Lehmann nach dem Umschalten in den gemischten Modus, in dem also eine analoge und 22 digitale Loks ansprechbar sind, die Decoder für Weichen und Signale nicht mehr. Das Ganze ist also nur eine Notlösung.

Die Grundlagen für die Technik des gemischten Betriebes wurden von der hessischen Firma Lenz entwickelt und 15 Jahre lang hielt sie auch ein Patent darauf. Vor ein paar Jahren war die Schutzfrist aber abgelaufen, und nun können alle Hersteller das Verfahren nutzen. Leider steht nur eine Adresse für die analogen Loks zur Verfügung. Auch wenn man also mehrere analoge Loks auf die Gleise stellt: Alle fahren gleichzeitig los, wenn die entsprechende Adresse aufgerufen wird. Stellt man eine analoge Lok auf die Gleise einer eingeschalteten digitalen Anlage, wird sie sofort losflitzen und dabei eigentümliche Surr-Geräusche erzeugen. Das kommt durch die Art des Stroms, der durch die Gleise flitzt. Auch wenn sich jetzt vielleicht so manchem Elektronik-Fachmann angesichts einer solchen Formulierung der Magen umdreht: Dieses Surren, das sind die bereits erwähnten Datentelegramme, die man auf diese Weise hören kann. Tatsächlich handelt es sich dabei um eine so genannte hochfrequente Spannung, wie das die Techniker bezeichnen.

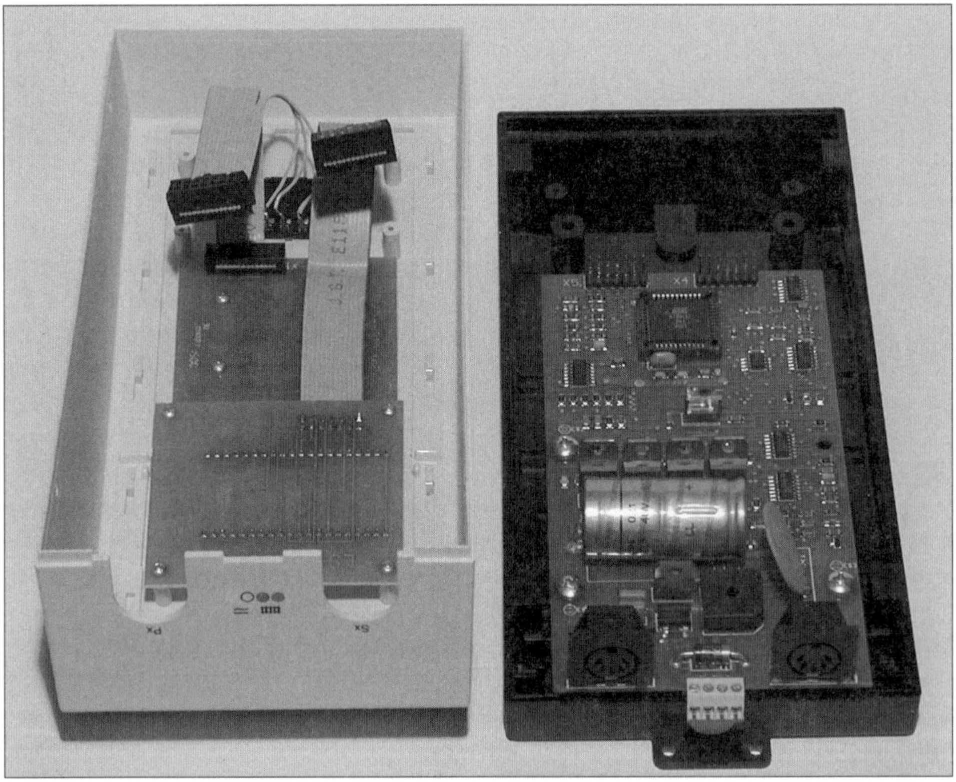

Abb. 2.7: Jede Menge Elektronik steckt im Inneren einer digitalen Modellbahn-Zentrale.

Intakten Loks soll nun diese hochfrequente Spannung nichts ausmachen – das behaupten jedenfalls die Hersteller. So mancher Modellbahner weiß aber zu berichten, dass es einer analogen Lok auf Dauer nicht bekommt, mit Strom aus einer Digitalanlage versorgt zu werden. Und tatsächlich findet man in den Beschreibungen der Hersteller auch entsprechende Hinweise. Aus einer älteren Bedienungsanleitung einer Digital plus by Lenz-Zentrale:

„Die Steuerung einer konventionellen Lok ist nicht geeignet für Lokomotiven mit Glockenanker-Motoren, z. B. Faulhaber-Motoren. Loks mit diesen Motoren dürfen nur mit Lokempfänger auf Digitalanlagen fahren. Ohne Lokempfänger würde der Motor dieser Lokomotiven innerhalb kurzer Zeit beschädigt. Außerdem gibt es einige wenige Motorbauarten, für die die gleichen Einschränkungen wie für Glockenankermotoren gelten. Im Zweifelsfalle fragen Sie bitte den Hersteller der Lokomotive."

Man findet ebenfalls häufig den Hinweis, dass es sich bei den analogen Loks, die in einem Digital-Stromkreis fahren sollen, um einwandfreie Fahrzeuge handeln müsse. Aber wissen Sie bei jedem Motor in Ihren Loks genau, ob der nun im Sinne dieses Hinweises einwandfrei ist? Vielleicht handelt es sich ja gerade um ein besonders altes Schätzchen, dem man nicht mit Fräse und Lötkolben zu Leibe rücken möchte, um einen Lokdecoder einzubauen. Riskieren Sie es also wirklich nur im Ausnahmefall und kalkulieren Sie die Möglichkeit der analogen Lok auf der digitalen Anlage in Ihre Überlegungen lieber nicht mit ein.

Wenn Sie die analoge Gleichstromlok übrigens auf die Schienen einer digitalen Anlage setzen, die keine analogen Loks steuern kann, wird sie brummend stehen bleiben und sich weder in Geschwindigkeit noch Fahrtrichtung beeinflussen lassen. Wie Sie schon wissen, liegt das an dem stets mit gleicher Spannung durch die Gleise sausenden Digitalstrom.

Eine typische Digital-Zentrale wie die von Uhlenbrock, LGB, Märklin oder Trix sieht rein äußerlich nicht anders aus als ein Analog-Steuergerät oder Trafo. Doch der ist bei Digitalanlagen in der Regel ein separates Kästchen. Über zwei Klemmen gelangt Wechselstrom von dort in die Zentrale, über zwei weitere Anschlüsse fließt der „Digitalstrom" dann zum Gleis. Nicht jeder Hersteller wählt aber diesen Weg des All-In-One-(alles in einem)-Gerätes. Die Funktionen der Zentrale können auch auf mehrere Komponenten verteilt sein. So haben die Entwickler der Firma Lenz beim Set 01 die eigentliche Digitaltechnik in einem eigenen Zentralen-Gehäuse untergebracht. Hier werden also gewissermaßen die Datentelegramme erdacht. Für die Aufbereitung der Spannung und ihre Lieferung in entsprechender Stärke ins Gleis ist ein so genannter Leistungsverstärker oder Digital-Verstärker zuständig, der noch nicht angereicherten Strom aus einem Netzteil oder Trafo bezieht. In der Zentrale werden die Datentelegramme hergestellt und dann vom Leistungsverstärker abgeschickt. Und sogar Handregler mit integrierter Zentrale kommen in letzter Zeit immer mehr in Mode. Ein Leistungsverstärker ist auch dann unbedingt nötig.

Die Trennung der Funktionen von Verstärker und Zentrale hat gleich mehrere Vorteile: Es geht in der empfindlichen, mit Elektronik voll gepackten Zentrale deutlich kühler zu, wenn der Verstärker in einem anderen Gehäuse steckt. Und außerdem kann man eine separate oder eine in den Fahrregler integrierte Zentrale den Besitzern ganz unterschiedlicher Modellbahn-Anlagen in verschiedenen Baugrößen verkaufen, die vielleicht unterschiedlich viel Saft brauchen. Der jeweils passende Leistungsverstärker kann dann einfach dazu gelegt werden, fertig ist ein neues Set für eine ganz unterschiedliche Anforderung. Das spart Entwicklungs- und Herstellungskosten, was letztlich die Preise der einzelnen Komponenten senkt.

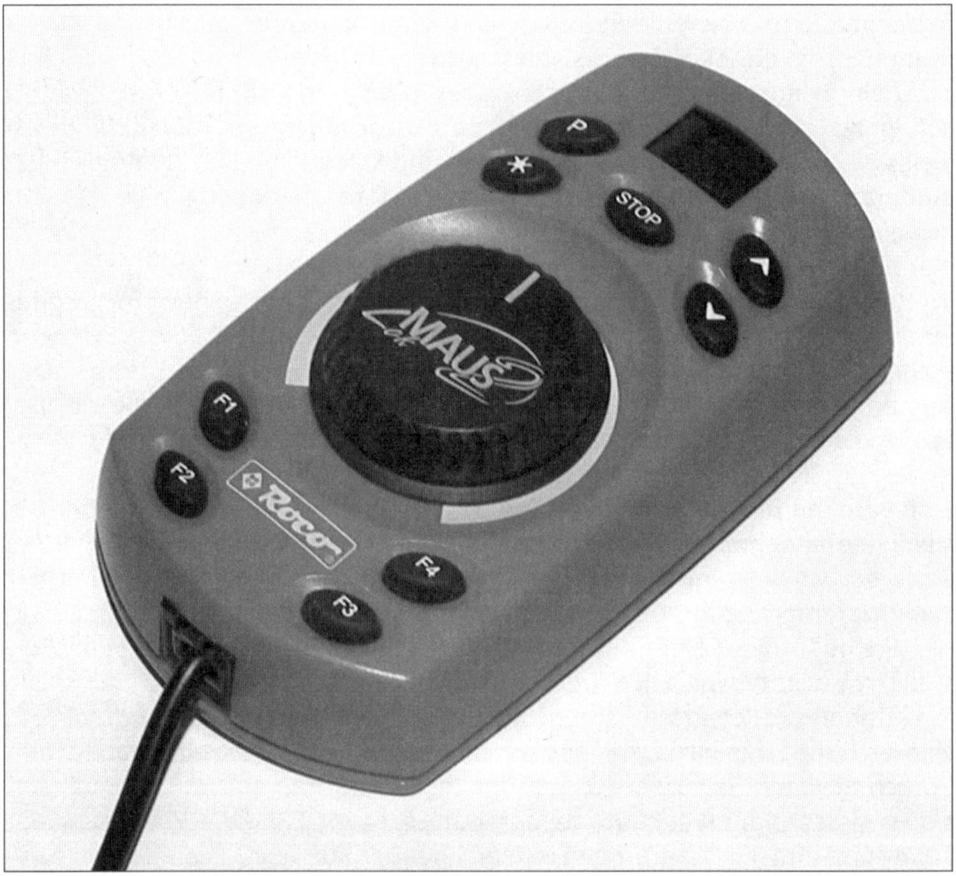


**Abb. 2.8: Beim Digitalsystem von Roco passt die Zentrale ins Gehäuse des Handreglers, der so genannten „Lokmaus 2“.**

Manche Zentralen besitzen direkt einen (z. B. Arnold oder Märklin) oder gleich zwei (z. B. Uhlenbrock) eingebaute Fahrregler, andere gar keinen (LGB). Ist kein eingebauter Fahrregler vorhanden, kann man meist eine externe Einheit mit dieser Funktion direkt an die Zentrale anschließen. Das muss man sich dann etwa so vorstellen, als würde man eine Tastatur an den PC anschließen. Denn meist steckt in einem solchen Fahrregler kaum Elektronik. Es gibt stationäre und mobile Fahrregler, mit denen man sich ein wenig rund um die Anlage bewegen kann.

Eine Digital-Zentrale ist, wie bereits erwähnt, eigentlich ein kleiner Computer, und ein solcher braucht ein Betriebssystem um zu funktionieren, sowie Programme, die die Funktionen umsetzen. Die Digital-Zentralen arbeiten nicht mit Windows oder Mac OS, wie man das vom Bürocomputer kennt. Sie verwenden eine eigene Software, die vom Hersteller genau auf die Funktionen und Eigenheiten des jeweiligen Systems abgestimmt wurden.

Eines vorweg: Auch die beste Software ist nie ganz fehlerfrei – das wird Ihnen jeder Programmierer bestätigen, und das ist auch in der Modellbahnerei natürlich nicht anders. Außerdem werden vielleicht noch neue Funktionen nötig, weil sich die Kunden das wünschen oder es – zum Beispiel aus Gründen der Kompatibilität – nötig wird.

Für all diese Fälle ist es sinnvoll, wenn die Software der Zentrale updatefähig ist, also vom Benutzer ohne großen Aufwand auf den neuesten Stand gebracht werden kann.

Kleinere Verbesserungen oder Fehler-Bereinigungen, die der Hersteller nicht an die große Glocke hängt, wird man vielleicht sogar gar nicht mitbekommen. Neue Software fließt nämlich oft einfach stillschweigend in die Produktion neuerer Geräte ein.

> **Hinweis**
>
> *Ein positives und ein negatives Beispiel: Vorbildlich ist das Updaten der internen Software etwa bei der Intellibox von Uhlenbrock gelöst, für die man sich die jeweils neuste Software kostenlos aus dem Internet laden und diese auch schnell und einfach selber installieren kann. Ein einfaches Programm, das diesen Aktualisierungs-Vorgang (auch Update) automatisch steuert, gehört dazu.*
>
> *Lehmann hat bei seiner MZS-Zentrale der zweiten Generation, die seit Sommer 2001 ausgeliefert wird (MZS steht für Mehrzugsteuerung), diese Möglichkeit nicht vorgesehen. Für ein eventuelles Update muss diese Zentrale ins Werk eingeschickt werden.*

Silent Update (stille Verbesserung) nennen das die Entwickler. So sind irgendwann mehrere Software-Versionen nebeneinander draußen im Umlauf, was insbesondere bei technischen Problemen die Lokalisierung des Fehlers erschwert.

Der Hersteller und nicht der mündige Nutzer entscheidet hierbei, ob man ein Update macht oder nicht. Firmen wie Uhlenbrock hingegen stellen einfach jedes – und sei es auch noch so kleines – Update ins Netz und überlassen es den Besitzern der Intellibox, ob sie das Update nun aufspielen oder nicht. In jedem Fall kennt man aber den Software-Stand ganz genau.

## Handhabung der Zentralen

Eine Digital-Zentrale ist ein empfindliches Gerät, denn die elektronischen Komponenten und Bausteine sind anfälliger gegen falsche Behandlung als die vergleichsweise robusten Trafos einer analogen Anlage. Sie sollten Digitalzentralen daher vorsichtig behandeln und sie etwa vor Staub, Schmutz oder Feuchtigkeit schützen. Gleichzeitig sollte man sie keinesfalls irgendwo so einbauen, dass sie im wahrsten Sinne des Wortes keine Luft mehr bekommen. Meistens sind am Gerät Lüftungsschlitze oder sogar Kühlkörper vorgesehen, die keinesfalls zugebaut werden dürfen. Denn wie auch die Prozessoren und Chips in einem Bürocomputer, erzeugen die Bausteine Hitze, und die darf sich nicht stauen.

Gartenbahner sollten ihre Großbahn-Zentrale und am besten die gesamte Steuer-Elektrik und -Elektronik keinesfalls ungeschützt im Freien stehen lassen, sondern hierfür einen trockenen Platz, zum Beispiel im Gartenhaus, reservieren. Im Winter sollte man die Zentrale dann außerdem lieber ins Warme holen, damit sie keinen Schaden erleidet.

An einer Digital-Zentrale finden sich noch – je nach Modell – mehrere Buchsen, an die sich diverse weitere Zusatzgeräte anschließen lassen, sofern diese dafür geeignet sind. Einige davon werden im Folgenden erläutert. Und auch über die verschiedenen Bus-Systeme, über die die Daten zwischen den Geräten hin- und herflitzen, werden Sie später noch etwas erfahren.

Das wichtigste Zusatz-Gerät, mit dem erst so richtig Spaß auf die Anlage kommt, dürfte dabei wohl das PC-Interface sein, das den PC und damit eine Vielzahl an Steuerprogrammen für die Modellbahn-Anlage mit ins Spiel bringt. Übrigens haben manche Zentralen, wie zum Beispiel die Intellibox, dieses Interface bereits in der Grundversion an Bord. Bei anderen Systemen muss man es zusätzlich kaufen.

## Lokdecoder – So fährt die Lok

Der Begriff Decoder bedeutet übersetzt etwa Entschlüsseler. Es handelt sich dabei um eine kleine Platine, die meistens beidseitig mit Elektronik-Bauteilen wie ICs, Kondensatoren und Dioden bestückt ist. Decoder gibt es in unterschiedlichen Größen, für verschiedenste Systeme und Baugrößen, die Hersteller bieten sie sogar inzwischen für die Minispur Z von Märklin an, obwohl Märklin für Spur Z kein eigenes Digitalsystem im Programm hat. In diesem Fall muss der Modellbahner die Zentrale eines unabhängigen Herstellers (z. B. Uhlenbrock oder Rautenhaus) verwenden, der die Digitalsignale für den Spur-Z-Decoder bereithält.

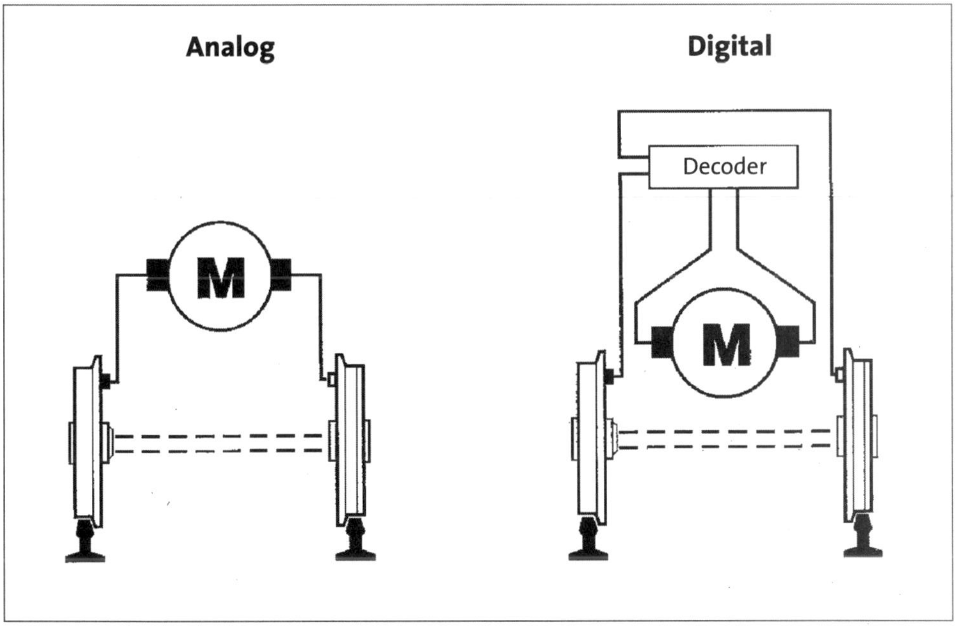


Abb. 2.9: Beim analogen System fliesst der Strom direkt zu Motor und Lämpchen einer Lok. Beim digitalen System „filtert" der Lokdecoder den Strom und verteilt ihn dorthin.

Tatsächlich entschlüsselt dieses kleine Platinchen die bereits erwähnten Datentelegramme, die die Zentrale ins Gleis schickt. Da jeder Decoder einen eigenen Speicher hat, kann er sich eine Reihe von Einstellungen merken. Am wichtigsten ist dabei seine Adresse, also gewissermaßen sein „Name". Eine Reihe von Kabeln stellt den Kontakt zwischen Decoder und den anderen Bestandteilen der Lok oder dem Triebwagen her, in dem der Decoder eingebaut ist. Die Kabel sind an einer Seite mit der Platine verlötet, die andere Seite muss mit der Lokomotive verbunden werden.

Am einfachsten geht das, wenn die Lok eine eingebaute Schnittstelle dafür besitzt. Dafür geeignete Decoder haben dann nämlich einen oder mehrere Schnittstellen-Stecker am Ende der Kabel. Diese Stecker müssen einfach in die Schnittstellen-Buchsen gesteckt werden – fertig. Ist keine Schnittstelle vorhanden, muss gelötet und oft auch gefräst werden, um Platz für den Decoder zu schaffen.

Zwar ist der Einbau eines Lokdecoders keine allzu komplizierte Angelegenheit. Ein wenig Übung kann aber auch hier nicht schaden, denn man kann trotzdem eine ganze Menge falsch machen. Und außerdem ist solch ein Lokdecoder durch falsche Behandlung schnell zerstört. Wir zeigen in Kapitel 5 *Ausstattung mit digitalen Komponenten*, wie ein Lokdecoder eingebaut wird.

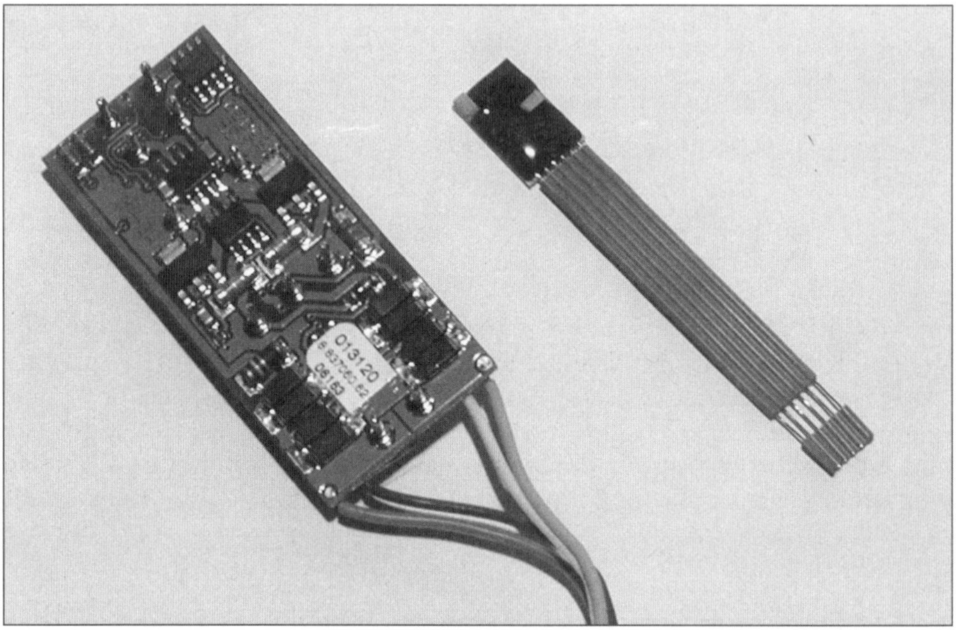

Abb. 2.10: Ein Grosser und ein Kleiner: Der LGB-Decoder (links) gehört in eine Spur-IIm-Lokomotive, der Selectrix-Decoder (rechts) ist zum Einbau in eine Spur-N-Lok.

Mittlerweile bieten auch eine ganze Reihe von Modellbahn-Herstellern ihre Loks gleich schon mit eingebauten Decodern an. Dabei gibt es zwei Varianten.

- Der Lokdecoder ist fester Bestandteil der in jeder Lok vorhandenen Platine. In diesem Fall kann man selbst recht wenig nachträglich machen.
- Der Decoder ist zwar bereits ab Werk eingebaut, als solcher aber einzeln im Gehäuse untergebracht und kann ohne Probleme später gegen ein mittlerweile vielleicht leistungsfähigeres Modell oder eines ersetzt werden, das zu einem anderen System passt (falls z. B. der Umstieg von Märklin- auf das DCC-System geplant ist. Zum Glück folgen immer mehr Hersteller dieser zweiten Variante.

**Hinweis**

*Viele Modellbahn-Hersteller bieten ihre Loks in zwei Versionen an: eine analoge (mit Einbaumöglichkeit für einen Decoder) und eine mit bereits eingebautem Decoder. Der Preisunterschied dafür ist oft gewaltig. Meistens ist es billiger, die Lok ohne Decoder zu kaufen und, wenn man den Einbau nicht selbst vornehmen kann oder will, den Händler oder eine darauf spezialisierte Werkstatt damit zu beauftragen. Das gesparte Geld kann man lieber in weitere Fahrzeuge investieren.*

## Lokdecoder im Detail

So unterschiedlich die Decoder auch sind: Die Funktionen, die sie steuern können, sind meist die gleichen. Außer den Anschlüssen für den Motor gibt es noch welche für die Lokbeleuchtung vorne und hinten und oft auch noch welche für so genannte Sonderfunktionen. Das kann zum Beispiel ein Soundmodul, eine digital angesteuerte Automatik-Kupplung, ein Dampferzeuger oder die Beleuchtung im Führerhaus sein. Funktionsausgänge nennt man diese Anschlüsse.

Besonders komfortable Lokdecoder können noch etwas ganz Feines: die Leistung an die Lok lastgeregelt dosieren. Dazu stellt man sich am besten eine Modellbahn-Anlage mit einer kleinen Berglandschaft vor. Ein Zug kämpft sich gerade über eine Steigung auf einen der Berge. Bei einer analogen Lok oder einer mit eingebautem Decoder ohne Lastregelung, fährt der Zug umso langsamer, je steiler der Berg wird und je weniger der Motor die Steigung mit der anliegenden Spannung packen kann. Im schlimmsten Fall bleibt der Zug sogar stehen, wobei gleichzeitig die Räder der Lok durchdrehen. Und auf der anderen Seite sieht's dann auch nicht viel besser aus: Fährt der Zug nämlich bergab, dann wird er immer stärker beschleunigen und schlimmstenfalls so schnell werden, dass er am Ende entgleist. Beides entspricht natürlich nicht dem großen Vorbild, denn hier würde der Lokführer nachregeln, sodass die Geschwindigkeit annähernd gleich bleibt. Auch bei der Modellbahn kann man diese unbeabsichtigten Geschwindigkeitsveränderungen verhindern, indem man von Hand die Geschwindigkeit nachregelt: Bei dem bergan fahrenden Zug gibt man etwas mehr Gas, bei dem talwärts brausenden reduziert man die Geschwindigkeit.

Digital geht das einfacher und ohne Eingriff von außen. Denn wer kann die ganzen Steigungen schon bei vier oder fünf Zügen gleichzeitig im Blick haben? Genau diese Arbeit übernimmt daher ein lastgeregelter Decoder. Er stellt fest: Der Zug behält automatisch seine konstante Geschwindigkeit bei, egal wo er sich gerade befindet.

Sicher haben Sie sich in einem Museum, bei einer Messe oder einfach beim gut ausgestatteten Spielzeug-Händler schon einmal eine digital gesteuerte Modellbahn-Anlage angesehen. Was ja dabei besonders realistisch aussieht, ist die Art, wie Züge losfahren oder anhalten. Die Züge fahren in den Bahnhof ein, verlangsamen ihre Fahrt und kommen schließlich zum Stehen. Und auch beim Losfahren beschleunigt der Zug langsam und erreicht erst auf offener Strecke eine höhere Geschwindigkeit.

Dabei scheint sich ein schwerer und langer Güterzug mit einer entsprechenden Lokomotive anders zu verhalten als beispielsweise ein Dampfzug aus

Epoche II. Ganz so, wie es in der Realität auch ist. Wie das geht? Als Besitzer einer digitalen Anlage kann man ohne viel Mühe ein Höchstmaß an Realismus erreichen: Die Anfahr- sowie Bremsverzögerungen und vieles mehr lassen sich frei programmieren. Allerdings sollte man sich daran nur dann geben, wenn man sich ein wenig mit dem Thema befasst hat. Bei vielen Decodern geht das sehr komfortabel und einfach mit Hilfe des PCs. Weiter hinten im Buch (im Kapitel 7 *Modellbahn de Luxe*) werden Sie erfahren, wie das funktioniert.

**Abb. 2.11: Auch das gibt es: In dieser Lok von Arnold wurde der Decoder bereits ab Werk eingebaut und ist fester Bestandteil.**

Die Beschäftigung mit der Modellbahn kann auch ein sehr kommunikatives Hobby sein – was die Existenz der vielen Modellbahn-Clubs beweist. Dabei besuchen sich die Mitglieder oft auch gegenseitig und lassen ihre Loks und Züge auf der Anlage der Club-Freunde fahren. Als Betreiber einer digitalen Anlage ist man da fein raus. Denn selbst dann, wenn es sich bei der besuchten Anlage um eine analoge Variante handelt: Die eigenen, digitalen Loks fahren in aller Regel auch dort und verhalten sich dann so, als hätten sie keinen Decoder eingebaut. Auch diese Funktion kann man selbst im Decoder einstellen.

Die Kompatibilität der Decoder untereinander und in Bezug auf die Zentrale, unter deren Regie eine Lok mit Decoder fährt, ist allerdings ein heikles Thema. Allen Normungsbestrebungen der Modellbahner zum Trotz und der zumindest vordergründigen Bereitschaft der Hersteller, diese zu gewährleisten, gibt es immer wieder Probleme. Da berichten Modellbahner davon, und diese Beispiele sind tatsächlich passiert, dass ein zwei Jahre alter Lokdecoder plötzlich mit der neuen Zentrale desselben Herstellers nicht reibungslos zusammenarbeitet, obwohl die neue Zentrale als abwärtskompatibel angepriesen wird. Noch ein Beispiel gefällig? Da kommt es vor, dass ein Decoder, der grundsätzlich zwei verschiedene Datenformate versteht, nur dann richtig funktioniert, wenn man eines davon abschaltet. Das macht es für Modellbahner nicht gerade einfach.

**Achtung**

*Verlassen Sie sich nicht darauf, dass die Komponenten auf Anhieb reibungslos kooperieren, auch wenn die Hersteller es behaupten. Vereinbaren Sie mit Ihrem Händler, und da hat man es als Stammkunde natürlich leichter, ein Rückgaberecht für den Fall, dass die Kompatibilitätsprobleme zu groß sind. Da es sich bei Elektronik-Bauteilen um verschleißfreie Teile handelt, lassen sich die meisten Händler darauf ein – wenn sie es ihren Kunden nicht von vornherein bereits anbieten.*

## Magnetartikeldecoder – Stellen von Weichen, Signalen & Co.

Was ein Decoder ist, ist klar. Was aber verbirgt sich hinter der etwas ungelenken Wortschöpfung Magnetartikel? Ein Magnetartikel ist ein kleines Gerät, in dem mindestens ein Elektromagnet steckt. Das kann eine Weiche – genauer gesagt: der Weichenantrieb – sein oder ein Formsignal (das mit den Flügeln) beziehungsweise das kleine Kästchen, das dafür sorgt, dass sich die Flügel auf Knopfdruck bewegen, oder ein Lichtsignal, bei dem der Lichtwechsel auch von dem kleinen Kästchen im Signal-Fuß bewerkstelligt wird. In vielen dieser Kästchen an Weichen und Signalen stecken gleich zwei Spulen, also gewissermaßen zwei aktivierbare Magnete. Auch in einem fernsteuerbaren Entkupplungsgleis findet man mindestens eine elektromagnetische Spule.

Bei Magnetartikeln gibt es in der Regel zwei Zustände: Zustand 1 wäre Signal auf „Halt" oder Weiche auf „geradeaus". Zustand 2 ist demnach Signal auf „Freie Fahrt" oder Weiche auf „Abzweig". Bei Dreiwegweichen oder Signalen mit Zwischenstellung etwa für Langsamfahrt gibt es drei Stellungen.

Auch als Besitzer einer analogen Modellbahn hat man damit zu tun. Über kleine Schaltkästchen mit zwei oder mehr Tasten kann man die einzelnen

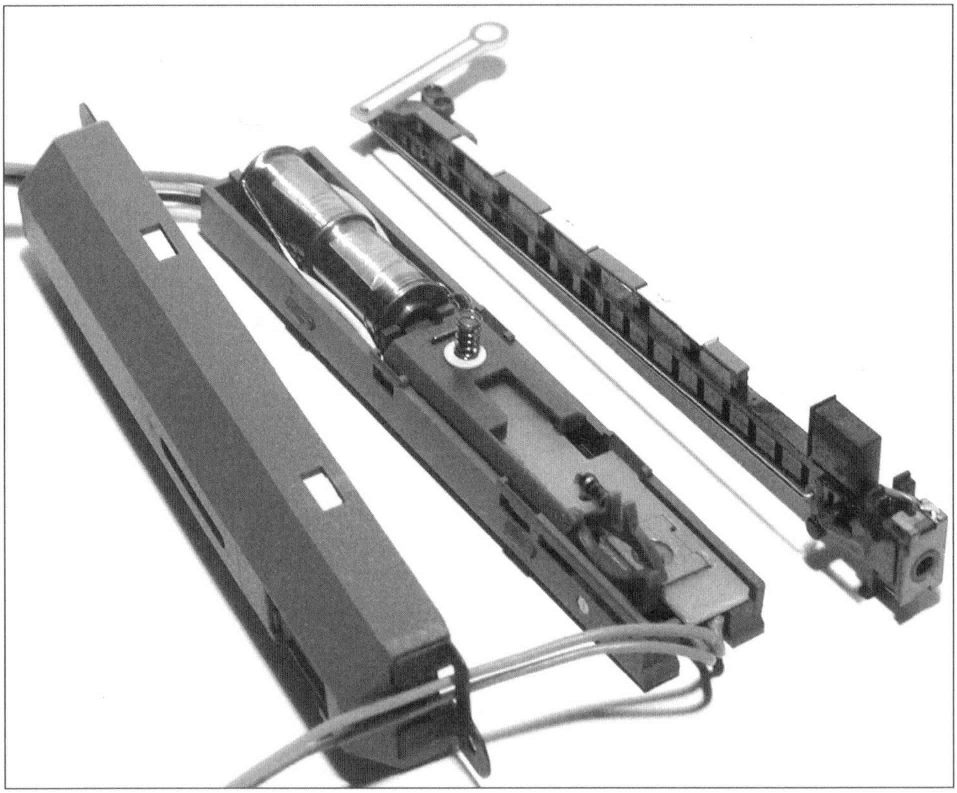

Abb. 2.12: So sehen typische Magnetartikel wie Weichen- oder Signalantrieb und Entkuppler von innen aus.

Magnetartikel schalten, wobei jede Weiche, jedes Signal einen eigenen, fest zugeordneten Schalter besitzt. Von jeder Weiche, von jedem Signal aus führen mindestens drei Kabel unter der Anlage zum passenden Schaltkästchen. Je mehr Magnetartikel man auf seiner Anlage hat, desto mehr Schalter braucht man. Schnell kommt da eine stattliche Batterie an Schaltkästchen zusammen. Mal ganz abgesehen vom Stellplatz, den man für diese Kästchen-Parade braucht: Die Modellbahn-Hersteller lassen sich jedes einzelne davon auch fürstlich bezahlen.

Kein Wunder also, dass sich viele Modellbahner eigene kleine Stellpulte oder Stellwerke basteln, in die sie preiswerte Kippschalter oder -taster aus dem Elektronik-Laden einsetzen. Auch wenn die ganze Sache so preiswerter wird: Der Verdrahtungsaufwand dafür bleibt enorm.

Bei der digitalen Anlage ist all das wesentlich komfortabler. Jede Weiche, jedes Signal wird nämlich nicht an ein Schaltkästchen in der Nähe des Fahrpultes sondern an einen Decoder angeschlossen, der sich idealerweise ganz in der Nähe des Magnetartikels unterhalb der Anlage oder, zum Beispiel bei einer Gartenbahn-Anlage, in einem Häuschen verstecken kann. Dieser Decoder heißt – weil er Magnetartikel ansteuert – dementsprechend Magnetartikeldecoder.

Die Anschlusskabel brauchen daher nur über eine relativ kurze Strecke vom Magnetartikel zum jeweiligen Decoder verlegt zu werden. Und der Decoder steht in Verbindung mit der Zentrale. Je nach benutztem Digitalsystem schaltet man die Weichen und Signale dann direkt an der Zentrale (z. B. Uhlenbrock Intellibox, Arnold), an einem separatem Keyboard (z. B. Märklin, Arnold, Roco) oder am Fahrregler (z. B. Lehmann, Trix). Besonders komfortabel wird es, wenn ein Computer die Schaltvorgänge automatisch oder per Mausklick ausführt und man überhaupt kein Tastenfeld für die Betätigung von Weichen und Signalen braucht. Entsprechende Schnittstellenmodule und Programme, die zum Beispiel das Kommandopult in einem Stellwerk nachbilden, werden weiter hinten im Buch vorgestellt.

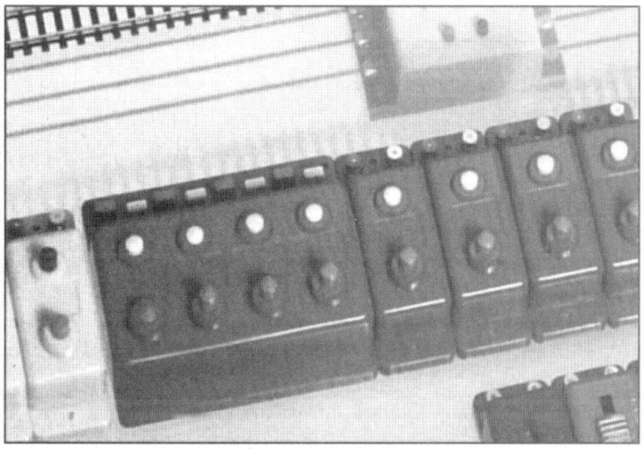

ABB. 2.13: ES IST OFT NICHT GANZ EINFACH, DEN ÜBERBLICK ZU BEHALTEN, WELCHES KNÖPFERL DENN NUN FÜR WELCHE WEICHE ZUSTÄNDIG IST.

Der Decoder braucht natürlich Strom. Wie beim Lokdecoder auch, bekommt er über ihn seine Datentelegramme, entschlüsselt sie und verwendet den Strom auch zum Schalten des entsprechenden Magnetartikels. Lieferant der Datentelegramme ist wieder die Zentrale, eventuell gesteuert durch einen PC. Der Strom kann auf zweierlei Art von der Zentrale zum Decoder gelangen: Entweder, und das ist meistens die bessere Lösung, man verlegt zwei separate Kabel von der Zentrale entlang der Anlage. Dann hat man die Möglichkeit, an beinahe jedem beliebigen Ort einen Decoder zu platzieren und ihn mit Strom zu versorgen. Oder man schließt jeden Magnetartikeldecoder einfach ans Gleis an. Denn schließlich fließen die Digitalinformationen durch die Schienen zum Decoder.

Manche Hersteller raten von diesem Prinzip allerdings ab, erfahrene Modellbahner sind da jedoch anderer Meinung, da sich so weitere Kabelverbindungen einsparen lassen. Sind Sie selbst sich unschlüssig, sollten Sie zunächst die einfache Variante über die Gleise versuchen und nur bei Problemen die Verbindung über eine separate Datenleitung herstellen. Da die Daten der Lok andere sind als die der Magnetartikel, kann es eigentlich nicht vorkommen, dass die Signale falsch interpretiert werden. Eher ist es möglich, dass die Digitalsignale auf dem Weg zum Decoder durch Unterbrechungen oder andere Signale gestört werden.

Es gibt auch Decoder, die gewissermaßen zwei Strom-Sorten von außen bekommen. Da wäre einmal der mit Datentelegrammen angereicherte Strom, nennen wir ihn einfach Digitalstrom. Um diesen wertvollen Strom nun nicht für etwas so schnödes wie das Schalten einer Weiche zu missbrauchen, nutzen manche Decoder einen separaten „Schaltstrom“. Dieser Schaltstrom kann einfach von einem eventuell noch vorhandenen alten Trafo stammen, der auf diese Weise noch eine wichtige Aufgabe bekommt. Vorteil dieses Verfahrens: Die Zentrale wird nicht unnötig durch die Schaltvorgänge belastet. Denn wie Sie ja bereits wissen, verbraucht jede Lok, jedes Gerät ein wenig von dem nur begrenzt vorhandenen Digitalstrom. Überlastet man die Zentrale durch zu viele Stromverbraucher, schaltet sie sich ab und nichts geht mehr. Durch die Stromversorgung der Magnetartikeldecoder aus einem separaten Trafo kann man diese aus der Gesamtrechnung der benötigten Strommenge schon mal heraus lassen.

**Abb. 2.14: Ein Magnetartikeldecoder wird in möglichst unmittelbarer Nähe der zu schaltenden Geräte angebracht. Meistens montiert man ihn an der Anlagen-Unterseite.**

Ein Magnetartikeldecoder ist meist in der Lage, gleich mehrere Weichen, Signale und Ähnliches zu kontrollieren und zu schalten. Meist besitzt ein solcher Decoder die Möglichkeit, vier Geräte anzuschließen. Demnach reagiert jeder Decoder auch auf vier Adressen: Der erste Decoder auf die Adressen 1 bis 4, der zweite auf die Adressen 5 bis 8 und so weiter. Wie bei einem Lokdecoder auch, kann man diese Adressen – und so manch anderes – selbst festlegen und in das Gerät programmieren. Die Adressen der Magnetartikel sind übrigens nicht zu verwechseln mit denen der Loks. Es gibt also hier durchaus Doppelungen: Die Lok mit der Adresse 4 wird somit völlig unbeeindruckt bleiben, wenn ein Befehl für Magnetartikel Nummer 4 durch die Leitung flitzt und umgekehrt.

Wenn Sie schon Erfahrungen mit einer analogen Anlage machen konnten, werden Sie vielleicht das Problem kennen: Wenn Sie auf eine Taste an einem Weichenstellkästchen gedrückt haben, springt die Weiche um. Zu lange darf man aber nicht drauf drücken, weil sonst der Weichenantrieb durch den dauerhaften Strom Schaden nehmen könnte. Wenn der Weichenantrieb keine „Endabschaltung“ besitzt, arbeitet der Elektromagnet im Antrieb so lange, wie man die Taste drückt. Durch eine verklemmte Taste in einem Weichenstellkästchen kann man sich auf diese Weise schnell den einen oder anderen Antrieb zerstören.

Die digitale Modellbahn hat für dieses Problem eine Lösung: Bei vielen Decodern lässt sich die Schaltzeit, also die Zeitdauer des Stroms für die Magnetspule in der Weiche oder im Signal, frei einstellen. Ganz gleich, wie lange man also zum Beispiel die Taste zum Umschalten der Weiche am Steuergerät betätigt, der Impuls zum Schalten wird vom Decoder stets mit gleicher Dauer abgeschickt.

Eine Endabschaltung im Antrieb, der im Prinzip das Gleiche tun soll, ist somit nicht mehr nötig. Viele Modellbahner bauen sie daher auch aus, da es bei einigen Fabrikaten damit schon mal zu Problemen (Abschaltung verkokelt) kommen kann.

## Signale, Weichen und Lampen

Vermutlich werden Sie zustimmen: Eine Modellbahn-Anlage sieht so richtig echt aus, wenn es in Bahnhöfen, aber auch auf freier Strecke Signale gibt. Während Signale bei analogen Anlagen durchaus eine Funktion haben, sind sie bei digitalen Anlagen reine Attrappen. Denn bei einer analogen Anlage werden Signale richtig in die Schaltungen mit einbezogen: Nur dann, wenn beispielsweise ein Signal auch tatsächlich auf „Halt“ zeigt, bleibt ein Zug davor stehen – was mit komplizierten Schaltungen und Trennstellen realisiert wird.

Bei der digitalen Anlage hingegen könnte das Signal auch fehlen oder man baut es zusammen mit den entsprechenden Decodern aus Kostengründen erst später ein – der Zug hält trotzdem an der vorher festgelegten Stelle, weil Sie das vorher so programmiert haben.

Bewegliche Signale sind bei der „großen" Bahn in fast allen Ländern schon seit vielen Jahren aus der Mode, da sie sehr störungsanfällig waren. Einleuchtend, denn alles, was sich bewegt, unterliegt einem gewissen Verschleiß. Mehr und mehr wurden die beweglichen Signale von einst durch so genannte Lichtsignale ersetzt. Statt der Anzeige durch eine bestimmte Stellung des oder der Flügel wird, wie bei der Verkehrsampel im Straßenverkehr auch, die Botschaft „freie Fahrt" bzw. „Halt" durch Licht symbolisiert. Auch Signale werden, wie schon erwähnt, von Magnetartikeldecodern geschaltet. Das gilt in vielen Fällen sowohl für die beweglichen mit Flügeln als auch für die unbeweglichen Signale mit Licht.

**Abb. 2.15: So richtig „echt" sieht's mit Signalen aus – besonders im Dunkeln.**

Wie Sie schon erfahren haben, sendet ein Magnetartikeldecoder normalerweise einen kurzen Stromimpuls, der etwa dem Weichenantrieb ausreicht, um umzuspringen. Würde man an denselben Ausgang des Decoders nun ein Lämpchen anschließen, würde es beim Druck auf die Taste nur kurz aufblitzen und wäre anschließend wieder dunkel. Bei Lichtsignalen soll das nicht passieren, damit eine einmal eingestellte Mitteilung „Halt" oder „freie Fahrt" auch dauerhaft erhalten bleibt, sogar dann, wenn zwischendurch der Strom ausfiel . Daher benutzt man auch zum Schalten eines Lichtsignals eine elektromagnetische Doppelspule, die einen Schalter bedient. So verhalten sich Lichtsignale aus Sicht der digitalen Steuerung nicht anders als Formsignale.

## Spulen, Motoren und konstante Verbraucher

Weichendecoder ist nicht gleich Weichendecoder. Das ganz einfache Modell (z. B. der k 83 von Märklin oder der S4 von Arnold) versteht sich nur auf die

Ansteuerung von Magnetartikeln mit Spulen-Antrieben. Außer diesen gibt es aber auch noch Decoder für so genannte motorische Antriebe, in denen ein kleiner Elektromotor werkelt, um die Weichenzunge oder die Flügel des Signals zu bewegen, und solche Decoder, die speziell für die EPL-Antriebe der LGB-Gartenbahn entwickelt wurden.

Ein Sonderfall des Magnetartikeldecoders ist der so genannte Schaltdecoder. Während man über einen Magnetartikeldecoder mit einem kurzen Impuls Magnetartikel umschalten kann, lassen sich über einen Schaltdecoder Beleuchtungen, Motoren in Funktionsmodellen und sogar Blinklichter gleichmäßig oder unregelmäßig ein- und ausschalten. Die meisten Hersteller haben gleich beide Decoder-Typen im Programm.

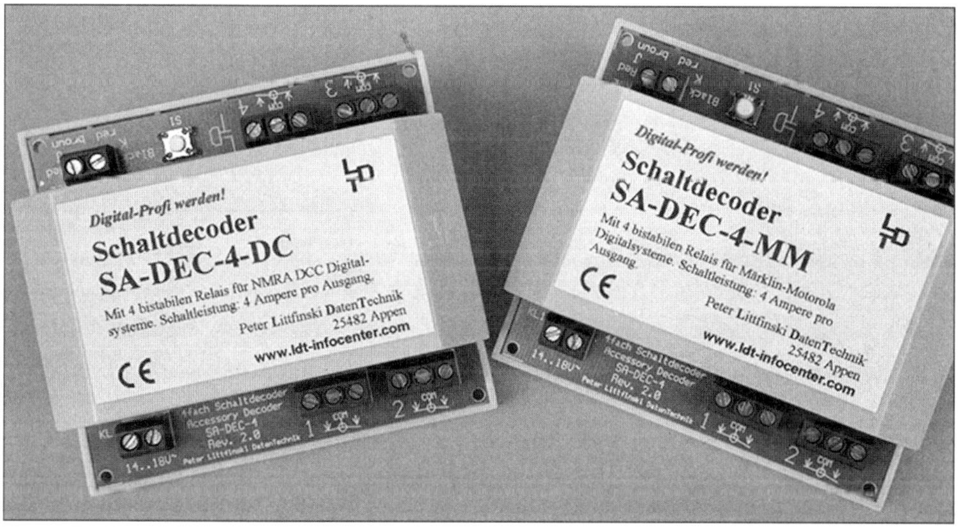


**Abb. 2.16: Mit einem Schaltdecoder wie dem SA-DEC-4 von LDT lassen sich Beleuchtungen und Motoren schalten. Man kann mit ihm aber auch ganze Gleisabschnitte abschalten.**

So ist zum Beispiel der Decoder k 83 von Märklin für das Schalten von Magnetartikeln zuständig. Für Beleuchtungen, wie zum Beispiel die in einem Haus, am Bahnsteig oder entlang einer Straße, für das Blinklicht an Bahnübergängen oder Leuchtreklamen braucht man hingegen den Schaltdecoder k 84. Auch dann, wenn man zum Beispiel den Motor ein- oder ausschalten will, der die Flügel einer Windmühle oder das Förderband in einem Fabrik-Modell bewegt, ist dies ein Fall für k 84.

Leider gibt es in den meisten Fällen keine Möglichkeit, den jeweils einen Decoder für die jeweils andere Schaltaufgabe zu verwenden. Das ist etwa bei den Magnetartikeldecodern der kleinen norddeutschen Firma LDT anders, bei denen man einen kleinen Trick anwendet: Hier kann man nämlich ein zusätzliches Modul, den so genannten Dauerstromumschalter, anschließen, das aus dem Momentkontakt-Ausgang eines Decoders einen für Dauerstrom macht. So entsteht aus dem Decoder gewissermaßen ein kombinierter Magnetartikel-/Schaltdecoder.

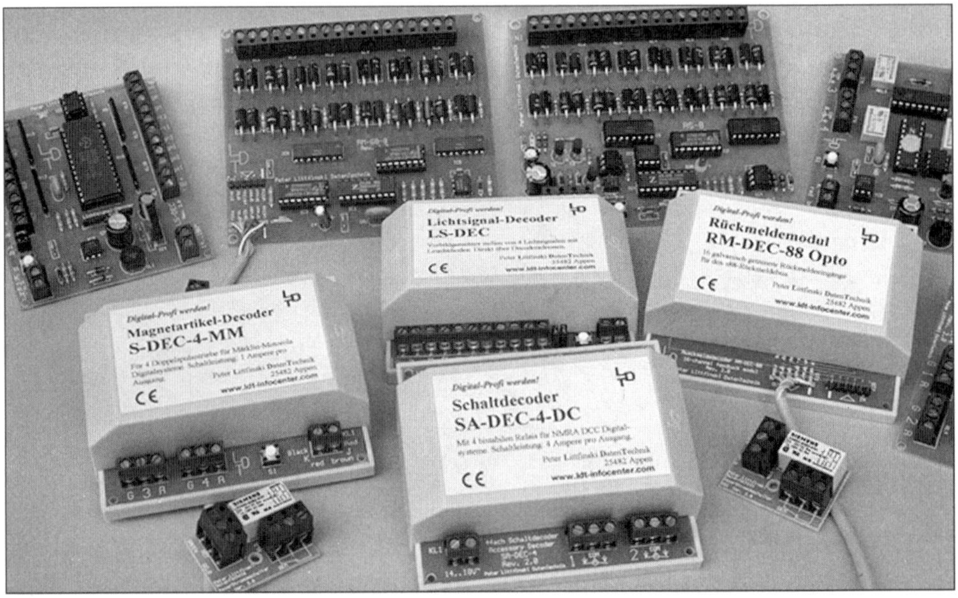


**ABB. 2.17: EINIGE DECODER SIND FÜR MOMENTKONTAKTE, ANDERE FÜR STROMKREISE ZU VERWENDEN. EINIGE MODELLE KÖNNEN BEIDES.**

Noch komfortabler ist das bei Decodern der Großbahn-Firma Lehmann (LGB) oder den Schaltempfänger genannten Decodern von Digital-Pionier Lenz gelöst: Hier kann man für jeden Ausgang festlegen, was angeschlossen wird. Ist ein kurzer Impuls zum Schalten einer Weiche oder ein dauerhafter Stromkreis gefragt? Und wie lange soll der Schaltimpuls sein? Oder darf es vielleicht sogar ein Dauerstromkreis sein, der immer mal wieder unterbrochen wird, um ein Blinklicht zu realisieren? Und soll das Blinken gleichmäßig oder vielleicht unregelmäßig sein? Auf diese Weise lassen sich diese Decoder ohne Bastelei für die Ansteuerung nahezu jedes Modellbahn-Zubehörs nutzen.

Sie sehen, auch die Anschaffung von Decodern dieser Art ist eine Wissenschaft für sich und will gut überlegt sein. Geld sparen kann man dabei ganz kräftig: Mittlerweile gibt es nämlich viele, meist kleinere aber in der Regel sehr bemühte Firmen, die sich darauf spezialisiert haben, Zubehör für die verschiedenen Systeme anzubieten. Nicht jeder braucht zum Beispiel solche Allround-Decoder wie die von LGB oder Lenz.

So gibt es gerade bei Weichendecodern, wie viele Hersteller die Magnetartikeldecoder auch der Einfachheit halber nennen, ein sehr großes Angebot. Im Internet wird man hier garantiert fündig. Und wen kümmert es schon, ob ein solcher Decoder, der ja ohnehin unter der Anlage und somit außerhalb des sichtbaren Bereiches angebracht ist, nun ein formschönes, mehrfarbig bedrucktes Gehäuse hat oder nicht, oder ob man die Anschlüsse mit einzelnen, farbig gekennzeichneten Steckerchen in kleine Buchsen oder einfach per Schraubenzieher und eine einfache Steckerleiste erledigt? Wo man Geld sparen kann, da sollte man dies zumindest in Erwägung ziehen. Zumindest so lange, wie dies der Qualität keinen Abbruch tut. Denn man sollte, wie die Erfahrung zeigt, zumindest Fabrikate wählen, die sich schon im Modellbahn-Alltag bewährt haben, und auf Firmen zurückgreifen, von denen man schon mal etwas gehört oder gelesen hat.

Geld sparen kann man aber auch durch den Umstand, dass man an den Ausgang eines Decoders oft mehr als nur eine einzelne Weiche anschließen kann. In diesem Fall werden aber auch zum Beispiel zwei Weichen gleichzeitig geschaltet, wenn der entsprechende Befehl kommt. Oder ein Flügelsignal wird immer zusammen mit einer bestimmten Weiche geschaltet. Der Decoder weiß nämlich gar nicht, dass er da mehr als ein Gerät schaltet. Oft kann genau das ja gerade gewünscht sein. So spart man Ausgänge an einem Decoder, reduziert den Verdrahtungsaufwand und macht später auch noch das

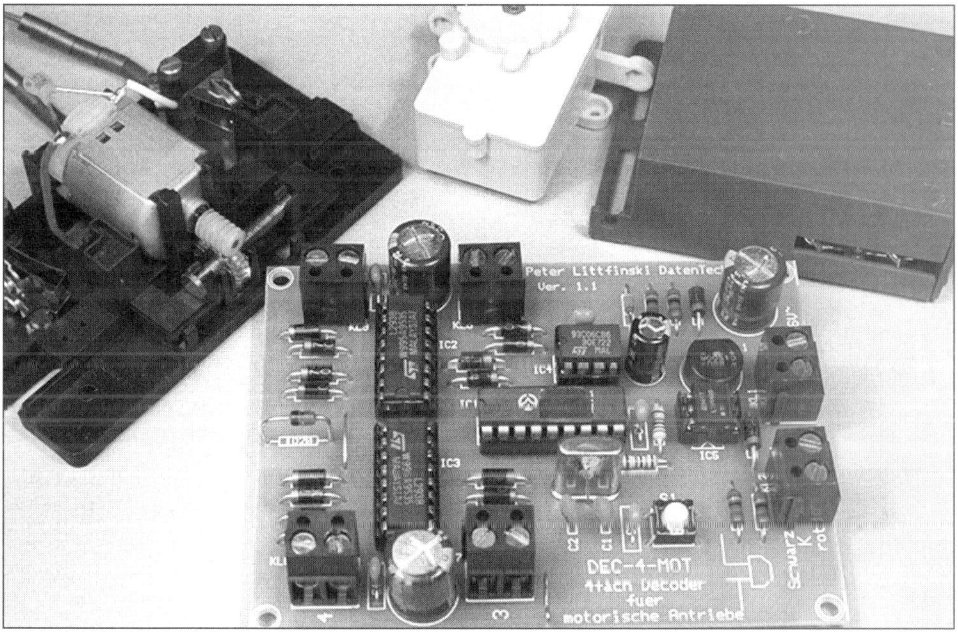


**Abb. 2.18: Geld sparen beim Decoder-Kauf. Wer braucht schon ein formschönes Gehäuse unter der Anlage, wohin man ohnehin nicht sehen kann?**

Schalten von Hand einfacher. Denn wenn man später mit nur einem Knopfdruck zum Beispiel zwei Weichen schalten kann, um so einen Zug etwa über ein Ausweichgleis fahren zu lassen, hat man's eben leichter. Nicht alle Decoder lassen das aber zu. Natürlich funktioniert das beschriebene Port-Sharing (Teilen eines Anschlusses) auch nur bei gleichen anzuschließenden Geräten, also zum Beispiel bei zwei Lichtsignalen bzw. einem Lämpchen und einem Motor. Oder bei zwei Weichen gleichen Typs oder bei einer Weiche und einem Signal, das über elektromagnetische Spulen bewegt wird.

Eine magnetisch betriebene Weiche oder ein solches Signal besitzt zwei Spulen. Jede dieser Spulen ist also gewissermaßen für eine Schaltbewegung zuständig. Beim Betätigen der einen Taste wird die eine Spule aktiv und bewegt die Weiche oder den Signalflügel in die eine Richtung, die andere Taste aktiviert die andere Spule und sorgt für eine Bewegung in die andere Richtung. Die meisten Magnetartikeldecoder haben vier Anschlüsse und können pro Anschluss maximal zwei Weichen oder Signale (von denen jedes zwei Spulen besitzt) schalten. Acht Magnetartikel würden sich somit anschließen lassen. Ein Entkupplungsgleis besitzt oft nur eine Spule: Hiervon könnte man also pro Anschluss gleich vier (also theoretisch insgesamt 16 Entkuppler) von einem gängigen Magnetartikeldecoder schalten lassen.

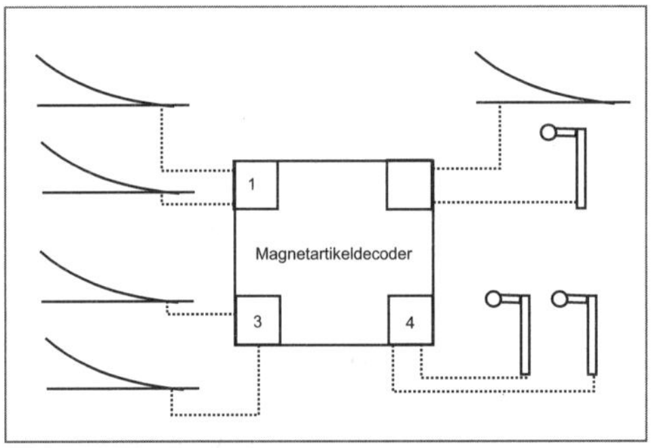


**Abb. 2.19: Schließt man mehrere Magnetartikel an einen Ausgang an, kann man bei der Anschaffung der Decoder Geld sparen, weil man nicht so viele davon braucht.**

### Achtung

*Die beschriebenen Angaben über die Anzahl der anschließbaren Komponenten gelten natürlich nur, wenn der Decoder-Hersteller dies ausdrücklich in seiner Produktbeschreibung aufführt. Ansonsten hat man nämlich schnell einen Decoder zerstört.*

Sie erinnern sich noch an das Thema Lichtsignale? Viele Hersteller verwenden aus den genannten Gründen elektromagnetische Schalter zum Erzeugen der Signalbilder, die ja eigentlich nur aus glimmenden LEDs bestehen. Solche Schaltdekoder, die Dauerströme erzeugen können (Lenz, LGB, Minitrix, Märklin k 84) kann man natürlich direkt auch zum Ansteuern der Lämpchen verwenden, ohne dass ein elektromagnetischer Antrieb nötig ist. So gibt es halt keinen Verschleiß und weniger Ärger durch unzuverlässig schaltende Antriebe. Prüfen Sie aber vor der Anschaffung, ob sich das entsprechende Lichtsignal auch tatsächlich so ansteuern lässt. Von der Firma LDT gibt es sogar einen speziellen Lichtsignal-Decoder, mit dem sich die echten Signalbegriffe, also gewissermaßen die Aussagen der verschiedenen LED-Kombinationen, direkt ansteuern und darstellen lassen.

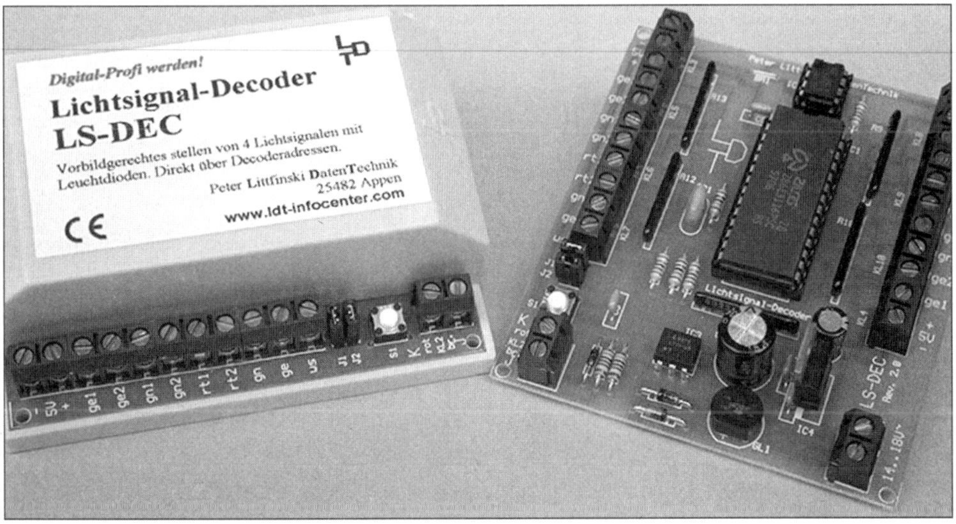


**Abb. 2.20: Spezielle Lichtsignal-Decoder erzeugen die Signalbilder und steuern die LEDs direkt an – eine praktische und verschleißfreie Lösung.**

Während in aller Regel ein Weichendecoder gleich mehrere, meist vier, Ausgänge besitzt, gibt es auch Decoder, die nur für ein einziges Gerät gedacht sind. Diese Decoder werden außerdem nicht unter oder neben der Anlage platziert sondern werden direkt in das zu schaltende Gerät eingepflanzt. Magnetartikeldecoder dieser Art gibt es zum Beispiel von Roco und Märklin in Spur Ho, bei der der Weichendecoder direkt ins Weichengehäuse eingesetzt wird. Gerade dann, wenn man sich mit dem Verdrahten einer kleineren Anlage nicht zu viel Arbeit machen möchte, kann der Einsatz solcher Decoder eine Überlegung wert sein.

> **Hinweis**
> *Nicht jeder Magnetartikeldecoder arbeitet mit jeder Zentrale zusammen. Decoder und Zentrale müssen kompatibel sein.*

Vor allem die österreichische Firma Roco ist in der Vergangenheit immer wieder durch besonders einfach zu installierende und zu nutzende Digitalkomponenten positiv aufgefallen. So ist auch der direkt im Weichengehäuse untergebrachte Weichendecoder eine praktische Sache, gerade für all diejenigen, die vor allem Spaß an den Zügen und Modellen haben wollen und sich nicht so sehr mit der eigentlichen Modellbahntechnik beschäftigen möchten. Aber auch Märklin stellt für das so genannte C-Gleis (Spur Ho) sehr einfach ins Weichengehäuse einbaubare Decoder her.

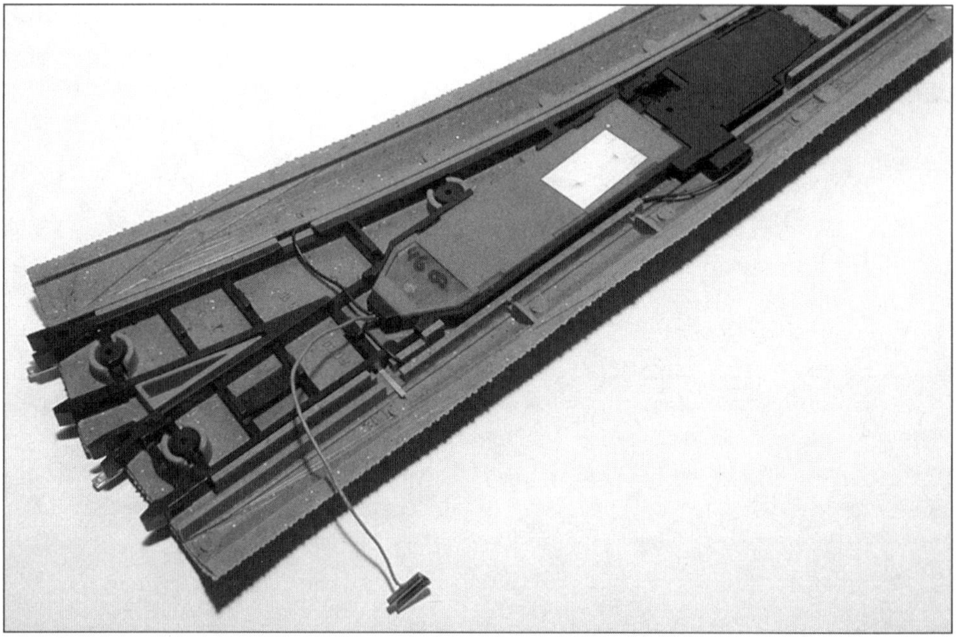

ABB. 2.21: WEICHENDECODER LASSEN SICH BEI MANCHEN FABRIKATEN AUCH DIREKT INS WEICHENGEHÄUSE EINSETZEN.

Wer von Ihnen sich vielleicht auch schon in den 1980er-Jahren mit Computern beschäftigt hat, der wird den Ausdruck Mäuseklavier kennen. Gemeint mit diesem Begriff sind die kleinen Schalterreihen (DIP-Schalter), mit denen man damals Drucker konfigurieren oder sogar Grafikkarten einstellen musste. Und noch immer gibt es Lok- und Weichendecoder, bei denen die Adressen über mikroskopisch kleine Schalterchen eingestellt werden. Modernere Decoder lassen sich heute natürlich über die Zentrale, mithilfe des Fahrreglers oder – noch komfortabler – über den PC einstellen.

Trotz der Decoder-Vielfalt und der für Sie vielleicht noch unüberschaubar erscheinenden Möglichkeiten: In der Praxis sind der Bau einer digitalen Anlage und die Installation und Konfiguration der Decoder eine meist problemlose Sache. Und auch wenn die Einarbeitung ins Thema mühevoll ist: Ein abwechslungsreicher Fahrbetrieb und die komfortable Bedienung am PC-Bildschirm wird Sie dafür entlohnen.

## Funktionsdecoder – Besondere Bahnfunktionen nutzen

So ganz einheitlich ist die Terminologie bei den verschiedenen Herstellern zwar nicht, hier aber dennoch der Versuch einer Definition: Nachdem Sie Lokdecoder und Magnetartikeldecoder ja nun bereits kennen gelernt haben, fehlt noch ein Decodertyp, der gewissermaßen eine Mischung aus beiden ist. Wie der Name schon sagt, steuert man mit diesem Decoder bestimmte Funktionen. Wie ein Lokdecoder ist ein Funktionsdecoder aber mit dem Zug auf den Gleisen unterwegs, bezieht den Digitalstrom also auch über die Schienen.

Eine besonders gängige Anwendung eines Funktionsdecoders ist die Kontrolle der Beleuchtung in einem so genannten Steuerwagen. Falls Sie nicht wissen, was das ist: Es handelt sich hierbei um einen Waggon, der am Ende eines Zuges eingesetzt wird. Ändert der Zug seine Fahrtrichtung, muss nicht extra die Lok umgesetzt werden. Bei der großen Bahn besteigt der Lokführer einfach den Führerstand im Steuerwagen und steuert die Lok, die nun den Zug schiebt, von dort aus. Wie bei einer Lok gibt es auch in einem Steuerwagen natürlich ein (rotes) Schlusslicht bzw. das (weiße) Fahrlicht, das bei wechselnder Fahrtrichtung jeweils umschaltet. Für genau diesen Lichtwechsel ist in einem Steuerwagen der Funktionsdecoder zuständig.

Erinnern Sie sich noch daran, was ein Lokdecoder alles kann? Außer der Steuerung des Motors ist er unter anderem auch noch in der Lage, zum Beispiel die Beleuchtung der Lok zu kontrollieren. Zu diesem Zweck besitzt er die so genannten Funktionsausgänge. Stellen Sie sich einen Funktionsdecoder nun einfach so vor wie einen Lokdecoder ohne Motor-Ausgänge. Der Decoder besitzt also nur Funktionsausgänge, je nach Modell unterschiedlich viele. Warum sollte man nun in einen Steuerwagen einen Funktionsdecoder statt einen Lokdecoder stecken? Gute Frage. Wenn man sich nämlich die Preisunterschiede zwischen Lokdecoder und Funktionsdecoder anschaut, sind die zwar da, aber nicht allzu groß.

Ganz besonders detailverliebte Modellbahner, und davon gibt es natürlich besonders viele, möchten vielleicht auch die Wageninnenbeleuchtung per Knopfdruck digital ein- und ausschalten. Normalerweise brennt diese, sofern sie überhaupt vorhanden ist, so lange, wie ein Waggon auf dem Gleis steht und die Digitalsteuerung eingeschaltet ist. Das wirkt an einem Modellbahn-Tag nicht echt. Denn wie eine Lok erhält auch sie ihren Strom aus den

**Tipp**

*Oft kann man sich das Geld für die Anschaffung eines neuen Funktionsdecoders sparen. Überlegen Sie, ob Sie für die Kontrolle der Beleuchtung eines Steuerwagens nicht einen ganz einfachen, preiwerten Funktionsdecoder oder einen älteren, vielleicht noch nicht lastgeregelten Lokdecoder einsetzen. In diesem Fall kann man oft auch vom sonst vielleicht üblicherweise in den Loks eingesetzten System abweichen. Kompatibel zur Zentrale bzw. zu den Lokdecodern sollte der Decoder aber natürlich schon sein.*

Gleisen. Als Stromabnehmer fungieren hier zum Beispiel die Achsen und Räder, an die entsprechende Stromabnehmer montiert wurden. Setzt man einen Funktionsdecoder ein, dann kann man natürlich auch gleich die Innenbeleuchtung von diesem mit kontrollieren lassen.

Abb. 2.22: Funktionsdecoder kontrollieren z. B. die Beleuchtung eines Steuerwagens.

Bei einer LGB-Gartenbahn könnte man auf diese Weise sogar die Innenbeleuchtung eines ganzen Zuges kontrollieren, indem man die an vielen Personenwagen vorhandene Mini-Steckdose des letzten Wagens zusammen mit der Innenbeleuchtung an einen Ausgang des Funktionsdecoders anschließt. Verbindet man nun über die LGB-typischen Mini-Kabel und -Steckerchen die einzelnen Wagen und Innenbeleuchtungen miteinander, kann man vom PC oder vom digitalen Steuerpult aus die Beleuchtung eines ganzen Zuges ein- und ausschalten. Sie werden vielleicht selber noch erleben, wie toll das aussehen kann, wenn der PC den Zug auf das Abstellgleis dirigiert, die Lok schnaufend anhält, noch einen letzten Pfiff von sich gibt, die Lampen an der Lok verlöschen und schließlich auch im ganzen Zug das Licht ausgeht.

**Tipp**

*Informieren Sie sich darüber, wie viele Lämpchen jeder einzelne Ausgang eines Decoders verträgt. Eine Tabelle ganz vorne in diesem Kapitel informiert darüber, wie viel Strom ein einzelnes Lämpchen braucht. Diese Information ist wichtig, damit man den Decoder nicht überlastet und dadurch vielleicht zerstört.*

Aber nicht nur in Großbahnen in Spur IIm sondern auch in vielen Hooder sogar N-Zügen kann man einen Funktionsdecoder dazu benutzen, die gesamte Innenbeleuchtung zu steuern. In diesem Fall ist einfach nur ein wenig mehr Bastelarbeit nötig, da es zwischen den einzelnen Wagen eine Kabel-Verbindung geben muss, die den Befehl des in einem Wagen steckenden Funktionsdecoders an alle Wagen weitergibt. Wer über genügend Kleingeld verfügt, könnte natürlich rein theoretisch auch in jedem Waggon einen eigenen Funktionsdecoder unterbringen.

Die Digitaltechnik macht also faszinierende Dinge möglich und lässt die Modellbahn noch ein ganzes Stück realistischer aussehen, als dies mit herkömmlicher Technik möglich wäre. Vor einiger Zeit war von Märklin zum Beispiel ein Aussichtswagen zu haben, in dessen Panorama-Kanzel sich ein Kellner bewegen konnte, und sich die Tischbeleuchtungen ein- und ausschalten ließen. Auch hier kam wieder ein Funktionsdecoder zum Einsatz. Auch einen Tanzwagen mit sich zur Musik drehenden Paaren gab es. Unverständlich ist nur, dass Märklin beide Wagen nicht mehr herstellt und liefert.

Abb. 2.23: Nicht nur, aber auch bei Kindern besonders beliebt ist der digital steuerbare Kran von Roco für Anlagen im Massstab 1:87 (H0).

Völlig neue Möglichkeiten hat man durch Lok- und Funktionsdecoder aber nicht nur bei den Loks und Waggons selbst. Auch zusätzliches Geschehen am Rand der Gleise kann mit Hilfe der Digitaltechnik inszeniert werden. So liefert etwa Roco für alle Ho-Anlagen einen Kran, der digital gesteuert wird. Wer es ganz besonders realistisch mag, kann diesen Kran sogar über einen Joystick, wie man ihn von Computer-Spielen her kennt, steuern.

All die gezeigten Beispiele sind sicher erst der Anfang. Vermutlich gibt es, wenn Sie diese Zeilen lesen, schon viele völlig neue Funktionsmodelle, die sich digital steuern lassen. Denn viele Modellbahn-Hersteller sind mittlerweile aus ihrem Dornröschenschlaf erwacht und haben erkannt, dass es vor allem die Digitaltechnik ist, mit der die in den letzten Jahren als angestaubtes „Altherrenhobby" in Verruf geratene Beschäftigung mit der Modellbahn wieder völlig neu in Fahrt kommen kann. Denn ein PC ist schließlich in immer mehr Haushalten vertreten.

## Computer-Interface – die Verbindung zum PC

Bisher kennen Sie zwar einige Bausteine, die digital arbeiten, doch zum Computer benötigen Sie meist ein weiteres Kästchen, das so genannte Interface. Hiermit wird die Zentrale mit einer Standard-Schnittstelle des PCs verbunden. In der Regel ist das die serielle Schnittstelle, an die am PC früher auch Maus oder Modem angeschlossen wurden. Viele Hersteller bezeichnen das Interface auch gerne als PC-Interface, obwohl die Bezeichnung eigentlich nicht so ganz richtig ist. Denn rein theoretisch lässt sich dieses Gerät auch an einen älteren Apple Macintosh und jeden anderen Computer anschließen, der die entsprechende serielle Buchse besitzt.

Ist eine serielle Schnittstelle nicht mehr vorhanden – wie zum Beispiel bei neueren Apple- oder PC-Modellen, können Sie entweder eine entsprechende Erweiterungskarte kaufen oder einen Adapter einsetzen, der die Signale von neueren Schnittstellen (wie USB) auf die serielle Schnittstelle umsetzt. Und mittlerweile kommen auch immer mehr Interfaces mit USB-Anschluss auf den Markt.

Steuersoftware für digitale Anlagen gibt es hauptsächlich für Computer mit Windows als Betriebssystem. Wer einen Mac besitzt, hat es nicht ganz einfach; am besten erwirbt er eine Software, die Windows auf seinem Apple-Rechner emuliert und so den Betrieb der Modellbahn-Software wie unter Windows erlaubt.

Während sich die meisten Zentralen der verschiedenen Hersteller vom Prinzip alle irgendwie ähneln, sehen die Computer-Interfaces doch recht unterschiedlich aus. Das Interface wird über den entsprechenden Bus an die Zentrale angeschlossen und bringt die nötige RS-232-Schnittstelle mit, über die es mit der gleichen Buchse am PC verbunden wird. In einigen Fällen (zum Beispiel beim Interface von Märklin) muss man allerdings ein mitgeliefertes Spezial-Kabel verwenden, um die Verbindung zwischen Interface und PC herzustellen.

Sobald die Verbindung zwischen Interface und PC hergestellt ist, vermittelt das Interface gewissermaßen zwischen Zentrale und PC, weil beide eigentlich nicht die gleiche Sprache sprechen. Die Befehle kommen nun nicht mehr vom Benutzer, der sie über die Zentralen-Tastatur oder den Handregler eingibt, sondern vom Computer.

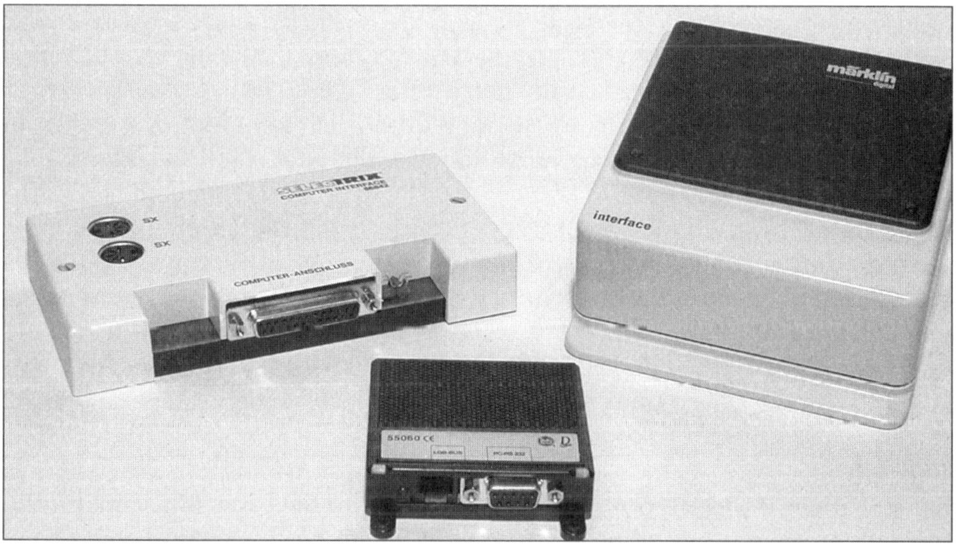


**Abb. 2.24: Ein Computer-Interface vermittelt zwischen dem steuernden Computer (meistens ein PC) und der Digital-Zentrale. Je nach Hersteller sieht es völlig anders aus.**

Computer-Interfaces gibt es inzwischen für fast alle gängigen Digital-Systeme und die Anschaffung eines solchen Gerätes sollte man als Besitzer einer digitalen Modellbahn-Anlage auch fest einplanen. Beginnen und die ersten Schritte machen mit der digitalen Modellbahn kann man sicher auch erst einmal ohne Computer-Anschluss. Irgendwann einmal sollte man den Schritt aber wagen. Sie werden sehen: Es lohnt sich. Eine Ausnahme bildet übrigens ein weiteres Mal die Intellibox von Uhlenbrock. Sie bringt das Computer-Interface schon mit: Man kann dies an ihrer Rückseite durch die vorhandene RS-232-Schnittstelle gut erkennen. Wer sich für sie entschieden hat, der muss daher kein zusätzliches Geld für einen Interface-Baustein ausgeben.

### Achtung

*Auch wenn die Anschlüsse gleich aussehen: Verwenden Sie, wenn Sie sich nicht ganz sicher sind, nur das dem Interface beiliegende Kabel zum Anschluss an den Computer. Die einzelnen Leitungen im Inneren des Kabels können nämlich unterschiedlich belegt sein. Erkundigen Sie sich im Zweifelsfall bei der Hotline des Herstellers oder Ihrem Modellbahn-Händler. Die entsprechenden Telefonnummern der Hersteller finden Sie im Anhang.*

Zu einer seriellen Schnittstelle gehört zum einen die Buchse, die neun einzelne Löcher besitzt. Weiblich nennt man diesen Anschluss. Demnach hat ein passender Ste-cker neun Stifte, weshalb man den Anschluss auch als männlich bezeichnet. Zudem ist aber auch ein Platinchen nötig, das dafür sorgt, dass die Daten seriell, also Bit für Bit hintereinander, durch die Anschlüsse geschickt werden. Und genau das steckt in dem Gehäuse des Interfaces.

Wie wenig Platz dafür eigentlich nötig ist, zeigt etwa die kleine Interface-Box von LGB oder die Tatsache, dass die ganze Interface-Technik einfach noch mit in das Gehäuse der Intellibox passt. Sie würden sich wundern, wie leer es in einem der großen Interface-Gehäuse von Märklin oder Minitrix zugeht.

Die Hersteller verwenden allerdings gerne die gleichen Gehäuse, wie sie auch für die zentralen und andere Elemente zum Einsatz kommen. Übrigens gibt es durchaus Unterschiede darin, wie sie sich als eine Komponente eines kompletten Digitalsystems verhält. Das wichtigste Kriterium dabei ist die Geschwindigkeit, mit der die Daten übertragen werden. Die Geschwindigkeit, mit der die Daten über eine Leitung wie die zwischen Interface und PC flitzen, wird in Bit pro Sekunde gemessen.

Beim Märklin-Interface 6051 sind es 2.400 Bit pro Sekunde (Bps), die Intellibox schafft bis zu 19.200 Bps. Auch wenn es nicht um das Laden von Webseiten aus dem Internet geht, ist die nicht ganz unwichtig: Je schneller die Übertragung ist, umso schneller gelangen die Steuersignale vom PC zum Decoder in der Lok oder im Weichenantrieb. Gerade bei größeren Anlagen kann da nämlich ganz schön etwas an Datenverkehr entstehen. Und da die Datenübertragung seriell, also Bit für Bit hintereinander, erfolgt, wird auch immer erst ein Befehl vollständig geschickt, bevor der Nächste folgt. Da kann es also schon mal auf Sekundenbruchteile ankommen, damit die Weiche nicht erst schaltet, nachdem der Zug schon halb über sie hinweg gefahren ist und es zum Unfall kommt ...

Wählen Sie also im Zweifelsfall ein System, das schnell genug arbeitet.

## Keyboard – Schalten von Signalen, Weichen und mehr

Keyboard ist englisch und heißt Tastatur, und in der digitalen Modellbahnwelt wird damit ein Gerät bezeichnet, in dem sich viele Tasten befinden. Bei Märklin, Arnold und Roco müssen Sie zum Schalten von Magnetartikeln noch ein zusätzliches Gerät kaufen – das Keyboard eben. Nur wenn Sie zum Stellen ein Programm im Computer verwenden, können Sie auf die Anschaffung eines solchen Keyboards verzichten.

**Abb. 2.25: Mit einem Keyboard steuert man Weichen und Signale.**

Das Keyboard stellt also im Grunde nur separate Tasten zur Verfügung, mit denen man die Weichen und Signale schalten kann. In der Regel gibt es für jeden Magnetartikel und seine möglichen zwei Zustände ein eigenes Tastenpaar. Bei den Keyboards von Märklin und Arnold ist es etwas umständlich, sich auf dem Tastenfeld zurechtzufinden und im Kopf zu behalten, welche Weiche denn nun mit welchem Tastenpaar gesteuert wird. Das ist umso schwieriger, als die Anzeigen nur recht dürftige Informationen darüber liefern, in welchem Zustand sich eine Weiche oder ein Signal gerade befindet. So signalisiert etwa das Keyboard von Märklin nur, ob die rote Taste gedrückt wurde, ob also eine Weiche in einen bestimmten Zustand geschaltet wurde. War es der andere, bleibt das Lämpchen aus. Beim Roco-Keyboard ist das schon etwas besser gelöst: Nach Aufruf der Weichen-Nummer wird der aktuelle Status – geradeaus oder Abzweig – angezeigt.

Die Verwirrung wird noch größer dadurch, dass man mit einem einzigen Keyboard mehr Magnetartikel schalten kann als Tasten vorhanden sind. Bei Arnold sind es 256 Magnetartikel, und mit der Intellibox von Uhlenbrock sind es sogar bis zu 2.040 Weichen, die sich ansteuern lassen. Immer 16 (Märklin) bzw. acht (Intellibox) davon sind aber nur unmittelbar ansteuerbar, weil es eben nur 16 bzw. acht Tastenpaare im Tastenfeld gibt. Will man also bei der Intellibox zum Beispiel Weiche Nummer 35 bedienen, muss man erst in die fünfte Ebene wechseln – im Fahrbetrieb ist das wohl kaum praktikabel.

Bei der digitalen Mehrzug-Steuerung von LGB gibt es kein eigenes Keyboard. Die Möglichkeit, Magnetartikel zu schalten, wurde in das Universal Handy integriert. Und damit das nicht zu viele Tasten bekommt, hat man sich ein etwas gewöhnungsbedürftiges Bedien-Prinzip ausgedacht: Man muss nämlich erst in den Weichenstell-Modus wechseln, dann die Nummer der Weiche aufrufen und kann erst dann die Weiche schalten. Das muss geübt sein, damit der Zug nicht schon längst die Weiche passiert hat, wenn man soweit ist. Bei diesem ja auch im Garten und als Funk-Fernsteuerung einsetzbaren Handy hat man sich aber für dieses Prinzip entschieden, um das Tastenfeld nicht zu überladen.

Sinnvoll ist ein Keyboard daher eigentlich nur, wenn es für jede Weiche ein eigenes und festes Tastenpaar gibt, das man auch dementsprechend beschriften kann, damit man die Taste im Fahrbetrieb auch entsprechend schnell finden kann. Ein gerade noch akzeptabler Kompromiss ist das Keyboard von Roco: Hier muss man nur die Weichen-Adresse eintippen und kann dann sofort schalten.

Im Grunde ist ein solches digitales Weichenstell-Keyboard aber eigentlich auch überholt und man sollte sich die Anschaffung gut überlegen: Denn jeder, der in den Bau einer digitalen Modellbahn-Anlage einsteigt, wird über kurz oder lang den PC mit einbeziehen. Und dann steuert entweder der Computer die Schaltvorgänge, sodass es wesentlich weniger Unfälle gibt, oder man schaltet Weichen und ganze „Fahrstraßen“ bequem und einfach mit der Maus. Wie das genau aussieht, werden Sie noch ausführlich kennen lernen.

## Rückmelder – Überwachung der Anlage

Der Mensch ist dem Computer und damit auch der digitalen Modellbahn-Steuerung unterlegen, wenn es darum geht, eine Vielzahl von Zügen, Weichen und Strecken zu überwachen, so dass es zu keinem schwerwiegenderen Unfall kommt. Da ist der Computer einfach besser und kann besser reagieren. Eines kann die digitale Steuerungszentrale aber ohne weiteres nicht: Sie kann nicht sehen, wo sich ein Zug gerade befindet. Das müsste sie aber eigentlich können, denn der PC will diese Informationen laufend von ihr haben. Der nämlich braucht diese Daten für seine Entscheidungen darüber, wie er die Züge fahren lassen soll.

Es muss also eine Verbindung zwischen Zug oder Gleis und Zentrale geben. Jeder Zug muss gewissermaßen regelmäßig seinen Standort melden, damit die digitalen Chefs wissen, wo er gerade herumkurvt. Zwei Elemente sind hierfür nötig:

- Rückmeldemodul – eventuell mit separatem oder eingebautem Gleisbesetztmelder
- Gleiskontakt

Gleisbesetztmelder und Gleiskontakt kommen noch ausführlich an die Reihe. Was aber macht nun so ein Rückmeldemodul? Stellen Sie sich vor, ein Zug erreicht eine bestimmte Stelle auf Ihrer Anlage. Im Gleis ist ein Gleiskontakt installiert. Dieser registriert, dass da ein Zug vorbeigefahren ist. Genauer gesagt: Der Gleiskontakt kann gar nichts registrieren, der Zug fährt darüber und er wird ausgelöst. Der Gleiskontakt ist mit dem Rückmeldemodul verbunden und dort wird das Ereignis „Zug ist darüber gefahren" registriert.

ABB. 2.26: DAS RÜCKMELDEMODUL STELLT FEST, OB EIN BESTIMMTES SCHALTEREIGNIS EINGETRETEN IST.

An das Rückmeldemodul, meist ein kleines Kästchen oder Platinchen, können in der Regel gleich mehrere Gleiskontakte angeschlossen werden (bis zu 16

Stück). Das Modul horcht so permanent in die angeschlossenen Leitungen hinein. Fährt eine Lok über einen Gleiskontakt, schließt sich für ganz kurze Zeit ein Stromkreis und es fließt Strom. Egal wie kurz der Strom geflossen ist: Diese Tatsache wurde vom Rückmeldemodul registriert, über das Rückmelde-Kabel an das Digitalsystem gemeldet und dort angezeigt. Die Intellibox beispielsweise stellt das Auslösen eines Gleiskontaktes direkt im Display dar, was aber eher zu Kontrollzwecken sinnvoll ist.

Als angehender PC-Modellbahner sind Sie aber daran interessiert, dass das Schaltereignis auf dem Bildschirm zu sehen ist. Mehr noch: Die Information, dass ein Zug über eine bestimmte Stelle der Anlage gefahren ist, soll ja nicht einfach nur angezeigt werden – das wäre ja wenig spektakulär. Denn schließlich reicht ein direkter Blick auf die Anlage, um das Gleiche festzustellen. Der PC soll anhand dieser Information ja weitere Entscheidungen treffen oder Aktionen auslösen.

Er könnte zum Beispiel so feststellen, dass der Zug das Ende seiner vorprogrammierten Fahrt erreicht hat, dass er sich kurz vor einem Signal befindet und die Fahrt verlangsamen soll, oder dass er nach dem Bahnhof nun wieder beschleunigen kann. Und anhand dieser Feststellungen werden weitere, vorher programmierte Aktionen, wie das Losfahren weiterer Züge, gestartet. Rückmeldungen sind also etwas ganz Entscheidendes für den automatischen oder teilautomatischen Betrieb auf einer digitalen Modellbahn-Anlage.

Gäbe es sie nicht, müsste man als Benutzer selbst all die Züge überwachen und steuern. Man müsste die Züge losfahren lassen, stoppen und sogar die Geschwindigkeiten individuell regeln. Aber das ist es ja gerade, was Sie wollen: Der PC soll Ihnen Arbeit abnehmen und einige Züge kontrollieren, damit Sie virtuell in den Führerstand eines Zuges einsteigen und ihn über die Anlage dirigieren können.

So wird also jeder einzelne, tatsächlich vorhandene Gleiskontakt, auch innerhalb des Programms, das man für die Steuerung nutzt, eingetragen. Damit der PC und man selbst auch weiß, welche Stelle gemeint ist, übernimmt man einfach die digitale Adresse des Digitalsystems. Denn nicht nur Loks, Weichen, Signale und andere Stromverbraucher lassen sich über das Digitalsystem und über das Interface somit auch vom PC ansprechen.

Auch jeder einzelne Gleiskontakt besitzt eine eigene, digitale Adresse. Meist handelt es sich um zwei Zahlenangaben: 3 – 7 würde etwa bedeuten: Dies ist der 7. Kontakt des 3. Rückmeldemoduls. Die Rückmeldungen jedes einzelnen Gleiskontaktes laufen also unter dessen digitaler Adresse auf, werden somit vom Digitalsystem und vom PC-Programm ganz exakt registriert.

## Das s88-Rückmelde-System

> **Tipp**
>
> *Lassen Sie sich vom Hersteller eines Rückmeldemoduls bestätigen, dass seine Module auch tatsächlich mit Ihrer Zentrale zusammenarbeiten. Oder noch besser: Vereinbaren Sie mit dem Händler ein Rückgaberecht für den Fall, dass es Probleme gibt.*

Eine sehr gängige Technik, wie diese Meldungen vom Gleis zum Digitalsystem und zum PC gelangen, ist die von Märklin erfundene s88-Rückmeldeleitung, die mittlerweile so etwas wie ein Standard geworden ist. s88 heißt das Rückmeldemodul von Märklin, dessen Funktionen mittlerweile aber auch von anderen Herstellern in ihre Module integriert wurden. Meistens bedeutet die Verwendung der Bezeichnung s88, dass es sich dabei um Geräte handelt, die man untereinander kombinieren kann. Ein entsprechendes Rückmeldemodul von Hersteller A lässt sich dann meistens an die entsprechende Buchse einer digitalen Komponente von Hersteller B anschließen.

## Gleisbesetztmelder

Außer dem Rückmeldemodul gibt es noch ein weiteres Gerätchen, das man in vielen Fällen zur Rückmeldung vom Gleis zum Digitalsystem und PC einsetzt: Es ist der so genannte Gleisbesetztmelder. Wie der Name schon sagt, kann man mit dieser Komponente feststellen, ob ein bestimmter Gleisabschnitt von einer Lok oder einem Zug belegt ist. In vielen Fällen kann das sinnvoller sein, als sich bei der Rückmeldung nur darauf zu verlassen, dass ein Gleiskontakt überfahren wurde. Denn über die tatsächliche Situation auf dem Gleis erfährt man nichts. Die Lok könnte nach dem Überfahren des Gleiskontaktes zum Beispiel einfach umgekippt sein (was natürlich etwas weit hergeholt ist).

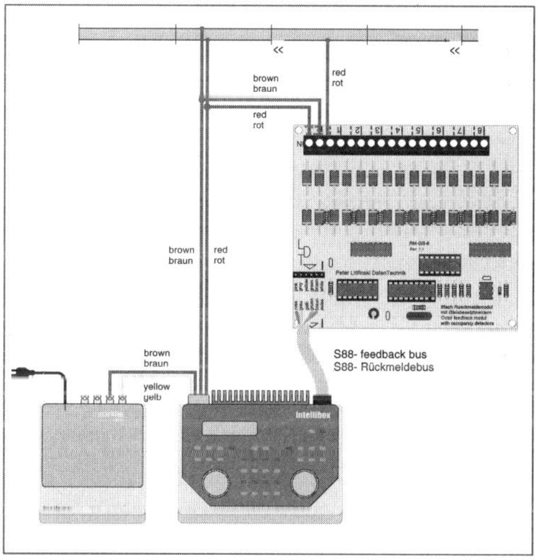


**Abb. 2.27: So schließt man einen Rückmelder mit Gleisbesetztmeldung an. Die Lücken im Gleis symbolisieren die Trennstellen, die man in Wirklichkeit kaum sehen kann.**

Der Gleisbesetztmelder ist ein Stromfühler. Er misst, ob sich auf einem ganz bestimmten Gleisabschnitt – und das ist der entscheidende Unterschied – eine Lok oder ein ganzer Zug befindet. Der Abschnitt ist isoliert, das heißt: Er ist von den davor und danach liegenden Gleisteilen elektrisch abgetrennt. Das erreicht man, indem man eine der beiden Schienen mit einer feinen Trennscheibe jeweils am Anfang und am Ende des zu überwachenden Abschnittes durchtrennt oder zwei Trennstellen-Gleise vom Hersteller der Gleise kauft und sie einsetzt. Das isolierte Schienenstück würde nun normalerweise keinen Strom mehr erhalten, alle Loks würden an dieser Stelle stehen bleiben. Also übernimmt der Gleisbesetztmelder die Stromversorgung und kann so auch gleich messen, ob da etwa eine Lok über das Teilstück fährt und den Stromverbrauch verändert.

Damit sich der Gleisbesetztmelder beim Rückmelder und dieser sich beim Digitalsystem meldet und sagt: „Der Abschnitt ist zur Zeit belegt", reicht übrigens schon ein Waggon mit Innenbeleuchtung oder sogar ein Wagen, dessen Achsen man mit so genanntem Widerstandslack bestrichen hat. Auf diese Weise entsteht zwischen den beiden Rädern, die normalerweise gegeneinander isoliert sind, eine Verbindung und der Gleisbesetztmelder hält sie für einen Stromverbraucher.

**Abb. 2.28: Von LDT kommt dieses Rückmeldemodul mit integriertem Gleisbesetztmelder und Spannungsmonitor. Es ist für viele Digitalsysteme verwendbar.**

Es gibt auf dem Markt modulare Systeme, bei denen ein Gleisbesetztmelder an ein Rückmeldemodul angeschlossen werden muss, und solche, bei denen beide Funktionen auf einer Leiterplatte oder einem Gehäuse untergebracht sind. Für welche Lösung man sich entscheidet, ist Geschmackssache und eine Frage des zur Verfügung stehenden Budgets. In jedem Fall sollte man aber darauf achten, dass eine Lösung eingebaut ist, die auch mit Kurzschlüssen oder plötzlich ausfallenden Gleisspannungen umgehen kann – was meistens bei zwei einzelnen Geräten nicht der Fall ist. Und das kann zu Problemen führen. Fällt nämlich am Gleis der Strom aus, passiert etwas an sich ja Logisches: Es fließt kein Strom, den der Gleisbesetztmelder messen könnte, er meldet über seinen Meldeausgang also den Gleisabschnitt als frei. Dass tatsächlich eine ganze Zuggarnitur dort steht, bekommt er nicht mit – und das Digitalsystem und der PC auch nicht. Es kommt zum Chaos auf den Gleisen. Um das Problem zu umgehen, haben sich die Hersteller natürlich etwas einfallen lassen. So gibt es bei den Rückmeldern mit Gleisbesetztmeldung entweder einen integrierten Spannungsmonitor (LDT) oder ein zusätzliches Gerätchen (Lenz), der so genannte Spannungsmelder, erledigt diese Aufgabe.

## Lenz-Rückmeldesystem

Ein weiteres, ebenfalls sehr verbreitetes System ist Digital plus von der deutschen Firma Lenz, die eine ganz entscheidende Rolle in der Entwicklung digitaler Systeme spielt – sie hat nämlich maßgeblich zur Bildung des heute sehr gängigen Standards DCC beigetragen. Alle Anschlussklemmen bei Lenz tragen einfache Buchstaben: So besteht der Rückmeldebus zum Beispiel aus den Anschlüssen „R“ und „S“ und ist auch hier für die Verbindung zwischen Zentrale und Rückmeldemodulen vorgesehen.

Das neue Rückmeldemodul heißt bei Lenz LR101 und kann mit oder ohne Gleisbesetztmelder eingesetzt werden, den man extra dazu kaufen muss. Er heißt „LB100“ und überwacht zwei Gleisabschnitte. Bis zu vier Gleisbesetztmelder lassen sich an ein Rückmeldemodul LR101 anschließen, wobei man natürlich auch mischen kann: Zum Beispiel wäre es auch möglich, dass zwei Eingänge ihre Informationen von Gleiskontakten, der Rest von Gleisbesetztmeldern LB100 bekommen. Acht Gleiskontakte lassen sich an ein Rückmeldemodul LR101 anschließen. Wer anhand der Gleiskontakte nur abfragen will, ob eine Lok darüber fährt, der kann einfache Gleiskontakte anschließen. Wer ein zuverlässiges Rückmeldesystem für die möglichst exakte Information über die Situation auf den Gleisen aufbauen will, der sollte die Installation von Gleisbesetztmeldern in Erwägung ziehen.

Auch das schon erwähnte Problem der falschen Meldungen bei eventuellem Ausfall der Spannung wurde gelöst: Der Spannungsmelder LB050 achtet darauf, dass in einem Stromkreis auch tatsächlich noch Strom zum Gleis fließt. Pro Stromkreis und Rückmeldemodul braucht man einen Spannungsmelder. Setzt man zwei Rückmeldemodule ein, braucht man auch zwei Spannungsmelder.

## Weichen-Rückmeldung

Wenn Sie vielleicht schon die ersten Erfahrungen mit einer digitalen Weichensteuerung gemacht haben, werden Sie das Problem vermutlich kennen. Wenn nicht: Sie werden es kennen lernen, ganz gleich welche Spurweite und welches Fabrikat Sie verwenden. Die Rede ist von nicht zuverlässig schaltenden Weichen. Und das geht so: Die Steuer-Software im PC hat oder Sie als Modellbahn-Stellwärter haben den Schaltbefehl zwar gegeben. Auf dem Bildschirm zeigen die Modellbahn-Software oder im Stellpult das Lämpchen die Weiche auch als gestellt an. Wie es gerade tatsächlich auf der Anlage aussieht, weiß das System nicht. Eine echte Rückmeldung wird nur vorgegaukelt und findet in Wahrheit gar nicht statt.

In Wirklichkeit könnte die Weiche nicht zuverlässig ausgeführt haben oder zerstört worden sein – weder Stellpult noch PC hätten davon etwas bemerkt. Was eine ganze Reihe von Gründen haben kann: Das Digitalsystem hat den Befehl nicht ausgesandt oder der Weichenantrieb klemmt aus irgendeinem Grund, um nur zwei besonders gängige Gründe zu nennen. Während ein nicht ausgeführter Befehl bei dem Signal einer digitalen Modellbahn, einem Lämpchen oder einem Motor im Inneren eines Gebäude-Modells noch harmlos ist, kommt es durch einen nicht ausgeführten Stellbefehl im schlimmsten Fall zu Zusammenstößen, Entgleisungen und dem Stillstand der ganzen Anlage durch Auslösen eines Nothalts aller Züge.

Vielleicht hätte all das durch ein zweites Aussenden des Stellbefehls vermieden werden können – Sie als Stellwärter oder der PC konnten aber ja gar nicht wissen, dass es da im Inneren des Weichengehäuses ein Problem gegeben hat. Das wäre nur möglich gewesen, wenn der Weichendecoder über eine eingebaute Rückmelde-Funktion verfügen würde, die Rückschlüsse auf die tatsächliche Stellung der Weichenzunge zulassen und die Situation über die Zentrale ans Steuerpult oder den angeschlossenen PC mit seiner Steuersoftware zurückmelden würde. Es gibt nur wenige Systeme, die so etwas können, und meist ist der Aufwand dafür enorm. Gerade bei größeren Ausstellungsanlagen kann er sich aber lohnen.

Ein System, das die echte Rückmeldung von Weichen- und Signalzuständen beherrscht, ist das Digital-System von Lehmann für Gartenbahnen: Der Weichenantrieb bedient hier nicht nur die Weichenzunge sondern zugleich auch einen so genannten Zusatzschalter. Dieses kleine Kästchen meldet die Tatsache, dass es gerade geschaltet worden ist, über das Rückmeldemodul an die

**Abb. 2.29: Echte Rückmeldung à la LGB – der Weichenantrieb bewegt ausser der Weichenzunge noch einen Zusatzschalter, der mit dem Rückmeldemodul verbunden ist.**

Zentrale und damit an einen angeschlossenen PC. Da der Zusatzschalter und der eigentliche Weichenantrieb immer gleichzeitig betätigt werden, kann man relativ sicher sein, dass der vom Zusatzschalter über das Rückmeldemodul gemeldete Schaltvorgang auch tatsächlich stattgefunden hat. Eine hundertprozentige Sicherheit gibt es freilich auch hier nicht.

Auch bei anderen Digitalsystemen gibt es die Möglichkeit einer Rückmeldung der Weichenstellungen. Da es sich dabei jedoch nicht um eine mechanisch ausgelöste sondern eine Art elektronische Rückmeldung handelt, ist diese jedoch nicht so sicher. So verbindet man hierbei einfach den Ausgang des Weichendecoders mit den beiden Eingängen des Weichenantriebes (Sie erinnern sich? Je einer ist für eine Schaltstellung zuständig). Gleichzeitig wird nicht nur der Weichenantrieb, sondern auch das Rückmeldemodul mit den Ausgängen des Weichendecoders verbunden. Kommt nun der Befehl zum Umschalten der Weiche, erhält auch das Rückmeldemodul einen Schaltimpuls. Richtet man seine Steuersoftware entsprechend ein, wird die Weichenstellung entsprechend angezeigt. Klemmt allerdings die Weichenzunge, ist der Weichenantrieb defekt oder hat sich vielleicht einfach nur ein Kabel zwischen Weichendecoder und Weichenantrieb gelöst, findet also tatsächlich gar kein Schaltvorgang statt, bekommt der Rückmelder eine falsche Information – nämlich die, dass die Weiche gestellt wurde, obwohl das tatsächlich nicht passiert ist. Somit entspricht auch die Darstellung auf dem PC-Bildschirm dann nicht der Realität. Sicherer als ganz ohne Rückmeldung ist es aber allemal.

## Gleiskontakt – Immer wissen, wo der Zug fährt

Das Wort Gleiskontakt ist im vorangegangenen Abschnitt nun schon einige Male vorgekommen. Mit diesem Begriff meint man eine Stelle am Gleis, bei der durch Überfahren eines Zuges ein Impuls ausgelöst wird. Auf diese Weise erfährt das Digitalsystem dann davon, dass sich an der Stelle, an der der Kontakt gerade ausgelöst wurde, ein Zug befindet. Darüber, welcher Zug das nun ist, werden natürlich keine Informationen übertragen. Dieses Kombinationskunststück muss die Modellbahn-Steuersoftware hinbekommen – oder man muss ein System zur Zugerkennung verwenden. Die Modellbahn-Software verwendet die Meldungen, die es vom Rückmeldemodul erhält, um sie für die Berechnung der Zugfahrten zu verwenden: Welches Gleis ist noch frei, wo kann ich einen Zug entlang fahren lassen? Ohne Gleiskontakt ist eine digitale, vom PC gesteuerte Anlage nur schwer realisierbar.

Der oder die Gleiskontakte allein reichen da natürlich nicht aus. Welche wichtigen Aufgaben auf Rückmelder oder Gleisbesetztmelder entfallen, haben Sie vorhin schon erfahren: Sie empfangen die Schaltimpulse vom Gleiskontakt und veranlassen alles Weitere. Es gibt eine ganze Reihe von Möglichkeiten, um Gleiskontakte zu realisieren. Und das Ganze ist schon wieder eine Wissenschaft für sich. Jeder Modellbahner kann Ihnen sicher gleich mehrere Gründe aufzählen, warum er sich nun gerade für die eine und gegen die andere Variante entschieden hat. Und tatsächlich gibt es kaum eine echte Empfehlung bei der Wahl des richtigen Gleiskontaktes, da jede Anlage, jeder Schienentyp ein wenig anders ist und weil nicht jeder Rück- und Gleisbesetztmelder mit jedem Gleiskontakt-Typ kooperieren kann.

Grundsätzlich unterscheidet man zwischen potenzialgebundenen und potenzialfreien Kontaktgebern. Durch potenzialgebundene Kontaktgeber fließt Strom, der im Fall der Modellbahn so stark ist wie der, der durch die Gleise flitzt. Er ist jedoch zu stark für die meisten elektronischen Bauteile, wie sie in Rückmeldern oder Gleisbesetztmeldern verwendet werden – sie würden das nicht vertragen. Es gibt schließlich eine direkte Verbindung zwischen den Gleisen, dem Kontaktgeber und in diesem Fall dem Rückmelder. Potenzialfreie Kontaktgeber liefern hingegen nur einen kurzen, sehr geringen Schaltimpuls, der keine Verbindung zu einem Stromkreis der Modellbahn-Gleise herstellt.

Potenzialfreie Kontaktgeber lassen sich an jede Art von Rückmelder anschließen. Bei den potenzialgebundenen muss man Module einsetzen, die speziell dafür ausgelegt sind, bei denen es also eine Trennung zwischen dem eigentlichen Rückmeldeimpuls, der weitergeleitet wird, und der Gleisspannung gibt. Optokoppler werden dafür gerne eingesetzt.

Ohne jetzt allzu tief ins Innere vorzudringen, sollten Sie sich einen Optokoppler so vorstellen (Elektronik-Fachleute bitte weglesen): Wenn ein Zug den Kontakt auslöst und Gleisspannung ins Innere des mit Optokopplern ausgestatteten Rückmelders gelangt, dann bewirkt diese, dass ein Lämpchen aufleuchtet. Dieses Leuchten wird von einer Fotozelle registriert, die diesen Impuls nun weiterleitet. So entsteht also zwischen Lämpchen und Fotozelle die nötige Trennung zwischen (hoher) Gleisspannung und (niedrigerer) Rückmeldespannung.

Zugegeben, das gesamte Thema Rückmeldung vom Gleis an den PC ist ein wenig kompliziert und gerade für Digital-Einsteiger etwas schwer nachvollziehbar. Um den Unterschied zwischen potenzialfreien und potenzialgebundenen Kontaktgebern zu verstehen – und das sollte man als Modellbahner zumindest im Ansatz, damit man sich nicht aus Unkenntnis wertvolle Bauteile zerstört – lernen Sie als Erstes typische, potenzialfreie Kontaktgeber kennen.

## Reedkontakt

Dieser Gleiskontakt ist einer der preiswertesten, zugleich aber auch einer der unzuverlässigsten Kontaktgeber. Die simpelste Version eines Reedkontaktes kostet nur höchstens zwischen einer und zwei Euro, muss dafür aber von Hand angebracht und eingelötet werden. Der Impuls, den ein Reedkontakt liefert, ist unabhängig von der Spannung im Gleis. Will man also seine Rückmeldung mit einem Reedkontakt realisieren, kann man die simpelste Form des Rückmelders benutzen.

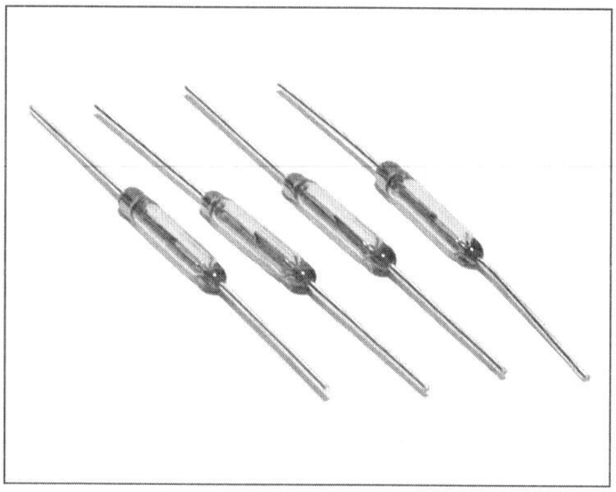

Abb. 2.30: Einfache Reedkontakte kann man für wenig Geld im Elektronik-Shop oder -Versand bekommen – dieser Kontaktgeber ist nur etwas für Basteltalente.

Ein Reedkontakt wird auch oft als SRK bezeichnet, was die Abkürzung für „Schutzgas-Rohr-Kontakt“ ist. Im Inneren des kleinen Glasröhrchens befinden sich zwei Metallzungen, die sehr nah aneinander stehen. Bewegt man einen kleinen Magneten über das Röhrchen, ziehen sich die Zungen an und es entsteht ein Kontakt. Vorne und hinten kann man jeweils Kabel anlöten. Den nötigen Magneten kann man an der Unterseite einer Lok oder eines Wagens befestigen. Fährt der Zug über den Reedkontakt, wird der Kontakt ausgelöst. Ist der – potenzialfreie – Reedkontakt an den Rückmelder angeschlossen, meldet dieser das Überfahren des Kontaktes ans Digitalsystem und damit an den angeschlossenen PC weiter.

Größter Nachteil: Die Methode ist sehr unzuverlässig. Man muss den Magneten sehr exakt platzieren, damit es auch zu sicheren Erkennungen kommt. Und außerdem muss tatsächlich unter jeder Lok oder mindestens einem Wagen des Zuges auch ein Magnet kleben. Fahrzeuge, die nicht präpariert wurden, werden nicht registriert. Bei größeren Spuren ist das meistens kein Problem, für Besitzer einer Anlage in Spur N oder gar Z ist das schon schwieriger. Magnete kann man übrigens ebenfalls im Elektronik-Laden kaufen. Die Firmen Roco und Faller bieten sie außerdem auch recht preiswert zum Nachrüsten der Fahrzeuge an. Aber: Der Einbau ist fummelig und wird wohl nur absoluten Basteltalenten Spaß machen, zumal man die Kontakte ja in relativ großer Zahl einbauen muss.

Ein weiterer Nachteil der Rückmeldung mithilfe von Reed-Kontakten ist die Tatsache, dass sich die unter den Fahrzeugen klebenden Magnete ja permanent in unmittelbarer Nähe der zumindest teilweise aus Metall bestehenden

Schienenprofile befinden. Gerade im Bereich der Weichen kann das zu Problemen führen. Der Grund: Die Weichenzungen können durch das häufige Streifen mit einem Magneten selbst magnetisch werden. Mit dem Ergebnis, dass die Zunge an einer Schiene haften bleibt und trotz Umschaltimpuls vom Weichenantrieb nicht umschaltet. Eine wirklich unschöne und Nerven aufreibende Angelegenheit.

Denn wenn man das Phänomen entdeckt, weil es immer wieder zu Unfällen aufgrund nicht schaltender Weichen gekommen ist, hat man meistens schon eine ganze Reihe Reedkontakte eingebaut und verdrahtet. Auch wenn so mancher Modellbahner anderer Meinung sein wird, weil es bei ihm nicht zu Problemen kam: Wenn Sie nicht bereits gute Erfahrungen mit Reedkontakten gemacht haben, sollten Sie sich nicht für diese Art der Gleiskontakte entscheiden, auch wenn sie preiswert sind. Wir haben die geschilderten Erfahrungen an unserer Anlage selbst gemacht und mussten die Kontakte allesamt noch einmal austauschen – sonst hätte es Unfälle am laufenden Band gegeben.

### Kontaktschalter

Die komfortabelste und zugleich kostspieligste Lösung zur Installation von Gleiskontakten sind die entsprechenden Kontaktgleise der Modellbahn-Hersteller. Die Gleiskontakte werden jeweils passend für die einzelnen Schienen-Arten angeboten und müssen nur noch verkabelt werden. Gerade bei einer größeren Anlage mit 100 oder mehr Gleiskontakten – und diese Anzahl kann schnell zusammenkommen – kann allein die Anschaffung der Kontaktgleise ganz schön ins Geld gehen und mit ein paar Tausend Euro zu Buche schlagen.

So bietet etwa die Firma Lehmann für ihre LGB-Gartenbahn Kontaktschalter an, die man ins Gleis einsetzen kann. Sie werden ausgelöst durch eine recht große Magnet-Platte, die man an der Unterseite einer Lok befestigen kann. Auch von anderen Modellbahn-Herstellern gibt es jeweils Ähnliches. Sie werden es schon vermutet haben: Im Inneren steckt jedes Mal der bereits erwähnte Reedkontakt. Allerdings: Da die Modellbahn-Hersteller natürlich Kontaktschalter und Magnet aufeinander abgestimmt haben, arbeiten diese Reedkontakte meist wesentlich zuverlässiger als die selbst eingelötete bzw. geklebte Variante.

Zum Beispiel von Arnold, aber auch von Trix, beide für die Spur N, gibt es auch Kontaktgleisschalter, die ohne Magnete auskommen. Sie werden durch das Überfahren einer Lok oder eines Wagens mit Metallrädern ausgelöst. Nachteile: Sie sind sehr teuer, im Gleis recht auffällig und eignen sich aus beiden

Gründen allenfalls für einzelne Kontaktstellen. Märklin hat für seine Gleissysteme so genannte Schaltgleise im Programm. Der Schleifer einer Lok oder eines Wagens mit Innenbeleuchtung betätigt mechanisch eine Art Wippe, die recht unauffällig in der Gleismitte sitzt. Auch hier kommt es wieder zu einem kurzen Schaltimpuls, der von einem Rückmeldemodul registriert werden kann.

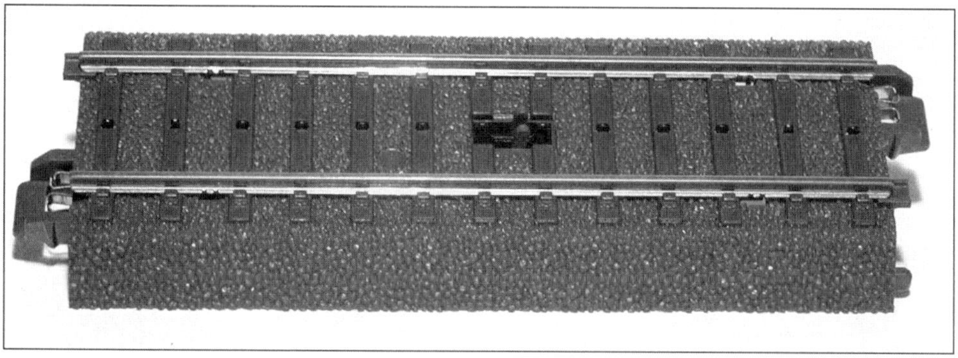

**Abb. 2.31: Im Schaltgleis von Märklin – hier für das C-Gleis – wird der Kontakt mechanisch betätigt.**

## Lichtschranke

Vor allem bei Ausstellungsanlagen (z. B. der im Deutschen Museum in München) kommen häufig Lichtschranken zum Einsatz, weil es sich dabei eindeutig um die zuverlässigsten Kontaktgeber handelt. Nur die wenigsten Hobby-Modellbahner werden sich diesen Luxus leisten können, auch wenn es Spaß macht, sich mit dem Thema zu beschäftigen. Große Elektronik-Kauf- und Versandhäuser haben aber auch preiswertere Komponenten für den Selbstbau eines Lichtschranken-Systems im Programm. Das Funktionsprinzip dürfte bekannt sein: Der Zug fährt gewissermaßen durch ein Band aus Licht und unterbricht es dabei, was von der Fotozelle registriert und an das Rückmeldemodul weitergeleitet wird. Auch hier gibt es wieder keine Verbindung zur Gleisspannung. Großer Vorteil einer Lichtschranke: Sie arbeitet verschleißfrei. Nachteil, außer dem hohen Anschaffungspreis: Sie ist recht auffällig. Vor allem dann, wenn man viele Kontaktstellen vorsieht, kann das störend wirken.

## Trenngleis

Ein typischer, potenzialgebundener Gleiskontakt ist das so genannte Trenngleis. Eine Kontaktstelle besteht dabei aus zwei dieser Gleise, die man von

**Abb. 2.32: Immer zwei Trennstellen ergeben den zu überwachenden Gleisabschnitt.**

fast allen Modellbahn-Herstellern fertig kaufen kann. Dabei gibt es besonders komfortabel anschließbare mit integrierten Kabel-Anschlüssen (LGB, Märklin) und solche, die man sich – preiswert aber mühevoll – selbst herstellen kann.

Setzt man Trenngleise – fertig gekaufte oder selbst hergestellte – ein, erzeugt man eine andere Art von Gleiskontakt als zum Beispiel mit einem Reedkontakt. In der Regel will man einen Gleisabschnitt, den so genannten Block (wird im nächsten Abschnitt noch im Detail behandelt), per PC überwachen. Genau das gleiche Verfahren benutzt übrigens auch die „große" Bahn. Die Blöcke können unterschiedlich lang sein – die Länge richtet sich ganz nach den Erfordernissen der eigenen Anlage. Blöcke können sogar virtuell – also nicht tatsächlich vorhanden – sein. Die größtmögliche Sicherheit hat man aber sicherlich dann, wenn jeder Block auch tatsächlich vorhanden ist. Am Anfang und am Ende eines jeden Blocks befindet sich eine Trennstelle. Wobei die Trennstelle am Ende des einen schon wieder den Anfang des nächsten Blocks bilden kann.

Die einzelnen, voneinander getrennten Abschnitte werden nacheinander, damit es keinen Kurzschluss gibt, vom Gleisbesetztmelder überwacht und mit Strom versorgt. So lange sich ein Zug, eine Lok oder ein Wagen auf dem Block befindet, gilt er als besetzt, was vom Rückmeldemodul an das Digitalsystem und so an den PC gemeldet wird.

Statt mit einer kleinen Trennscheibe schmale Schlitze ins Gleis zu sägen, kann man eine Trennstelle bei vielen 2-Leiter-Gleissystemen auch einfacher herstellen: Man entfernt jeweils den leitenden Schienenverbinder aus Metall und ersetzt ihn gegen einen aus Kunststoff. Das macht man am Anfang und am Ende des Gleisabschnittes, wobei wieder das Ende des einen gleich der Anfang des nächsten Abschnittes ist. Bei 3-Leiter-Systemen wie denen von Märklin ist es sogar noch einfacher: So bietet Märklin zum Beispiel für die Metall- und C-Gleise Isolierhülsen bzw. -laschen an, die man einfach zwischen zwei Gleise steckt. Zwischen zwei K-Gleise wird ein Unterbrecher gesetzt, der die gleiche Funktion erfüllt. Das Kabel, mit dem die isolierte Schiene mit Strom aus dem Gleisbesetztmelder versorgt wird, kann man dann entweder anlöten oder es über einen zum Gleissystem passenden Anschluss herstellen. Jeder Hersteller hat sich da ein anderes Patent einfallen lassen.

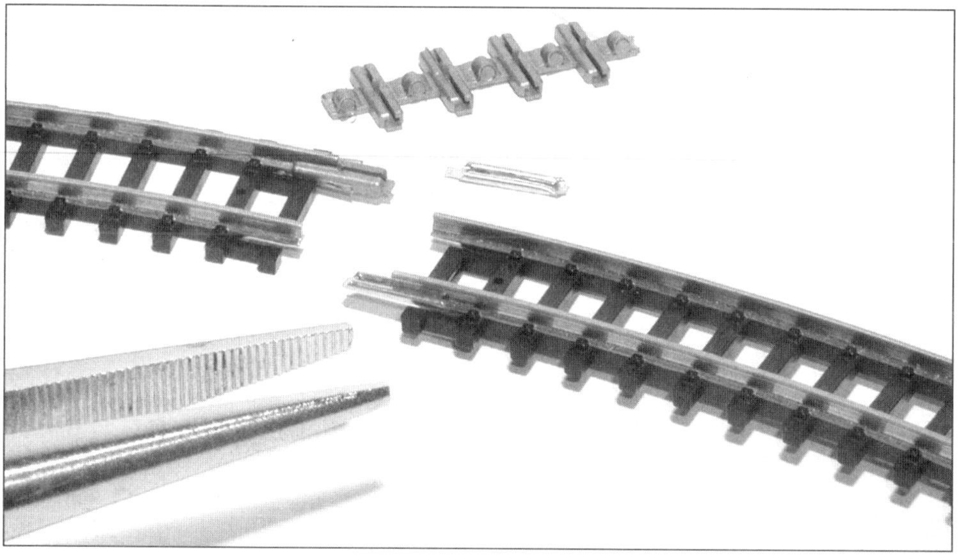

**Abb. 2.33: Trenngleis selbst gemacht: Schienenverbinder aus Metall abziehen und gegen einen aus Kunststoff ersetzen – fertig.**

Recht preiswert ist auch die Herstellung eines eigenen Schaltgleises, das so wie ein fertig gekauftes einen potenzialgebundenen Momentkontakt auslöst. Einen Gleisbesetztmelder braucht man dann nicht, allerdings muss man solche Rückmeldemodule einsetzen, die potenzialgebundene Kontakte vertragen, da es im Moment des Kontaktes zu einer Verbindung zwischen Rückmelder und Gleisspannung kommt. Begriffe wie galvanisch getrennt oder mit Opto-Kopplern deuten in diese Richtung.

## Booster – Verstärker für die Digitalsignale

Booster ist das englische Wort für Verstärker. Ein Booster ist nötig, wenn man feststellt, dass einfach zu viele Loks und Züge auf der Anlage unterwegs sind, und das Digitalsignal nicht bei allen Decodern störungsfrei ankommt. Ein Booster ist im Grunde eine Digital-Zentrale ohne eigene Intelligenz. Leistungsverstärker nennt die Firma Lenz ihre Booster. Auch ein solcher Booster braucht einen eigenen Transformer, der genau so stark sein sollte wie der, der die Zentrale versorgt. Der Booster erhält die vom PC über die Zentrale oder direkt von dieser erzeugten Befehle – also gewissermaßen nur die Datentelegramme – und verpackt diese wieder in Fahrstrom: Und dieser Fahrstrom ist wieder genauso stark wie der, den die Zentrale selbst erzeugt.

Ob Sie einen Booster benötigen, können Sie ausrechnen, außerdem merken Sie es daran, dass es immer mal wieder zu Störungen wie Abschaltungen kommt, wenn besonders viele Züge unterwegs sind. In einem solchen Fall müssen Sie die bisher nur von der Zentrale versorgte Anlage in mehrere Stromkreise aufteilen – mindestens zwei, oft empfiehlt es sich sogar, gleich noch mehr davon vorzusehen.

**Abb. 2.34: Ein Booster sorgt hauptsächlich für mehr Power – die Datentelegramme erhält er über die Zentrale.**

Die einzelnen Anlagen-Abschnitte werden nun elektrisch voneinander getrennt: Die Zentrale versorgt einen Abschnitt, die einzelnen Booster je einen weiteren. Jeder einzelne Booster braucht einen eigenen Transformer, der die gleiche Power liefern muss wie der der Zentrale. Eine elektrische Trennung der einzelnen Anlagen-Abschnitte erreicht man übrigens über Isolier-Schienenverbinder, Trennstellen oder Trenngleise. Zwischen den einzelnen Gleisabschnitten darf es keine elektrische Verbindung geben. Zentrale und Booster sind aber sehr wohl miteinander verbunden, damit beide identische Datentelegramme ins Gleis hinaus senden.

Wenn Sie alles richtig installiert haben, merkt man als Betrachter nichts davon, dass mehrere Abschnitte vorhanden sind. Ein Zug überfährt die Grenzen der einzelnen Anlagenteile dann ohne Murren oder Rucken und erhält ab diesem Grenzübertritt seinen Fahrstrom inklusive der Datentelegramme nicht länger von der Zentrale, sondern nun vom Booster.

Jeder Booster besitzt in der Regel auch eine eigene Kontrolle darüber, ob ein Kurzschluss aufgetreten ist oder es eine Überlastung gab. Je nach Hersteller schaltet im Falle des Auftretens einer solchen Störung die Zentrale die gesamte Anlage ab, um Schlimmeres zu verhüten. Bei manchen Systemen kann man diese Funktion aber auch deaktivieren bzw. nicht verdrahten. Die Zentrale erhält dann keine Information darüber, dass es einen Kurzschluss gab, und auf allen anderen Anlagen-Teilen geht alles seinen gewohnten Gang. Ist der Grund für den Kurzschluss beseitigt oder die Überlastung überwunden, schaltet sich der Booster dann wieder ein.

## Kehrschleifenmodul – Kurzschlüsse vermeiden

Sicher erinnern Sie sich noch an den Anfang dieses Kapitels und den Unterschied zwischen Zweileiter- und Mittelleiter-System. Wenn man beim Zwei-

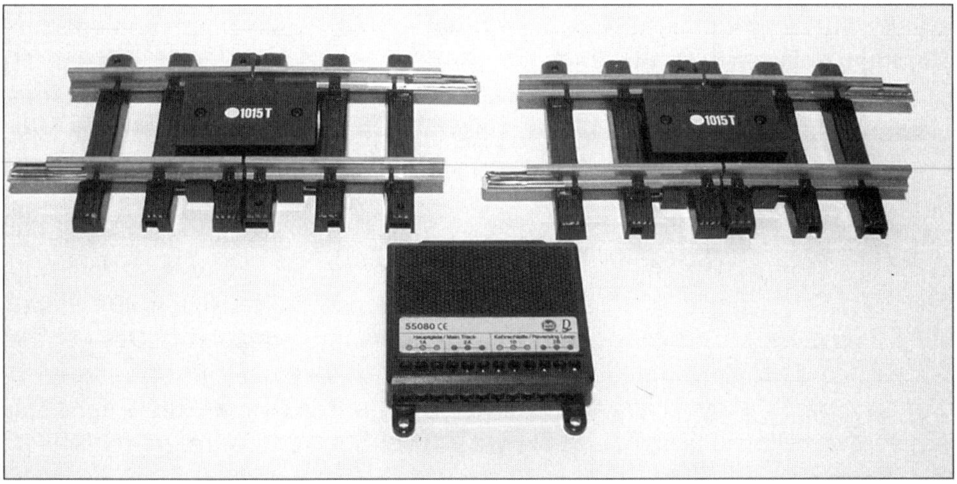


**Abb. 2.35: Zwei Trenngleise (Eigenbau möglich) und ein Kehrschleifenmodul (hier LGB) verhindern den Kurzschluss. Dieses System funktioniert nur bei einer digitalen Anlage.**

leiter-System etwas abwechselungsreichere Gleispläne realisieren möchte, wird man in den meisten Fällen irgendwann vor dem Kurzschluss-Problem stehen. Die einfachste Gleisführung, bei der es auftritt, ist die der Kehrschleife: Ein Gleis führt vom Abzweig einer Weiche in einer Schleife zurück zum geraden Stück der Weiche. Die Zeichnung verdeutlicht es: Durch die Schleife stößt plötzlich der Plus- an den Minus-Pol – es würde zum Kurzschluss kommen.

Aber auch durch viele andere, weitaus kompliziertere Gleisführungen kann es dazu kommen, dass sich die falschen Pole berühren würden – oft merkt man es erst, wenn man die Gleise zusammensteckt und die Zentrale den Betrieb wegen Kurzschlusses abschaltet. Ein ganz wichtiges Bauteil, das früher oder später bei den meisten Zweileiter-Anlagen zum Einsatz kommt, ist daher das Kehrschleifenmodul, das zum Beispiel von den Firmen Lenz, MÜT oder LGB angeboten wird. Will man das Geld für ein solches Modul sparen, ist man in den Möglichkeiten des Gleisplanes doch arg eingeschränkt.

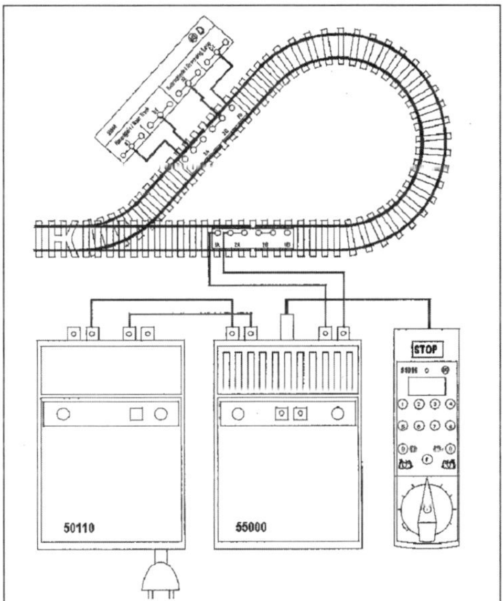


**Abb. 2.36: Mit dieser einfachen Schaltung, zwei Trennstellen und einem Kehrschleifenmodul kann man das Kurzschluss-Problem lösen.**

Das Modul funktioniert so: Über zwei Trennstellen isoliert man den entsprechenden Anlagen-Teil vom Rest. Dabei muss man sowohl in der linken als auch der rechten Schiene eine Trennstelle anbringen oder sich zwei entsprechend vorbereitete Gleise kaufen. Überfährt eine Lok nun die Trennstelle, wird dies vom Kehrschleifenmodul erkannt. Da die Räder aus Metall bestehen, würde im Moment des Überfahrens der Trennstelle eine Verbindung zwischen dem isolierten und restlichen Anlagenteil entstehen. Blitzschnell stellt das Modul daher die Polarität so ein, dass sie bei beiden Anlagenteilen gleich ist. Einfacher ausgedrückt: Plus- und Minus-Pol tauschen ihre Plätze. Die Schiene, die vorher Plus war, ist dann Minus und umgekehrt. Das geht so schnell, dass die Zentrale nichts davon merkt und es zu keiner Abschaltung wegen Kurzschlusses kommt. Auch beim Überfahren der zweiten Trennstelle passiert das Gleiche: Die Polarität wird wieder blitzschnell umgedreht.

## PC-Steuerung für die Modellbahn

Sie haben nun die wichtigsten Geräte und einige kleinere Elemente einer digitalen Anlage kennen gelernt. Viele davon werden Sie im Laufe der Beschäftigung mit der digitalen Modellbahnerei anschaffen und einbauen. Einige davon sind allerdings überflüssig, wenn Sie sich entschieden haben, gleich von vornherein einen Computer als Steuerzentrale einzuplanen – und jeder, der eine Modellbahn-Anlage schon einmal komfortabel mit einem PC gesteuert hat, wird Sie genau dazu ermuntern.

Sie haben bereits erfahren, dass es bei einer vom PC gesteuerten Anlage eine Verbindung zwischen Gleis und Computer geben muss. Diese Verbindung stellt das Interface her. Auch die Zentrale wird unbedingt benötigt, denn sie erzeugt überhaupt erst die Fahrspannung und verpackt dort die schon erwähnten Datentelegramme für Lokdecoder, Weichendecoder & Co. und nimmt auch die vom Gleis kommenden Rückmeldeinformationen entgegen.

Auf dem Computer läuft als Betriebssystem in der Regel eine Version von Windows. Es gibt auch Steuersoftware, die nach dem alten Betriebssystem MS-DOS verlangt, oder solche, die auf einem Macintosh unter Mac OS läuft. Auf dem Bildschirm des Computers ist bei den meisten Programmen eine schematische Darstellung der Anlage zu finden.

Es gibt Software unter MS-DOS, die hervorragend funktioniert und vor allem dann geeignet ist, wenn zur Steuerung ein älterer PC benutzt werden soll. Nur die Sache mit der Übersichtlichkeit wird jeder vermutlich ein wenig anders beurteilen. Weil die Auflösung unter Windows höher ist und mehr dargestellt wird, sind die Gleisbilder unter Windows deutlich übersichtlicher und man kann schneller die entsprechende Stelle finden, die man im Fahrbetrieb gerade sucht. In ein Gleisbild muss man nun nicht nur alle Gleise, sondern natürlich auch alle Weichen, Signale und alle Kontaktstellen im Gleis einzeichnen. Und das nicht nur mit einem Symbol sondern auch mit ihren digitalen Adressen. Und man tut gut daran, diese Adressen gleich von Anfang an so zu wählen, dass es irgendeine Art von Systematik gibt. Bei Gleiskontakten wählt man am besten Adressen, die aufsteigend hintereinander liegen – dann hat man es mit dem Verdrahten leichter.

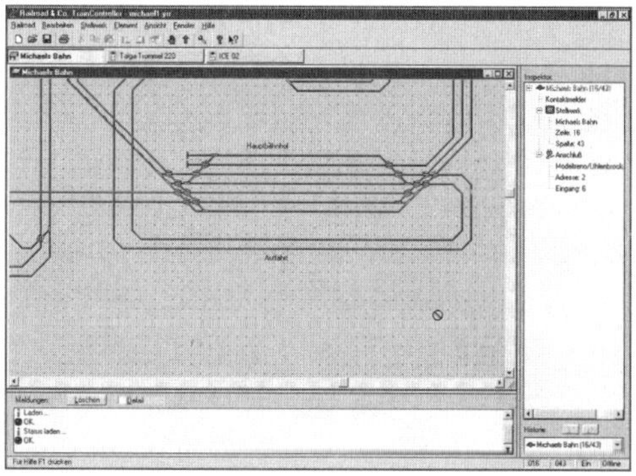

**Abb. 2.37: Das Gleisbild in einer Modellbahn-Steuerungssoftware darf ruhig ein wenig schematischer sein als beim Planen. Hier Railroad & Co. unter Windows.**

Wohl gemerkt: Die Vergabe der digitalen Adressen erfolgt nicht innerhalb der Steuersoftware. Die Adressen vergibt man direkt am Weichen- oder Lokdecoder, direkt am Rückmeldemodul. Bei den meisten Elementen geschieht dies mehr oder weniger automatisch, bei anderen nimmt man die Zentrale zum Programmieren zu Hilfe, bei manchen (Märklin und kompatible) muss man die Adresse über DIP-Schalter von Hand einstellen. In die Modellbahn-Software werden diese Adressen dann nur noch übernommen und dort in Verbindung mit dem jeweiligen Symbol eingetragen.

Das gezeichnete Gleisbild in der Steuersoftware dient dem Zweck, dass Sie sich darauf zurechtfinden und schnell die zu schaltende Weiche oder den Gleisabschnitt finden, auf dem Sie einen Zug gerade vermuten, und nachsehen wollen, ob er tatsächlich dort steht. Eine echte Verbindung zwischen PC und Modellbahn gibt es nur zwischen den Elementen wie Weichen oder Gleiskontakten und den dazu gehörigen Symbolen. Die gezeichneten Schienen sind hingegen reines Beiwerk. Die Software würde auch funktionieren, wenn Sie die Magnetartikel beispielsweise in einer Liste aufführen würden. Die Schienen kommen erst dann ins Spiel, wenn es darum geht anzuzeigen, wo genau sich eine Lok oder ein Zug gerade befindet. Ein Thema, das von den Modellbahn-Herstellern bisher ein wenig vernachlässigt wurde, was aber gerade im Kommen ist. Zahlreiche Hersteller basteln hier an Lösungen. Im Kapitel 7 *Modellbahn de Luxe* erfahren Sie ein wenig über den aktuellen Stand der Dinge.

Die meisten Modellbahn-Steuerprogramme bieten die Möglichkeit, die Anlage komplett manuell zu steuern. Für jede Lok gibt es dann meist eine Art kleines Cockpit-Fensterchen, mit dem Sie die Lok per Maus bedienen können. Die Weichen und Signale werden ebenfalls von Ihnen per Mausklick geschaltet. In diesem Modus übernimmt der PC gewissermaßen die Funktion des die Zentrale steuernden Menschen – die komplette Kontrolle über das, was auf der Anlage geschieht, haben Sie. Die eigentliche Zentrale ist damit aber nicht überflüssig geworden. Sie erhält die Befehle vom PC und leitet sie im passenden Datenformat an die angeschlossenen Komponenten weiter.

Dann gibt es natürlich noch die Möglichkeit, auf Automatikbetrieb umzuschalten. In diesem Modus kann man sich dann als Modellbahner nur noch zurücklehnen und die Früchte seiner Arbeit genießen: Der gesamte Fahrbetrieb läuft dann so ab, wie man ihn sich vorher ausgedacht hat. Allerdings kommt es im Idealfall immer wieder zu unvorhergesehenen Zugbegegnungen. Hat man alles richtig gemacht, wird es keine Unfälle geben und der PC lässt einen Zug erst dann wieder weiterfahren, wenn die Strecke wieder frei ist.

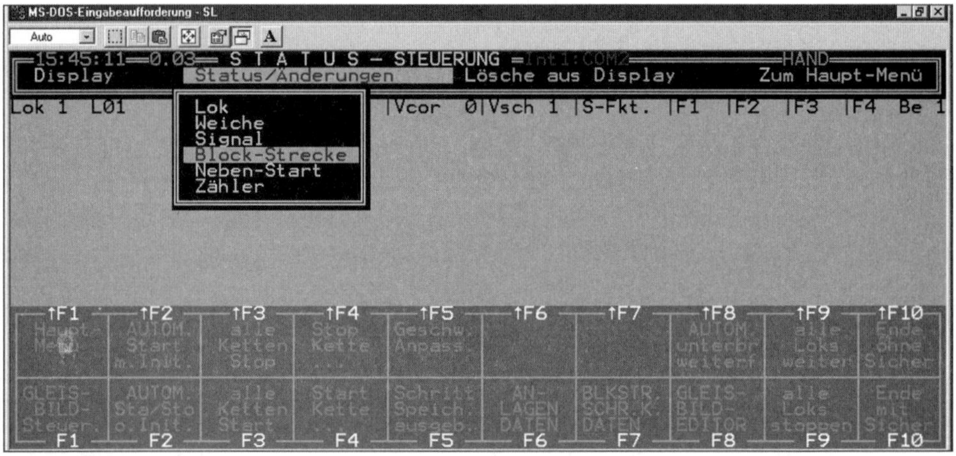


**Abb. 2.38: Die Steuersoftware Softlok läuft sogar noch unter MS-DOS auf älteren Computern.**

Besonders viel Spaß macht hingegen der gemischte Betrieb, den man allerdings nicht mit allen Programmen wirklich problemlos und ohne größeren Aufwand realisieren kann. Als Modellbahner schlüpft man hierbei in die Rolle *eines* Lokführers und steuert genau *einen* Zug, während alle anderen Züge vom Computer über die Anlage gelenkt werden. Das muss man sich dann so ähnlich vorstellen wie Schach gegen den PC.

Für die eigenen Züge sind Sie voll und ganz selbst verantwortlich, die anderen kontrolliert der Computer. Bevor man eine Strecke fahren kann, muss man sie anfordern, was im Klartext bedeutet, dass der PC nachsieht, ob sie gerade frei ist.

Und dann kommt etwas ganz Feines: Der PC reserviert diese Strecke dann und sorgt dafür, dass sie kein anderer Zug für sich beanspruchen kann. Dann kann man die Strecke ganz entspannt mit seinem Zug entlangfahren. So macht die digitale Modellbahn erst so richtig Spaß – und das ist auch der ganz große Vorteil einer PC-gesteuerten Anlage.

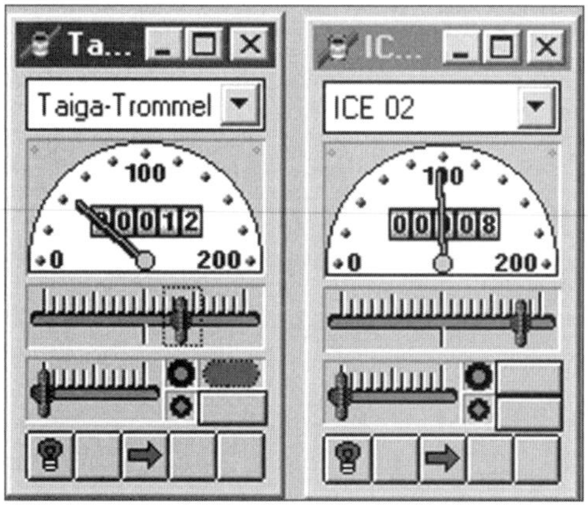


ABB. 2.39: EIN TYPISCHER LOKFÜHRERSTAND, MIT DEM MAN EINE LOK – UND DAMIT EINEN GANZEN ZUG – PER MAUS STEUERN UND KONTROLLIEREN KANN.

## Empfehlungen für die Digitalanlage

Sie haben nun einen ersten Überblick darüber bekommen, was mit einer PC-gesteuerten Modellbahn alles möglich ist. Getreu dem Motto „Jeder hat mal klein angefangen“ kann aber natürlich kaum jemand von Null auf Hundert ins digitale Modellbahn-Hobby einsteigen.

Es ist gar nicht so leicht zu überschauen, was für einen sinnvollen Start nötig ist, was man erst später hinzu kaufen kann und worauf man auch gut und gerne ganz verzichten kann. Bei den folgenden Betrachtungen sollten Sie stets von einer Voraussetzung ausgehen: Kurz- bis mittelfristig soll die Anlage von einem PC gesteuert werden.

### Erforderlicher PC

Apropos PC – der muss natürlich ebenfalls vorhanden sein. Über die Leistungsfähigkeit des PCs muss man im Zusammenhang mit Modellbahnsteuerungen zum Glück gar nicht viele Worte machen – es reicht schon ein preiswerteres Modell. Früher reichte ein älterer Intel-Prozessor wie der 80386 oder 80486. Doch um störungsfrei Windows laufen zu lassen, sollten mindestens ein Pentium-II-Prozessor mit 500 MHz und 128 MB Arbeitsspeicher sowie eine 10-Gigabyte-Festplatte vorhanden sein. Als Betriebssystem eignet sich am besten Windows 98 SE. Modern ausgestattete Rechner arbeiten zumeist mit dem Betriebssystem Windows XP.

Ältere Computer und Windows-Versionen (z. B. 3.11 oder 95) sind meist nur schlecht zu bekommen, und bei Problemen gibt es nur noch selten Hilfe. Wichtig ist auch eine freie serielle Schnittstelle (die also nicht z. B. von der Maus beansprucht wird). Nähere Hinweise für die Ausstattung Ihres PCs finden Sie in Kapitel 5 *Ausstattung mit digitalen Komponenten.*

## Digitale Minimal-Anlage

Wenn Sie schon eine Modellbahn-Anlage besitzen, und sei es auch nur eine, die noch in Kartons verpackt im Keller oder auf dem Dachboden auf bessere Zeiten wartet, ist die Entscheidung für Baugröße und Gleissystem ja meistens schon gefallen. In den meisten Fällen ist auch noch ein Trafo aus einer Grundpackung vorhanden. Dieser Trafo kommt zwar nicht mehr als Energielieferant für die Digital-Zentrale in Betracht – dafür reichen seine Leistungsreserven meistens nicht aus. Wegwerfen sollten Sie ihn aber in keinem Fall: Zur Versorgung von Lampen oder auch zur Lieferung von Schaltstrom – das ist die Power, mit der zum Beispiel ein Weichendecoder seine Weichen schaltet – ist er noch immer gut geeignet. Neben dem neuen Trafo muss eine Zentrale zum Aufbau einer modernen, PC-gesteuerten Anlage in jedem Fall angeschafft werden. Mit der Entscheidung für oder gegen eine Zentrale sind auch meistens schon die Weichen für die weiteren Geräte gestellt, da nicht alles miteinander kompatibel ist.

**Tipp**
*Wenn Sie mit der Möglichkeit der PC-Steuerung liebäugeln, sollten Sie sich das Geld für Einsteiger-Zentralen sparen und lieber gleich mit der jeweils großen Zentrale einsteigen.*

Ganz gleich, für welches System Sie sich entscheiden, die Zentrale sollte entweder direkt oder über ein separates Interface an einen PC anschließen. Einige Hersteller haben neben ihren vollwertigen Zentralen auch Einsteiger-Zentralen im Programm. Diese Geräte sind nicht oder nur selten für den Anschluss an einen PC entwickelt worden. Man kann von den Einsteiger-Zentralen oft zwar zur Vollversion aufsteigen und Zusatzkomponenten weiterverwenden. Der eigentlichen Einsteiger-Zentrale kommt jedoch meistens nur noch eine Hilfsrolle zu.

Die Zentrale braucht reichlich Strom, um zu funktionieren und um ihn ins Gleis zu schicken, damit die Züge damit fahren können. Zwar fahren natürlich auch mit dem Trafo aus der Anfangspackung schon bis zu zwei Zügen. Wenn man also eine Zentrale frisch gekauft hat und wirklich erst einmal nur ausprobieren möchte, wie zwei Züge unabhängig voneinander fahren, dann kann man diese ersten Schritte auch mit dem Trafo aus der Anfangspackung machen. Bei einer digitalen Anlage werden es aber bestimmt mehr Züge. Daher ist die Anschaffung eines neuen Netzteils unumgänglich. Abschaltungen der Zentrale wegen Überlastung würden sonst zur Tagesordnung gehören. Sogar Schäden an der Zentrale sind denkbar. Transformer nennen die Hersteller ihre Netzteile meistens, was sich einfach besser anhört als „Trafo“. Entscheiden Sie sich beim Kauf bitte nicht für ein zu schwachbrüstiges Modell – es sollte bereits ganz am Anfang zur maximalen Leistung der Zentrale passen. Oft bieten die Zentralen-Hersteller die geeigneten Modelle an, die man ohne Bedenken kaufen kann. Wollen Sie ein wenig Geld sparen, können Sie den Transformer auch von Fremdfirmen erstehen, solange die technischen Daten dieselben sind.

Wie schon erwähnt: Sparen Sie auch das Geld für Zusatzgeräte wie Keyboards und Memorys. Diese Geräte sind auch bei einer Einsteiger-Anlage entbehrlich. Die Funktionen werden von einem angeschlossenen PC meistens besser und einfacher erledigt. Unbedingt nötig ist dann eigentlich nur noch das Interface – das war’s. Schon mit dieser Minimal-Ausstattung können Sie die ersten Erfahrungen machen. Sie müssen sich noch nicht einmal unbedingt einen Handregler anschaffen. Sogar die Zentrale müsste rein theoretisch nicht unbedingt über ein eingebautes Tastenfeld oder einen Drehregler verfügen, da ja alles vom PC aus gesteuert wird. Um die ersten Versuche zu unternehmen, reicht oft die Demo-Version eines Steuerprogramms, wie sie oft sogar zusammen mit dem Interface ausgeliefert wird.

Es fehlen nun eigentlich nur noch die Weichendecoder, damit auch die Weichen vom PC aus steuerbar sind, sowie einige Gleiskontakte mit zugehörigen Rückmeldemodulen. Jetzt können Sie bereits einen Automatikbetrieb realisieren und die Züge automatisch und unter Kontrolle des PCs fahren lassen. Nach und nach können Sie die Anlage dann um weitere Komponenten erweitern und so immer neue Möglichkeiten einbauen.

**Tipp**

*Kaufen Sie einen separaten PC für Ihr Hobby: Stationäre oder tragbare Computer, die dafür geeignet sind, werden oft preiswert in eBay oder per Kleinanzeige gebraucht angeboten – das erspart den umständlichen Transport des normalerweise für andere Tätigkeiten benutzten Büro-Computers aus dem Arbeitszimmer in den Hobby-Keller und zurück.*

## Digitale Maximal-Anlage

Die Ansprüche steigen , das werden Sie als digitaler Modellbahner schnell feststellen. So weit wie es das Budget erlaubt, ist man als Modellbahner eigentlich permanent dabei, seine Anlage umzubauen und zu erweitern. Weiter vorne haben Sie bereits erfahren, wie man den Leistungsbedarf seiner Anlage abschätzen kann. Wenn es also immer mehr Loks und andere Komponenten werden, die Strom von der Zentrale haben möchten, kommt man irgendwann um die Anschaffung eines oder mehrerer Booster nicht herum, mit denen man weitere Anlagen-Teile mit Strom versorgen kann.

Weitere Rückmeldermodule und Gleiskontakte wird man anbringen müssen, wenn die Anlage größer wird oder vielleicht digital gesteuerte Signale hinzukommen. Denn schließlich will man ja, dass es möglichst realistisch auf der Anlage zugeht. So sollen die Züge vor einem Signal möglichst vorbildgetreu anhalten und das Signal nicht etwa überfahren. Ganz sicher kann man das nur über weitere Gleiskontakte realisieren. Und schließlich lassen sich mit der Digitalsteuerung noch viele weitere Möglichkeiten verwirklichen: Wenn sich ein bestimmter Zug nähert, beginnt im Sägewerk oder im Kieswerk die Arbeit – was man an sich bewegenden Modellen sehen kann. Zusätzliche Funktionsmodelle können hinzukommen.

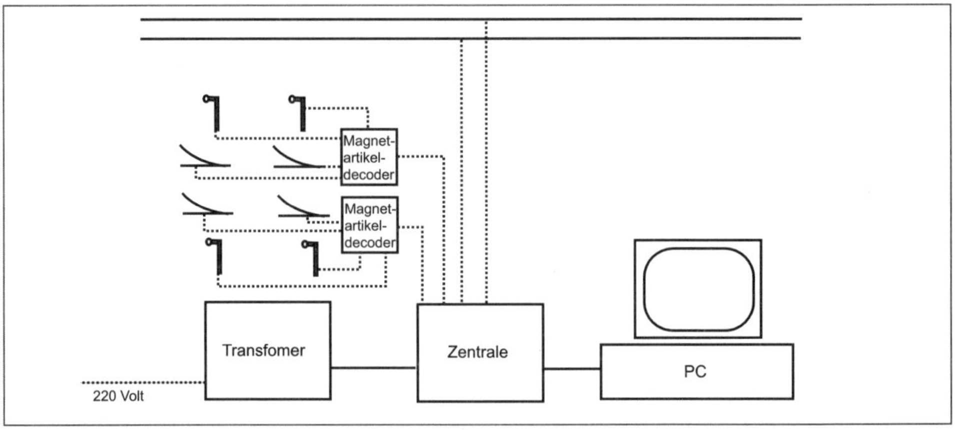


**Abb. 2.40: Typische Anlage mit den wesentlichen Teilen für Fahrbetrieb, Weichen- und Signalschaltung**

Ein großes Manko der bisherigen Digitalsysteme ist es, dass es im Grunde noch keine echte Kommunikation zwischen Zug und PC gibt. Anzeigen darüber, welcher Zug sich wo befindet, basieren eigentlich nur darauf, dass der PC Rückschlüsse darauf zieht. So unter dem Motto: Wenn der InterRegio eben an Punkt 45 war, dann kann er jetzt ja nur an Punkt 46 sein. Eine echte Rückmeldung darüber, welcher Zug das genau ist, findet nicht statt. Wünschenswert wäre aber, wenn sich eine Lok oder ein Zug an jeder Stelle der digitalen Anlage mit seiner digitalen Adresse meldet, aus der der PC dann den Zugtyp ermitteln kann. Entsprechende Systeme kann man schon vereinzelt kaufen, befinden sich in der Entwicklung oder wurden zum Teil schon auf Messen gezeigt – sie markieren zur Zeit die Oberklasse einer digitalen Modellbahn-Anlage.

# 3 Digitale Modellbahnsysteme

Sie kennen nun die wichtigsten Komponenten, die man zum Aufbau einer digitalen Modellbahn-Anlage braucht. Einige davon braucht man gleich von Anfang an, andere kann man auch später hinzukaufen. Zum Glück ist man dabei meistens nicht nur auf einen Hersteller angewiesen und kann somit auch preiswertere Komponenten verwenden, welche die gewünschte Funktion genauso gut erfüllen. Sie sollten als Planer und Bauer einer digitalen Anlage daher auch die Angebote, Geräte und Lösungen kleinerer Firmen ins Kalkül ziehen. Oftmals sind sie es, die die Innovation vorantreiben und für einen günstigeren Preis leistungsfähigere Teile anbieten.

Geräte von anderen Herstellern als dem, von dem die Komponenten der Startpackung stammen, können Sie nur dann kaufen, wenn diese auch zu den anderen Teilen passen, also wenn zum Beispiel ein Decoder die Befehle versteht, die von der Zentrale übermittelt werden. In der Technik spricht man davon, dass Kompatibilität besteht. Innerhalb der bestehenden Normen, die sich in den letzten Jahren gebildet haben, kann man da weitgehend sicher sein. Damit Sie die Kompatibilitäten besser beurteilen können, erfahren Sie nun etwas über die verschiedenen Normen und Standards, die es bei den digitalen Modellbahnen gibt.

## Digitale Modellbahnprotokolle

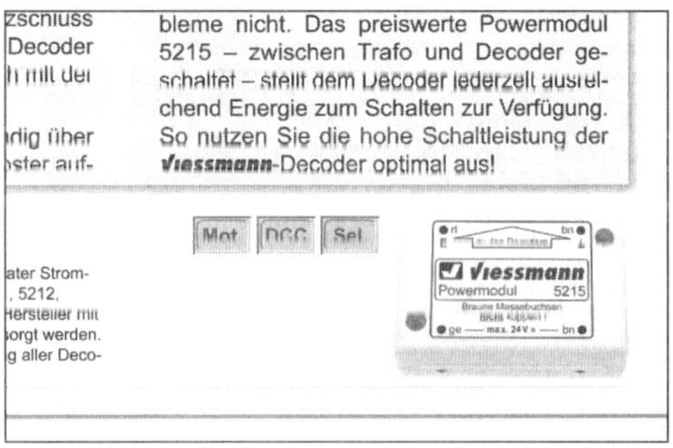


**Abb. 3.1: Oft weisen Symbole in Katalogen darauf hin, mit welchen Protokollen die jeweilige Komponente funktioniert.**

Wer bei Protokoll zuerst an die Mitschrift einer langweiligen Sitzung oder dann an einen Strafzettel denkt, der liegt hier falsch. Damit bezeichnet man gewissermaßen die Sprache, in der sich elektrische Digitalkomponenten miteinander verständigen und die Informationen austauschen. Klar, es sind codierte, digitale Informationen, es handelt sich also um eine Folge aus Nullen und Einsen. Nach welchem Code die

Befehle und Informationen aber verschlüsselt und für den Versand per Kabel aufbereitet worden sind, das ist entscheidend. Deswegen müssen alle Bestandteile einer Modellbahn nach dem gleichen Protokoll arbeiten und das gleiche Datenformat verwenden. Zwar gibt es vereinzelt so genannte Übersetzungsmodule, die man zwischen die Komponenten zweier nicht kompatibler Systeme setzen kann. Das bleibt aber nur eine Notlösung.

Protokolle findet man in der Digital- oder besser: in der Computertechnik immer dort, wo Daten ausgetauscht werden. Im Internet beispielsweise ist das TCP/IP-Protokoll üblich. Es sind also gewissermaßen Verabredungen darüber, wie ein Datenaustausch stattfinden soll. Drei Protokolle spielen im Modellbahnbereich beim Datenaustausch zwischen der Zentrale, den Decodern und anderen Komponenten eine Rolle:

- DCC
- Motorola-Format
- Selectrix

**Hinweis**

*Dass einzelne Hersteller ihre Modellbahnen bei den eigenen Digitalkomponenten mit einem bestimmten Protokoll fahren lassen, heißt übrigens nicht, dass Sie – sofern Sie diese Bahn benutzen – ebenfalls daran gebunden sind. Märklin beispielsweise benutzt zur Steuerung seiner Loks das Motorola-Format. Sie können eine Märklin-Anlage jedoch auch komplett mit Selectrix-Steuerung ausstatten. Sogar die Mischung mehrerer Protokolle auf einer Anlage ist möglich – wenn auch aufwändig und kompliziert, da es manche Digitalkomponenten gar nicht gerne haben, wenn Befehle im anderen Format geschickt werden.*

In Katalogen finden Sie meist bei digitalen Komponenten ein Symbol, das darauf hinweist, welches Protokoll unterstützt wird.

Ansonsten müssen Sie die Beschreibung lesen bzw. beim Händler (am besten schriftlich) nachfragen, ob sich z. B. der Decoder mit dem von Ihnen verwendeten Steuergerät betreiben lässt. Im folgenden Kapitel werden die einzelnen Protokolle vorgestellt.

## DCC-Protokoll

DCC steht für Digital Command Control und ist eine der wichtigsten Normen innerhalb der digitalen Modellbahnerei. Das DCC-Protokoll wurde innerhalb der US-Organisation NMRA, der National Model Railroad Association entworfen und als Standard festgeschrieben. Die NMRA existiert seit 1935, hat ihren Sitz in Chattanooga, Tennessee, und ist ein Zusammenschluss von Modell-Eisenbahnern, die erkannt haben, dass man nur gemeinsam stark ist. Die NMRA ist eine Non-Profit-Organisation, arbeitet also unabhängig von den Gewinninteressen einzelner Hersteller. Eine der wichtigsten Aufgaben der NMRA besteht darin, für die Hersteller verbindliche Normen festzuschreiben, nach denen Modellbahn-Produkte hergestellt werden sollen. Sinn und Zweck ist es also, zu verhindern, dass jede Firma ihr eigenes Süppchen kocht und stattdessen erkennt, dass es sinnvoller ist, sich an marktübliche Standards zu halten.

Das DCC-Protokoll nach NMRA wurde maßgeblich von der hessischen Firma Lenz entwickelt, die es heute unter dem Markennamen Digital plus by Lenz vertreibt und weiter entwickelt. In der DCC-Norm sind viele Details genau festgehalten, die für eine reibungslose Kooperation zwischen verschiedenen Geräten und Komponenten innerhalb eines DCC-Systems wichtig sind. DCC ist also ein von Herstellern unabhängiger Standard. Viele einst traditionelle Modellbahn-Hersteller wie Arnold, Fleischmann, Lehmann (LGB) und Roco basieren ihre Gleichstrom-Systeme auf dem DCC-Standard und viele kleinere Zubehör-Hersteller liefern Module und Lösungen, die dem DCC-Standard folgen. Erkennbar ist dies an dem entsprechenden DCC-Symbol.

Auf der Homepage der NMRA (*www.nmra.org*) findet man zunächst nicht viel über DCC. Die interessanten Informationen und das Logo finden sich auf der Seite der Gruppe innerhalb der Organisation, die sich um diese digitale Norm kümmert unter der Adresse: *http://jdb.psu.edu/nmra/dccsig.html*

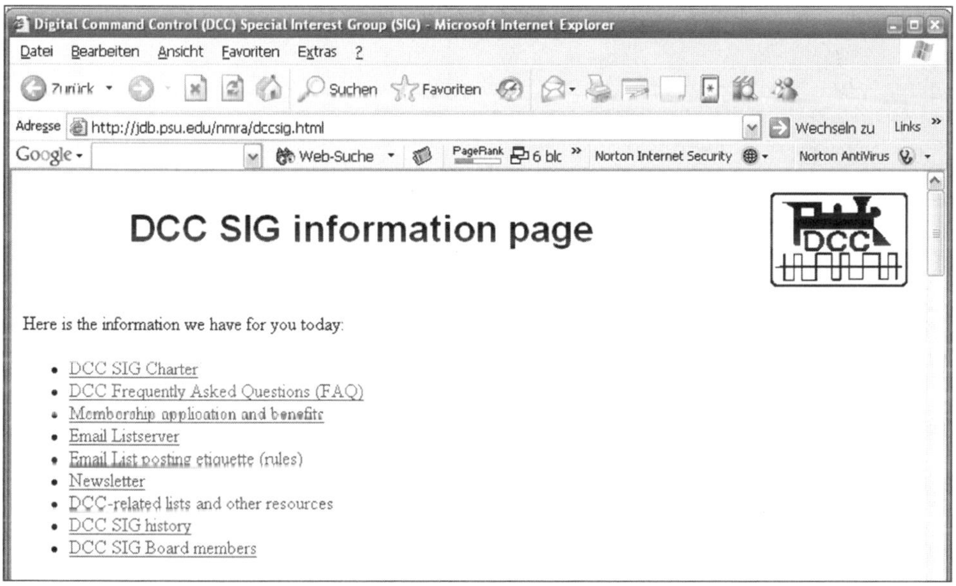


**Abb. 3.2: Auf der Website der Special Interest Group innerhalb der NMRA kann man sich über DCC informieren. Dort steht auch das Logo.**

Nun gibt es aber auch schon wieder Firmen, die sich von der DCC-Vereinbarung entfernen und die Norm abwandeln, um eigene Funktionen zu integrieren und sich so von den Konkurrenten abzuheben. So war das Digital-System MZS von Lehmann für die LGB-Gartenbahn bisher ein DCC-System und man konnte an die MZS-Zentrale andere DCC-Geräte anschließen.

Das liegt daran, dass einer der Entwickler des DCC-Protokolls, die Firma Lenz, auch die digitalen LGB-Komponenten für die Firma Lehmann entwickelt. Allerdings berichten Modellbahner bei Verwendung neuerer LGB-Komponenten vereinzelt über Schwierigkeiten beim Kombinieren mit Teilen, die nicht aus dem Hause Lehmann kommen. Das MZS-System basiere auf den DCC-Standards und verwende das DCC-Datenformat, heißt es dazu von Lehmann. Es seien aber noch weitere entwickelt und angepasst worden. Von der Verwendung fremder Komponenten wird abgeraten.

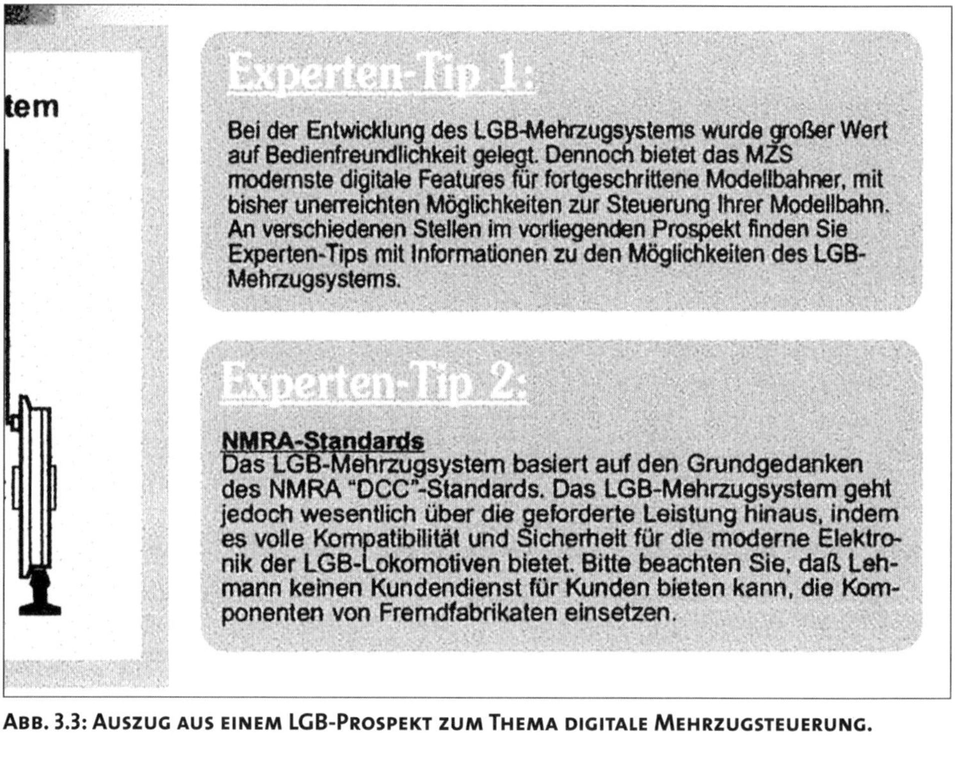

tem

Experten-Tip 1:

Bei der Entwicklung des LGB-Mehrzugsystems wurde großer Wert auf Bedienfreundlichkeit gelegt. Dennoch bietet das MZS modernste digitale Features für fortgeschrittene Modellbahner, mit bisher unerreichten Möglichkeiten zur Steuerung Ihrer Modellbahn. An verschiedenen Stellen im vorliegenden Prospekt finden Sie Experten-Tips mit Informationen zu den Möglichkeiten des LGB-Mehrzugsystems.

Experten-Tip 2:

NMRA-Standards
Das LGB-Mehrzugsystem basiert auf den Grundgedanken des NMRA "DCC"-Standards. Das LGB-Mehrzugsystem geht jedoch wesentlich über die geforderte Leistung hinaus, indem es volle Kompatibilität und Sicherheit für die moderne Elektronik der LGB-Lokomotiven bietet. Bitte beachten Sie, daß Lehmann keinen Kundendienst für Kunden bieten kann, die Komponenten von Fremdfabrikaten einsetzen.

Abb. 3.3: Auszug aus einem LGB-Prospekt zum Thema digitale Mehrzugsteuerung.

Von der Verwendung fremder Komponenten wird bei fast allen Markenfirmen abgeraten. Wenn jedoch der Hersteller der kompatiblen Teile garantiert, dass sie funktionieren, können Sie zugreifen. Falls Sie Zweifel haben, sollten Sie in einem der Modellbahn-Clubs oder Foren im Internet nachfragen („Ich möchte gerne den Decoder XY mit MZS kombinieren. Hat jemand Erfahrung damit, ob das gehen kann?").

Auch DCC-Miterfinder Lenz ist bei DCC natürlich nach wie vor mit von der Partie. Der DCC-Standard gilt weltweit, auch wenn die NMRA vom Ursprung her ein Zusammenschluss US-amerikanischer Modellbahner ist. Noch ein Detail, dann soll Schluss sein mit langweiliger Modellbahn-Politik: In Europa gibt es seit vielen Jahren ähnliche Normungsbestrebungen wie in den USA, die die MOROP vorantreibt. MOROP steht für Verband der Modelleisenbahner und Eisenbahnfreunde Europas. Hauptaufgabe der MOROP ist die Entwicklung der Normen Europäischer Modellbahnen, kurz NEM. Noch ist es nicht so weit, aber bald könnte DCC auch eine offizielle NEM-Norm und damit verbindlich für Europa sein. Die NMRA-Normen sind übrigens frei zugänglich – jeder Hersteller kann sie also anwenden und seine Produkte danach bauen. Die Begriffe DCC, NEM und NMRA werden Ihnen immer wieder begegnen, wenn Sie sich mit dem Kauf von Modellbahn-Zubehör beschäftigen.

**Abb. 3.4: Dieses Symbol garantiert, dass man es mit einer echten, DCC-kompatiblen Komponente zu tun hat.**

Einen wichtigen Begriff sollten Sie noch kennen: Es ist die so genannte Fahrstufe. Während eine Analoglok ihre Geschwindigkeit analog zum Fahrstrom hält, ist der Fahrstrom bei Digitalanlagen zwischen Stillstand und Vollgas in Stufen aufgeteilt. In DCC gibt es Decoder mit 14 (meist ältere), 27, 28 und 128 Fahrstufen. Zwar lässt sich der Drehregler einer Zentrale stufenlos drehen, tatsächlich könnte er aber auch genauso gut 27 oder 128 einzelne Raststufen besitzen. Besitzt er nämlich auch. Manchmal merkt man davon nichts, manchmal spürt man sie sogar. Jede dieser Rasten ist eine Fahrstufe und jede dieser Fahrstufen entspricht einer bestimmten Geschwindigkeit. Es liegt auf der Hand: Je mehr dieser virtuellen Raststufen es gibt, desto weicher und stufenloser wirkt die Beschleunigung oder Verlangsamung einer Lok und damit eines Zuges. Die Anzahl der möglichen Fahrstufen, die ein Decoder beherrscht, muss mit der der Zentrale übereinstimmen, sonst kommt es zu Fehlfunktionen.

## Motorola-Protokoll

Das hauptsächlich von Marktführer Märklin verwendete Protokoll stammt aus der Entwicklung des Technologie-Riesen Motorola (der auch die Handys herstellt). Es ist zu nichts kompatibel als zu sich selbst, und kein anderer Hersteller von Gleisen und rollendem Material verwendet dieses Format. Trotzdem ist es das am weitesten verbreitete, weil die Firma Märklin bereits vor vielen Jahren mit der Einführung ihres Digitalsystems begonnen hat. Lange Zeit gab es eine Quasi-Monopolstellung von Märklin, mittlerweile hat sich das ein wenig geändert und DCC konnte aufholen. Fast jeder Hersteller von Zusatzgeräten, Modulen und anderen Komponenten bietet seine Erzeugnisse auch für dieses Datenformat an.

Außer der Original-Zentrale von Märklin beherrschen auch die Einsteiger-Variante Delta aus gleichem Haus, die Multiprotokoll-Zentrale Intellibox, eine der beiden Arnold-Zentralen DigiPro, sowie die Zimo-Zentrale MX-1 das Motorola-Protokoll. Sieht man sich den Aufbau des Datenformates an, fällt auf, dass es in mancher Hinsicht unsicherer ist als andere. Zwei Versionen gibt es übrigens davon: Bis etwa 1994 baute Märklin Decoder, Loks und Steuergeräte mit einem alten Motorola-Format, oft auch als Motorola I bezeichnet. Ganze 14 Fahrstufen und nur eine einzige Funktion waren damit realisierbar. Weil das im Hinblick auf das sich schnell verbreitende DCC-Format nicht mehr zeitgemäß war, und gleichzeitig das spezielle System für die Spurweite 1 aus dem Programm genommen wurde, wurde das Format erweitert: Komponenten, die nach 1994 verkauft wurden, verwenden das neue Format, das zwar weiterhin nur 14 Fahrstufen kennt, immerhin aber schon mal mit insgesamt vier Zusatzfunktionen (plus Lokbeleuchtung) aufwarten kann. Insgesamt 80 verschiedene Lokadressen kann eine Zentrale verwalten, die das Motorola-Format beherrscht. Auf diesem technischen Stand befindet sich das Motorola-Protokoll und damit auch Märklin Digital im Prinzip noch heute.

## Selectrix

Das von vielen Modellbahnern als zuverlässig und durchdacht gelobte Selectrix-Format wurde Anfang der 80er Jahre von der kleinen Firma Doehler & Haass entwickelt und 1982 von der Firma Trix unter dem Namen Selectrix erstmals vorgestellt. Nach dem Zusammenbruch der Firma wurde Trix von Märklin übernommen, wird bis heute aber als eigenständige Firma weitergeführt.

Selectrix ist vor allem bei den Modellbahnern beliebt, die sich der kleinen Spur N verschrieben haben. Selectrix ist ebenfalls zu nichts kompatibel, wenngleich es mittlerweile aber eine Handvoll Firmen gibt, die Zubehör für das System im Programm haben. Sogar eine Zentrale, die das Format verwendet, aber selbst nicht von Trix stammt, ist inzwischen auf dem Markt: Es ist die Digirail-Zentrale von MÜT, die das Selectrix-Format verwendet.

Weiter beliebt bleibt Selectrix trotz bisher eher stagnierender Innovationskraft auch dadurch, dass die beliebte Multiprotokoll-Zentrale Uhlenbrock Intellibox – unter anderem – auch Selectrix beherrscht. So kommt man auch ohne die etwas langweilig wirkende und wenig benutzerfreundliche Selectrix-Zentrale in den Genuss der Vorteile dieses Protokolls. Vor allem aber kann man Loks steuern, die die extrem kleinen, qualitativ hervorragenden und sehr leistungsfähigen Selectrix-Lokdecoder eingebaut haben. Von Anfang an besaßen Selectrix-Decoder 31 Fahrstufen, was den Loks, in die sie eingebaut sind, ein sehr gutes Fahrverhalten beschert. Mittlerweile baut auch Selectrix-Erfinder Doehler & Haass eigene Selectrix-Decoder, die mehr können als das Original.

**Hinweis**

*Genau wie Märklin plant Trix die Umstellung auf ein neues Digitalsystem mit der Bezeichnung Systems. Erste Startpackungen und ein „Mobile Control" sind bereits lieferbar, die für Trix hat dann einen grünen Bedienknopf (der Knopf an der Mobile Control für Märklin ist rot). Über technische Details ist noch nicht viel bekannt, doch es wird sich bei Trix Systems wahrscheinlich um das gleiche Bedienschema handeln wie bei Märklin Systems, nur eben für Zweischienen-Gleichstrom. Nähere Details finden Sie weiter unten in diesem Kapitel.*

Eine Original-Selectrix-Zentrale kann lediglich neun Lokadressen verwalten. Sollen es mehr sein, muss man Zusatzgeräte kaufen oder sie an einen PC anschließen. Maximal 100 Geräte mit den Adressen 00 bis 99 können es mit Original-Selectrix-Geräten dann sein, obwohl intern eigentlich 112 Adressen zur Verfügung stehen. Einige dieser Adressen braucht die Selectrix-Zentrale aber für sich, so dass sich die maximal 100 Adressen mit den Nummern 00 bis 99 ergeben. Die Intellibox von Uhlenbrock und auch die Digirail-Zentrale von MÜT zum Beispiel erreichen gleich von vornherein alle der im Selectrix-System vorgesehenen 112 Lokadressen. Eine Besonderheit gibt es beim Selectrix-Format: Die zur Verfügung stehenden Adressen können sowohl von Lokdecodern als auch von Gleisbesetztmeldern oder Magnetartikeldecodern (Trix nennt sie Funktionsdecoder) belegt sein. Dabei hat man völlig freie Hand, wie man die Adressen aufteilt. Einen separaten Rückmeldebus gibt es also nicht. Der so genannte Sx-Bus verbindet fast alle Geräte miteinander und transportiert sämtliche Daten.

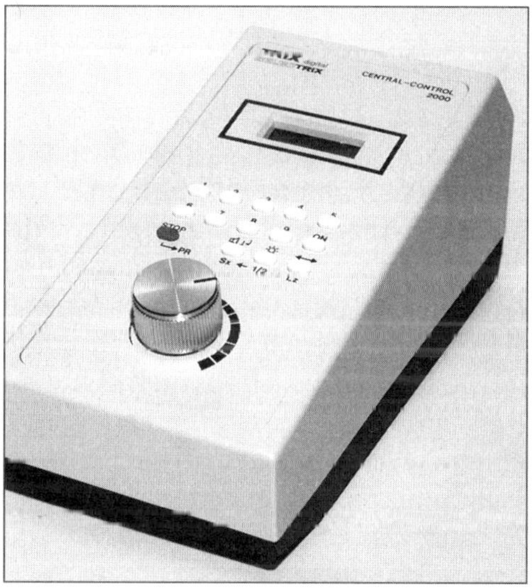

**Abb. 3.5: Die Zentrale Central Control 2000 kann nur neun Lokadressen ansprechen.**

Während das Original-Selectrix-Format die Beschränkung auf 112 Adressen kennt, lässt sich ein Selectrix-System auch mit dem so genannten „erweiterten“ Selectrix-Format betreiben. Dabei wird zusätzlich zum Haupt-Bus (Sx0) ein weiterer Sx-Bus (Sx1) aufgemacht, über den wieder 112 Adressen zur Verfügung stehen. Dies können Adressen von Funktionsdecodern oder solche von Gleisbesetztmeldern sein. Lokadressen haben hier leider keine Chance – sie lassen sich auch nach der Erweiterung leider nur über den „Stamm-Bus“ Sx0 abfragen und kontrollieren. Mehr als maximal 112 (mit den Original-Trix-Geräten 100) Loks sind bei Selectrix ohne weiteres nicht drin – eine Einschränkung, die bei der Entscheidung für ein bestimmtes Datenformat sicher mit ins Gewicht fallen müsste. Zum Glück gibt es aber mittlerweile ein paar hervorragende Alternativen (Digirail, Intellibox, MDVR/ Rautenhaus) zur Hardware des Original-Herstellers Trix, die die bekannten Einschränkungen und Probleme zum Teil umgehen, das an sich jedoch empfehlenswerte Selectrix-System und -Datenformat benutzen.

**Abb. 3.6: Die multi control 2004 von MÜT/Digirail arbeitet auch mit dem Selectrix-Format.**

## FMZ-Protokoll

Ein echtes Mauerblümchen-Dasein fristet das System mit dem antiquiert wirkenden Namen Fleischmann Mehrzugsteuerung, kurz FMZ. Es gibt kaum andere Firmen, die Komponenten für dieses System herstellen. Es ist dabei, vom Markt zu verschwinden. 15 Fahrstufen beherrscht ein FMZ-Decoder, der nicht nur vergleichsweise groß ist, sondern auch noch einen Kondensator im Gepäck hat, den man ebenfalls noch in einem Lokgehäuse unterbringen muss, in dem es ohnehin meistens eng zugeht. Allerdings hat die Firma Fleischmann, der es nicht gelungen ist, FMZ zu etablieren, vor einiger Zeit einen cleveren Schritt getan. Sie stellte einen Nachfolger ihres FMZ vor, der voll kompatibel zum alten System ist, aber in die Zukunft blickt. Und die Zukunft, das ist in diesem Fall DCC.

Twin Center nennt Fleischmann seine neue Zentrale, die auf den ersten Blick der Intellibox von Uhlenbrock bis auf die Gehäusefarben zum Verwechseln

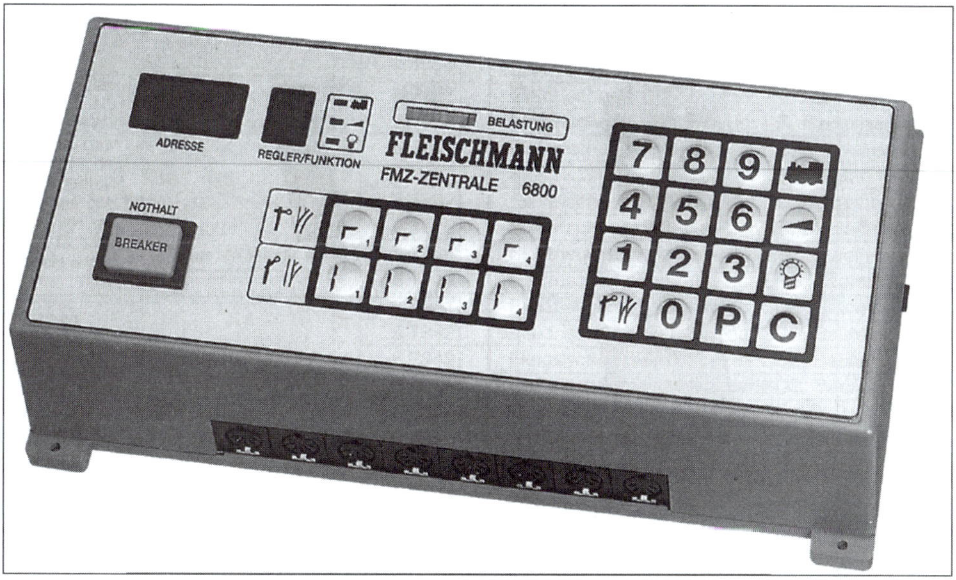


ABB. 3.7: DIE MEHRZUGSTEUERUNG VON FLEISCHMANN (FMZ) KONNTE SICH GEGEN DIE KONKURRENZ AM MARKT NICHT DURCHSETZEN.

ähnlich sieht. Kein Wunder, denn Uhlenbrock baut die Zentralen auch für Fleischmann. Größter Unterschied: Das Twin Center beherrscht als Protokolle DCC, FMZ und Selectrix – im Gegensatz zu den echten Intelliboxen, die DCC, Märklin/ Motorola und Selectrix eingebaut haben. Twin ist aber kein neues Protokoll, auch wenn Fleischmann seine neuen Lokdecoder Twin Decoder nennt. Hinter der Bezeichnung verbirgt sich lediglich, dass sich eine Lok mit Twin-Decoder sowohl von einer DCC-Zentrale als auch einer FMZ-Zentrale steuern lässt. So hat Fleischmann geschickt den Aufstieg in die DCC-Welt geschafft, ohne ihre bisherigen Anhänger zu verprellen. Eine sympathische Vorgehensweise.

## Digital 2

Damit Sie ein möglichst rundes Bild bekommen – restlos alle Systeme vorzustellen hieße, ein mehrbändiges Werk zu veröffentlichen – sollen Sie aber noch etwas über eine verhältnismäßig neue Initiative von zwei recht aktiven Herstellern erfahren. Die Firmen Uhlenbrock und Viessmann haben sich das Digital 2-Logo ausgedacht, um zum Beispiel Decoder damit zu schmücken, die sowohl das DCC- als auch das Motorola-Datenformat akzeptieren. Und nicht nur das: Die Geräte, die das Logo tragen, sind untereinander kompatibel, arbeiten also in einer Systemumgebung, die beide Formate versteht, reibungslos zusammen.

Es handelt sich bei Digital 2 also nicht um eine neue Marke und auch nicht um ein neues System. Jeder Hersteller kann das Logo kostenlos verwenden, wenn er seine Produkte einem Test unterzogen hat, in dem sie diese unproblematische Zusammenarbeit mit anderen Komponenten, die ebenfalls das Logo tragen, beweisen müssen.

## Digitalsysteme der Hersteller

Im folgenden Abschnitt werden Sie Details zu den einzelnen Systemen und Geräten der verschiedenen Hersteller finden, die man für den Aufbau einer digitalen Modellbahn-Anlage braucht. Digitalsysteme, an die man keinen Computer anschließen kann, sind hier nicht berücksichtigt. Denn schließlich macht ein Digitalsystem ohne PC mittelfristig nur wenig Sinn. Allerdings gibt es Digitalsysteme, an die man das Interface eines anderen Herstellers anschließen kann – zum Beispiel bei Arnold/ Rivarossi ist das so. Und obwohl nicht klar ist, ob und in welcher Form dieses System weiter besteht, finden Sie es trotzdem in diesem Kapitel.

**Hinweis**

*Wenn Systeme in den aktuellen Katalogen nicht mehr zu finden sind, heißt das nicht, dass sie nicht mehr im Einsatz sind. Denn es gibt einen großen Gebrauchtmarkt, z. B. auf den Modellbahnmärkten, die am Wochenende stattfinden oder über Internet-Auktionsplattformen wie eBay.*

Weiterhin gibt es in den Katalogen der Händler viele Decoder, die zu dem einen oder anderen Protokoll passen. Sämtliche Hersteller mit ihren Produkten und deren Besonderheiten hier aufzuführen, das ginge nicht – weil der Platz nicht ausreichte und weil das Buch nie aktuell wäre. Diese Übersicht dient der generellen Einschätzung, was auf dem Markt zu finden ist.

### Arnold Digital

Das Digitalsystem von Arnold unterliegt nach wie vor einer stetigen Veränderung. Anders als etwa bei Märklin oder Selectrix änderte sich in der Vergangenheit immerzu irgendeine Kleinigkeit, sodass man fast Mühe hatte, da Schritt zu halten. Das liegt sicher auch an dem Umstand, dass es den einst traditionsreichen Hersteller von Modellbahnen und Zubehör für die Spurweite N eigentlich gar nicht mehr gibt. Nach dem Zusammenbruch des Unternehmens 1995 übernahm die italienische Rivarossi-Gruppe die Mühlhausener Firma. Und Rivarossi wurde inzwischen von der Hornby-Gruppe übernommen.

Bis dahin war das verwendete und unter dem Namen Arnold Digital verkaufte Digitalsystem identisch mit dem DCC-System von Märklin für Gleichstrom-Bahnen, in dem Technik der Firma Lenz steckte. Nachdem Märklin die Produktion des Gleichstrom-Systems zugunsten eines einheitlichen Digitalsystems mit Motorola-Protokoll aufgab, es somit auch das Arnold-Digital-System nicht mehr in dieser Form gab, war man gezwungen, etwas eigenes zu entwickeln: Das neue Arnold Digital entstand. Von außen ähneln die Komponenten dem alten System, innen hat sich aber Einiges getan, wobei sich Loks mit alten Decodern weiterhin steuern lassen – jedenfalls meistens.

Nach einer leichten Design-Änderung und der Einführung des Namens DigiPro für das vollwertige und DigiStart für das Einsteiger-Digitalsystem kündigte die italienische Firma Rivarossi Mitte des Jahres 2001 recht überraschend an, man werde die Produktionsstätte von Arnold in Mühlhausen schließen und in Zukunft die Geschicke von Italien aus lenken. Die Marke Arnold solle jedoch weltweit für die Spur N weitergeführt werden. Alle ehemaligen Arnold-Mitarbeiter verloren ihre Jobs. Dann war viele Monate lang nichts mehr aus Italien zu hören. Im Sommer 2002 schließlich gab die neue Unternehmensleitung bekannt, die Umstrukturierung sei abgeschlossen. Die neue Firma Lima werde die Marken Arnold und Rivarossi weiterführen – was auch für das Digitalsystem gelten solle. Noch sind die Arnold-Komponenten zumindest gebraucht zu bekommen, weshalb wir sie hier auch kurz besprechen wollen.

## DigiStart

Wie der Name es schon andeutet, ist DigiStart die Zentrale für Einsteiger. Zehn Lokadressen können verwaltet bzw. ebenso viele Loks gesteuert werden. Davon sind neun Adressen für digitale und seit einiger Zeit auch wieder eine für eine analoge Lok reserviert. Achten Sie beim Kauf auf die Artikelnummer: 86501 muss sie lauten, dann können Sie sicher sein, dass auch die Steuerung einer analogen Lok möglich ist.

Sogar als Keyboard für Magnetartikel lässt sich die Box einsetzen. Bis zu acht Weichen oder Signale lassen sich schalten, wobei aber nur acht Adressen für Magnetartikel zur Verfügung stehen. Sogar Programmieren kann man mit DigiStart: Außer der Lokadresse lässt sich aber nichts verändern. Theoretisch kann man später zur großen Zentrale DigiPro aufsteigen, wobei sich die Digi-

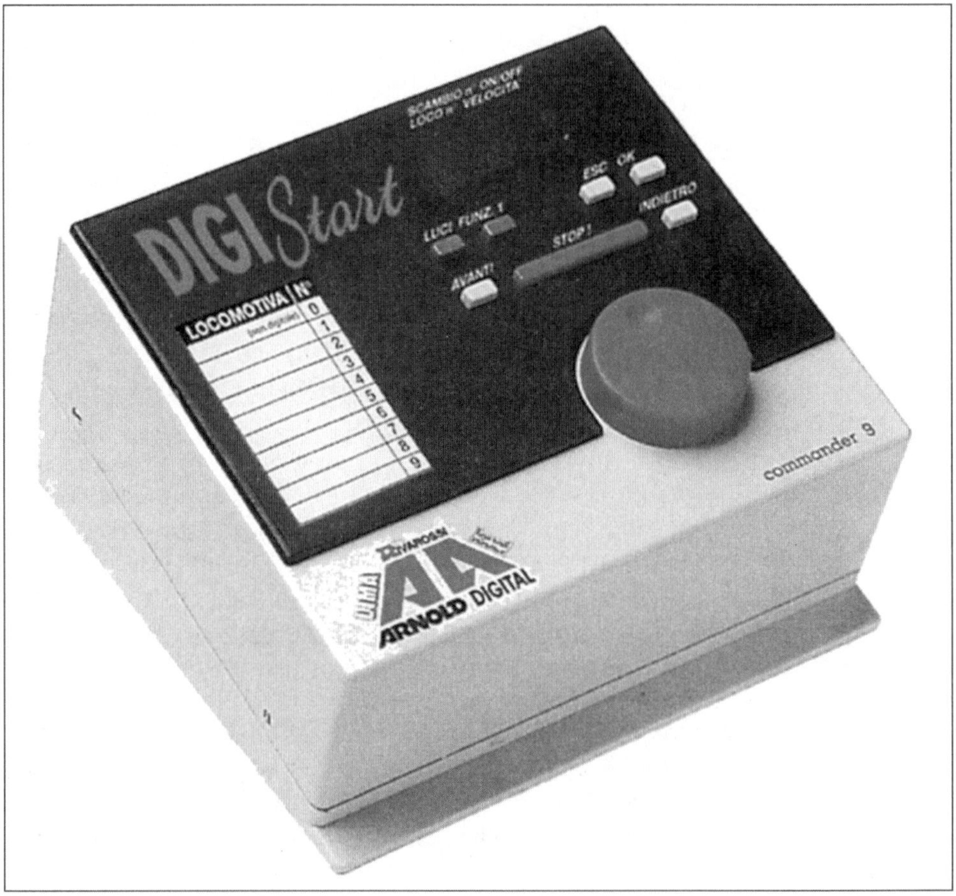


**Abb. 3.8: DigiStart eignet sich nicht für Modellbahner mit PC-Ambitionen.**

Start-Box nach Angaben ihres Herstellers dann immerhin noch als Bremsgenerator verwenden lässt. Für einen angehenden oder schon ausgefuchsten PC-Modellbahner wie Sie ist das aber eine Funktion, für die man kein externes Gerät braucht, weil Sie das Anhalten und Losfahren vor einem Signal einfacher und bequemer vom Computer erledigen lassen. Ein Interface für die PC-Steuerung lässt sich an DigiStart nicht anschließen. Wenn Sie also mit dem Arnold-System liebäugeln und mittelfristig zur Steuerung mit dem Computer aufsteigen wollen, sollten Sie sich gleich DigiPro anschaffen.

### DigiPro

Dies ist die richtige Zentrale von Arnold Digital. Seit einiger Zeit gibt es DigiPro, das früher Central Control hieß, in zwei Versionen: Die Erste ist eine

DCC-kompatible Zentrale, mit der sich nun bis zu 119 digitale und – seit das Lenz-Patent auf dieses Verfahren wie schon erwähnt ausgelaufen ist – auch eine analoge Lokomotive steuern lassen. Achten Sie auf die Artikel-Nummer: 86201 muss draufstehen, dann ist die neuste Software drin. Beim Vorgänger 86200 kann man die Funktion der Steuerung einer analogen Lok in bestimmten Fällen aber auch selbst frei schalten. Ab der Software-Version 1.21 ist das möglich.

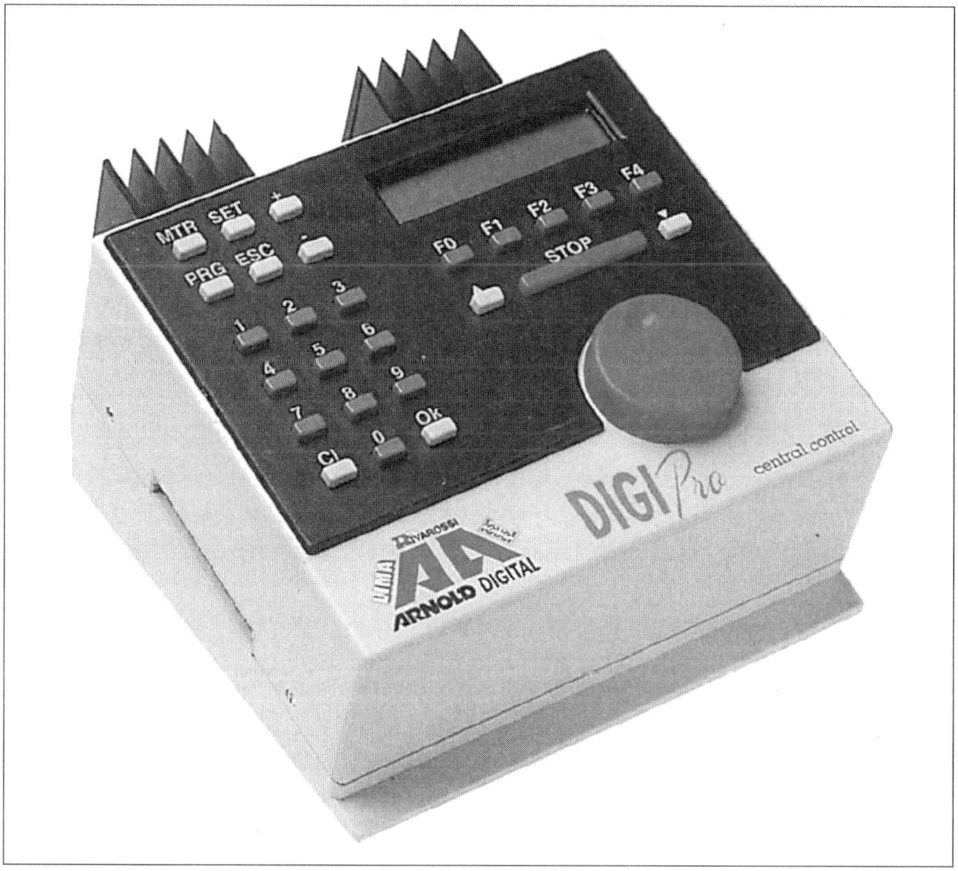


**Abb. 3.9: Die grosse Zentrale von Arnold gibt es in zwei Versionen.**

Man drückt dazu zweimal die SET-Taste und gibt den Code 4901 gefolgt von OK ein, fertig. Ab sofort steht eine Adresse für eine analoge Lok zur Verfügung. Zentralen mit einer älteren Software Version wurden bisher gegen eine Bearbeitungsgebühr von 30 Euro vom Arnold-Kundendienst upgedatet.

Bei der zweiten Version, die die Artikelnummer 86202 trägt, ist all das nicht möglich, denn es handelt sich dabei um eine Zentrale, die zusätzlich zum DCC- auch das Motorola-Format erzeugen kann und daher die interessantere ist. Dabei sind bei dieser Zentrale die Adressen 01 bis 79 für Loks mit Decodern im Motorola-Format reserviert. Eine analoge Lok kann man mit dieser DigiPro-Variante in keiner Software-Version steuern. Allerdings lassen sich von ihr bis zu 256 Weichen im Märklin-/Motorola-Format ansprechen, leider aber nicht schalten. Eine Keyboard-Funktion ist nämlich bei DigiPro nicht eingebaut. Schließt man die Zentrale aber an den PC an, ist das Schalten natürlich via PC möglich.

Bei der Entwicklung der Central Control, die nun also DigiPro heißt, wurde – soweit das möglich war – auf die Kompatibilität zum alten Arnold-Digital-System geachtet, bei dem die Decoder von der Firma Lenz stammten. Einige wenige, ältere Decoder machen jedoch nach wie vor Schwierigkeiten mit dem neuen System – in der Vergangenheit hat der Arnold-Service dann in solchen Einzelfällen und aus Kulanz einen kostenlosen Decodertausch vorgenommen. Wie sich das in der Zukunft darstellen wird, ist derzeit aber noch nicht abzusehen. Eine Programmierfunktion ist in beiden Versionen der Zentrale eingebaut: Es lassen sich die Daten aus allen DCC-kompatiblen Decodern lesen und hineinschreiben, auch die älteren Bausteine in schon betagteren Arnold-Digitalloks. Die zweite Version von DigiPro ist also wohl die interessantere der beiden.

Bis die Meldung von der Beendigung der Aktivitäten von Arnold in Deutschland kam, fieberten vor allem Anhänger der kleineren Spuren N und Z einem ganz besonderen Erzeugnis von Arnold entgegen: So hatte die Firma nämlich mit dem Arnold-Mini 81221 einen Lokdecoder angekündigt, der mit seiner Größe von 9 mal 11,5 Millimetern und einer Dicke von 4,1 Millimetern der kleinste Lokdecoder der Welt wäre. Er ließe sich sogar in all diejenigen Loks der Spurweite N einbauen, die sich bisher aus Platzmangel unter der Haube nicht digitalisieren ließen. Und sogar in Lokomotiven der Spur Z könnte man diesen Winzling einbauen. Ob er aber nun tatsächlich noch produziert werden wird, stand zum Redaktionsschluss dieses Buches noch weit in den Sternen.

**Tipp**

*Bevor Sie sich zum Kauf einer Arnold-Digital-Komponente entschließen, sollten Sie abwarten, wie sich die Zukunft dieser Marke weiter entwickelt. Denn nichts ist schlimmer als ein Digital-System anzuschaffen, für das niemand mehr Support leisten kann.*

Überhaupt ist das Programm von Arnold Digital noch nicht ganz komplett: Es fehlt nach wie vor ein eigenes Interface zum Anschluss des DigiPro an den PC. Da die Belegung der Steckerleisten aus der Tatsache heraus, dass das alte Arnold-Digital-System ja einmal von Märklin hergestellt wurde, jedoch identisch ist, kann man das Märklin-Interface für die Verbindung zum PC nutzen. Sorgen um unterschiedliche Formate muss man sich nicht machen, da das Interface ja nur zwischen PC und Zentrale vermittelt, selbst also nichts Aktives tut. Mit 2.400 Bit pro Sekunde gehört es zwar nicht zu den schnellsten seiner Gattung, aber man kann sich so behelfen.

## Fleischmann Digital

Wie vorhin schon kurz bei der Beschreibung der Datenformate erwähnt, hatte der traditionsreiche Hersteller von Modellbahnen in den Spuren N und Ho mit seinem FMZ-System nur wenig Glück. Einen kompetenten Partner, mit dem ein Ausweg gefunden werden konnte, fand Fleischmann in der Firma Uhlenbrock (siehe auch weiter hinten in diesem Kapitel), mit der zusammen man das neue Twin-Konzept ersann.

Die Zentrale des neuen Fleischmann-Digital-Systems ist im Grunde eine Intellibox mit etwas abgewandelter System-Software. Zu den wichtigsten Änderungen gehört natürlich die Tatsache, dass die Twin Center genannte Box auch das bisher benutzte FMZ-Datenformat erzeugen kann und sich auf diese Weise Loks steuern lassen, die einen FMZ-Decoder im Gehäuse tragen.

Zusätzlich kann das Twin-Center, der Name deutet es ja bereits an, aber auch das DCC-Datenformat aussenden. Der große Vorteil: Erstmals lassen sich nun auf einer Fleischmann-Anlage auch solche Loks nutzen, die keinen Fleischmann-Lokdecoder sondern einen reinen DCC-Decoder haben. Zum Twin-Center gesellt sich auch der neue Twin-Decoder.

Dieser neue Fleischmann-Decoder versteht FMZ-Signale, er lässt sich also auch von einer alten FMZ-Zentrale aus ansprechen. Zusätzlich beherrscht er aber das DCC-Format, so dass man theoretisch jede nach NMRA kompatible DCC-Zentrale zur Steuerung verwenden kann. Der größte Nachteil des Twin-Decoders: Für das FMZ-Format braucht er weiterhin einen externen Kondensator, der zusammen mit der Decoder-Platine im Lokgehäuse untergebracht werden muss. Das ist in kleineren Loks zum Teil ohne größere Fräs- und intensive Bastelarbeiten nicht zu bewerkstelligen. Entscheidet man sich aber als Besitzer einer Fleischmann Lok mit Twin-Decoder und Twin-Center dafür, die Lok künftig im technisch ohnehin überlegenen DCC-Format zu betreiben, kann man den Kondensator auch kurzerhand herausoperieren oder gar nicht erst mit einbauen. In diesem Fall kann man die beiden Drähte, mit denen der Kondensator angeschlossen wird, einfach überbrücken. Auch Probleme mit der Lok-Beleuchtung, die im DCC-Betrieb mit Kondensator nur leuchtet, solange die Lok fährt, sind damit behoben.

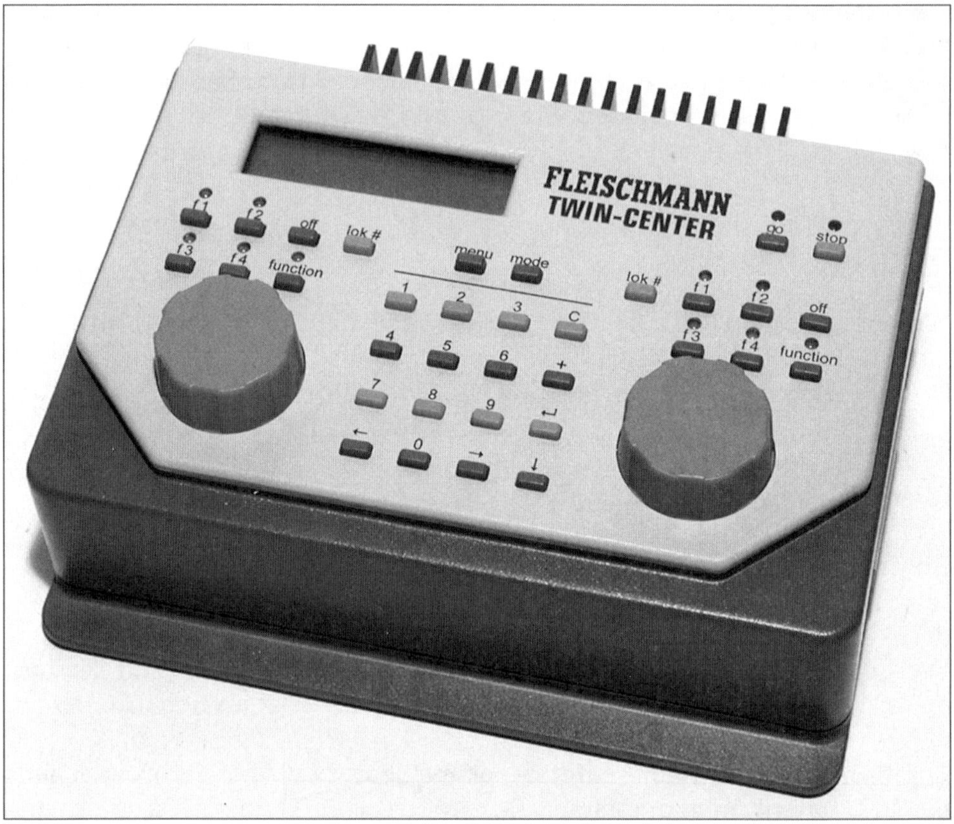


**Abb. 3.10: Das Twin-Center von Fleischmann basiert auf einer Intellibox.**

Eine Funktion, die im Handbuch nicht dokumentiert ist, ist die Fähigkeit des Twin-Centers, auch das Trix-Datenformat Selectrix zu erzeugen (das Format wird in den Menüs lediglich als „T" bezeichnet), was insbesondere die N-Bahner freuen dürfte. Der Twin-Decoder passt nämlich aufgrund seiner Größe und des Kondensators nicht in alle Loks der Spurweite N, die von Fleischmann mit einem eigenen Fahrzeug- und Gleisprogramm (piccolo) ja ebenfalls bedient wird. Nimmt man, wenn nur wenig Platz vorhanden ist, stattdessen Decoder von Trix mit Selectrix-Datenformat, kann man diese mit dem Twin-Center ebenfalls steuern. Und natürlich hat niemand etwas dagegen, wenn man die hervorragenden Selectrix-Decoder in eine Ho-Lok einbaut und sie mit dem Twin-Center, das dann ja eigentlich ein Tri-Center ist, steuert.

Auch ein Fahrpult ohne eigene Intelligenz, einen Booster und einen Handregler im Twin-Design hat Fleischmann im Programm. Übrigens kann man die Zentrale, das Twin-Center, sowohl einzeln als auch als Bestandteil einer digitalen Startpackung kaufen, in der sich dann neben Schienen und Wagen auch eine Lok mit eingebautem Twin-Decoder befindet, der man den Kondensator nur deshalb nicht gleich von vornherein erspart hat, damit sie auch auf alten FMZ-Anlagen noch funktioniert. Andernfalls würde man sich ja als Hersteller auch unglaubwürdig machen.

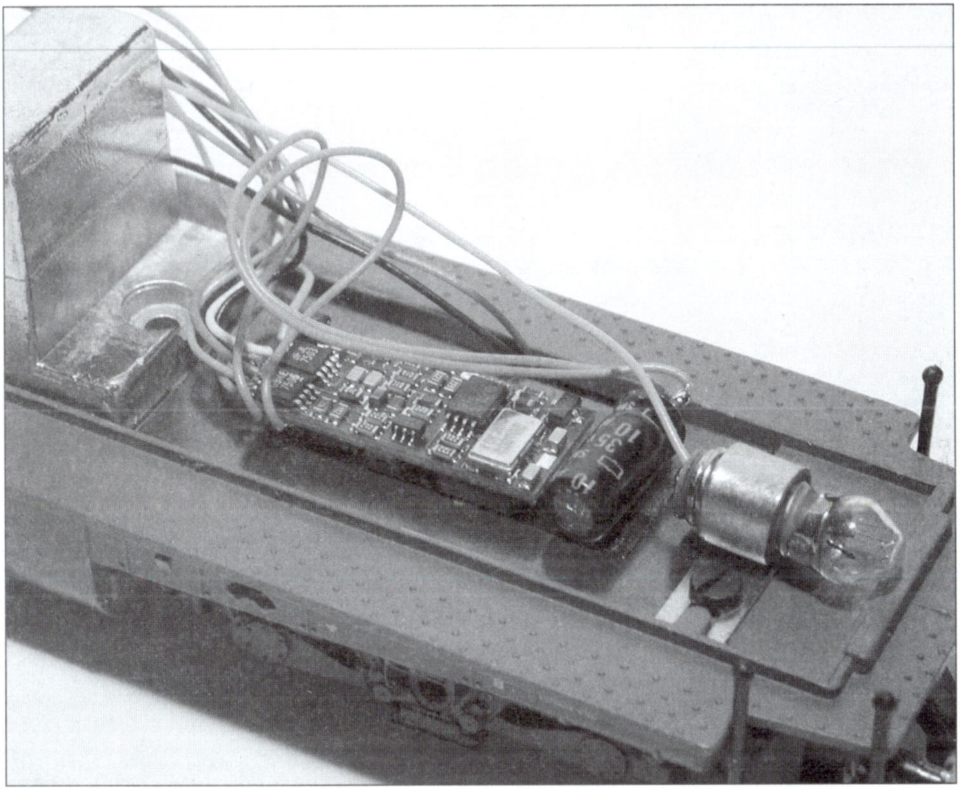

ABB. 3.11: TWIN-DECODER UND KONDENSATOR – BEIDES MUSS IN DER LOK PLATZ FINDEN.

Sehr praktisch ist indes der aus FMZ-Zeiten bereits bekannte Handregler, der nun auch in Zusammenarbeit mit dem Twin-Center wieder zu Ehren kommt. Jeweils eine mehr oder weniger fest zugeteilte Lok kann man damit bequem steuern. Damit man ihn und seine eventuell noch in Aktion befindlichen Kollegen überhaupt an das Twin-Center anschließen kann, baut Uhlenbrock für Fleischmann mit der Twin-Box ein kleines Kästchen, an das sich jeweils vier Handregler anschließen lassen. 16 dieser Kästchen können hintereinander angeschlossen werden, so dass man 64 Handregler betreiben kann. Das ist sicher mehr als man überhaupt verkraften und brauchen kann.

Jede Box bekommt eine eigene, digitale Adresse verpasst. Dies geschieht über eine DIP-Schalterleiste mit vier der mikroskopisch kleinen Schalterchen im Inneren der Box. Da man diese Prozedur unter Zuhilfenahme einer entsprechenden Codier-Tabelle nur einmal machen muss, ist das akzeptabel. Die

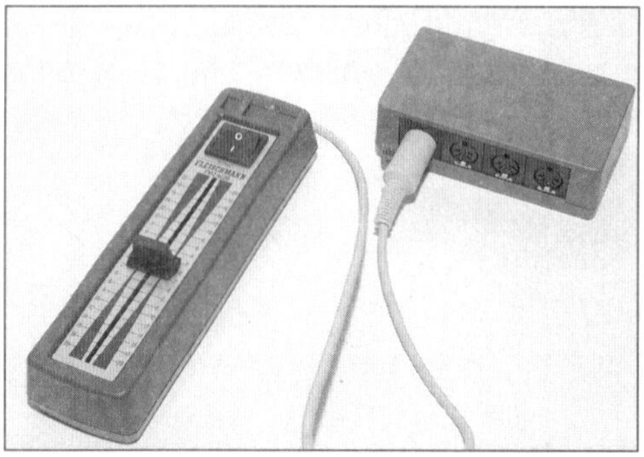

ABB. 3.12: HANDREGLER WERDEN BEI FLEISCHMANN AN TWIN-BOXEN ANGESCHLOSSEN.

Adresse des Handreglers ergibt sich dann durch den Eingang A bis D an der Box, den man für seinen Handregler gewählt hat. Die Kombination aus Twin-Box-Adresse und Anschluss-Kennbuchstabe muss man nur noch dem Twin-Center mitteilen. Jetzt fehlt nur noch die Zuteilung einer Lokadresse zum Handregler, und dann kann die Lok endlich mit dem Regler gesteuert werden.

## Gahler + Ringstmeier MpC

MpC steht für Modellbahnsteuerung per Computer. Dabei gibt es zwei Varianten: MpC Classic und MpC Digital. Bei MpC Classic handelt es sich um ein System, das ursprünglich seit 16 Jahren völlig ohne all die Komponenten auskommt, die Sie nun bereits kennen gelernt haben. Es gibt keine Lokdecoder, keine Magnetartikeldecoder und keine Zentrale. Die Loks können bleiben, wie sie sind. Es müssen keine Lokdecoder eingebaut oder andere Änderungen vorgenommen werden.

Des Rätsels Lösung: Das System arbeitet mit einer kompletten Aufteilung der gesamten Anlage in einzelne, voneinander isolierte Abschnitte (Blockstellen), die unterschiedlich lang sein können. Jeder dieser Abschnitte ist mit einer Steckkarte verbunden, die in einem eigens dafür anzuschaffenden 19-Zoll-Turm (Rack) steckt.

ABB. 3.13: MPC IST EIN AUFWÄNDIGES SYSTEM, DAS DIE ANALOGE BAHN ÜBER STECKKARTEN DIGITAL KONTROLLIERT.

Dieses Schränkchen für die von Gahler + Ringstmeier entwickelten, speziellen Steckkarten ist größer als der PC selbst, an den es angeschlossen ist. Für jede Funktion muss man eine Steckkarte anschaffen, sogar die Netzteile sitzen auf einer solchen. Eine Anlage, die mit dieser Hardware arbeitet, kann man mit dem Programm MpC steuern, das ebenfalls schon einige Jährchen auf dem

Buckel hat, aber kontinuierlich und liebevoll gepflegt wird. Auch der Train-Controller aus der Railroad & Co.-Familie kann eine solche Anlage steuern. Es gibt einige Modellbahner, die auf dieses System schwören. MpC Digital ist für alle gedacht, die bereits Lokomotiven mit Decoder besitzen und basiert auf dem DCC-Protokoll.

## Lenz Digital plus

Bei Digital plus by Lenz, so die korrekte Bezeichnung, das es bereits seit 1993 gibt, handelt es sich um ein Digitalsystem, das mit dem DCC-Protokoll arbeitet. Wie schon erwähnt: Dieses System war die Basis von DCC, das von der NMRA zum Standard gemacht wurde.

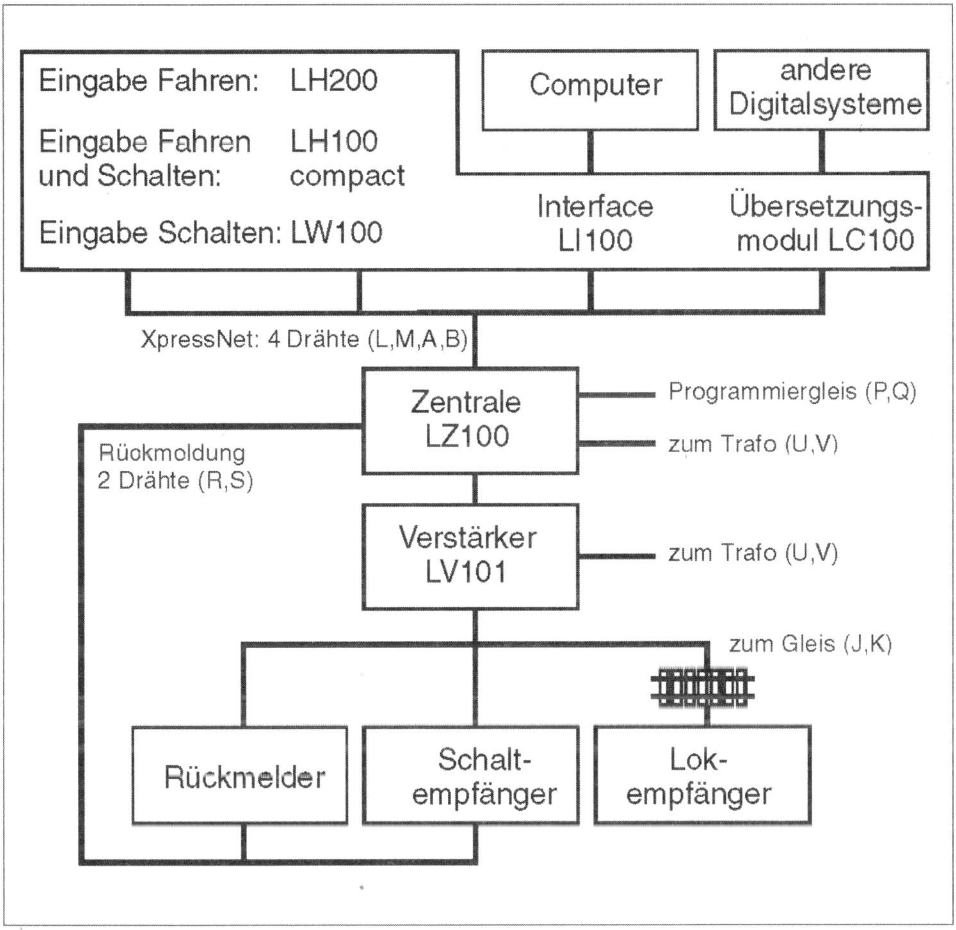


**Abb. 3.14: Der Systemaufbau von Digital plus im Überblick, wie er ursprünglich angeboten wurde.**

Während fast alle anderen Hersteller ihre Geräte in mehr oder weniger robuste Plastik-Gehäuse stecken, setzt man bei DCC-Lenz auf Metall. So befindet sich die Elektronik vieler Digital-plus-Komponenten in stabilen, schwarzsilbernen Metall-Gehäusen, die ihre Anschlüsse an der Rückseite haben. Allen Komponenten des Digital-plus-Systems merkt man an, dass sie von einem Team entwickelt worden sind, das sein Zuhause in der Welt von Kondensatoren und Leiterplatten hat.

So sind zum Beispiel, anders als bei vielen anderen Digitalsystemen, die Klemmen, an die man die Kabel zum Anschluss weiterer Komponenten anbringt, nicht in Klarschrift sondern mit zunächst wenig aussagekräftigen Buchstaben beschrieben. Man muss beim Anschließen daher schon alle Sinne zusammennehmen und die Dokumentation stets griffbereit haben, damit man hier keinen Fehler macht. Warum man sich hier nicht für eine farbige Kennzeichnung oder wenigstens eine mit Symbolen entschieden hat, der man entnehmen kann, was man da anschließt, ist unverständlich. Auch Modellbahn-Profis hätten sicher nichts dagegen, wenn schon eine Fehlerquelle weniger bestünde.

Zugegeben: Wer sich regelmäßig mit Lenz-Komponenten beschäftigt, dem werden diese Bezeichnungen irgendwann in Fleisch und Blut übergehen. Die Anschluss-Buchsen sind übrigens äußerst robust – die Anschlüsse anderer Systeme wirken dagegen wie Spielzeug. Jedes Kabel wird nicht etwa wie zum Beispiel bei der Intellibox mit einer filigranen Klemme festgehalten, sondern über eine Schraube – man könnte denken: für die Ewigkeit verankert.

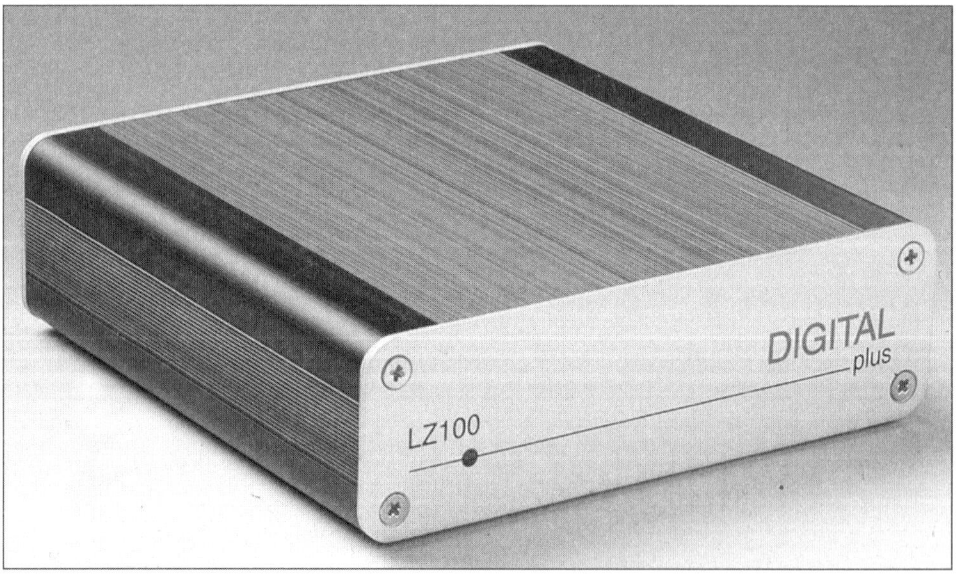


**Abb. 3.15: Früheres Herzstück des Digital-plus-Systems war die Zentrale LZ100.**

Mittelpunkt des Digital-plus-Systems ist die Zentrale. Früher gab es ein kleineres Modell, das in Lenz-typischer Weise mit einer Kombination aus zwei Buchstaben, gefolgt von drei Ziffern LZ100 heißt und als interne Software die Version 3 nutzte. Die Zentrale allein, ohne weitere angeschlossene Geräte, wäre nicht nutzbar. Man könnte sie weder bedienen noch ihr Daten via PC mitteilen. Was ihr fehlt, ist ein Computeranschluss und ein Bedienelement – beides gibt es natürlich, allerdings als separate Komponenten. Digital plus ist also, im Gegensatz zur Intellibox, ein modulares System, bei dem man um die Zentrale herum weitere Geräte braucht, um bestimmte Funktionen zu realisieren.

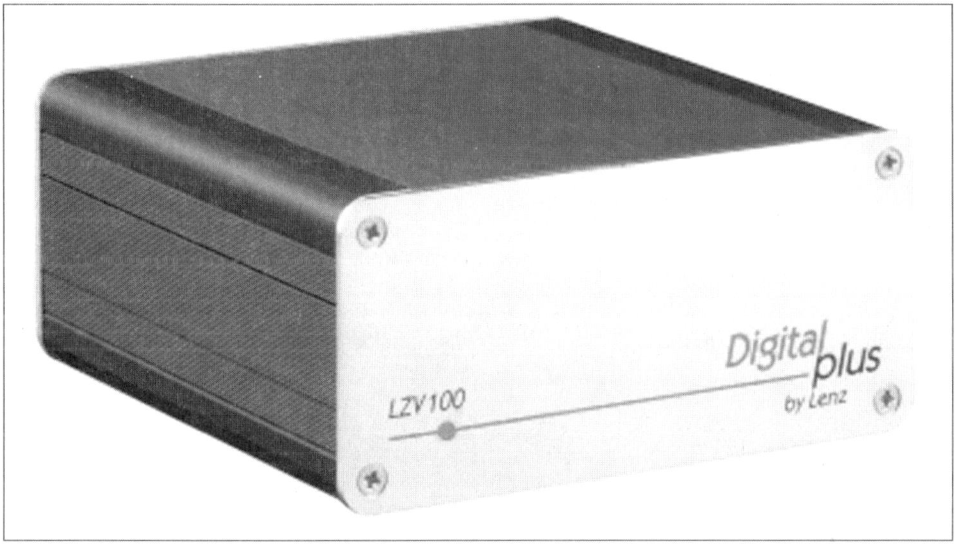


Abb. 3.16: Die neue Zentrale LZV100 enthält direkt einen Verstärker.

Mittlerweile gibt es noch weitere Geräte im Digital-plus-System, die ebenfalls als Zentrale arbeiten können. Sie werden sie später noch kennen lernen: Während die Zentrale LZ100 einfach nur ein Kästchen im Alu-Kleid ist und keine Bedienelemente besitzt, sind das Compact-Fahrpult und der Handregler LH200 Geräte, denen man von außen gar nicht ansieht, dass im Inneren eine Zentrale mit zwar eingeschränkten Funktionen, aber immerhin eine Zentrale steckt. Inzwischen wurde die Zentrale durch einen Verstärker ergänzt und trägt die Bezeichnung LZV100.

## Das XpressNet

Die Anschlüsse, über die die Geräte miteinander verbunden werden, heißen seit einiger Zeit XpressNet, früher war die Bezeichnung XBus üblich. Vier (!) unterschiedliche Buchsen-Typen sind inzwischen für diese Verbindungsleitung gängig: Die einfachste Variante ist ein einfaches vieradriges Kabel, das über die schon erwähnten Klemmen verschraubt wird. Die Anschlüsse L, M, A und B sind hierfür vorgesehen und bilden das XpressNet. Die vierpolige Klemme wird dann in die entsprechende Buchse am Digital-plus-Gerät gesteckt.

Ein zweite Version ist die der so genannten DIN-Buchse, einer runden, eigentlich fünfpoligen Buchse, die auch bei Audio-Geräten zum Einsatz kommt. Bei Digital plus sind hiervon allerdings nur vier Pole in Aktion. Sie kam und kommt bei einfacheren Handreglern wie dem LH100 zum Einsatz, der über diesen runden Stecker mit der Zentrale verbunden wird.

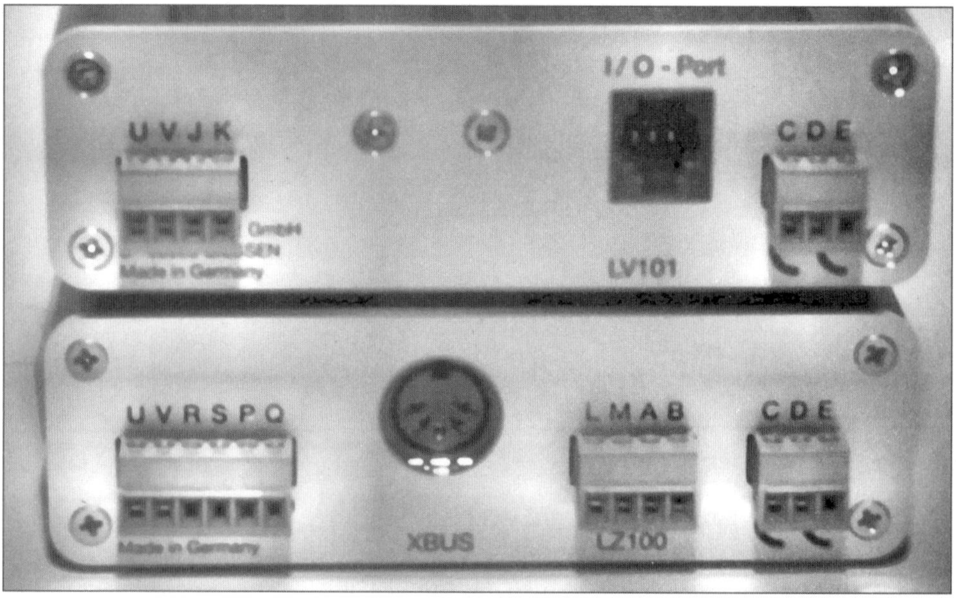


**Abb. 3.17: Zentrale LZ100 (oben) und Booster LV101 (unten) von hinten – die drei XpressNet-Anschlusstypen existieren zurzeit noch nebeneinander.**

Die dritte Variante sieht aus wie eine Western-Buchse, wie sie in den USA etwa bei Telefon- oder Modemsteckern verwendet wird. Auch das LocoNet (u. a. Intellibox) benutzt diese Stecker- und Buchsentypen.

Von den XpressNet-Buchsen im Telefonstecker-Format gibt es außerdem auch noch zwei Versionen: Typ A (die Buchsen-Norm heißt RJ12) hat sechs Kontakte, die Verbindungskabel müssen also ebenfalls sechs Drähte besitzen. Der von außen gleich aussehende Typ B (RJ14) hat nur vier der sechs Kontakte beschaltet. Zur Verbindung reicht also ein vieradriges Kabel. Schaut man sich die Belegung der Kontakte ein wenig näher an, entdeckt man alte Bekannte.

| *Pin-Nr.* | *Farbe Typ A* | *Farbe Typ B* | *Beschreibung* |
|---|---|---|---|
| *1* | *weiß* | *nicht beschaltet* | *Control-Bus Leitung C* |
| *2* | *schwarz* | *schwarz* | *Masse-Leitung M* |
| *3* | *rot* | *rot* | *Minuspol serielle Leitung B* |
| *4* | *grün* | *grün* | *Pluspol serielle Leitung A* |
| *5* | *gelb* | *gelb* | *Pluspol 12 Volt Leitung L* |
| *6* | *blau* | *nicht beschaltet* | *Control-Bus Leitung D* |

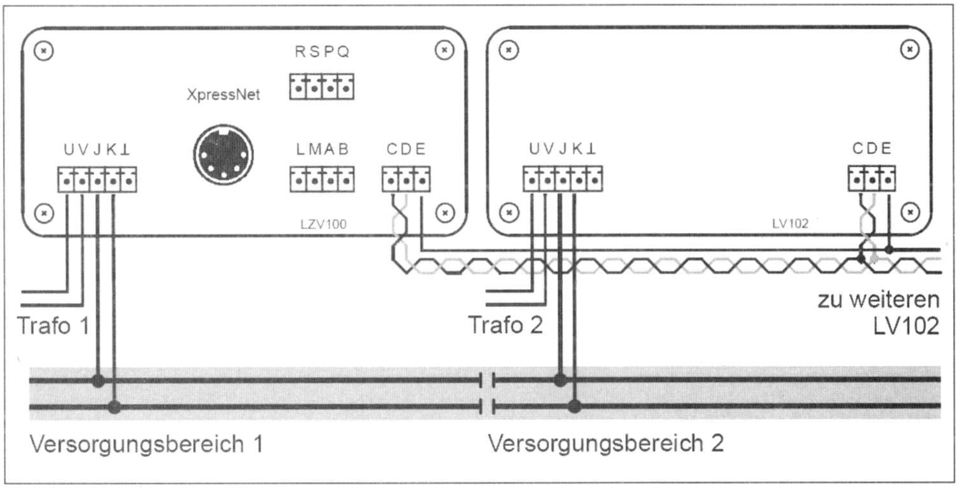


**Abb. 3.18: Anschlussschema der aktuellen Geräte LZV100 (links) und LV102 (rechts)**

Die vier Anschlüsse 2 bis 5 entsprechen nämlich der Basis-Version des XBus oder XpressNet, so wie er sich auch über die vier Schraubklemmen L, M, A und B realisieren lässt. So sind die runde DIN-Buchse, die LMAB-Steckerleiste und die Telefonbuchse Typ B also gleich beschaltet. Bei Typ A kommen zwei weitere Anschlüsse hinzu, die man ebenfalls von der Rückseite eines jeden Digital-plus-Gerätes her kennt: Die Anschlüsse C und D sind nämlich der Steuerbus, mit dem man schon immer zwei Geräte, wie zum Beispiel Zentrale und Booster, miteinander verbunden hat. Es sieht also ein wenig danach aus, als wenn alles bei Digital plus bald doch ein wenig einfacher würde. Der Handregler LH200, der auch als Zentrale arbeiten kann, wird bereits über die neue XpressNet-Buchse Typ A angeschlossen.

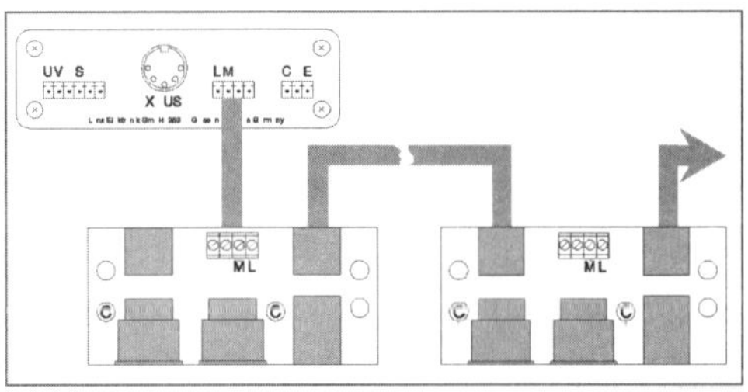

**Abb. 3.19: Mit Adaptern und Kabeln kann man sein XpressNet bauen.**

Aber auch Besitzer älterer Komponenten müssen keine Angst haben, keinen Kontakt mehr zu den neuen Geräten zu bekommen. Eine entsprechende Adapterplatte, die man fertig von Lenz kaufen kann, schafft Kompatibilität zwischen den Buchsen-Typen. Und mithilfe dieses Adapters, etwas Kabel und den schon erwähnten RJ12-Steckern kann man sich sein eigenes XpressNet um die Anlage herum aufbauen. Bringt man in einigem Abstand immer mal wieder eine solche Platte an, kann man Handregler an beinahe jeder Stelle der Anlage einfach einstöpseln.

Jedes Gerät, das wie auch immer an das XpressNet angeschlossen wird, braucht eine eigene Adresse, damit es von der Zentrale identifiziert und angesprochen werden kann. Zwar werden die meisten Geräte bereits vom Hersteller auf eine sinnvolle Adresse eingestellt, es kann aber nötig werden, diese zu verstellen. So hat zum Beispiel der Handregler LH100 ab Werk die XpressNet-Adresse 01. Will man zwei oder mehr Regler verwenden, müssen also mindestens zwei davon auf andere Adressen umgestellt werden. Dies geschieht recht einfach über die Tasten und das Display des entsprechenden Handreglers. Auch Interface oder Weichenstellpult haben jeweils eigene Adressen, die aber bereits ab Werk auf die für sie vorgesehenen Adressen programmiert sind. Weil die meisten Digital-Interessenten natürlich nicht nur eine Zentrale anschaffen, sondern mindestens auch noch ein Gerät zum Bedienen brauchen, gibt es von Lenz Komplett-Sets, in denen bestimmte Komponenten enthalten sind.

## Das Set 01

Abb. 3.20: Zum Set 01 gehören Zentrale, Booster und Handregler.

Das Set 01 wird inzwischen nicht mehr vertrieben, da die Grundkomponenten erneuert wurden. Da es jedoch im Gebrauchthandel noch angeboten werden kann, folgt hier die Beschreibung. Das Set 01 enthält neben der alten Zentrale LZ100 noch den Leistungsverstärker LV101 und den Handregler LH100. Auch ein lastgeregelter Lokdecoder LE1025A mit vier Funktionsausgängen, davon zwei für die Beleuchtung der Lok vorn und hinten, sowie ein Schnittstellenstecker, den man nach Wunsch am Decoder anbringen kann, gehören mit dazu.

Während die Zentrale ausschließlich für die Erzeugung des DCC-Datenformates zuständig ist, werden die Daten im Leistungsverstärker – andere Hersteller nennen ihn Booster – in den entsprechend starken Fahrstrom verpackt. Etwas unpraktisch ist die Tatsache, dass beide Geräte, also Zentrale und Booster, eine eigene Stromversorgung benötigen.

Zwar kann man zur Versorgung der Zentrale einen einfachen Trafo aus einer Anfangspackung benutzen. Dieser aber ist dann eben noch ein weiteres Gerät, das man irgendwo an der Anlage unterbringen muss – der Nachteil eines modularen Systems. Der Vorteil: Man muss tatsächlich nur die Geräte und Komponenten anschaffen und bezahlen, die man tatsächlich braucht. Die Verbindung zwischen Zentrale und Booster wird übrigens über die Anschlüsse C und D erledigt, wobei diese beiden Drähte verdrillt werden müssen.

Das hört sich schwieriger an als es ist: Es reicht völlig aus, wenn Sie die beiden Drähtchen mit den Fingern umeinander wickeln. Über die Anschlussklemmen U und V gelangt Strom jeweils von einem Trafo in die Zentrale und den Booster. Über die Leitung E melden die angeschlossenen Komponenten, in diesem Fall also der Booster der Zentrale, wenn ein Kurzschluss aufgetreten ist. Man kann den Draht legen oder auch weglassen.

## Das Set 02

Im Vergleich zum eben beschriebenen Komplett-Paket ist das Set 02 ein wenig kleiner und richtet sich an den Einsteiger, während Set 01 ein Profi-Paket sein soll.

Auch dieses Set beinhaltet einen Handregler und einen Leistungsverstärker oder Booster. Als Lokdecoder gehört ein sehr leistungsfähiger LE1014A mit zum Set. Als Leistungsverstärker trifft man auch hier auf den LV101, als Handregler liegt jedoch der neuere LH200 bei, der ein wenig anders aussieht als sein großer Bruder. Eine separate Zentrale fehlt jedoch völlig.

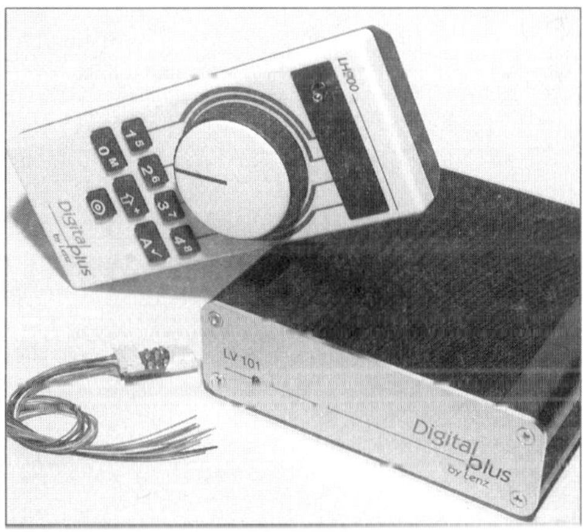


Abb. 3.21: Set 02 besteht aus einem Handregler und einem Leistungsverstärker.

## Das Set 03

Zu diesem Komplett-Paket muss man nicht allzu viel sagen: Es ist dem Set 02 sehr ähnlich. Zwei Unterschiede gibt es aber dennoch. Statt des Leistungsverstärkers LV101 gehört das Modell LV200 zum Set. Und statt des Lokdecoders LE1014A liegt einer vom Typ LE4024B bei. Man ahnt schon anhand der doppelten Bauhöhe des LV200, dass es ein wenig mehr Power unter der Alu-Haube hat als sein kleiner Bruder. Und so ist es auch.

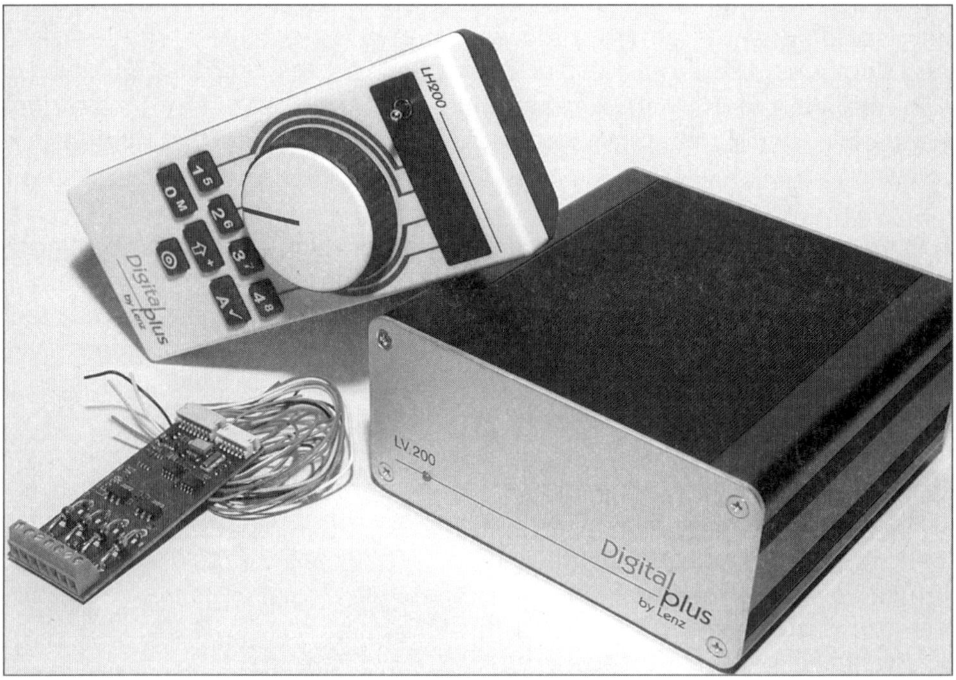


**Abb. 3.22: Zum Set 03 gehört der Handregler LH200, ein Booster und ein Lokdecoder.**

Das Set 03 wurde für den Betrieb mit Anlagen der so genannten großen Spuren zusammengestellt: So ist es geeignet, um eine Märklin-Spur-1- oder eine LGB-Gartenbahn-Anlage in der Spurweite IIm zu steuern. Zu diesem Zweck muss der LV200 mit einem für diese Spurweiten typischen, sehr leistungsfähigen Transformator versorgt werden. Loks und andere Stromverbraucher erwarten in puncto Leistung halt eine ganze Menge mehr, als das in den kleineren Spuren H0 oder gar N üblich wäre. So liefert der LV200 zum Beispiel dann, wenn ihm der Riesen-Trafo Jumbo von LGB seine 16 bis 24 Volt und 10 Ampere (entspricht 160 VA) Energie zuführt, auch die damit vergleichbare Ausgangsleistung. Ansonsten gibt es keine Änderungen zum Set 02. Auch hier muss man, wenn man ein vollwertiges Digitalsystem braucht, die richtige Zentrale hinzukaufen.

Im Zusammenhang mit dem Thema Gartenbahn sei hier auch noch einmal auf den Umstand verwiesen, dass LGB-Hersteller Lehmann vor einiger Zeit die Version 2 seines Digitalsystems eingeführt hat, mit dem sich die Firma ein wenig weiter vom DCC-Standard entfernt hat. Es kann also sein, dass es in Zukunft zu Problemen kommen kann, wenn Sie versuchen, zum Beispiel LGB- mit Digital-plus-Komponenten zu mischen. In vielen Fällen funktioniert alles reibungslos, in anderen kann es zu Inkompatibilitäten kommen. Wenn Sie sich also zum Beispiel für Digital plus als Digitalsystem für Ihre Gartenbahn entschieden haben, dann sollten Sie auch möglichst Lenz-Decoder verwenden, damit Sie bei Problemen auch die volle Unterstützung des Herstellers genießen können. Ansonsten kann es bei Problemen nämlich immer wieder dazu kommen, dass sich die Hersteller den berühmten schwarzen Peter gegenseitig zuschieben und Sie am Ende der Dumme sind. Und lassen Sie sich aus Erfahrung berichten: Die Hersteller tun dies sehr gerne, ja sie verweigern dann sogar oft die Ihnen gesetzlich zustehende Garantie. Keine schöne Situation. Ihnen bleibt dann nur zu wünschen, dass Sie einen kompetenten Händler haben, der sich mit Digitalsystemen auskennt.

### compact Set, Set 90, Set 100

Das aktuelle Komplettpaket Set 100 ersetzt die Kombination aus LZ 100 und LV101 durch die neue Zentrale LZV100, der Handregler LH100 ist nach wie vor im Lieferumfang enthalten. Beim Set 90 gibt es ein Steuergerät mit Drehregler (LH90). Das compact Set schließlich vereint in einem Gerät Controller und Elektronik. Es ist jedoch nur für kleinere Anlagen geeignet. Auf den compact-Handregler wird weiter hinten eingegangen.

Damit Sie sich einen Überblick über die Möglichkeiten der einzelnen Konfigurationen verschaffen können, finden Sie nachfolgend eine Zusammenstellung der wichtigsten Funktionen und Features der einzelnen Startsets und des compact.

| ***Eigenschaft*** | ***SET90*** | ***SET100*** | ***compact*** |
|---|---|---|---|
| *Anzahl Lokadressen* | *0–9.999* | *0–9.999* | *0-99* |
| *konventionelle Lok steuerbar* | *Ja* | *ja* | *ja* |
| *schaltbare Lokfunktionen* | *F0-F8* | *F0-F12* | *F0–F4* |
| *Fahrstufen* | *14, 27, 28, 128* | *14, 27, 28, 128* | *14, 28, 128* |
| *Doppeltraktion* | *Steuern* | *Steuern/Zus.-st.* | *nein* |
| *Mehrfachtraktion* | *ja* | *ja* | *ja* |

| *Eigenschaft* | *SET90* | *SET100* | *compact* |
|---|---|---|---|
| *Anzahl Weichenadressen* | *1–1000* | *1–1024* | *1–99* |
| *Programmieren von Decoder-eigenschaften auf dem Programmiergleis* | *CV, Reg., Page* | *CV, Reg.* | *CV, Reg.* |
| *während des Betriebes (PoM)* | *CV* | *CV* | *–* |
| *bitweise Programmieren* | *ja* | *ja* | *–* |
| *Auslesen von Decoder-eigenschaften* | *CV, Reg., Page* | *CV, Reg., Page* | *CV, Reg.* |
| *XpressNet Schnittstelle* | *max 31 Geräte* | *max 5 Geräte* | *max 5 Geräte* |
| *Rückmeldebus* | *ja* | *–* | *–* |
| *max. Ausgangsstrom* | *5A* | *5A* | *2,5A* |

**Handregler LH30, LH90, LH200**

Man muss sie allerdings auch nicht zusätzlich kaufen: Die Zentrale steckt nämlich im Inneren des Handreglers LH200, der aber beides beherrscht: Er kann ein reiner Handregler unter Regie der Zentrale oder eine eigenständige Zentrale sein. Im aktuellen Programm gibt es zwei weitere Geräte mit den Bezeichnungen LH30 und LH90, die gleich gestaltet sind.

Schon äußerlich fällt sofort der große, griffige Drehregler auf, der an die Stelle der Pfeiltasten getreten ist. Auch das Tastenfeld unterscheidet sich stark von dem des LH100 und besitzt nur acht Tasten und einen Hebel. Der, das ahnt man schnell, ist für die Umschaltung der Fahrtrichtung zuständig und wirkt in seiner Mittelstellung als Stop-Schalter. Im Gegensatz zum LH100, der ein LC-Display besitzt, mit dem man im Dunkeln auch im Dunkeln steht, spendierten die Entwickler dem LH200 eine rot leuchtende LED-Anzeige, die allerdings wesentlich weniger Informationen darstellen kann als ihr Flüssigkristall-Pendant im LH100. Als Anschluss-Stecker kommt ein XpressNet-Stecker an einem Spiralkabel zum Einsatz. Dieser unscheinbare Handregler ist tatsächlich eine Zentrale.

Im Vergleich zur großen LZ100 stehen beim Set 02, in dem der LH200 die Funktion der Zentrale übernimmt, nicht alle Funktionen zur Verfügung, die Digital plus so zu bieten hat. Aber hübsch der Reihe nach. Zunächst einmal ist noch positiv anzumerken, dass man für den Betrieb der Zentrale im LH200 schon mal keine zusätzliche Stromversorgung braucht: Sie erhält ihren Versorgungsstrom durch das XpressNet. Lediglich der Leistungsverstärker muss an einen entsprechend leistungsfähigen Trafo angeschlossen werden. 15 Volt Spannung und 45 VA Leistung empfiehlt Lenz für den LV101. Natürlich hat Lenz ein entsprechendes Modell im Programm, man kann aber jeden anderen Trafo mit diesen Leistungsmerkmalen benutzen.

Wie bei der großen Zentrale kann man auch mit einem LH200 bis zu 9.999 Digitalloks steuern. Adresse 0 ist wieder, wie stets bei Digital plus, für die Steuerung einer analogen Lok reserviert. Statt 13 lassen sich nur neun Funktionen ansteuern – schon das ist aber eine Anzahl, die man in der Praxis nur selten braucht. Auch das Programmieren von Lokdecodern, sogar das erwähnte PoM-Verfahren, also das Programmieren auf dem Hauptgleis, ist mit dem LH200 in Verbindung mit dem LV101 möglich. Das Auslesen von Werten, die ein Lokdecoder gespeichert hat, ist jedoch nicht vorgesehen – dafür braucht man die vollwertige Zentrale. Bis zu fünf weitere Digital-plus-Geräte lassen sich an den LV101 in Kooperation mit einem LH200 als Zentrale über das XpressNet anschließen.

**Abb. 3.23: Der Handregler LH200 arbeitet auf Wunsch auch als Zentrale.**

Das kann zum Beispiel aber auch ein weiterer LH200 sein, der dann als reiner Fahrregler dient, weil es immer nur einen Chef – sprich: eine Zentrale – in einem Digitalsystem geben kann. Auch einen Handregler LH100 kann man mit andocken. Durch ihn bekommt das System in diesem Fall überhaupt erst die Funktion, Magnetartikel von Hand zu schalten, was der LH200 so von Haus aus nicht kann. Es ist zwar möglich, kommt aber für einen PC-Digitalbahner in der Regel nicht in Betracht, ein Stellwerk oder Keyboard LW100 anzuschließen, über das man ebenfalls Magnetartikel und ganze Fahrstraßen schalten kann.

Um den LH200 möglichst kompakt zu machen und ihn nicht mit Tasten zu überladen, haben die Lenz-Entwickler eine Bedien-Oberfläche erdacht, an die man sich wieder einmal erst gewöhnen muss. Die Linien rund um den Drehregler deuten es an: Jede der vier oberen, mit zwei Ziffern beschrifteten Tasten ist für eine Stelle des vierstelligen Displays verantwortlich. Will man also zum Beispiel die zweistellige Lokadresse 67 auf 77 ändern, ruft man zunächst das entsprechende Menü auf, drückt die Taste 3, woraufhin die dritte Stelle von links, also in diesem Fall die Zehnerstelle, zu blinken beginnt. Bewegt man nun den Drehregler nach links, wird die Ziffer kleiner, dreht man ihn nach rechts, wird sie größer. Hat man die richtige Ziffer gefunden, bestätigt man mit der Taste A. Hört sich wieder kompliziert an, und ist es auch.

Übrigens kann man beim LH200 nicht einfach eine beliebige Lok aufrufen. Immer sechs Lokadressen befinden sich im so genannten Lokstapel, einem Speicher, der eben sechs Adressen festhält. Mit Hilfe der Taste A blättert man durch diese Adressen und kann sie sofort steuern, sobald sie im Display zu sehen sind. Die Adressen im Lokstapel werden auf die oben beschriebene Art eingestellt. Nur die Loks, die sich im Lokstapel befinden, können gesteuert werden. Auf die Dauer kann das ganz schön nervig sein.

Auch das Interface LI100F kann via XpressNet aber angeschlossen werden, so dass man schon mit einem Set 02 plus angeschlossenem Interface ein funktionsfähiges Digitalsystem erhält, mit dem man dann unabhängig von der Bedienphilosophie der Handregler wird. Zumindest den Minimal-Anforderungen würde eine solche Konfiguration entsprechen. Rückmeldungen von Gleiskontakten und Rückmeldern sowie Weichen kann man damit allerdings nicht realisieren, dafür braucht man die Zentrale LZ100. Schafft man sie an, ändert sich für den Handregler LH200 eine ganze Menge: Er büßt seine Chef-Funktion vollständig ein und wird wie ein LH100 nun auch nicht mehr an den Leistungsverstärker sondern an die Zentrale selbst angeschlossen. Zu diesem Zweck muss man sogar ein anderes Kabel ordern: Statt des Telefonsteckers sitzt dann, wie beim LH100 auch, am Ende des Kabels der runde DIN-Stecker. Schließlich besitzt die Zentrale gar keinen der schon ausführlich beschriebenen viereckigen XpressNet-Anschlüsse. Teilweise ändern sich dann auch die Menüs und die Bedienung des Handreglers und alle Beschränkungen fallen weg – ein vollwertiges Digital-plus-System ist entstanden.

## Handregler LH100

Der Handregler LH100 hat keinen Drehregler. Die Sache mit den Drehreglern ist eine Philosophie für sich: Die einen können mit Drehreglern zur Einstellung von Fahrstufe und Geschwindigkeit nichts anfangen, die anderen möchten gar nicht anders steuern. Bei Lenz hat man, wenn man das Set 01 kauft, nicht die Wahl – der LH100 hat halt keinen Drehregler. Stattdessen stellt man hier die Fahrstufe über Pfeiltasten ein.

Zwei Typen von Pfeiltasten gibt es hierbei: Die mit einfachem Pfeil schalten nach einem Druck zur jeweils nächsten Fahrstufe – das entspricht beim Drehregler einer Raste. Die Taste mit zwei Pfeilen macht gleich Sprünge von mehreren Fahrstufen und führt somit zu schnellem Beschleunigen oder Abbremsen. Hält man sie gedrückt, erreicht die Lok sehr schnell ihre maximale Geschwindigkeit bzw. bleibt stehen.

Weitere Tasten, denen man nicht ansieht, wie wichtig sie sind, sind die Zifferntasten 0 bis 8: Sie sind nämlich für das Ein- und Ausschalten der Sonderfunktionen eines Lokdecoders zuständig. Mit der Taste 0 zum Beispiel erreicht man es, dass der Lok ein Licht aufgeht: Die Lokbeleuchtung, auch als fahrtrichtungsabhängige Stirnbeleuchtung bezeichnet, schaltet sich ein und nach nochmaligem Druck auf die Taste auch wieder aus.

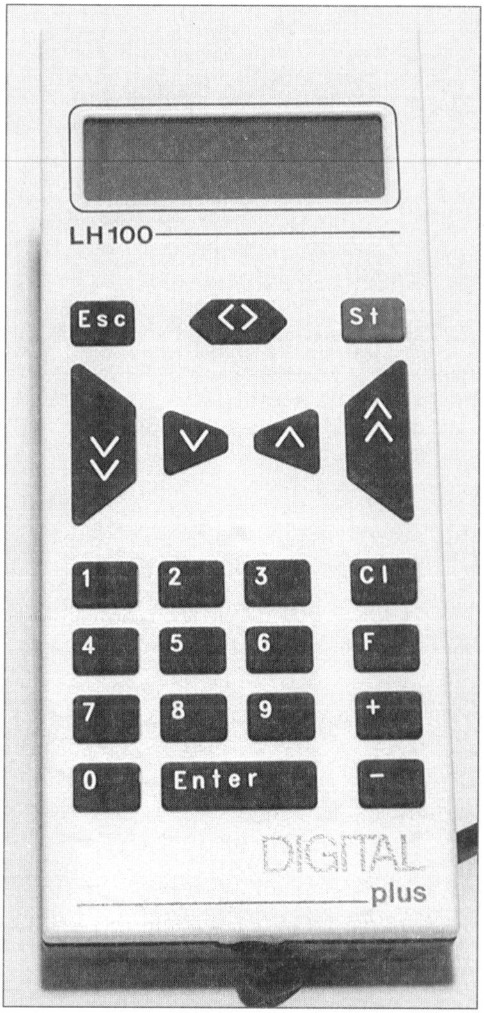


**Abb. 3.24: Der Handregler LH100 hat ein informatives Display und Pfeiltasten für die Fahrstufen.**

Da man mit Digital plus bis zu 13 Funktionen schalten kann, mussten sich die Entwickler etwas einfallen lassen. Und sie haben sich etwas einfallen lassen. Nehmen Sie am besten einen kräftigen Schluck Tee oder Kaffee und atmen Sie tief durch. Es geht los. Um also die Funktionen 9 bis 12 schalten zu können, muss man zunächst – und jetzt wird's kompliziert – durch Druck der Taste 9 in den Funktionsmodus umschalten. Das ist ja soweit noch verständlich. Logisch, dass nach Druck auf die Taste 9 dann eine 8 auf dem Display blinkt, oder?

Die Funktion 9 wird dann geschaltet, indem man bei blinkender 8 die Taste 1 drückt. Erraten Sie's? Bei Funktion 10 ist es die 2, bei Funktion 11 die 3 und bei Funktion 12 die 4. Ist doch völlig klar: Die Funktionsnummer ergibt sich aus der blinkenden 8 plus der Zahl, auf die man tippt. Auf diese Weise bleibt man auch im Kopfrechnen ständig in Form. Wirklich erste Klasse, was man sich da bei Lenz ausgedacht hat.

**Abb. 3.25: Öffnet man das LV101 und zieht die Leiterplatte heraus, kann man dort per DIP-Schalterleiste die Ausgangsspannung, die zum Gleis gelangt, einstellen.**

Der LH100 kann übrigens sowohl auf dem Tisch liegend als auch in der Hand benutzt werden. Der Kunststoff-Clip, mit den man ihn am Anlagenrand einhängen kann, lässt sich abnehmen. Bringt man dann noch zwei Gummi-Füßchen an der Unterseite an, liegt das Gerät gut auf dem Tisch. Das Display ist leider nicht beleuchtet, so dass man, wenn's etwas dämmriger ist, Probleme hat, seine Züge zu steuern. Mithilfe der E-Taste kann man schnell zwischen zwei Lokadressen hin- und herwechseln, die man vorher bestimmt hat. Auf diese Weise ist der LH100 fast so komfortabel wie ein Handregler mit zwei Drehknöpfen. Insgesamt kommt man aber mit dem LH100 ganz gut zurecht, wenn man sich erst einmal an die Eigenheiten gewöhnt hat.

Da es sich bei Digital plus by Lenz um ein wirklich echtes DCC-System handelt, kann man mit dem Set 01 auch eine ganze Reihe von Gleichstrom-Modellbahnen verschiedener Hersteller steuern. Um da sehr flexibel zu sein, haben die Entwickler dem LV101 die Möglichkeit mit auf den Weg gegeben, die Ausgangsspannung in Schritten einzustellen, um sich den Stromverhältnissen der verschiedenen Hersteller anzupassen.

Wie schon erwähnt: Der aktuelle Softwarestand ist eine Ausgabe von Version 3 (z. B. 3.1), auf dem sich derzeit alle Geräte befinden. Die mit Decodern ausgestatteten Loks können Adressen zwischen 1 und 9.999 haben. Adresse 0 ist auch weiterhin für die Steuerung einer analogen Gleichstromlok reserviert – schließlich war es die Firma Lenz, die diese Technik erfand. Damit das funktioniert, mischt man dem digitalen Strom, der an sich Wechselstrom ist, einen Gleichstrom-Anteil hinzu. Alle Loks, die keinen Lokdecoder eingebaut haben, reagieren darauf und fahren los. Das starke Summgeräusch, das sie dabei entfalten, ist der digitale Strom, der ebenfalls durch sie fließt, der sie aber nicht zum Fahren bringt. Nur im Einzelfall wird man aber heute wohl von dieser Funktion Gebrauch machen müssen, da die Decoder mittlerweile immer kleiner werden und sich auch meistens in kleinere Loks einbauen lassen.

Zum Programmieren von DCC-kompatiblen Decodern braucht man als Set-01-Besitzer übrigens kein zusätzliches Gerät: Diese Funktion ist bereits integriert. Seit Software-Version 3 muss man seine Lok zum Programmieren noch nicht einmal von der Anlage herunterzunehmen, um sie auf einem von der Anlage separierten Programmiergleis über die Kombination LH100/LZ100/LV101 zu programmieren – was bei vielen anderen Digitalsystemen nötig ist. Weil das vielen Modellbahnern zu lästig ist, fahren sie ihre Loks auf ein per Trennstelle vom Rest der Anlage isoliertes Gleis – zum Beispiel ein Abstellgleis – und nehmen dann dort die entsprechenden Programmierarbeiten vor. Würde man die Programmierung auf dem Hauptgleis durchführen, bekämen theoretisch alle Loks identische Einstellungen. Eine weitere Möglichkeit ist es, alle Loks bis auf die zu programmierende vom Hauptgleis zu nehmen und dann mit den Einstellarbeiten loszulegen.

Bei Digital plus, aber auch etwa bei der Intellibox, ist all das nicht mehr nötig, denn die Systeme beherrschen die so genannte Hauptgleisprogrammierung, bei Lenz auch PoM (Programming on the Main, Programmieren auf dem Hauptgleis) genannt.

ABB. 3.26: MITHILFE DES HANDREGLER-DISPLAYS PROGRAMMIERT MAN DIE LOKDECODER.

Der wichtigste Unterschied zwischen dem Programmieren auf einem Programmiergleis und dem Programmieren während des Betriebes ist der, dass man, bevor man damit beginnt, Details zu programmieren, zuerst die Lok mit ihrer Adresse aufruft. Sofort weiß der Decoder, dass er nun programmiert werden soll, und „lauscht" auf die Befehle, die da kommen. Zu den wichtigsten Eigenschaften, die man programmieren kann, gehören die Anfahr- und Bremsverzögerung. Mit welcher Verzögerung soll die Lok darauf reagieren, wenn PC oder Handregler ihr den Befehl zum Losfahren oder Bremsen geben? Je mehr Mühe man sich bei der Einstellung hier gibt, desto realistischer wirkt das Ganze hinterher.

Auch die Höchstgeschwindigkeit kann variiert werden. Diese Einstellung dient ebenfalls einer realistischeren Darstellung: So fährt eine Dampflok in der Realität nun einmal nicht so schnell wie ein ICE. Da es sich bei den Loks aber eben nur um Modelle handelt, steckt möglicherweise in beiden Loks der exakt gleiche Motor, was unter Umständen dazu führen würde, dass beide Loks bei der höchsten Fahrstufe exakt gleich schnell wären. Es leuchtet ein, dass man die erreichbare Höchstgeschwindigkeit beim ICE dann auf den maximalen Wert, bei der Dampflok jedoch eher im unteren Mittelfeld einstellen wird. Und noch ein letztes Detail zur Software-Version 3 und dem Themenkreis der Fahrstufen: Ab Version 3 ist es möglich, Decoder mit 14, 27, 28 und 128 Fahrstufen anzusprechen – vorausgesetzt, Lok und Decoder spielen mit.

Wie jedes Digitalsystem ist natürlich auch Digital plus in der Lage, Rückmeldemodule und Gleisbesetztmelder abzufragen. Das macht die Zentrale aktiv, d. h., sie fragt ein angeschlossenes Gerät nach dem anderen, ob es etwas an zu verarbeitenden Daten für sie hat. Falls nein, kommt das nächste Gerät an die Reihe. Trotz der kleinen Zeitspanne, die vergeht, bis zum Beispiel ein Rückmeldemodul erneut von der Zentrale angesprochen wird, kann keine inzwischen eingegangene Rückmelde-Information verloren gehen, weil das Lenz-Rückmeldemodul LR101 die eingegangenen Schaltereignisse speichert, bis es sie an die Zentrale loswerden kann. Diese zeigt es dann am Handregler oder natürlich am PC an. Die Rückmeldemodule werden über die Anschlüsse R und S mit der Zentrale LZ100 verbunden. Dabei verlegt man die beiden Drähte überall unter der Anlage und schließt die verteilt angebrachten Rückmeldemodule dort an.

Was wäre ein Digitalsystem, wenn man mit ihm keine Magnetartikel schalten könnte? Natürlich ist auch das über den LH100 möglich: Über ihn löst man die Schaltbefehle aus, die Zentrale sendet sie hinaus ins Gleis oder zu den angeschlossenen Magnetartikeldecodern. Insgesamt 1.024 Magnetartikel können im Digital-plus-System geschaltet werden. Als PC-Modellbahner wird man das Schalten von Magnetartikeln aber in der Regel den Computer erledigen lassen – dieser macht das zuverlässiger und schneller.

## Interfaces

**Abb. 3.27: Das Interface LI100F ist ein älteres Gerät aus dem Lenz-Programm**

Hier gibt es mehrere Geräte. Früher nannte sich das Interface im Digital-plus-System LI100F. Es steht sogar mit einer Geschwindigkeit von bis zu 19.200 Bit pro Sekunde mit dem PC in Verbindung. Es wird über das XpressNet, also die vier Anschlüsse LMAB, mit der Zentrale verbunden. Dabei kann man Geräte in Reihe hintereinander schalten oder sie, wie schon beschrieben, mit den Adapterplatten an ein selbst gebautes XpressNet anschließen.

Aktuell sind zwei Interfaces erhältlich: Das LI101F bindet das XpressNet an die serielle Schnittstelle an, hat aber ein kompakteres Gehäuse als das LI100F. Das USB-Interface bindet das XpressNet an USB-1.1-Buchsen an. So können Sie die Modellbahn sowohl unter Windows als auch über Mac OS steuern.

ABB. 3.28: MIT DEM USB-INTERFACE LÄSST SICH DIE MODELLBAHN AUCH VON MODERNEN WINDOWS-PCS UND MACS AUS STEUERN.

## Das Compact-Fahrpult

Die allermeisten Hersteller von Digital-Systemen haben mittlerweile erkannt, dass das Thema digitale Modellbahn nicht nur etwas für Modellbahn-Profis ist. Eher im Gegenteil. Über die Zusammenarbeit zwischen elektronischen Komponenten, dem Computer und einer Modellbahn-Anlage lassen sich auch Einsteiger für dieses Hobby interessieren.

Um diese Nutzergruppe nicht von vornherein durch zu komplizierte Bedienung und zu viele Funktionen und Möglichkeiten zu verwirren oder gar abzuschre-cken, haben die Hersteller Digital-Komponenten entwickelt, die leicht bedienbar und zugleich preiswert sind. Das „Compact" ist das Einsteiger-Fahrpult von Digital plus.

Maximal 99 mit Digitaldecodern ausgestattete Loks können über das Compact über die Anlage dirigiert werden, darunter darf, wie immer bei Digital plus, auch eine Lokomotive sein, die keinen Decoder besitzt – sie wird dann über die Adresse „0" gesteuert. Lokdecoder können über das Compact programmiert und ihre Inhalte ausgelesen werden. Dabei beherrscht das Gerät sowohl die Programmierung über Register als auch die mit so genannten Configuration Variables. Allerdings muss sich die Lok dafür in beiden Fällen auf einem abgetrennten Programmiergleis befinden. Die PoM-Funktion steht hier nicht zur Verfügung. Sogar Magnetartikel lassen sich mit dem Compact schalten: Immerhin 100 Weichen, Signale und andere Gerätchen hören, über Magnetartikeldecoder mit dem Compact verbunden, auf die Befehle der rasant gestylten Box.

**Abb. 3.29: Das Compact ist ein kleines Digitalsystem in einem Gehäuse.**

Preiswert – pro Gerät fallen nur etwa 90 Euro an – kommt man mithilfe von Compact-Geräten an Eingabegeräte für mehrere Benutzer einer digitalen Anlage. Betreibt man die Anlage zunächst noch ohne PC, arbeitet ein Compact als Master (Meister) und eines als Slave (Sklave). Das Master-Gerät nimmt also die Zentralen-Funktion wahr, der Slave ist ein weiteres Eingabe-Gerät, mit dem man jedoch, bis auf die Decoder-Programmierung, die gleichen Eingaben vornehmen kann wie mit dem Meister. Baut man dann später zum Vollsystem aus, werden beide zu Fahrpulten, die über Zentrale und Interface mit dem PC in Kontakt stehen. Sie sehen, dass man auch mit einem Compact als Einsteiger nicht in die Sackgasse läuft.

Bis zu fünf Digital-plus-Geräte können an das Compact via XpressNet angeschlossen werden, das als viereckige Telefonbuchse, also als RJ-Buchse, vorhanden ist. Lenz empfiehlt für den Anschluss weiterer Komponenten die Adapterplatte LA152, die runde und viereckige XpressNet-Buchsen zur Verfügung stellt. Auch das Interface LI100 kann dann mit dem Compact verbunden werden, was jedoch höchstens für erste Gehversuche mit der PC-Steuerung Sinn macht. Rückmelde-Informationen von Gleiskontakten kann das Compact nämlich nicht entgegennehmen und diese daher auch nicht an das Interface und den PC weiterleiten. Über kurz oder lang steht dann die Anschaffung der Zentrale LZ100 an. Mittlerweile gibt es auch ein Compact-Startset, in dem neben einem Compact noch Trafo, Magnetartikeldecoder und Lokdecoder zu finden sind.

Das Compact besitzt übrigens einen unschönen Fehler, der sich leider auch nicht ändern lässt: Es ist ganz schön vergesslich. Es kann sich nämlich einfach nicht merken, wie viele Fahrstufen ein bestimmter Lokdecoder versteht.

Im Klartext: Stellt man für jede seiner Loks ein, wie viele Fahrstufen der jeweilige Decoder beherrscht, bleibt diese Information nur so lange gespeichert, wie das Compact mit Strom versorgt wird. Schon eine kurze Unterbrechung reicht aus und alle Lokdecoder stehen wieder auf 28 Fahrstufen. Falls Sie Veränderungen vorgenommen haben, müssen Sie alles noch einmal eingeben. „Es ist uns gelungen, eine äußerst preisgünstige Steuerung auf den Markt zu bringen. Dieser Vorgabe musste die eine oder andere Eigenschaft weichen. Ein zusätzlicher Speicher war kostenmäßig einfach nicht drin“, entschuldigte sich sein Hersteller. Hätte man da nicht lieber an anderer Stelle sparen können? Es kann im Einzelfall nämlich ganz schön an die Nerven gehen, wenn man viele ältere Loks hat, die mit Decodern bei 14 Fahrstufen unterwegs sind, und man sich jedes Mal die Adressen vornehmen muss, um die Fahrstufen-Anzahl neu einzustellen.

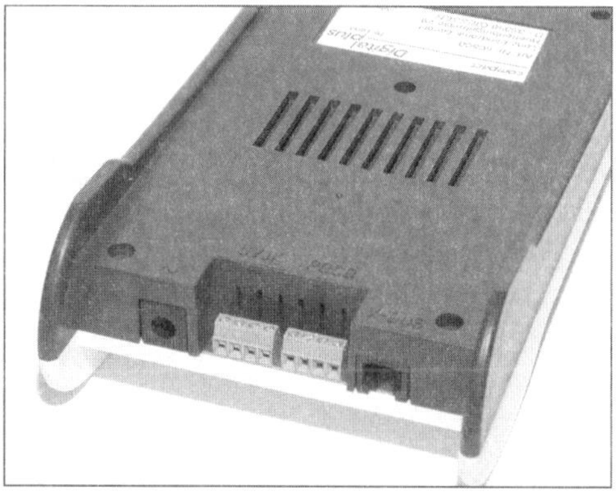

**Abb. 3.30: Die Anschlüsse des Compact liegen an der Unterseite des Gehäuses.**

Noch nicht als Bestandteil eines Sets ist der noch recht neue Fahrregler LH90 zu haben. Auf den ersten Blick sieht er aus wie ein LH200. Er besitzt also einen großen Drehknopf. Zwei gravierende Unterschiede zum LH200 gibt es aber: Mit einem LH90 kann der Digitalbahner auch Magnetartikel wie Weichen oder Signale schalten – für Sie als PC-Modellbahner vielleicht nicht ganz so wichtig. Zweiter Unterschied: Der LH90 ist immer Slave – mit anderen Worten: Er kann nie die Aufgaben einer Zentrale übernehmen, was auch zu verschmerzen ist, wenn man bereits eine Zentrale hat. Und noch einen neuen Fahrregler gibt es: Der preiswerte LH30compact ist als mobiler Fahrregler für das Compact-Fahrpult gedacht, an das er sich einfach anschließen lässt.

### XPA: Modellbahnsteuerung mit einem schnurlosen DECT-Telefon

Eine ganz ungewöhnliche Neuentwicklung von Lenz heißt XPA, was für XPressNet Phone Adaptor steht. Mit diesem kleinen Zusatzgerätchen, das an die Basisstation eines schnurlosen Telefons und via XPressNet an die Modellbahn angeschlossen wird, machen Sie Ihr Digital-Plus-System drahtlos und steuern Ihre Anlage über ein schnurloses Funk-Telefon. Etwa 55 Euro kostet das kleine Modul – wohl eine der preiswertesten Funk-Fernsteuerungen überhaupt.

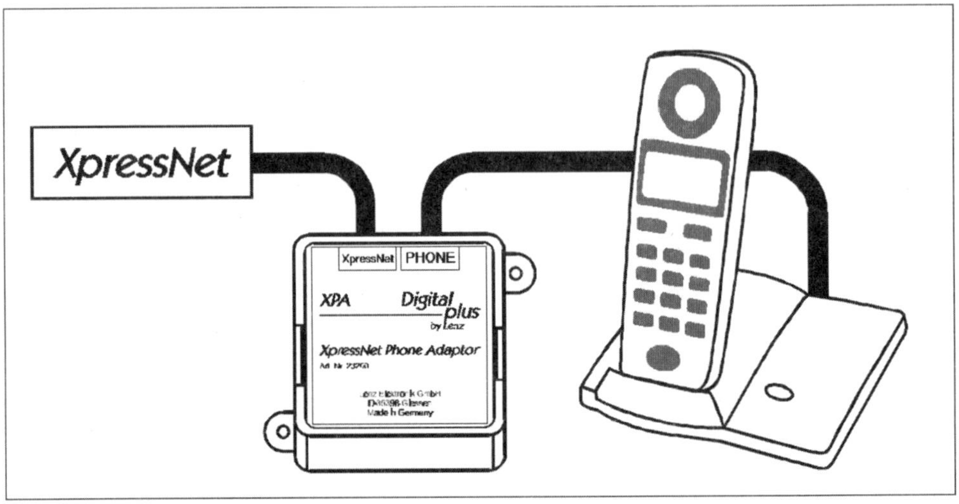


**Abb. 3.31: Über den XPA können Sie ein normales DECT-Telefon zur Modellbahnsteuerung verwenden.**

## RailCom

Um herauszufinden, welche Adresse eine Lok hat, gibt es bei Lenz seit neuestem das RailCom-System. Hierdurch werden die Lokomotiven in die Lage versetzt, ihre Adresse mitzuteilen. Dadurch kann man zum Beispiel ein Anzeigemodul installieren, das die Adresse der Lok in einem Abschnitt anzeigt. Die vierstellige Siebensegmentanzeige zeigt die von der Lok gesendete Nummer. Dieses Verfahren wird allerdings von einigen älteren Systemkomponenten nicht unterstützt.

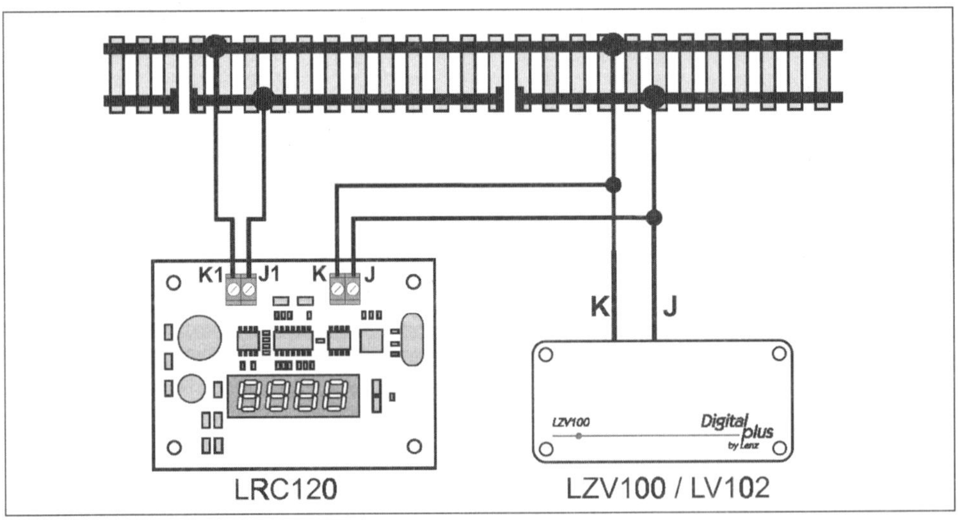


**Abb. 3.32: Mit dem Anzeigemodul LRC120 können Sie feststellen, welche Lok sich gerade in einem Abschnitt befindet.**

## LGB Digital

Hersteller der bekannten Gartenbahn LGB ist die in Nürnberg ansässige Firma Ernst Paul Lehmann Patentwerk. Schon seit einiger Zeit bietet die Firma Lehmann digitale Komponenten für ihre robuste Gartenbahn an, die sowohl in puncto Leistung als auch von den Anforderungen an Robustheit und Wetterfestigkeit eine Sonderstellung einnehmen.

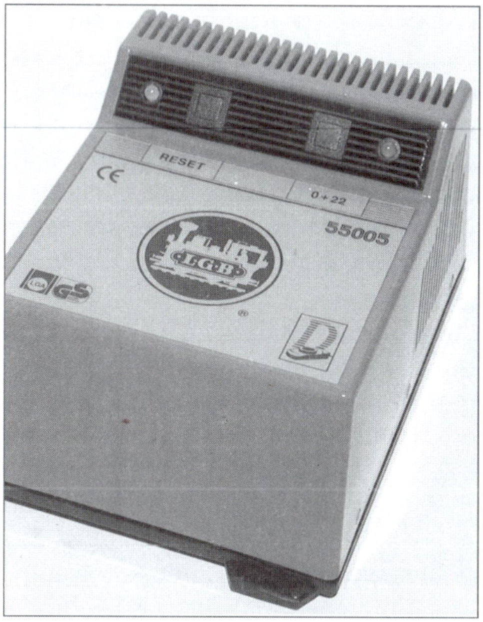


**Abb. 3.33: Die MZS-Zentrale Typ 2 sieht auf den ersten Blick aus wie ein Transformator.**

Sowohl die Transformatoren als auch die Digital-Komponenten wie Zentrale und Booster kann man schon von weitem als LGB-Geräte identifizieren, da sie allesamt rot sind. Robust und wetterfest oder zumindest auch für ein Aufstellen im Gartenhaus geeignet – diese Kombination erreicht Lehmann durch stabile Kunststoff-Gehäuse der Komponenten.

MZS als Abkürzung für Mehrzugsystem heißt das LGB-Digitalsystem korrekt. Im Jahr 2001 wurde die erste Geräte-Generation durch eine zweite, wesentlich leistungsfähigere, ersetzt. Während die Geräte der ersten Generation ein Innenleben hatten, das von der Firma Lenz für Lehmann entwickelt worden war, und es sich bei den Komponenten um echte DCC-Systeme handelte, entstand die zweite Generation in Zusammenarbeit mit der Firma Massoth.

Das neue Digitalsystem von LGB ist in der Lage, bis zu 23 Loks anzusprechen, wobei bis zu acht davon gleichzeitig im Garten unterwegs sein können. Wie schon erwähnt, ist es nach Ablauf des Patentes der Firma Lenz nun auch bei Digitalsystemen anderer Hersteller möglich, trotz Digitalbetrieb eine Lok zu steuern, in die kein Decoder eingebaut wurde. So auch bei LGB – das gleichzeitige Drücken der beiden Tasten „Rest“ und „0 I 22“ wechselt in diesen Modus. Adresse „00“ ist dann der analogen Lok zugeordnet, die Nummern 01 bis 22 entfallen auf die Lokomotiven mit Digitaldecoder. Drückt man die Tasten noch einmal, gelangt man in den Modus, in dem man die Zentrale über die alte Lokmaus bedienen kann. Ein weiterer Druck führt zur Ausgangsposition – dem normalen Modus – zurück.

Hört sich problemlos an, ist es aber leider nicht uneingeschränkt: Magnetartikeldecoder funktionieren in diesem Modus nämlich leider nicht. Womit die Möglichkeit mit der analogen Lok im Grunde also nur höchst eingeschränkt nutzbar ist. LGB Digital ist also ein System, bei dem man die Weichen dann wieder mit der Hand stellen muss, wenn eine analoge Lok unterwegs ist. Oder bei dem man die Magnetartikel wieder per Schaltkästchen schalten muss, wenn man eine Lok ohne Decoder fahren lassen möchte. Dann aber wäre das System für die Steuerung per PC völlig ungeeignet. Hätte man da nicht noch mal nachdenken können, ob es nicht eine bessere Lösung gibt?

Ihren Strom erhält die MZS-II-Zentrale, die übrigens nicht wetterfest ist, also irgendwo regengeschützt aufgestellt und im Winter ins Warme geholt werden sollte, am besten von einem richtig leistungsfähigen Trafo. Lehmann empfiehlt den Trafo 50110, der die gleichen Abmessungen wie die Zentrale hat und sie mit Wechselstrom versorgt. 5 Ampere oder 90 VA liefert er bei 18 Volt Spannung und diese Werte sind genau auf die Zentrale abgestimmt. Auch die Leistung der Zentrale ist aus Sicherheitsgründen auf 5 Ampere begrenzt, um noch als Kinderspielzeug durchzugehen. Das trifft auch dann zu, wenn man sie mit einem noch leistungsfähigeren Trafo wie etwa dem LGB Jumbo zusammenbringt, der zur Versorgung von großen analogen Anlagen gedacht und mit 10 A gleich doppelt so stark ist.

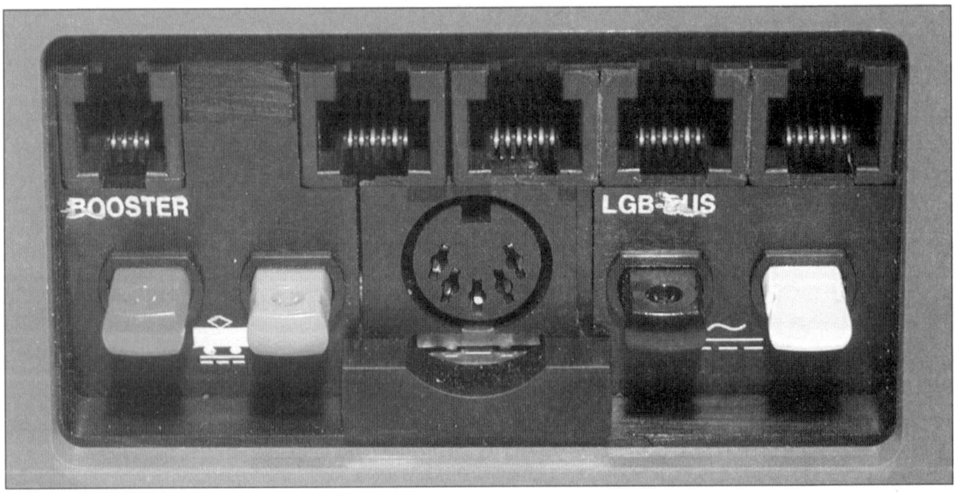


**Abb. 3.34: An der Rückseite der LGB-Zentrale werden Trafo, Booster und Handregler angeschlossen. Auch die alte LGB-Lokmaus findet hier Anschluss.**

Die MZS-II-Zentrale erzeugt das DCC-Datenformat. Somit sollten sich die hochwertigen und stabilen LGB-Loks auch mit Decodern anderer Hersteller ausstatten lassen, die für den erhöhten Energiebedarf eines LGB-Motors ausgelegt sind. Aber: LGB gibt selbst zu, dass das DCC-Format für die speziellen

Anforderungen der Gartenbahn-Loks mit ihren Zusatz- und Sound-Funktionen erweitert wurde. In der Praxis hat es sich daher bewährt, zusammen mit der MZS-II-Zentrale auch tatsächlich nur LGB-Lokdecoder einzusetzen, da es sonst immer mal wieder zu Inkompatibilitäten kommen kann, aber natürlich nicht immer muss. So geschehen jedoch in den Anfängen der MZS-II-Zentrale, in denen eine ganz bestimmte Decoder-Serie von LGB nicht mit der eigenen, neuen Zentrale kooperieren wollte. Kommt es zu solchen Schwierigkeiten, hat man wesentlich bessere Chancen, dass einem hier von seinem Händler oder der LGB-Kundendienst-Abteilung unbürokratisch geholfen wird, wenn man auch nur LGB-Komponenten verwendet. Dann muss der Fehler schließlich im System liegen und kann nicht in der Verwendung von fremden Komponenten begründet sein. Schade, dass es so weit kommen musste – ein Standard wie DCC sollte so etwas eigentlich verhindern. Andererseits ist es aber auch kein Opfer, die Original-Decoder einzusetzen, wie Sie gleich noch sehen werden. Die neueste Decoder-Generation kann nämlich eine ganze Menge. Die Zentrale besitzt, bis auf die schon erwähnten Tasten, keine weiteren Bedienelemente. Die „Reset“-Taste ist übrigens natürlich nicht nur als Hilfstaste beim Wechseln des Betriebsmodus sondern auch ihrer Beschriftung gehorchend einzusetzen. Um die Zentrale also bedienen zu können, kann man einen der verfügbaren Handregler anschließen.

Die Lokmaus, die inzwischen nicht mehr produziert wird, stammte noch aus der Zeit der Kooperation zwischen Lehmann und Lenz und ist baugleich zur Lokmaus 1 von Roco. Sie war für die Bedienung der LGB-Zentrale Typ 1 entwickelt worden und kann, so wie mit der alten Zentrale vorgesehen, acht Lokomotiven steuern, wovon eine eine analoge Lok sein kann. Auch die neue Zentrale besitzt einen speziellen Modus, in den man sie durch die beschriebene Umschaltprozedur versetzen muss, um die Lokmaus zu verwenden. In diesem sind dann acht Adressen für die Lokmaus reserviert, die anderen können von den neuen Handreglern genutzt werden.

Da man bei aktivierter Lokmaus auch eine analoge Lok steuern kann, funktioniert die Ansteuerung der Magnetartikel nicht. Mittlerweile kann man die Lokmaus nur noch aus Restbeständen kaufen. Aber für Ersatz ist gesorgt, denn es finden sich zwei neue Handregler im LGB-Programm. Der einfachere von beiden, das so genannte Lokhandy, bildet zusammen mit einem Lokdecoder und der Zentrale auch ein digitales Startpaket. Alle digitalen Komponenten kann man zum Glück inzwischen aber auch einzeln kaufen. Das Lokhandy besitzt einen Drehregler mit Raste in der Mittelstellung, wie man ihn von einem analogen Gleichstromfahrpult her auch kennt. Ein kleiner Schiebeschalter macht es zudem möglich, dass der Regler so wie bei Märklin-Fahrpulten üblich, wirkt: Die Umschaltung geschieht dann, indem man den Drehregler ganz nach links und noch ein wenig weiter dreht.

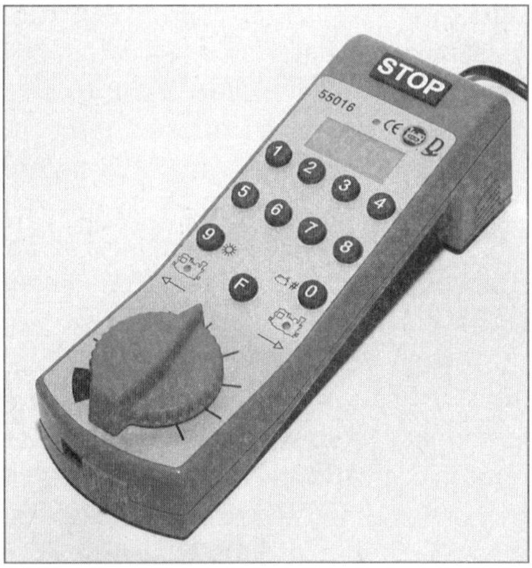


**Abb. 3.35: Das Lokhandy liegt gut in der Hand und ist leicht bedienbar.**

Das vierstellige aus LEDs bestehende Display ist zur Bedienung ausreichend, über elf Tasten, die zum Teil doppelt belegt sind, wickelt man die Bedienung der Anlage ab. Dabei sind die Möglichkeiten mit diesem Handy etwas eingeschränkt: Da es Lokhandy heißt, ist es in erster Linie eben genau dafür gedacht. Das Schalten von Magnetartikeln wie etwa Weichen oder Signalen ist damit nicht möglich. Auch was die Programmierung von Lokdecodern angeht, ist man eingeschränkt: Von den 23 steuerbaren Loks und Adressen sind nur die Adressen 00 bis 15 per Lokhandy einstellbar. Mehr ist nicht. Für weitergehende Programmier-arbeiten, also das Einstellen höherer Lokadressen und die Konfiguration spezieller Funktionen des Lokdecoders, muss man das so genannte Universalhandy kaufen.

Dabei handelt es sich um einen Handregler ohne mechanische Fahrstufen-Einstellung. Geschwindigkeit und Fahrtrichtung werden hier über zwei Pfeiltasten eingestellt, die man entweder mehrmals kurz hintereinander drücken oder einfach festhalten kann, um die Geschwindigkeit zu erhöhen oder zu verringern. Die Bedienung des Handys ist nicht ganz leicht und man muss sich erst daran gewöhnen. Die Tasten sind, im Vergleich zum Lokhandy, doppelt belegt, was gerade im Fahrbetrieb, in dem mehrere Loks unterwegs sind, schon mal zu Verwirrung bei der Bedienung führen kann. Mit dem Universalhandy kann man nämlich auch die Magnetartikel wie Weichen oder Signale schalten, aber auch Schaltfunktionen auslösen. Das können die Motoren von Funktionsmodellen oder Beleuchtungen von Bahnsteigen oder Häusern sein. Bei so

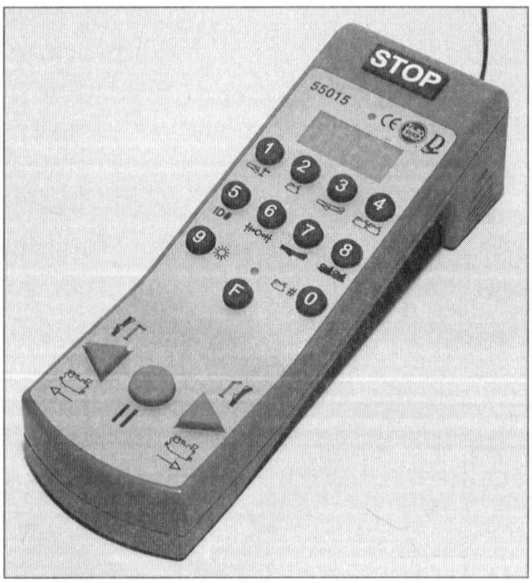


**Abb. 3.36: Das Universalhandy bietet uneingeschränkten Zugriff auf alle Möglichkeiten der MZS-II-Zentrale von LGB.**

vielen Möglichkeiten liegt es auf der Hand, dass man sich an die Belegung der Tasten und die zum Teil etwas eigenwillige Menüführung erst einmal gewöhnen muss.

ABB. 3.37: AN DIE DOPPELBELEGUNG DER TASTEN MUSS MAN SICH ERST GEWÖHNEN.

Jede Taste ist doppelt belegt – ein Kompromiss, den die Hersteller derartiger Eingabegeräte immer wieder glauben eingehen zu müssen, um die Geräte nicht mit zu vielen Tasten zu überladen. Oftmals wäre aber eine klare Zuordnung einfach belegter Tasten sicher noch einfacher und vor allem schneller in Bezug auf die Bedienung. Ohne gedrückte Zusatztaste erscheint auf dem Display also immer die Zahl, die man getippt hat. Außer der Ziffer liegt aber auch noch eine Funktion auf der Taste und die erreicht man, indem man zuerst die „F"-Taste drückt, woraufhin eine LED leuchtet. Anschließend betätigt man die gewünschte Zifferntaste, wobei den Tasten die in der nachfolgenden Tabelle aufgelisteten Funktionen zugeordnet sind, die man in Form von Symbolen unter den Tasten sehen kann:

| *Taste* | *Funktion* |
|---|---|
| *1* | *Magnetartikel (oder Lampen, Motoren u. Ä.) schalten* |
| *2* | *Lok steuern* |
| *3* | *Fahrstraße schalten* |
| *4* | *Doppeltraktion aufrufen* |
| *5* | *Geräte-ID-Nummer einstellen* |
| *6* | *Anfahr- und Bremsverzögerung einstellen* |
| *7* | *Fahrstraßen programmieren* |
| *8* | *Doppeltraktionen programmieren* |
| *9* | *Display einstellen* |
| *0* | *Handy ausschalten* |

Um beispielsweise eine Lok aufzurufen, muss man also folgende Tasten drücken: *F + 2* (in den Lokmodus wechseln) > *0* (Loknummern-Eingabe aktivieren) > *Loknummer zweistellig eingeben.*

Abb. 3.38: Der Buchstabe an erster Stelle steht für den Modus. S bedeutet „Stellmodus“.

Das Universalhandy bleibt danach auch im Lokmodus, und durch Drücken der Taste o kann man schnell das Aufrufen einer weiteren Lokadresse einleiten. Hat man nun zum Beispiel zwei Loks in Bewegung gebracht und nähert sich eine davon einer Weiche, muss diese recht schnell gestellt werden. Da zum Stellen einer Weiche dieselben Pfeiltasten benutzt werden, die beim Fahren einer Lok auch die Geschwindigkeit erhöhen oder verringern, muss das Handy erst in den Stellmodus umgeschaltet werden. Man betätigt also die Tasten:

*F + 1* (in den Stellmodus wechseln) > *o* (Magnetartikel-Nummer-Eingabe aktivieren, kann auch entfallen) > *Magnetartikel-Nummer zweistellig eingeben* > *Pfeiltaste für die gewünschte Aktion*

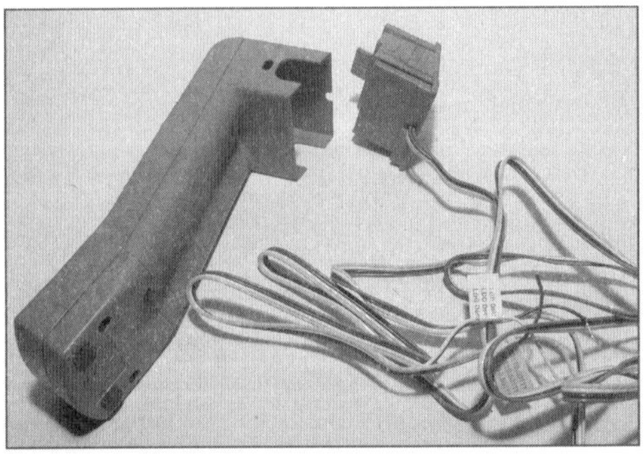

Abb. 3.39: Zum Programmieren von Weichen- und Lokdecodern braucht man das dem Universalhandy beiliegende Programmiermodul.

Man braucht einige Übung, bis einem diese Aktionen in Fleisch und Blut übergehen. Zum Glück gibt es, wenn man sich einmal zu tief in den Tasten verstrickt hat, eine große, gut sichtbare STOP-Taste, die den Betrieb auf der gesamten Anlage augenblicklich unterbricht. Falls Ihnen der Begriff Doppeltraktion, der nun schon ein paar Mal gefallen ist, übrigens nichts sagen sollte: Hier kann man, wie bei fast allen Digitalsteuerungen, zwei Lokadressen zu einer Traktionsnummer zusammenfassen.

Stellen Sie sich einen schweren, vielleicht amerikanischen Güterzug vor. Gleich zwei Lokomotiven arbeiten an der Spitze, um die vielen, vielen Waggons zu bewegen. Jede der beiden Loks hat ihre eigene Adresse, weil in jeder ein eigener Motor und ein eigener Decoder stecken. Will man den Zug nun in Bewegung setzen, sollen ja beide Loks gleichzeitig losfahren. Damit man nun beide Loks mit einem Knopfdruck gleichzeitig losfahren lassen kann, fasst man sie vorher in einer Doppeltraktion zusammen. Statt die Adressen der Loks ruft man dann die Nummer der Doppeltraktion auf und fährt los.

Um mit dem Universalhandy zu programmieren, muss man eine recht komplizierte Operation vornehmen. Aus dem Kopfteil des Handys zieht man zu diesem Zweck das Modul, an dem auch das Anschlusskabel hängt, heraus und schiebt dort das Programmiermodul ein. Man verbindet es mit einem Trafo und mit dem Eingang des Weichendecoders bzw. einem Programmiergleis, auf dem die zu programmierende Lokomotive steht. Tja, und dann kann's losgehen. Beim Lesen der Anleitung dazu, wie man bestimmte Funktionen wie Anfahrstufe oder Beschleunigung programmiert, fragt man sich natürlich schnell, warum das so kompliziert sein muss. Nur hoch konzentriert und indem man Schritt für Schritt ausführt, funktioniert die Programmierung fehlerfrei. Nur für fortgeschrittene MZS-Anwender seien die Programmierungen gedacht. Zum normalen Betrieb sei es nicht notwendig, die voreingestellten Werte zu ändern. Na gut, einverstanden. Aber auch wenn's nur für den Spezialisten gedacht ist – könnte der Hersteller die Prozedur dann nicht trotzdem so gestalten, dass man sich die Schritte merken kann und sie nicht jedes Mal mühsam im Handbuch nachlesen muss?

**Abb. 3.40: Über das Programmier-Modul können Weichen- und Lokdecoder bequem am PC programmiert werden.**

Zur Programmierung von LGB-Weichendecodern muss man sogar noch eine Hardware-Bastelei anbringen: Hier ist nämlich noch eine so genannte Programmier-Brücke, was ein einfaches Kabel sein kann, an zwei der Eingänge zu schrauben, bevor man die Decoder programmieren kann.

Zum Glück gibt es mittlerweile ein so genanntes Programmier-Modul, an das ein PC einerseits und der zu programmierende Decoder andererseits angeschlossen werden muss. Die mitgelieferte Software macht es dann möglich, die Einstellungen am Bildschirm vorzunehmen. Die Hardware-Operationen sind freilich nach wie vor nötig. Für LGBler mit einer größeren Anlage, die gerne auch mal Veränderungen vornehmen, ist das eine praktische Sache. Unverständlich nur, warum man diese Funktion nicht gleich in das Interface integriert hat, das ohnehin eine Verbindung zwischen PC und Anlage herstellt.

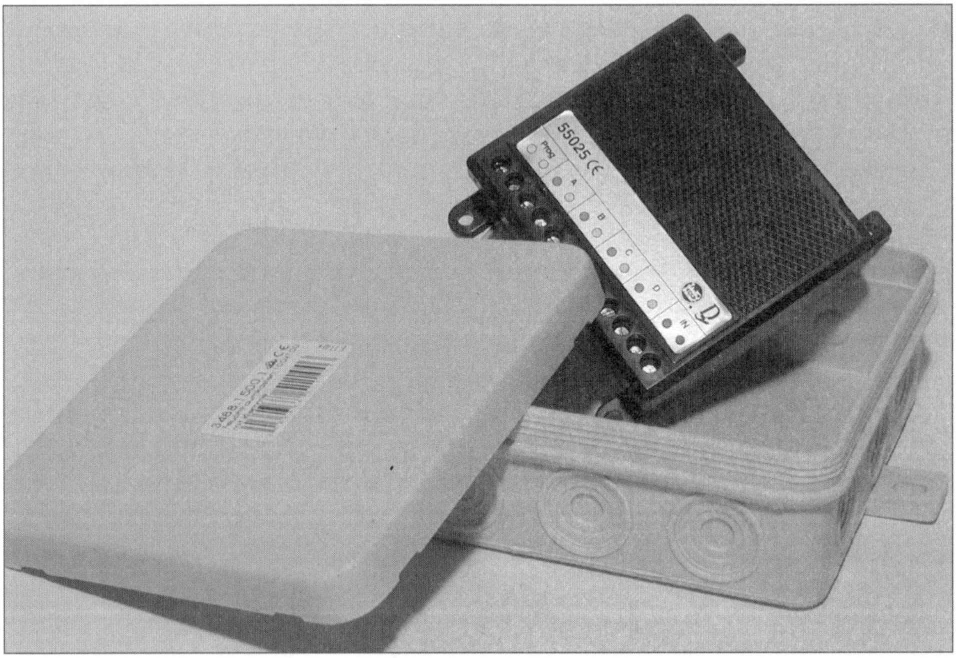


**Abb. 3.41: Die wasserdichten Weichendecoder kann man ideal in Verteilerkästen aus Kunststoff unterbringen, wie man sie im Baumarkt kaufen kann.**

Die Weichendecoder von Lehmann sind übrigens für den Betrieb im Freiland uneingeschränkt zu empfehlen. Hier muss man nicht mit anderen Fabrikaten herumexperimentieren. Die Decoder sind nämlich wetterfest, auch Regen und Schnee beeinträchtigen die Funktion erfahrungsgemäß nicht. Die Leiterplatte wurde zu diesem Zweck komplett mit einer Schutzschicht überzogen. Allerdings sollte man die Decoder trotzdem nicht einfach so im Erdreich verbuddeln. Sie passen vielmehr ganz hervorragend in einfache Verteilerkästchen, wie man sie im Baumarkt für wenig Geld kaufen kann. Allenfalls der Preis könnte ein Grund sein, sich anderweitig zu orientieren, aber nur dann, wenn man die Zusatz-Einstellmöglichkeiten nicht braucht.

Ihren Strom zum Schalten und Senden der Schaltbefehle beziehen die Decoder übrigens praktischerweise direkt aus dem Gleis, in dem ja der gesamte Datenstrom für Loks und Magnetartikeldecoder ohnehin unterwegs ist. Ein weiteres Argument also für die Digitaltechnik: Man braucht weniger Kabel, was gerade beim Bauen einer Gartenbahn sehr positiv auffällt. Denn zwar kann man bei einer Gartenbahn die gleichen Kabel verwenden, die der Elektriker für Hausinstallationen benutzt und die man meist billig im Baumarkt erstehen kann. Je mehr Kabel aber verlegt werden müssen, desto schwerer ist es, da noch den Überblick zu behalten.

Auch ein Interface für den Anschluss der Gartenbahn an einen PC hat Lehmann inzwischen im Programm. Es ist genauso braun, klein und unscheinbar wie alle LGB-Zusatzkomponenten und steckt in einem kleinen Kästchen. Es besitzt zwei Buchsen: Über das mitgelieferte, serielle Kabel schließt man das Interface an den PC an. Ein weiteres Kabel mit Telefonsteckern ist für das Einstecken in den so genannten LGB-Bus gedacht, eine Schnittstelle und ein Verbindungssystem, das Lehmann ebenfalls mit dem neuen Digitalsystem eingeführt hat. Ein einfaches Steuerprogramm mit dem originell-genialen Namen MZS-PC liegt bei. Natürlich arbeitet das Interface, oder besser: die Zentrale, aber auch mit anderen Programmen zusammen.

Der LGB-Bus sieht zwar von außen aus wie viele andere Bus-Systeme, ist aber eine Eigenentwicklung. Auch wenn die Stecker und Buchsen ineinander passen: Sie sollten dort auch tatsächlich nur die Geräte anschließen, die dafür gedacht sind. Eine Möglichkeit, eine Kompatibilität zwischen dem LGB-Bus und dem vorhin ausführlich beleuchteten XpressNet oder dem XBus herzustellen, ist ein so genanntes Übersetzermodul, das der Entwickler der LGB-Komponenten, die Firma Massoth, seit einiger Zeit anbietet.

Das Modul besitzt an der einen Seite die vom XpressNet bekannten LMAB-Schraubklemmen und hat an der anderen Seite drei LGB-Bus-Buchsen. In die können zum Beispiel die Anschlusskabel von Universal- oder Lokhandy gesteckt werden. Verbindet man dann das Übersetzermodul mit einer Lenz-Zentrale LZ100, kann man die LGB-Handys zusammen mit dem Lenz-Digitalsystem verwenden. Dafür muss man dem Modul drei eigene XpressNet-Adressen zuordnen. Zurzeit sind noch keine Probleme bekannt, die aus einer Kombination von Lenz-Zentrale und LGB-Lokdecoder entstehen würden.

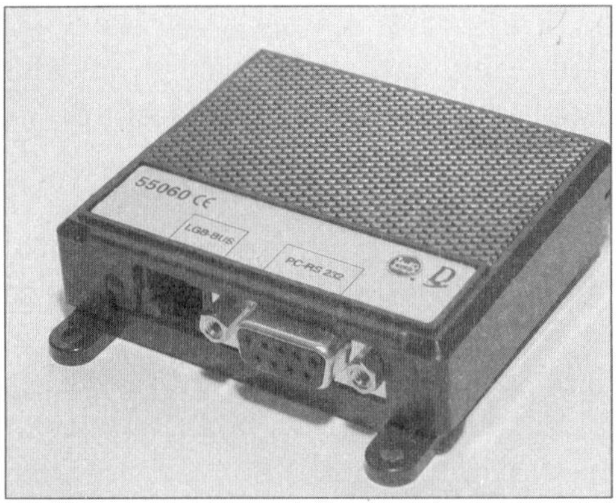


ABB. 3.42: DAS INTERFACE VON LGB IST NICHT WETTERFEST UND GEHÖRT UNTER EIN DACH.

Seit einiger Zeit gibt es eine neue Generation von Lokdecodern von LGB, die die alten Decoder ersetzen. Die neuen Decoder sind äußerst leistungsfähig und sie sind lastgeregelt: Fährt ein schwererer Zug eine Steigung hoch, wird er seine Geschwindigkeit verringern, weil sich sein Motor einfach mehr anstrengen muss. Ein alter LGB-Decoder würde diesem Treiben hilflos zuschauen müssen. Ein neuer LGB-Decoder oder einer von Lenz regelt die Geschwindigkeit nach, sodass der Zug nicht an Fahrt verliert. Das sieht wesentlich realistischer aus. Außerdem besitzt der neue LGB-Decoder eine Memory-Funktion: Empfangene Befehle werden gespeichert und bleiben es auch bei kurzzeitigem Stromausfall. So macht die Gartenbahn mit der neuen Decoder-Generation noch mehr Spaß. Der neue LGB-Decoder hat übrigens die gleichen Abmessungen und Anschlüsse wie der alte. Achten Sie also beim Kauf auf die Artikel-Nummer 55021, damit Sie nicht aus Versehen noch einen alten kaufen. Auch einen besonders kleinen Decoder gibt es nun: Er hat die Nummer 55022 und macht es endlich auch möglich, Loks umzubauen, in denen für den großen Decoder kein Platz ist.

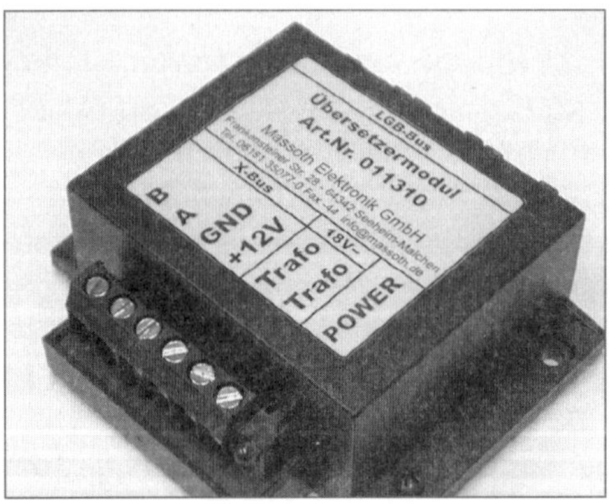


ABB. 3.43: DAS ÜBERSETZERMODUL VON MASSOTH VERMITTELT ZWISCHEN LGB-BUS UND XPRESSNET.

Alle neu entwickelten LGB-Loks kommen übrigens bereits mit eingebautem Decoder onboard: Hier sitzt die gesamte Steuerelektronik bereits auf der Lokplatine und man muss nichts mehr ein- oder umbauen. Damit alles besonders einfach ist, fährt eine so ausgestattete LGB-Lok sowohl auf einer herkömmlichen, analogen als auch auf einer digitalen Anlage. Wer also erst später von analog auf digital umsteigen möchte, muss nichts mehr zusätzlich anschaffen. Alle LGB-Loks sollen in den nächsten Jahren mit der neuen Elektronik ausgestattet werden. Durch die Integration der Decoder-Elektronik in die Lokplatine können außerdem auch die Preise kräftig sinken: Eine Lok mit Decoder soll dann genauso viel kosten wie eine ohne, verspricht der Hersteller. Ein Weg, dem sicher bald noch andere Hersteller folgen werden.

Ein weiterer Grund, der für den Einsatz des Original-Systems von LGB spricht, sind die chic gestylten LGB-Handys zum Steuern der Anlage. Das gilt erst recht dann, wenn man daran denkt, dass man diese auch nachträglich noch zur Funkfernsteuerung machen kann. Genug Argumente? Das Procedere ist recht einfach: Statt die Handys per Kabel an den LGB-Bus der Zentrale anzuschließen, steckt man hier einen Empfänger in den LGB-Bus. Auch dieser steckt wieder in einem der kleinen erdbraunen Kästchen, besitzt aber noch eine Antenne.

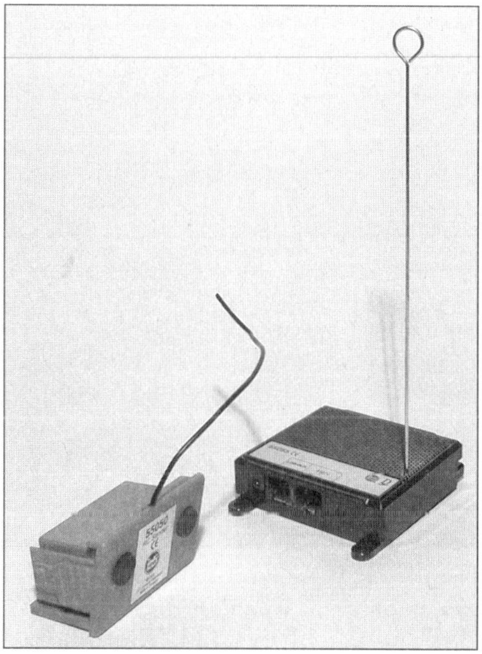

**Abb. 3.44: Das Sendemodul für LGB-Handys verwandelt es mit dem Empfangsteil in eine äusserst komfortable Funkfernsteuerung.**

Das kleine Modul am Handy, an dem das Verbindungskabel hängt, kann nun entfernt werden. Stattdessen wird hier ein Funk-Sender eingebaut, an dem ein kleines Stückchen Kabel als Antenne hängt. Vermutlich zum ersten Mal wird einem nun auch die Klappe an der Unterseite des Handys auffallen: Öffnet man sie, können hier vier Mignon-Batterien eingesetzt werden, die das Handy im Funkbetrieb mit Strom versorgen.

Im Vergleich zum kabelgebundenen Betrieb hat man bei Verwendung von Lokhandy und Universalhandy einige Einschränkungen zu akzeptieren: Das ins Handy eingesetzte Modul ist ein reines Sende-Modul. Das kleine Kästchen mit Antenne, das da am LGB-Bus der Zentrale hängt, ist ein reiner Empfänger. Was schlussfolgert der gewiefte Modellbahner daraus? Richtig: Es gibt keine Rückmeldung von der Zentrale zum Handy, der Datenfluss geht nur vom Handy zur Zentrale. So bekommt man normalerweise, wenn man versucht, eine bereits von einem anderen Handy aufgerufene und beanspruchte Lok ebenfalls aufzurufen, einen Hinweis, dass man das nicht darf.

Macht man's trotzdem, leuchtet die LED ganz oben am Handy nicht auf, signalisiert also „es ist nicht alles OK". Im Funkbetrieb dagegen leuchtet die LED permanent, lässt also keinerlei Rückschlüsse darauf zu, ob die Lok noch frei

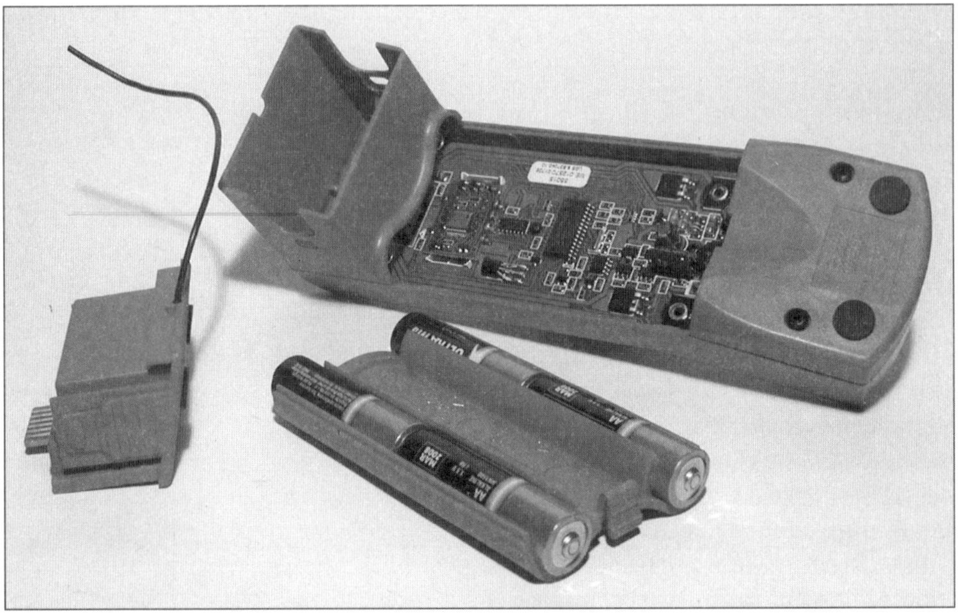

Abb. 3.45: Batterien und das Sendemodul werden unten am Handy eingelegt.

ist. Unschön ist, dass man trotzdem einem anderen Fahrer die Lok entwenden kann, und sei es auch nur in Form der Lokadresse. Ist die Lok an einem Handy aufgerufen und gibt man sie an einem anderen Handy ebenfalls ein, kann man die Lok nun mit beiden Handys steuern.

Von der Reichweite der kleinen Sender sollte man indes nicht zu viel erwarten. Stellt man den Empfänger etwa im Inneren eines Gartenhauses auf, darf man sich nicht mehr als vielleicht zehn Meter davon entfernen. Die 15 bis 20 Meter, von denen der Hersteller in der Bedienungsanleitung spricht, werden nur im absolut optimalen Fall erreicht. Am sichersten ist es, wenn man bei einer großen Anlage gleich zwei oder mehr Empfänger benutzt, damit man auch in der hintersten Ecke eine sichere Verbindung hat. Wenn man jedoch einmal die optimale Position gefunden hat, macht es großen Spaß, die Anlage per Funk komplett zu steuern.

Noch ein Wort zu den Lokdecodern von LGB. Wie schon erwähnt, sind sie äußerst robust und nun auch lastgeregelt. Seit einiger Zeit lassen sich sogar bestimmte Eigenschaften programmieren – was kompliziert, aber eben grundsätzlich möglich ist. Ein ganz großer Vorteil aber ist die Tatsache, dass man sie in immer mehr Loks sehr einfach einbauen kann, da Lehmann in neuere Loks eine Art Schnittstelle (Direct Decoder Schnittstelle) dafür einbaut. Hier muss man den Decoder einfach nur noch aufstecken und kann die Kabel am Decoder einfach abschneiden. Einfacher geht's nun wirklich nicht.

Das Interface ist also montiert, Zentrale und Lokhandys funktionieren, die Weichendecoder arbeiten störungsfrei, die Loks drehen ihre Runden. Fehlt nun eigentlich nur noch der PC, der die Anlage steuert. Nur die wenigsten Modellbahner werden auf die wahnwitzige Idee kommen, einen PC im Freien betreiben zu wollen. Und auch das selbst zusammengeschraubte Gartenhäuschen aus dem Baumarkt kommt als Dauer-Standplatz für den PC nicht wirklich in Frage. Wie wäre es dann vielleicht mit einem Notebook?

Da die gängigen Modellbahn-Steuerprogramme, die auch die LGB MZS-II-Zentrale unterstützen, schon auf einem PC in Basis-Ausstattung und ab Windows 3.11 funktionieren, findet sich doch vielleicht noch ein älteres Notebook-Schätzchen, das man als Steuerzentrale für die Gartenbahn missbrauchen könnte. Zur Not könnte man ja auch versuchen, eines via Internet-Auktion zu erstehen. Oder man fragt beim PC-Schrauber um die Ecke nach. So lange man im Garten an der Bahn beschäftigt ist, kann man das Notebook ja im Gartenhaus abstellen. Selbst ein plötzlicher Platzregen hätte dann keine allzu verheerenden Auswirkungen. Wenn eine längere Spielpause naht, dann nimmt man den Mobil-PC einfach unter den Arm und bringt ihn ins Haus. Auch mit der Zentrale, dem Trafo und anderen Geräten könnte man ähnlich verfahren, denn für einen längeren Winter sollten Sie sie dann doch schon wieder in einen trockenen Raum bringen. Den Weichendecodern und selbst den Loks mit eingebauten Decodern kann das Wetter hingegen nichts anhaben.

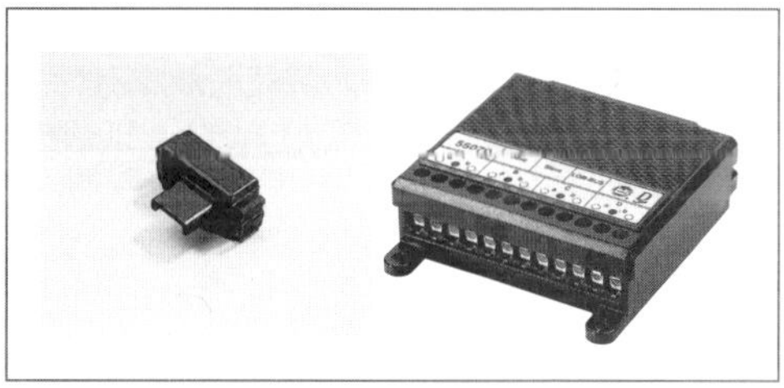

**Abb. 3.46: Rückmeldemodule und Gleiskontakte oder Gleisbesetztmelder und Trenngleise braucht man, um dem Computer Infos zukommen zu lassen.**

Im vorigen Kapitel haben Sie ja bereits erfahren, was man mit Rückmeldemodulen, Gleiskontakten und Gleisbesetztmeldern so alles anstellen kann: Über diese Hilfsmittel bekommt der via Interface angeschlossene PC genaue Daten darüber, was auf seiner Anlage überhaupt vonstatten geht. Das Rückmeldemodul 55070 von Lehmann kann aber noch einiges mehr: Es lässt sich nämlich gewissermaßen auch als Weichen-Interface missbrauchen. Schließt man nämlich an die vier Eingänge des Rückmeldemoduls die vier Ausgänge des Weichen- und Signalstellpultes an, das eigentlich für analoge Anlagen gedacht ist, schlägt man gleich zwei Fliegen mit einer Klappe: Man kann die Weichen stationär am Weichenstellpult schalten, das man vielleicht dort aufstellt, wo auch die Zentrale steht. Aufwändige Verkabelungen jeder einzelnen Weiche oder jedes Signals kann man sich jedoch sparen: Jeder dieser Magnetartikel ist mit dem für ihn zuständigen Weichendecoder verbunden. Und der wiederum bezieht seine Befehle aus dem Gleis.

Diese Befehle können bei einer digitalen Anlage dann aus verschiedenen Richtungen kommen, wobei man die einzelnen Befehlsgeber sogar parallel betreiben kann: Zum Beispiel kann man eine Weiche am stationären Weichenstellpult schalten. Hat man ein Universalhandy im Einsatz, können die Stellbefehle auch dort mobil gegeben werden. Und schließlich ist da ja unter Umständen auch noch der PC, der über die Modellbahn-Software die Weichen schaltet.

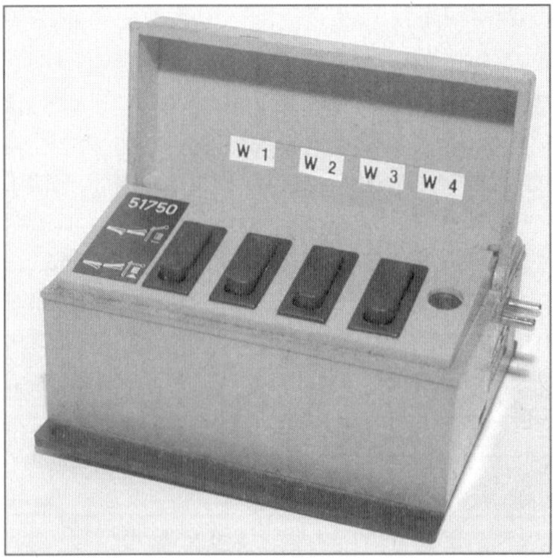


**Abb. 3.47: Auch das analoge Schaltkästchen bekommt noch eine Aufgabe bei der digitalen Gartenbahn.**

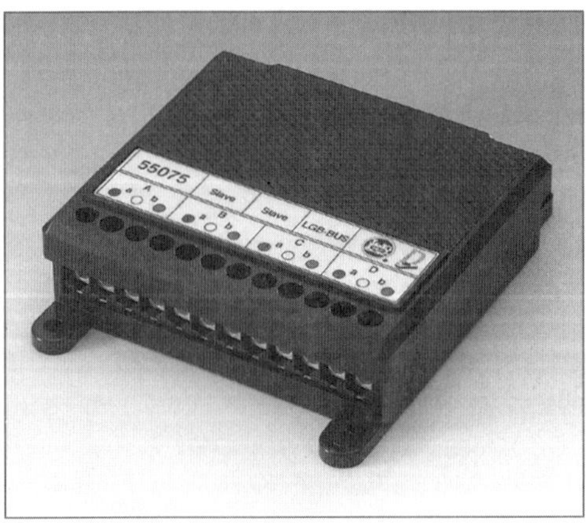


**Abb. 3.48: Der Gleisbesetztmelder überwacht abgetrennte Gleisabschnitte, versorgt sie aber gleichzeitig auch mit Strom.**

Damit er das kann, braucht er ebenfalls Rückmeldemodule. Als analoge Kontaktgeber dienen dann nicht die Schalter in einem Stellpult, sondern Kontaktschalter, die man im Gleis angebracht hat. Je mehr dies sind, desto besser. Allerdings kann das bei der Gartenbahn schnell ganz schön ins Geld gehen: Knapp zehn Euro kostet ein einziger Gleiskontakt. Jeweils vier davon kann man an ein Rückmeldemodul anschließen, von denen jedes auch noch einmal mit etwa 60 Euro zu Buche schlägt. Die Lösung über Gleisbesetztmelder und Trennstellen ist – wie schon erwähnt – zwar sicherer, aber noch teurer: 80 Euro kostet ein Gleisbesetztmelder, der ebenfalls vier Stellen bedienen kann, die in diesem Fall durch Trenngleise oder selbst hergestellte Trennstellen isoliert wurden.

Denn selbstverständlich kann man auch die dicken Spur-IIm-Gleise, die es ja nicht nur von Lehmann zu kaufen gibt, mit einer kleinen Trennscheibe aufsägen und die Kontakte selbst dort anbringen. Es geht aber auch eleganter. Statt der an den Gleisen befindlichen Verbinder montiert man zu diesem Zweck einfach Isolierschienenverbinder, die es seit einiger Zeit sogar zum Schrauben gibt. Eine sehr praktische und einfache Sache.

Übrigens lassen sich über ein Lok- und Universalhandy natürlich auch die unglaublich realistischen Sounds der LGB-Loks abrufen, die ein entsprechendes Modul besitzen. Eine genaue Liste darüber, welche Funktionstaste für welchen Sound bei welcher Lok zuständig ist, kann man im Internet finden. Und wem die Sounds nicht ausreichen oder wer eine bisher stille Lok mit Sound ausstatten will, der sollte mal einen Blick ins Kapitel 7 *Modellbahn de Luxe* werfen, in dem Sie einige digitale Sound-Lösungen beschrieben finden.

Sie sehen, dass es kaum eine Anwendung gibt, auf die man bei der Konzeption des LGB-Digitalsystems nicht geachtet hätte. Sogar echte Rückmeldung von Weichen über einen Zusatzschalter, der mechanisch betätigt wird, wenn die Weiche umspringt, und diese Information ans Rückmeldemodul weiterleitet, das via Zentrale und Interface den PC benachrichtigt, ist möglich. Zwar sind die Komponenten nicht billig, aber sie sind meistens auf die Erfordernisse der LGB-Gartenbahn abgestimmt und zusammen mit den anderen Komponenten getestet.

**Tipp**

*Oft ist es preiswerter, ein LGB-Lokmodell nicht schon ab Werk als Digital-Version zu kaufen, sondern den Decoder von seinem Händler einbauen zu lassen. Preisvergleiche lohnen sich!*

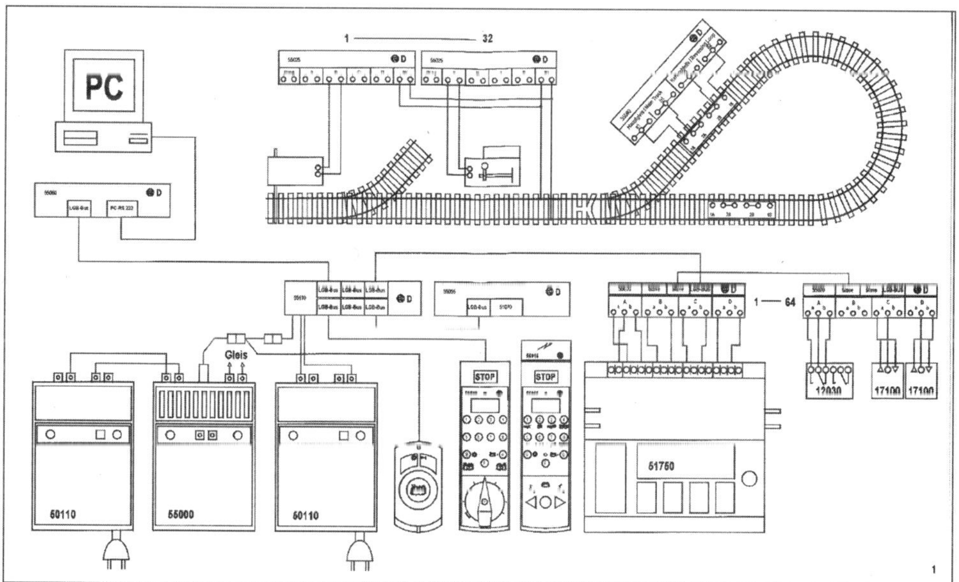


**Abb. 3.49: Übersichtsskizze der Digitalkomponenten für eine Lehmann Grossbahn**

## Märklin Digital

Von Märklin Digital gibt es mehrere Generationen. Ganz früher gab es ein System, das für die Steuerung der großen Spur-1-Loks gedacht war. Da es sich bei der Spur 1 um ein Zweileiter-Gleichstrom-System handelt, musste auch das Digitalsystem ein anderes sein. Das alte und nur bis 1993 hergestellte und verkaufte System für die Spur-1 und andere Gleichstrombahnen war nämlich ein System nach DCC-Protokoll. Es wurde mit „Märklin =" bezeichnet, wobei das Gleichheitszeichen für Gleichstrom steht, und so nennen es auch noch heute einige Zubehör-Firmen. Auch das damalige Digitalsystem der Firma Arnold wurde von Märklin für Arnold hergestellt und war im Grunde das Märklin-Gleichstrom-Digitalsystem.

Das am weitesten verbreitete Märklin-Digital-System verwendete jedoch lange Zeit und hauptsächlich das Motorola-Protokoll. Es ist sowohl für den Einsatz zusammen mit Ho-Loks und Gleisen (Wechselstrom) als auch denen der Spur 1 (Gleichstrom) geeignet. Nur die Decoder sind dann halt unterschiedlich – müssen sie aber ja sowieso sein, weil die großen Spur-1-Lokomotiven natürlich ganz andere Ströme zur Verfügung stellen müssen als eine Ho-Lok. Bis vor kurzem verwendeten alle Märklin-Komponenten das Motorola-Datenformat oder -Protokoll.

ABB. 3.50: MÄRKLIN DIGITAL IST EIN WEIT VERBREITETES DIGITALSYSTEM, VOR ALLEM BEI BESITZERN VON MITTELLEITER-ANLAGEN IN DER SPURWEITE HO.

### Das Delta-Mehrzugsystem

Im Gegensatz zu den bereits vorgestellten Systemen von Lenz stellt Märklin nicht nur die elektronischen Komponenten, sondern natürlich vor allem hochwertige Lokomotiven, Wagen und Gleissysteme her. Daher steigt so mancher Digitalbahner auch mit einer der so genannten Startpackungen ins Modellbahn-Hobby und auch gleich in die digitale Modellbahnerei ein. Dass Märklin es ernst meint mit dem Thema Digitalsteuerung und in diesem Bereich die Zukunft der Modellbahnerei sieht, kann man daran erkennen, dass sich die Loks in allen Startpackungen, die man kaufen kann, mittlerweile digital steuern lassen. Delta – diesen Begriff liest man im Zusammenhang mit Startpackungen von Märklin immer wieder.

Das Beste zuerst: Delta ist kompatibel mit Märklin Digital – beide Systeme verwenden das Motorola-Datenformat. In einer mit dem Delta-Zeichen versehenen Lokomotive steckt bereits ein Decoder, eben der Delta-Decoder, der im Vergleich zu einem vollwertigen Lokdecoder jedoch weniger Möglichkeiten bietet. Durch den Delta-Decoder ist man außerdem in der Lage, die Lok auch auf einer analogen Anlage fahren zu lassen, ohne dass es auch nur irgendwelche Schwierigkeiten wie Surren oder Stocken gäbe. Der Delta-Decoder lässt sich zu diesem Zweck nämlich zwischen analogem und digitalem Betrieb umschalten. Auf diese Weise kann man auch als bisher analoger Modellbahner durch einfaches Umschalten des Decoders zum Digitalisten werden.

Abb. 3.51: In den meisten Märklin-Loks steckt heute ab Werk ein von Digitalbetrieb auf Analogbetrieb umschaltbarer Delta-Decoder.

Während viele Hersteller noch zaudern, hat man bei Märklin den einzig richtigen Schritt getan: Es gibt keine rein analoge Märklin-Startpackung mehr. Jeder, der also heute eine solche Komplettausstattung für die ersten Schritte – pardon: Fahrten – mit einer Märklin-Modelleisenbahn macht, besitzt bereits die erste digitale Anlage. Statt der schon erwähnten Märklin-Digital-Zentrale gehörte zu den meisten Startpackungen außer dem Trafo ein Gerät, das Märklin Delta Control nennt und das im Grunde eine simple Digital-Zentrale ohne weitere Ausbaumöglichkeiten ist.

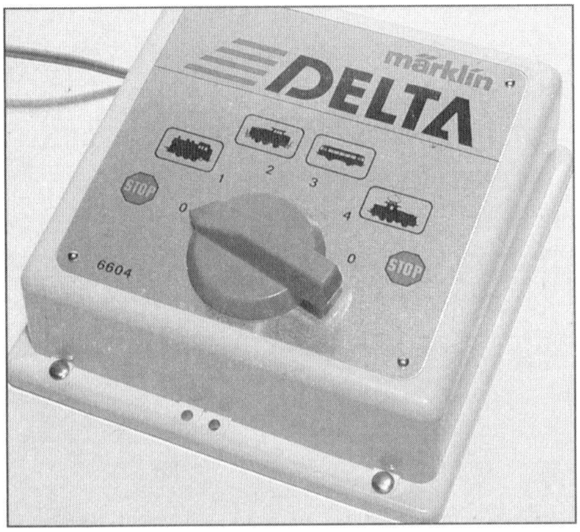


**Abb. 3.52: Das Delta Control (älteres Modell) ist eine Digitalzentrale für den digitalen Einstieg.**

Inzwischen ist das Startset-Programm von Märklin fast vollständig auf Systems umgestellt (siehe weiter hinten). Nur noch einige Packungen bieten Delta-Regler. Das ältere Gerät sah aus wie ein analoger Fahrregler und wurde mit drei Drähten mit einem extra Trafo verbunden. Über zwei Drähte fließt der Strom dann vom Control zu den Gleisanschlüssen. Aus den Gleisen muss ein eventuell noch vorhandener Entstörkondensator entfernt werden. Die digitalen Befehle werden dann im Control erzeugt und zusammen mit der Spannung, die der Trafo liefert, ins Gleis geschickt. Es gibt am Control nur recht wenige Einstell-Möglichkeiten: Man kann zwischen vier festen Lokadressen wählen oder einen Nothalt auslösen – mehr geht nicht. Die Geschwindigkeit oder Fahrstufe wird, wie gewohnt, durch Drehen am Drehregler des Trafos eingestellt. Die den Schalterstellungen zugeordnete Lokadresse wird direkt am Decoder über vier DIP-Schalter eingestellt. Eine Tabelle in der Lok-Betriebsanleitung hilft hierbei. Ein recht simples und einsteigerfreundliches System.

Das einzige weitere Gerät, das man an ein Delta Control anschließen kann, ist ein Handregler, Delta-Pilot genannt. Er verschafft nicht nur ein wenig mehr Bewegungsfreiheit, sondern erweitert das System zugleich von vier auf fünf steuerbare Loks. Eine etwas stärkere Delta-Zentrale, die vor allem für Besitzer einer Spur-1-Anlage gedacht ist, ist die Delta-Station. Es handelt sich dabei um eine Box, die keinerlei Bedienelemente besitzt und die man über einen mitgelieferten Handregler Delta-Mobil bedienen kann. Vier Delta-Loks kann man mit einer Delta-Station steuern. Tja, mehr gibt es über Delta eigentlich schon nicht mehr zu sagen: Man kann nämlich ansonsten keine weiteren Geräte wie Stellpulte oder gar ein Interface anschließen oder sonst irgendwelche Manipulationen vornehmen. Warum es dann trotzdem in einem solchen Buch auftaucht? Ganz einfach: Jede Delta-Lok fährt auch auf einer vollwertigen Märklin-Digitalanlage und kann dort ohne Änderungen verwendet werden. Und umgekehrt lässt sich eine Lok mit richtigem Digital-Decoder auch auf einer mit Delta betriebenen Anlage fahren, solange sie auf eine der Adressen eingestellt wurde, die Delta kennt.

Dabei entsprechen die über DIP-Schalter eingestellten Adressen unter der jeweils anderen Zentrale einer anderen Adresse, wie die nachfolgende Tabelle zeigt. Die Ziffern bei Delta-Adresse symbolisieren, ob einer der vier DIP-Schalter auf „On“ (dann steht dort die Ziffer) oder auf „Off“ (dann findet sich dort ein Strich) stehen muss.

| ***Delta Loksymbol*** | ***Delta Wahlschalter*** | ***Delta Adresse*** | ***Digital Adresse*** |
|---|---|---|---|
| *Dampflok* | *1* | *1 – – –* | *78* |
| *Diesellok* | *2* | *1 2 – –* | *72* |
| *Schienenbus* | *3* | *1 – 3 –* | *60* |
| *E-Lok* | *4* | *1 – – 4* | *24* |
| *Delta-Pilot* | *-* | *1 2 3 4* | *80* |

Wo liegen nun die Unterschiede zwischen Delta und digital? Märklin gibt dazu folgende Information:

- Im Delta-System können maximal 5 Lokomotiven pro Stromkreis gesteuert werden, im (alten) Digital-System bis zu 80.
- Digital-Lokomotiven haben eine ferngesteuerte Zusatzfunktion, bei Delta-Lokomotiven gibt es so etwas nicht.
- Bei Delta-Lokomotiven ist die Beleuchtung weiterhin abhängig von der Fahrgeschwindigkeit. Steht die Lokomotive, erlischt auch die Beleuchtung.
- Nur im Digital-System können neben den Lokdecodern noch Funktionsdecoder angesprochen werden, mit denen vier weitere Funktionen (z. B. Beleuchtungen oder Motoren) ein- und ausgeschaltet werden können.
- Nur im Digital-System gibt es Komponenten zum digitalen Schalten von Magnetartikeln. Bei Delta müssen Weichen und Signale über konventionelle Schaltpulte oder andere Systeme geschaltet werden.
- Im Digital-System können über BOOSTER weitere Stromkreise angeschlossen werden, beim Delta-System gibt es nur einen Stromkreis pro Fahrgerät.

### Märklin-Digital

Da Märklin einen großen Marktanteil bei den Modellbahnen hat, ist auch das Märklin Digital-System mit Motorola-Protokoll sehr weit verbreitet.

Wenn Sie die Beschreibung des zugehörigen Protokolls gelesen haben, wissen Sie bereits, dass es einige Beschränkungen gibt, wie beispielsweise die maximale Anzahl von 80 Lok-Adressen. Aus diesem Grund hat Märklin ein neues System entwickelt, das auch genau so heißt: Märklin Systems. Die Markteinführung geschieht jedoch sehr sachte, und bisherige Digitalkomponenten wie Loks mit altem Decoder lassen sich auch mit den neuen Geräten fahren. Nichtsdestotrotz ist Märklin Digital weiterhin verbreitet und wird auch noch gekauft. Deswegen ist das System keinesfalls veraltet und es ist durchaus sinnvoll, sich damit zu beschäftigen. Eine Beschreibung von Märklin Systems finden Sie weiter hinten in diesem Kapitel.

**Abb. 3.53: Die Control Unit 6021 ist der „Chef" einer Märklin-Digitalanlage.**

Herzstück einer jeden Märklin-Digitalanlage ist die Zentrale, im Märklin-Deutsch Control Unit genannt, die Artikelnummer ist 6021. Man kann sie einzeln kaufen und sie gehörte lange Zeit auch zu so genannten Premium Startpackungen, die außerdem auch noch gleich zwei mit vollwertigen Digitaldecodern ausgestattete Lokomotiven nebst zugehörigen Waggons und umfangreiches Gleismaterial enthalten. Ganz am Anfang kann man, wenn man sie einzeln kauft, die Control Unit auch noch mit einem Trafo aus einer Startpackung betreiben. Wer es gleich richtig machen will, der sollte sich einen Transformer 6002 zulegen, der auch zu jeder Premium-Startpackung gehört.

Zum Vergleich: Der Transformer 6002 liefert 52 VA, beim Trafo aus einer Startpackung sind es in der Regel gerade einmal 32 VA – zu wenig für eine digitale Anlage. An der linken und rechten Seite der Control Unit befindet sich je eine Steckerleiste. Zusätzliche Geräte können so einfach herangeschoben und ohne weitere Kabel mit der Zentrale verbunden werden. An der linken Seite können bis zu 16 Keyboards und vier Memorys angeschlossen werden, die dann eine lange Reihe bilden. Auch die Verbindung durch entsprechende Kabel ist möglich. Rechts lassen sich zusätzliche Fahrpulte, Infrarot-Steuergeräte und – für Sie wichtig – das Interface für die Verbindung zum Computer anschließen. An den jeweils zusätzlich ansteckbaren Geräten sind die Steckerleisten bereits ab Werk angebracht, so dass man sie immer nur dort anstecken kann, wo sie auch hingehören. Kleine Klammern liegen den Geräten ebenfalls bei, um sie so an der Unterseite aneinander zu befestigen, so dass eine sichere elektrische Verbindung entsteht.

Während es bei manch anderem Hersteller im wahrsten Sinne bunt durcheinander geht, gab es bei Märklin von Anfang an ein Farb-Codiersystem für die Anschlussdrähte, was gerade auf großen Anlagen die Übersichtlichkeit enorm erhöhen kann, wenn man die Codierung durchhält. So sind auch an der Control Unit eine rote B-(Bahnstrom), eine gelbe L-(Lichtstrom, zum Transformer) und zwei braune 0-(Nullleiter oder Masse, je einer als zweiter Pol für Bahnstrom und Lichtstrom) Klemmen zu finden. An der Rückseite der Box befindet sich außerdem auch noch eine Anschlussleiste, die für die Verbindung zu Leistungsverstärkern oder Boostern genutzt werden kann. Ebenfalls hinten an der Control Unit wartet ein kleiner Block mit vier DIP-Schaltern auf Befehle. Hier kann man einstellen, welches Datenformat die Zentrale aussenden soll.

Dabei hat man drei Möglichkeiten zur Auswahl: Die Zentrale sendet entweder nur das alte Motorola-Format oder nur das neue Motorola-Format oder sie sendet beide. Diese Schalter-Position ist später auch wichtig für den Betrieb am PC, da die Zentrale und nicht der PC das Datenformat erzeugt. In der Position „Motorola alt" ist es übrigens nicht möglich, mehr als eine Zusatzfunktion auszulösen, weil es mehr als eine damals noch nicht gab.

Mit den Datenformaten der neuesten Digitalgeneration Systems hat das übrigens nichts zu tun, hier müssen die Geräte über spezielle Adapter angekoppelt werden – weitere Informationen dazu finden Sie weiter hinten.

Mit einer Zentrale Control Unit kann man bis zu 80 Loks steuern – was für die meisten Anlagen sicher auch ausreichend ist. Die Lokadresse wird, anders als bei allen anderen Digitalsystemen, nicht etwa elektronisch und bequem per PC oder per Tastendruck an der Zentrale eingestellt. Wichtigstes Gerät eines Digitalbahners beim Vergeben der digitalen Adressen ist ein kleiner Schraubenzieher, mit dem man die Adressen über die DIP-Schalterleiste mit acht winzigen Schalterchen einstellen muss – bei Delta-Decodern sind es, wie schon erwähnt, vier. Dabei muss man die entsprechende Tabelle stets griffbereit haben, damit man keinen Fehler macht. Sie liegt jeder Lok und jeder Zentrale bei. Man kann darüber geteilter Meinung sein, ob das noch zeitgemäß ist oder nicht. Umständlich ist es allemal, da die Lok zum Programmieren geöffnet werden muss – für einen Digitalbahner, der eines der anderen Digitalsysteme verwendet, klingt das wie die Schilderung aus der Elektronik-Steinzeit.

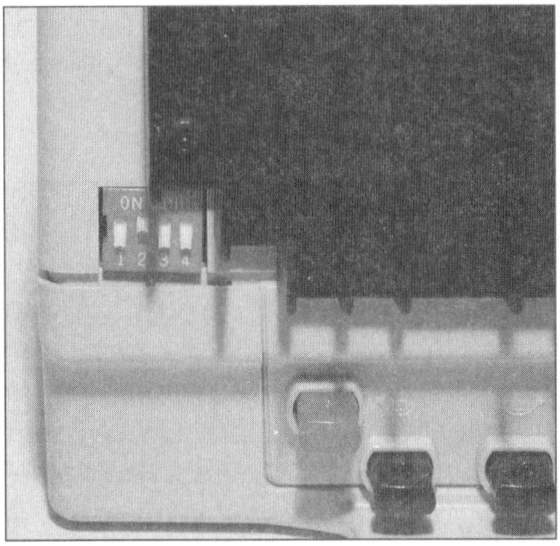


ABB. 3.54: DER CODIERSCHALTER AN DER RÜCKSEITE BESTIMMT DAS DATENFORMAT.

Schon anhand der Artikel-Nummer erkennen versierte Märklinisten übrigens, um welche Art von Decoder bzw. Antrieb es sich im Inneren der Lokomotive handelt. Bei Artikelnummern, die mit 34 ... beginnen, handelt es sich um Loks mit Delta-Decoder, solche mit 36 ... haben einen einfachen Digital-Decoder, die mit 37 ... besitzen einen so genannten Hochleistungsantrieb.

Erst bei diesen ist es möglich, Parameter wie Höchstgeschwindigkeit, Anfahr- und Bremsverzögerung einzustellen – bei Digitaldecodern anderer Hersteller eine Selbstverständlichkeit. Wohl gemerkt: Diese Eigenschaften werden ebenfalls mit Hilfe eines kleinen Schraubenziehers an kleinen Schraubreglerchen eingestellt. So hat man aber wenigstens gleich eine Beziehung zu jeder seiner Loks aufgebaut. Immerhin sind Loks mit Hochleistungsantrieb auch lastgeregelt: Bei Berg- und Talfahrten bleibt die Geschwindigkeit konstant.

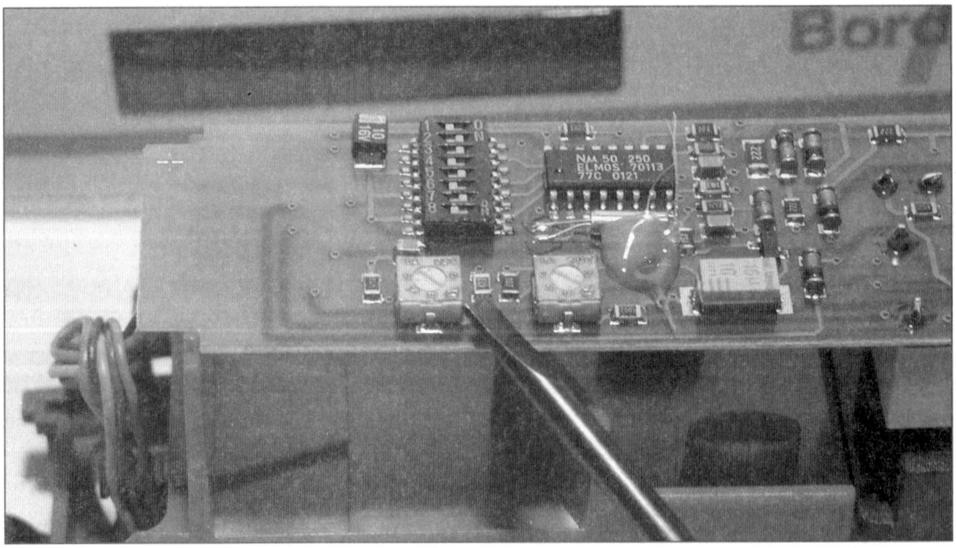

ABB. 3.55: LOKADRESSE ANFAHR- UND BREMSVERZÖGERUNG UND HÖCHSTGESCHWINDIGKEIT WERDEN PER UHRMACHER-SCHRAUBENDREHER AM OBJEKT EINGESTELLT.

Mittlerweile ist man aber auch nicht mehr unbedingt auf die Decoder von Märklin angewiesen: Zahlreiche Zubehör-Hersteller bieten hier Alternativen an, die man ohne Schraubenzieher programmieren kann. Einem eingefleischten Märklin-Fan kommt solches Teufelswerk freilich nicht ins Gehäuse. Das muss jeder für sich entscheiden. Märklin jedenfalls droht Abtrünnigen mit Garantie-Verlust für den Fall, dass Geräte und Komponenten benutzt werden, die nicht von Märklin stammen bzw. nicht den Segen der Firma in Form einer Freigabe haben. Auch eine Art, sich lästige Konkurrenten vom Hals zu halten. Andererseits aber auch wieder verständlich: Denn niemand kann im Fall eines Defektes zweifelsfrei feststellen, ob dieser vielleicht durch die Verwendung eines Fremdgerätes entstanden ist. Und auch der Einbau der Decoder in die Loks muss zwingend von einem Märklin-Fachhändler vorgenommen werden, wenn man seine Garantie nicht aufs Spiel setzen will.

**Abb. 3.56: Auch im Dunkeln gut ablesbar: die LED-Anzeige der Control Unit.**

Im Gegensatz zu den Geräten von Uhlenbrock (weiter hinten im Kapitel) oder Lenz ist das Display der Control Unit von Märklin nur wenig informativ. Das LED-Feld gibt Auskunft über die eingestellte Lokadresse und die Fahrtrichtung. Das war's. Die Fahrstufe kann man aus der Position des Fahrreglers schließen. Eine Lok wird mit ihrer zweistelligen Adresse aufgerufen und kann sofort über den Drehregler gesteuert werden, der, wie bei Märklin üblich, einen Anschlag links hat. Dreht man den Regler noch ein wenig über den Anschlag hinaus, wechselt man die Fahrtrichtung. Das Tastenfeld ist aufgeräumt und besitzt außer den Ziffern von 0 bis 9 noch zwei weitere Tasten an der linken Seite: Drückt man die Taste „L", kann man die digitale Adresse eines Lokdekoders eingeben, betätigt man den „K"-Knopf, kann die Adresse eines Funktionsdecoders folgen. Auf der rechten Seite des Tastenfeldes befinden sich die Tasten für die Funktionen: „function" ist für das Einschalten der fahrtrichtungsabhängigen Stirnbeleuchtung zuständig, „off" schaltet diese wieder aus. Die Knöpfe „f1" bis „f2" – jeweils mit Kontroll-LEDs – sind für das Aktivieren von Zusatzfunktionen zuständig. Dies kann, je nach Modell, die Pfeife, eine Glocke, eine spezielle Beleuchtung, die automatische Kupplung oder ein Sound sein. Auch das Ein- und Ausschalten der Anfahr- und Bremsverzögerung – Sie kennen diese Funktion ja bereits – ist bei einigen Loks per Funktionstaste realisiert.

Die Control Unit ist nur Zentrale – etwas anderes kann sie nicht. Für alle weiteren Arbeiten, die auf einer digitalen Anlage so anfallen, braucht sie zusätzliche Geräte. Und weil die Anschaffung zusätzlicher Komponenten beim Mercedes unter den Modellbahnen schnell kräftig ins Geld geht, sollte man sich gut überlegen, was man als angehender PC-Modellbahner unbedingt braucht. Denn um es noch einmal deutlich zu sagen: Viele der Geräte sind nur wichtig, wenn man keinen PC angeschlossen hat, weil sie Speicherplatz und Tastenfelder zur Verfügung stellen. Da die Befehle aber bei einer vom Computer gesteuerten Modellbahn vom PC kommen, kann man sich die Zusatz-Komponenten unter Umständen sparen.

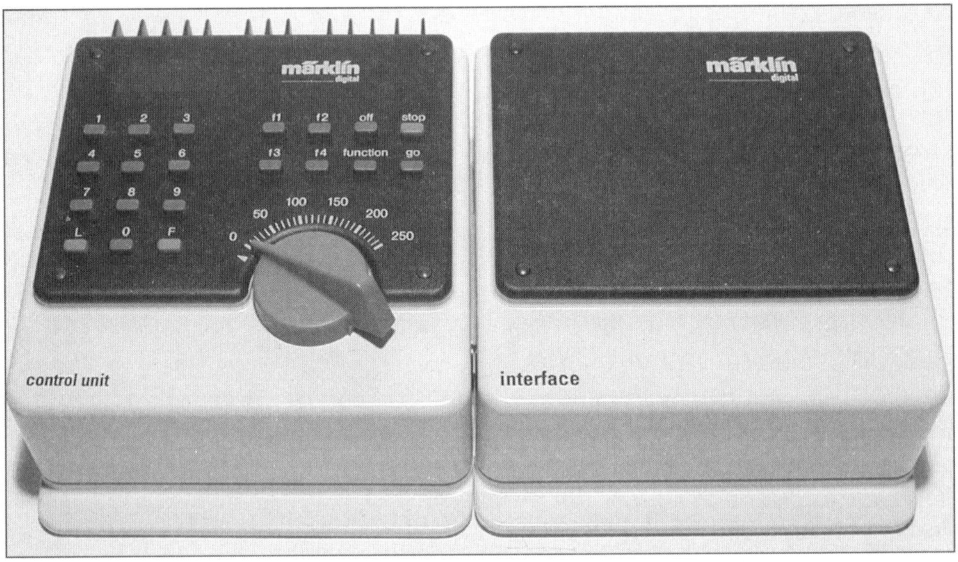


**Abb. 3.57: Central Unit und Interface – mehr braucht man als PC-Modellbahner bei Märklin Digital nicht zum Glücklichsein. Das beiligende Kabel führt zum PC.**

Das gilt vor allem für Keyboard und Memory, denn Magnetartikel schaltet man bequemer über den Computer. Und Speicher für Fahrstraßen, und nichts anderes ist und macht das Memory ja, hat der PC ohnehin. Wie praktisch, dass das Interface an seiner Rückseite einen Anschluss für Rückmeldemodule vom Typ s88 hat. So reichen auch dann, wenn man einen komfortablen Automatikbetrieb realisieren möchte, Zentrale und Interface als Steuergeräte völlig aus. Und da sage noch einer, digitale Lösungen seien teuer.

Das Interface von Märklin Digital braucht übrigens ein spezielles Kabel, um es mit dem PC zu verbinden. Es besitzt dazu an seiner rechten Seite eine sechspolige DIN-Buchse, in die das mitgelieferte Kabel eingesteckt werden muss. An dessen anderem Ende befindet sich dann aber der nötige serielle Anschluss, so wie man ihn vom PC her kennt. Ärgerlich: Es handelt sich hierbei um einen neunpoligen Stecker mit Stiften (männlich). Da eine serielle Buchse an einem PC in der Regel ebenfalls Stifte hat, passt das Kabel ohne Adapter leider nicht. In puncto Geschwindigkeit gehört das Interface übrigens auch nicht unbedingt zu den Schnellsten: Mit maximal 2.400 Bit pro Sekunde fließen die Daten zwischen PC und Interface und damit der Zentrale hin und her. Bei einer größeren Anlage mit reichlich Zügen und Magnetartikeln kann's da schon mal etwas hakelig werden, wenn die Befehle nicht mehr rechtzeitig ankommen.

Wer seine Digitalanlage ernsthaft betreiben will, der wird nicht drum herum kommen und in alle Loks, bei denen das möglich ist, einen Hochleistungsantrieb nebst passendem Decoder einzubauen. Nur so macht der Betrieb auf einer größeren Anlage tatsächlich Spaß. Und nur so kann man sicher sein, dass die Loks auch tatsächlich so reagieren, wie der PC das plant und in Form von Digital-Befehlen aussendet. Vor allem dann, wenn man später eine Steuer-Software benutzt, die es möglich macht, die Position einer Lok dadurch zu erahnen, dass sie errechnet, wie weit sie in einer bestimmten Zeit gefahren sein müsste, ist man darauf angewiesen, dass die Loks möglichst immer gleich reagieren und gleich schnell fahren. Dieses Zeit-Verfahren nutzt man, wenn man nicht zu viele Gleiskontakte in seine Anlage einbauen möchte, um die exakte Position der Züge auf der Anlage zu ermitteln.

## Weichendecoder für Einbau in C-Gleis

Abb. 3.58: Praktisch, aber teuer: Ein Decoder, der in die Weiche eingebaut werden kann.

Eine interessante Besonderheit sollen Sie noch erfahren, die vorhin schon kurz angeklungen ist: Wenn Sie sich als Märklin-Interessent oder Nutzer für das C-Gleis mit seiner grauen Kunststoff-Bettung entschieden haben oder entscheiden werden, dann sind Sie fein raus. Für dieses Gleissystem bietet Märklin nämlich einen Decoder an, den man direkt in die Weiche einbauen kann. Die Decoder-Adresse, unter der die Zentrale oder der PC die Weiche ansprechen kann, wird dann Märklin-typisch per DIP-Schalter am Decoder eingestellt.

Diese kleinen Decoder verringern den Verdrahtungsaufwand auf einer digitalen Anlage ganz gewaltig. Allerdings sind sie auch nicht ganz billig: Mit etwa 30 Euro muss man dafür rechnen. Magnetartikeldecoder von Fremdfirmen sind da oft erheblich günstiger. So kostet ein vergleichbarer Decoder bei Conrad Electronik nur etwa 22 Euro. Und Weichen hat man auf einer Anlage ja schließlich reichlich.

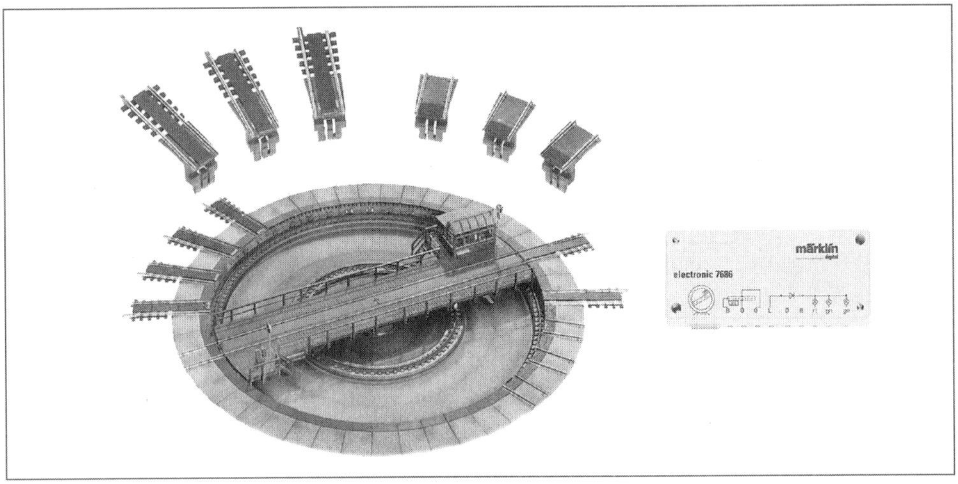


**Abb. 3.59: Sogar eine Drehscheibe kann mit Märklin Digital vom PC aus gesteuert werden.**

Eine Digital-Anwendung, die auf Messen regelmäßig als Besuchermagnet wirkt, ist die Digitalsteuerung eines Funktionsmodells. Von Märklin gibt es da derzeit einen Drehkran und eine Lok-Drehscheibe, wie sie an einem Lokschuppen eingesetzt werden kann. Für beide Modelle sind spezielle Digital-Sets zu haben, die es möglich machen, sie über eine Control Unit oder sogar über einen PC zu steuern. Dabei handelt es sich jeweils um spezifische Decoder, die sich nur für das jeweilige Modell einsetzen lassen. Das für den Um- und Einbau nötige Zubehör wird ebenfalls mitgeliefert.

### Märklin Systems

Seit einiger Zeit gibt es bei Märklin ein erweitertes Digitalsystem mit der Bezeichnung Märklin Systems, das zunächst in der Digital-Startpackung verkauft wurde und erst langsam durch weitere Komponenten ergänzt werden wird. Um die Modellbahner, die bereits das bisherige System verwenden, nicht zu verärgern, sind die Central Station (so heißt das Haupt-Steuergerät des neuen Märklin Digitalsystems) und die Mobile Station weitgehend kompatibel dazu. Das bedeutet:

- Lokomotiven mit Delta- oder Motorola-Digitaldecoder können auch vom neuen Steuergerät aus kontrolliert werden. Laut Märklin lassen sich auch die Sonderfunktionen von Digitalloks ansteuern.

- Manche Digitalartikel lassen sich nicht steuern, wie zum Beispiel der Tanzwagen (Art.-Nr. 4998), der Kellnerwagen (4999) und der Drehkran (7651).

- Komponenten des alten und des neuen Digitalsystems dürfen zwar zusammen auf einer Anlage verwendet werden, doch nur wenn sie elektrisch voneinander getrennt sind. So ist es denkbar, die Fahrgeräte über die Mobile Station zu steuern, und die Elektro- und Magnetartikel über die bisherigen Digitalkomponenten. Die Signale hierfür dürfen dann aber nicht über die Schienen eingespeist werden, sondern hierfür muss ein extra Signalkabel vom Steuergerät (etwa Keyboard) zum Decoder gelegt werden.

- Eine Mobile Station ist nicht nur für die Ho-Baugröße erhältlich, sondern genauso für die Spur I. Außerdem wird auch Trix über kurz oder lang auf Systems umgestellt, eine Startpackung und eine Umrüstpackung sind bereits erhältlich.

- Märklin Systems bietet bis zu 16.000 Lokadressen und 128 Fahrstufen.

### Central Station und Mobile Station

Central und Mobile Station bilden die neuen Steuergeräte. Für den Einstieg reicht die Ausstattung mit einer Mobile Station, mit der bis zu 10 Loks auf einem Stromkreis gesteuert werden können – allerdings über einen Knopf, über den auch umgeschaltet wird. Das muss man üben, vor allem wenn mehrere Loks unterwegs sind und ein besseres Zahlen- als Namensgedachtnis hat. Die Loks werden nämlich über ihre Bezeichnung angewählt, und diese Zuordnung zu behalten, fällt manchem schwerer als über Nummern.

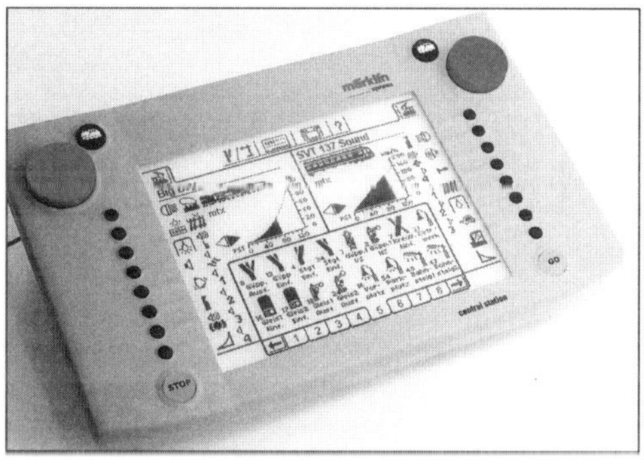

**Abb. 3.60: Die Central Station ist die neue Digitalzentrale mit berührungsempfindlichem Bildschirm und zwei Fahrreglern, über die auch einige Funktionen ausgewählt werden.**

Die Central Station dient zur Steuerung der Loks und Magnetartikel. Sie liefert einen Strom von 48 VA, ist zudem gleichzeitig ein Interface und enthält zu diesem Zweck eine Ethernet-Schnittstelle. Die ist mit 10 Megabit deutlich schneller als das alte Interface, das mit nur 2048 Kilobit p. sec. sendet.

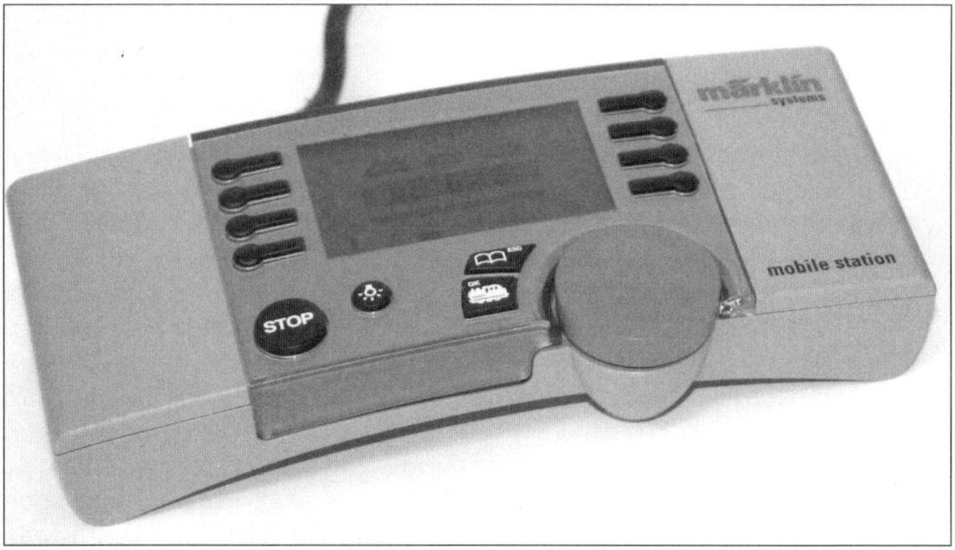


**Abb. 3.61: Die Mobile Station steuert alleine die Züge der Startpackung oder angeschlossen an der Central Station weitere Lokomotiven.**

Die Mobile Station ist von Märklin zunächst nur als Fahrregler und Fahrstromlieferant für drei bis vier Lokomotiven gedacht. Es gibt die Mobile Station in zwei Varianten: Die in den Startpackungen liefert 1,2 A, die separat erhältliche bringt 1,9 Ampere Stromstärke. Mobile Stations können auch ohne Central Station eingesetzt werden.

## mfx-Decoder und mehr

Zu den neuen Steuergeräten gibt es auch einen neuen Decoder, der mit mfx bezeichnet ist. Statt umständlich über DIP-Schalter oder Lokprogrammierung, haben Lokomotiven nach dem neuen Funktionsprinzip eine eigene Adresse, die der Hersteller festlegt. Diese teilen sie – automatisch, sobald sie auf das Gleis gesetzt werden – der Central bzw. Mobile Station mit. Alternativ können auch Lokomotiven mit herkömmlichem Decoder nach dem alten Standard über ihre Artikelnummer beim System angemeldet werden, die zentrale Einheit, die Stationen enthalten zu diesem Zweck eine kleine Datenbank.

Das besondere am mfx-Decoder sind die schaltbaren Zusatzfunktionen (bis zu 16 pro Lok sind möglich). Dazu gehört auch ein Geräuschgenerator, der je nach Loktyp unterschiedlichen Lärm produzieren kann. Bei Dampflokomotiven sind das zum Beispiel Luftpumpen und Dampfablassgeräusch, für Diesel- und Elektroloks sind Geräusche wie Kompressor oder das Schließen von Türen vorgesehen, zudem gibt es Sonderlaute wie Hupen, Pfeifen und mehr.

Die Sonderfunktionen werden über die Tasten rechts und links vom Display aktiviert.

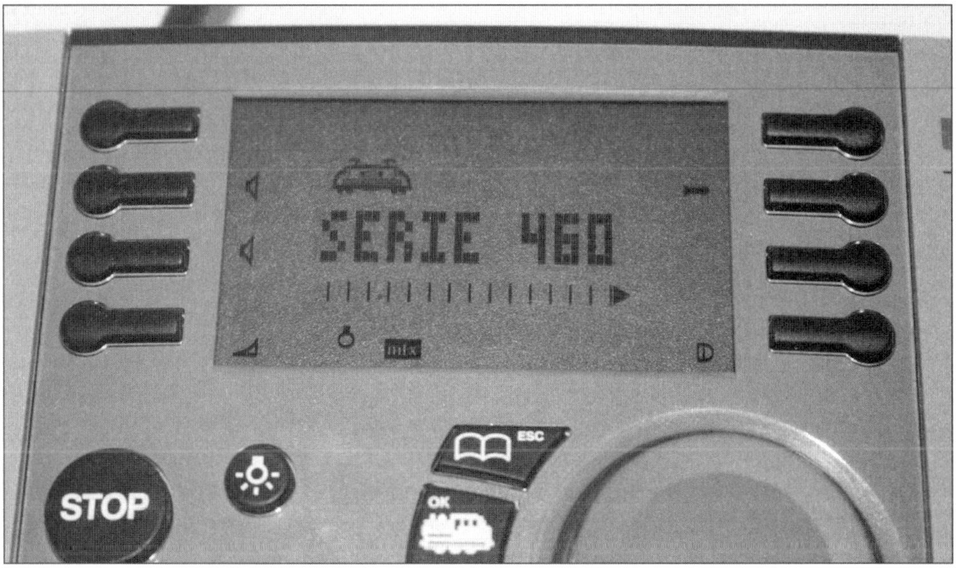


**Abb. 3.62: Bei dieser Lok gibt es drei unterschiedliche Geräusche (links zwei Betriebsgeräusche, rechts die Flöte) und der Lokführer kann zwei Lampen ein- und ausschalten (eine über die Lampentaste, die andere über die Funktionstaste unten rechts). Noch mehr Funktionen könnte man über die Central Station aktivieren.**

Die mit mfx-Decoder ausgestatteten Loks sind im Katalog mit einem mfx-Symbol gekennzeichnet. Vorhandene Digital- und Analogloks lassen sich mit einem mfx-Decoder nachrüsten, wobei es auch welche gibt, die auf Wunsch auch für den notwendigen Sound sorgen. Jeweils für Dampf-, Diesel- und Elektroloks gibt es andere Bausteine mit auf diese Loks abgestimmtem Spektrum (siehe oben). Loks mit mfx-Decoder fahren übrigens auch auf Anlagen mit „alter" Central Unit 6020 oder Control Unit 6021. Die gesamte Klangpalette erschließt sich allerdings nur dem, der die Lok über die dicke Central Station kontrolliert.

Die k83- und k84-Magnetartikeldecoder bleiben dem Anwender übrigens erhalten, und auch die Signale (76371 bis 76397) können von der Central Station geschaltet werden. Für den Rückmeldebus s88 wird es eine auf Systems angepasste Version geben.

## Anlagenaufbau nach dem neuen Systems-System

Märklin Systems ist auf das neue C-Gleis abgestimmt. Es wird auch nicht einfach über zwei Drähte angeklemmt, sondern hat einen Rundstecker mit

10 Kontakten, der in eine entsprechende Buchse am speziellen Digital-Anschlussgleis eingesteckt wird (und nur dort). Für K- (und auch M-Gleise) bzw. die versteckte Anbringung (denn der Kasten ist ziemlich unförmig) gibt es einen separaten Anschlusskasten (60115).

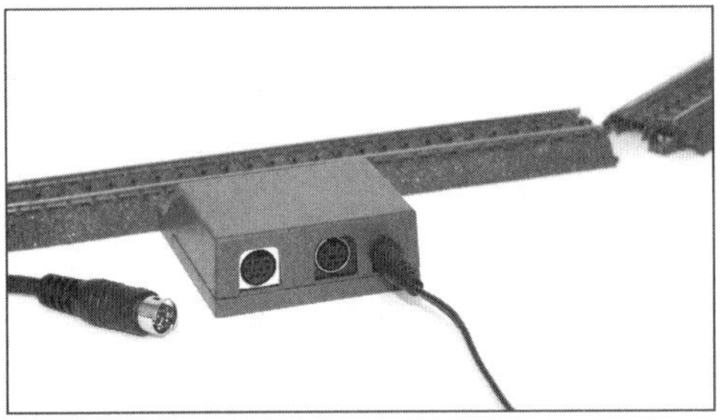

**Abb. 3.63: Märklin Systems-Komponenten werden über neuartige Stecker angeschlossen. Was wo hineingesteckt werden darf, darüber sollte man sich vorher gründlich informieren!**

In der Grundvariante kann die Mobile Station bis zu 10 Lokomotiven gleichzeitig kontrollieren. Sollen auf einer Anlage mehr Fahrgeräte eingesetzt werden, muss eine zweite Mobile Station angeschlossen werden, wobei das nicht einfach über ein weiteres Anschlussgleis mit Mobile Station realisiert werden kann, sondern über einen Adapter mithilfe einer speziellen Buchse mit 7 Polen am gleichen Anschlussgleis, wo schon der erste Mobile Station den Fahrbetrieb kontrolliert. Diese ist dann der Master, und die zweite Station der Slave.

Der zehnpolige Anschluss am C-Gleis bzw. Anschlusskasten verrät bereits, dass Märklin Systems vorerst weitgehend abgeschottet von Fremdherstellern stattfindet. Ob und wie weit sich andere Hersteller mit mfx-Decodern oder Systems-kompatiblen Fahrgeräten auf den Markt begeben oder eigene Bastellösungen mit dem neuen System kombinieren lassen, wird die Zukunft zeigen. Uhlenbrock (siehe weiter unten) hat beispielsweise einen Adapter im Angebot, mit dem sich die Mobile Station an fremden Zentralen als Handregler und sogar zur Steuerung von Magnetartikeln einsetzen lässt. Und ESU meldet bereits die Entwicklung eigener mfx-Decoder. Am besten halten Sie die Augen und Ohren offen und verfolgen die Berichterstattung der Händler und in den einschlägigen Internetforen (Adressen finden Sie am Ende des Buches im Anhang).

Zur Koppelung zwischen der Central Station und den weiteren Systemkomponenten wird der neue Märklin Systembus verwendet. Auf ihm fließen die Daten in zwei Richtungen, nämlich von der Zentrale zur Lok und von der Lok zur Zentrale. Der Systembus kann mit 2 Meter langen Verlängerungskabeln auf bis zu 100 Meter erweitert werden.

Sollen mehr als drei Mobile Stations als Fahrregler an die Central Station angeschlossen werden, benötigt man einen Terminalbaustein 60125, über den zwei Mobile Stations Anschluss finden. Mehrere dieser Terminals können hintereinander an den Märklin Bus angeschlossen werden. Hierfür gibt es auch ein weiteres Zusatzgerät, ein Digital-Anschlussgerät, das auch Control Units und Keyboards aus dem alten System einbindet. Weil der Datenverkehr in zwei Richtungen erfolgt, benötigt man auch neue Booster, die das unterstützen.

Ohne dieses Anschlussstück dürfen Signale des alten und des neuen Digitalsystems nicht miteinander gemischt werden. Wer sonst die alten und neuen Systeme nebeneinander verwenden möchte, muss die Stromkreise strikt voneinander trennen, also nicht nur die Stromversorgung, sondern auch die Masseleitungen separat führen.

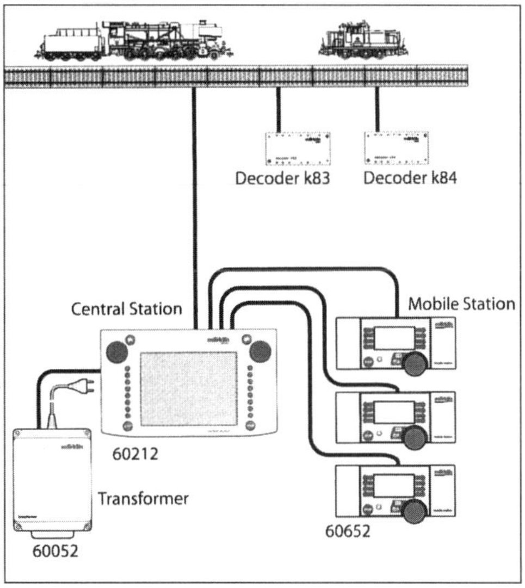


**ABB. 3.64: AN DIE CENTRAL STATION KÖNNEN ZUNÄCHST DREI WEITERE MOBILE STATIONS ANGESCHLOSSEN WERDEN.**

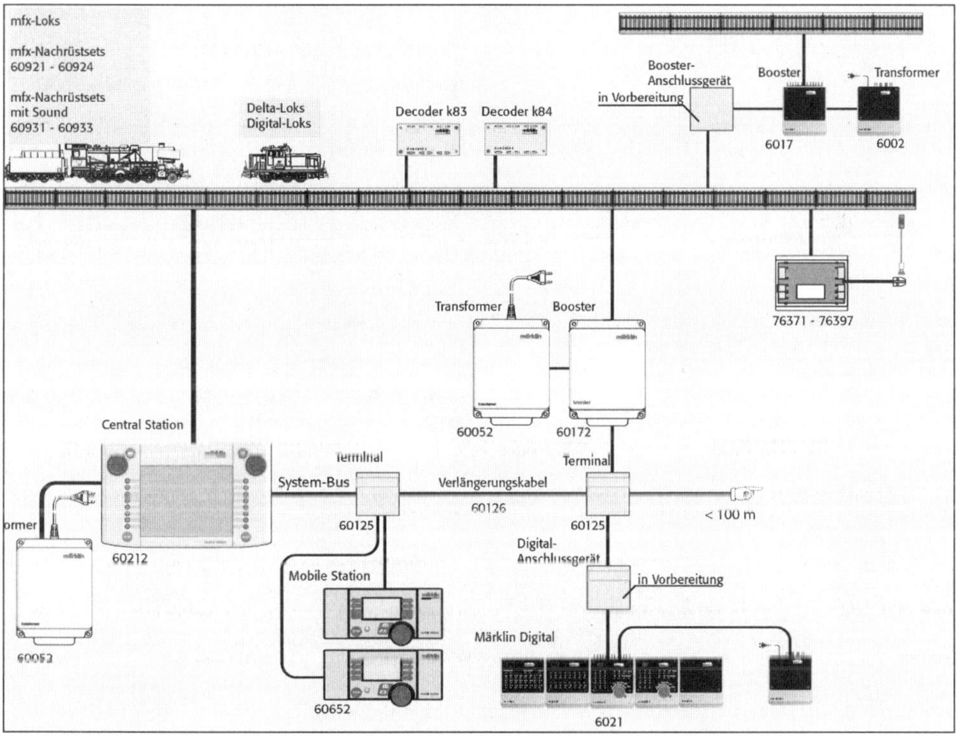


**ABB. 3.65: IN DER WEITEREN AUSBAUSTUFE LÄSST SICH DAS MÄRKLIN SYSTEMS AUCH FÜR GRÖSSERE ANLAGEN UND ZUSAMMEN MIT ALTEN DIGITALKOMPONENTEN VERWENDEN.**

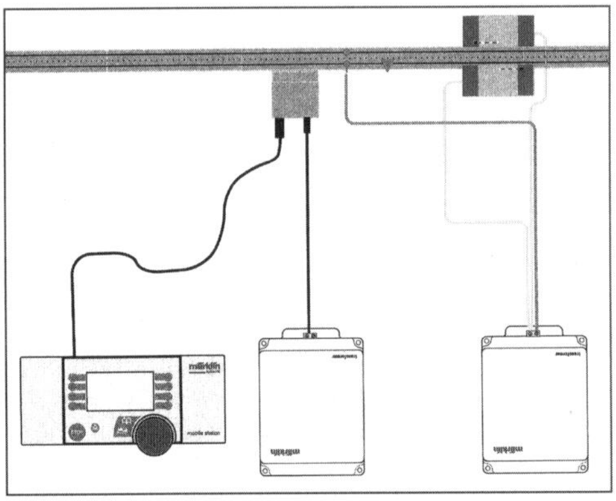

**Abb. 3.66: Fahr- und Schaltstrom (in diesem Fall z. B. für einen Bahnübergang) müssen bei Märklin Systems strikt voneinander getrennt werden. Nicht einmal die Masseleitung darf vom einen mit dem anderen Trafo verbunden werden!**

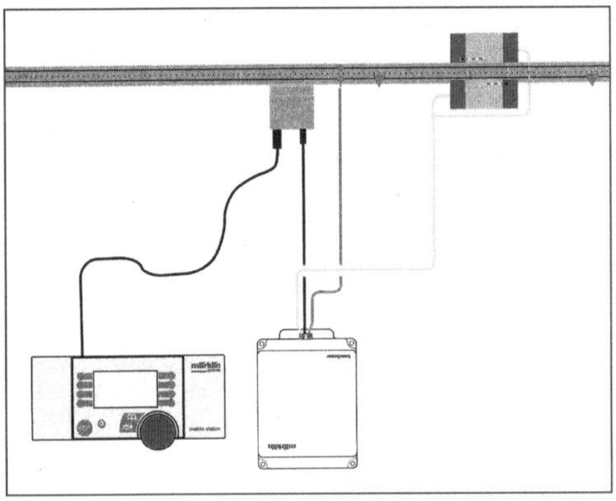

**Abb. 3.67: Nicht erlaubt: Ein einziger Trafo für alle Aufgaben. Dabei nimmt die Mobile Station Schaden!**

Alte Booster lassen sich ebenfalls über einen (noch nicht erhältlichen) Adapter anschließen, allerdings nur direkt am Gleis. Und da sie den Rückkanal nicht unterstützen, der für die Meldung des Lokomotivnamens zur Central bzw. Mobile Station notwendig ist, sind sie nur beschränkt zu empfehlen.

### Trennung der Trafos

Wer Märklin Systems einsetzen möchte, muss mehr Geld in Trafos investieren. Grund: Die Stromversorgung für Märklin Systems muss strikt von der Versorgung der Magnetartikel oder Lichtstromverbraucher getrennt werden. Sollen also nicht nur Loks ihre Runden drehen, sondern auch Weichen und Signale geschaltet, Lampen eingebaut oder eine Drehscheibe bedient werden, dann brauchen Sie hierfür einen separaten zweiten Trafo, der auch nicht über die Masseleitung mit dem für die Central bzw. Mobile Station verbunden werden darf. Wer das nicht berücksichtigt, schließt über Umwege den Ein- und Ausgang der Mobile Station kurz und zerstört damit die Elektronik.

## MÜT Digirail

Das Digitalsystem Digirail der deutschen Firma MÜT verwendet das Selectrix-Datenformat. Im Gegensatz zum Original-Selectrix Equipment haben die Digirail-Entwickler jedoch völlig auf das DCC-Format verzichtet. Herzstück dieses aber trotzdem äußerst leistungsfähigen Systems ist die Zentrale multi control 2004. Das etwa ein Kilogramm schwere Gerät steht satt auf dem Tisch und macht einen durchweg professionellen Eindruck. Das wuchtige

Gehäuse ist etwa genau so lang aber doppelt so breit wie eine Selectrix-Zentrale. Das war's dann aber auch schon mit den Gemeinsamkeiten. Das Tastenfeld ist übersichtlich aufgebaut, die einzelnen Tasten lassen sich ausgesprochen gut bedienen – so gut wie bei kaum einem anderen System. Durch die gut aufgebauten Menüs navigiert man komfortabel mit Cursor-Tasten – so, wie man das von einem Computer her kennt. Es gibt eine „Esc"-Taste, um einen Schritt zurück zu gelangen, und eine „Return"-Taste, um Eingaben zu bestätigen.

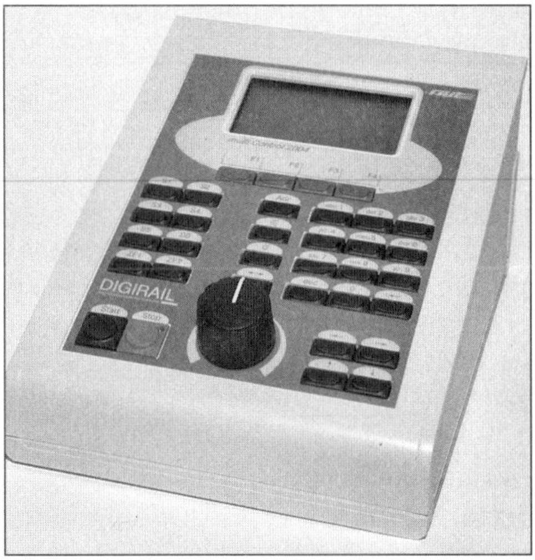


**Abb. 3.68: Zentrale des MÜT-Digirail-Systems ist die multi control 2004.**

Die Zifferntasten sind wie bei einem Handy auch mit Buchstaben belegt, allerdings haben sich die Entwickler hier nicht dem internationalen Standard unterworfen, so dass es mit „ABC" schon bei der Zifferntaste 1 losgeht und nicht, wie normalerweise etwa von Mobiltelefonen her bekannt, bei der Taste 2. Beim Eingeben von Buchstaben vertippt man sich so schon einmal schnell. Die Buchstaben machen es übrigens möglich, dass man zum Beispiel jeder Lok auch tatsächlich einen Namen geben kann (z. B. „Talent") und sie so in der komfortablen Lok-Liste schneller wiederfindet. Störend bei der Buchstaben-Eingabe ist indes nur, dass es keine Lösch-Taste für einzelne Zeichen gibt – wenn man sich vertippt hat, muss man den kompletten Lok-Datensatz noch einmal eingeben.

Außer eines richtigen Loknamens kann man außerdem auch bis zu fünfstellige Nummern vergeben, die man dann zusammen mit einem Namen der tatsächlichen Digitaladresse zuordnen kann. Auf diese Weise ist es zum Beispiel möglich, Loknummern wie 10104 zu vergeben – in diesem Fall könnte das die 4. Lok vom Typ BR101 sein. So fühlt man sich schon fast wie ein richtiger Lokführer, wenn man seine Züge via Digirail dirigiert.

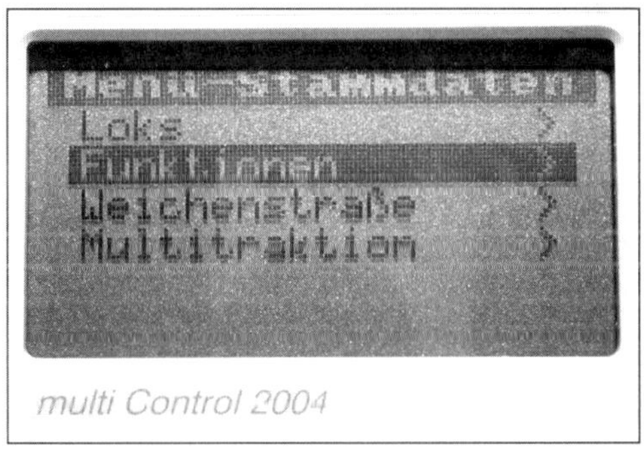


**Abb. 3.69: Das Display der Digirail-Zentrale ist sehr auskunftsfreudig.**

Die Größe des Gehäuses macht ein großes LC-Display möglich, das hintergrundbeleuchtet ist und sich hervorragend ablesen lässt. Im Aufbau könnte es allerdings ein klein wenig schneller sein – die Entwickler scheinen genau daran noch zu arbeiten, da sich diese Geschwindigkeit zum Beispiel von der internen Betriebssystem-Version 1.4 zu 1.6 schon deutlich erhöht hat. Ein Software-Update kann man bei der Digirail-Zentrale übrigens via Internet erledigen, da die Zentrale einen so genannten Flash-Speicher besitzt, der sich mithilfe des entsprechenden Programms verändern lässt. Dabei lädt man sich das Update inklusive des nötigen Hochladers von der Website des Herstellers. Ein serielles Kabel, das der Zentrale aber leider nicht beiliegt, stellt dann die Verbindung zum PC her.

Einziger Kritikpunkt: Das Ladeprogramm muss für viele Windows-Nutzer mittels kryptischer MS-DOS-Befehle nebst zugehöriger Parameter gestartet und konfiguriert werden. So lautet zum Beispiel die Befehlszeile zum Übertragen der Programmversion 1.6 in die Zentrale:

*MC2004PL/U:MC0106*

Damit man diesen Befehl loswerden kann, muss man zunächst einmal die MS-DOS-Eingabeaufforderung starten und in das Verzeichnis wechseln, in dem sich die Software befindet, bevor man das Update dann starten kann. Viele von Windows verwöhnte PC-Nutzer dürften damit schlicht überfordert sein. Läuft das Programm einmal, läuft das Update dann zwar wie von selbst – aber bis dahin kann man ja soooo viele falsche Eingaben machen. Das alles könnte man sicher auch eleganter lösen – vielleicht hat sich dies beim Erscheinen dieses Buches schon geändert, da sich die Entwickler nach wie vor intensiv und engagiert um ihr System bemühen.

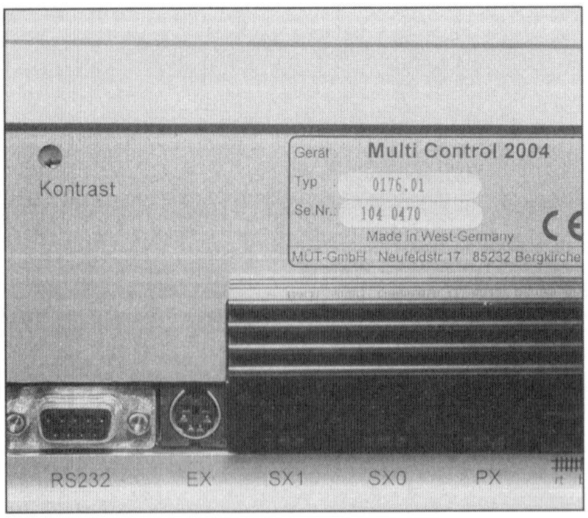


**Abb. 3.70: An der Rückseite der Zentrale befinden sich sechs Anschlüsse.**

Das multi control 2004 ist bis 2,8 A belastbar, was nach eigenen Angaben etwa neun H0-Loks entsprechen soll, bei Verwendung in einer N-Anlage sind es entsprechend mehr. An der Rückseite des robusten Gehäuses befinden sich ein paar bekannte, aber auch zwei bisher unbekannte Anschlüsse. Die RS-232-Schnittstelle wurde eben schon erwähnt – sie dient aber nicht nur der Übertragung der Software in die Zentrale, sondern steht auch für den Anschluss des PC zum Steuern der gesamten Anlage zur Verfügung. In das multi control 2004 wurde also ein Interface integriert, das sich mit einer maximalen Datenrate von 38.400 Bit pro Sekunde äußerst flott betreiben lässt: Die Digirail-Zentrale überträgt damit ihre Daten 16-mal schneller als zum Beispiel ein älteres Märklin-Interface.

Im Gehäuse des multi control stecken also eine Zentrale, ein Fahrregler und ein Interface, zusätzlich sind aber auch noch ein Programmer, ein Keyboard und diverse Memorys mit an Bord, wenn man die Märklin-Terminologie nutzen will. Mit einer Digirail-Zentrale kann man bereits ab Werk 104 Loks steuern und über die zusätzlichen 112 Adressen bis zu 896 Magnetartikel schalten oder Gleiskontakte bzw. Gleisabschnitte überwachen – deutlich mehr als bei der Original-Zentrale Central Control 2000 von Trix, bei der es von Haus aus mit Interface via PC insgesamt nur 104 Adressen sind.

Sie wissen ja bereits, dass es bei Selectrix keinen Unterschied zwischen den Adress-Typen gibt: Über den Sx-Bus werden einfach die Daten verschickt, die nötig sind – daher kann man die 104 Adressen der Original-Selectrix-Zentrale auch völlig frei auf Lokadressen und die für Weichendecoder und Gleisbesetztmelder aufteilen. Das multi control 2004 besitzt nun gleich zwei dieser Busse, Sx0 und Sx1 genannt. Will man dem Central Control 2000 von Trix einen weiteren Bus spendieren, muss man sich einen so genannten Translater anschaffen, der diesen zweiten Sx-Bus mitbringt. Bei Digirail ist er schon eingebaut. Sowohl beim Central Control 2000 von Trix als auch beim multi control von Digirail gilt: Handregler lassen sich nur an den ersten Sx-Bus (Sx0) anschließen, weil der zweite Bus nach der Erweiterung keine Lokadressen mehr akzeptiert und dann nur zum Schalten und Melden gedacht ist.

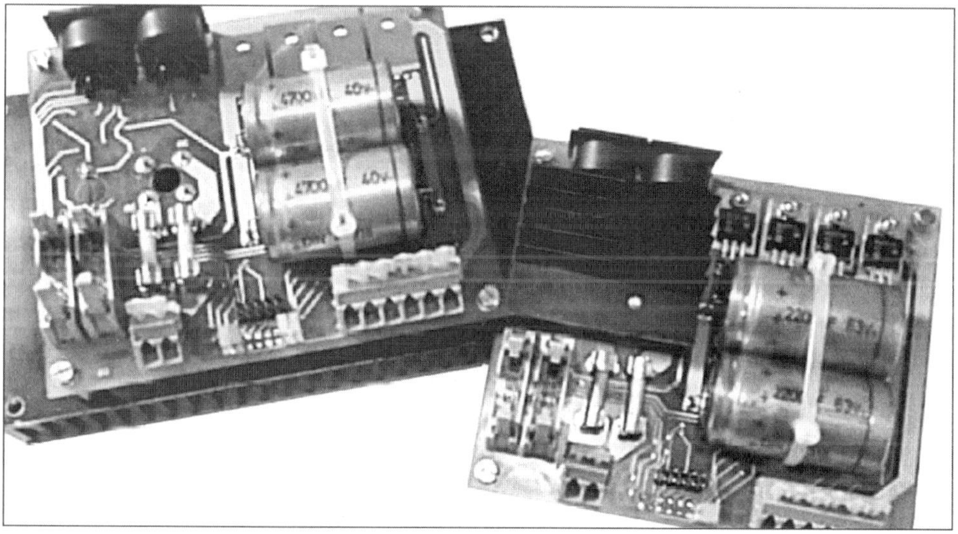

Abb. 3.71: Booster von Digirail gibt es mit 3 und 6 Ampere.

An die Px-Buchse der Zentrale lassen sich, wie bei der Original-Selectrix-Zentrale auch, Leistungsverstärker oder Booster anschließen, mit denen sich weitere, abgetrennte Gleisabschnitte mit digitalem Fahrstrom versorgen lassen. Beim MÜT-Booster sind zwei Platinen direkt auf einen Kühlkörper montiert, was ein wenig nach Bastelkeller aussieht und irgendwie nicht so recht zur doch ansonsten professionellen Erscheinung der Zentrale passt. Ein Gehäuse müsste da schon sein, damit auch weniger geübte Modellbahner sich trauen, mit dem Apparat umzugehen. Natürlich kann man ihn aber auch unterhalb seiner Anlage verstauen.

### Handregler

Wer an das multi control gerne einen Handregler anschließen möchte, der kann das tun. Gleich zwei eigene hat die Firma MÜT im Programm: Beim älteren Modell HC01 muss die Adresse über zwei Drehschalter eingestellt und über die Taste „Set“ bestätigt werden. Die Adressen 00 bis 99 sind also möglich. Dieser Handregler ohne Display ist eigentlich ein etwas unhandliches Kästchen, das sich aber aufgrund der hochwertigen Schalterelemente trotzdem recht gut bedienen lässt: Ein Drehregler mit Mittelraste als Nullstellung ist für die Regelung der Fahrstufen zuständig, die Tasten „Licht“ und „Horn“ erlauben das Auslösen der Sonderfunktionen der Decoder. Die rote Taste „Stop“ ist für den Nothalt verantwortlich. Auch im laufenden Betrieb kann man den Regler an den Sx0-Bus anschließen und sofort loslegen.

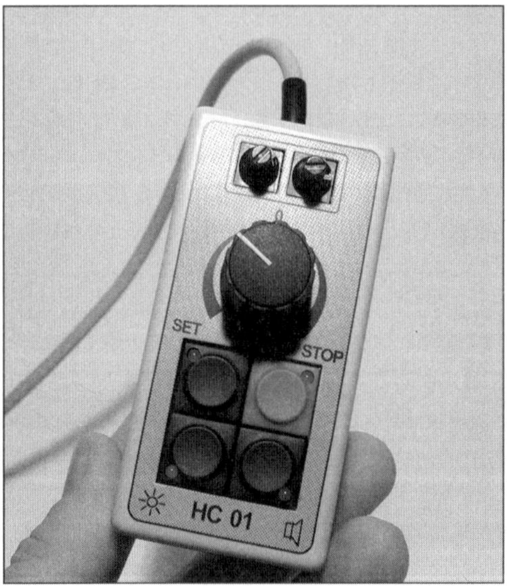


**Abb. 3.72: Beim Regler HC01 von Digirail wird die Lokadresse per Drehschalter eingestellt.**

Als zweiten Handregler bietet MÜT den HC10 an. Er unterstützt ein fünfstelliges Loknummernsystem und bietet eine Datenbank für bis zu 200 Loks. Seine interne Software (Firmware) kann vom PC aus auf den neuesten Stand gebracht werden. Der Modellbahner braucht keine internen Register und ihre Bedeutung zu kennen, sondern die Befehle werden im Klartext übermittelt. Loks und Züge können mit bis zu zehnstelligem Namen versehen werden. Eine serielle Schnittstelle mit einer Datenübertragung von 38.400 Bit pro Sekunde ist ebenfalls enthalten. Das Gerät gibt es in drei Varianten: Mit klassischem

270-Grad-Drehregler und Mittenstellung, mit einem Drehimpulsgeber oder mit Tastenbedienung.

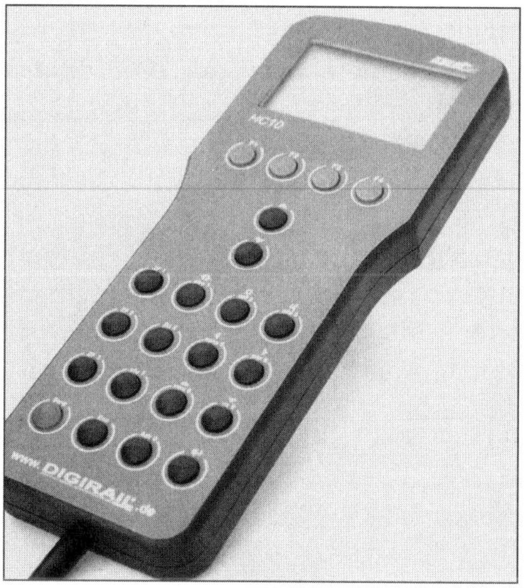


**Abb. 3.73: Der Handregler HC10 ist in drei Varianten erhältlich (im Bild die Variante mit der Tastenbedienung).**

Früher gab es noch einen Handregler mit der Bezeichnung HC05. Er ist deutlich schmaler als der HC01, liegt besser in der Hand und passt vom Design her zur Zentrale. Die Einstellung der Lokadresse erfolgt über einen stabilen Kippschalter und ein Display aus LEDs, das ein wenig an einen Taschenrechner aus den 80er Jahren erinnert. Die Fahrtrichtung wird ebenfalls per Kippschalter eingestellt, alle anderen Tasten haben die gleiche Funktion wie beim Vorgänger. Auch der HC05 kann während des laufenden Betriebs eingestöpselt werden und übernimmt sofort die an der Zentrale oder am PC gemachten Einstellungen. Ist zum Beispiel gerade der Zug mit der Decoder-Adresse 12 unterwegs, steckt man den Handregler ein und wählt man die Adresse an, erscheint die aktuelle Fahrstufe. So komfortabel wie an der Zentrale selbst – mit Namen und fünfstelliger Adresse – kann man am Handregler freilich nicht steuern. Als Handy, mit dem man irgendwo an der Anlage steuernd eingreifen kann, eignen sich aber beide Modelle recht gut.

Außer den beiden Sx-Bus-Anschlüssen und der Px-Buchse gibt es noch einen weiteren Port, der mit EX gekennzeichnet ist. Er erweitert die in der multi control 2004 vorhandenen 208 Adressen, indem bis zu 15 Subzentralen angeschlossen werden. Wenn diese jeweils 2 x 104 SX-Adressen anprechen, lässt sich der Adressbereich auf insgesamt 3120 erweitern. Wer noch über eine Anlage verfügt, die keinen EX-Bus unterstützt, kann diesen durch ein Software-Update freischalten.

Alle Adressen lassen sich direkt vom PC aus über einen seriellen Port ansprechen, da die Subzentralen untereinander vernetzt sind. Auch eigene Lokdecoder für das Selectrix-Format hat die Firma MÜT im Programm. Es handelt sich bei den Decodern vom Typ DHL-100 und DHL-150 um Bauteile, die der einstige Selectrix-Erfinder Doehler & Haass entwickelt hat und herstellt. Dabei besitzt der DHL-100 die gleichen Abmessungen und Möglichkeiten wie der beliebte Selectrix-Decoder 66830 – und er kann noch mehr. So ist es etwa möglich, die Licht-, Motor- und Gleisanschlüsse elektronisch zu tauschen. Hat man sich also beim Einbau vertan, muss man keine Drähtchen umlöten, sondern kann den Fehler durch die Lokdecoder-Programmierung beheben. Loks mit dem neuen Decoder fahren zudem noch sanfter als mit dem Original. Beim DHL-150 handelt es sich um einen so genannten Multiprotokoll-Decoder: Außer Selectrix „versteht“ dieser auch Befehle im DCC-Format und schaltet sich automatisch in die Betriebsart, die er zuerst aus dem Gleis empfangen hat. Auch die von MDVR/ Rautenhaus vertriebenen Decoder SLX830 und SLX870 sind mit den DHL-Decodern identisch. Und vor einigen Monaten entschied sich auch die Firma Trix dafür, ihr beliebtes Decoder-Modell 66830 zugunsten des neuen DHL-Decoders einzustellen. Eine gute Entscheidung, die die Verbreitung des Selectrix-Systems sicher weiter fördern wird. Es tut sich also einiges rund um Selectrix.

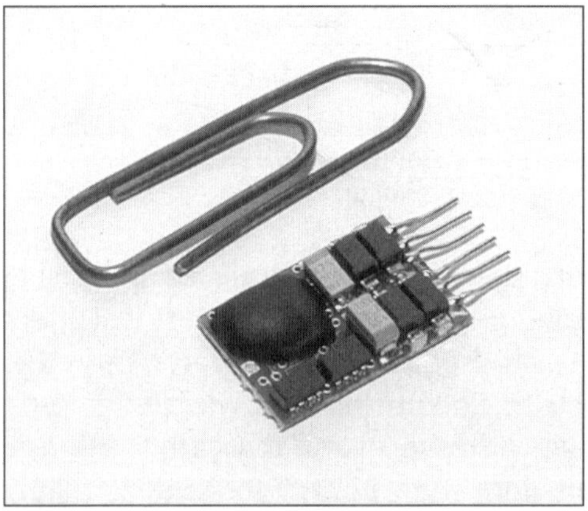

**Abb. 3.74: Der neue Selectrix-Decoder wird von MÜT und MDVR/Rautenhaus angeboten. Auch der neue Selectrix-Decoder von Trix basiert auf ihm.**

Um die neuen Funktionen zu programmieren, muss man allerdings mit der Original-Zentrale von Trix arg fummeln. Und auch die MÜT-Anleitung des Decoders ist ziemlich schwer verständlich. Ein wenig deutlicher sind die neuen Möglichkeiten in der Anleitung zur MDVR-Version des Decoders erklärt. Am bequemsten ist die Programmierung mit dem multi control 2004 von MÜT oder per Software. So bietet die Firma MDVR mit „Die kleine Eisenbahn“ ein Programm an, mit dem man seine Selectrix-Anlage nicht nur steuern und kontrollieren kann. Auch die komfortable Lokdecoder-Programmierung ist möglich. Im Wesentlichen basieren die neuen Funktionen darauf, dass die Adresse „00“ für das Speichern genutzt wird. Details dazu finden Sie im Kapitel 5 *Ausstattung mit digitalen Komponenten*, in dem es u. a. auch um die Lokdecoder-Programmierung geht.

## Roco Digital

Das Digitalsystem der österreichischen Firma Roco heißt schlicht Roco Digital. Früher wurde auch der Slogan „Digital is cool“ verwendet. Diese Bezeichnung findet sich sogar auf den Platinen der einzelnen Komponenten des Systems. Und die Firma war die erste, die mit der Lokmaus ein Steuergerät auf den Markt brachte, das nicht nur preiswert und leicht zu bedienen war, sondern auch noch eine vergleichsweise moderne Anmutung hatte – eben cool war. Was sich da ursprünglich wohl an junge und jugendliche Modellbahn-Einsteiger richten sollte, ist mittlerweile aber auch bei den alten Hasen als Handregler äußerst beliebt. Das Innenleben der ersten Lokmaus und auch der dazu gehörigen Zentrale stammte – mal wieder – von der schon mehrfach erwähnten Firma Lenz. Und auch im Fall von Roco trennten sich die Wege zwischen den beiden Unternehmen vor einiger Zeit. Die neue Lokmaus 2 und die Lokmaus R3 waren bereits eine eigene Entwicklung oder zumindest eine, die die Salzburger mit einer unbekannteren Firma abwickelte.

### Lokmaus 2

Die Lokmaus 2 ist das zentrale Element von Roco Digital, wurde allerdings inzwischen von der Lokmaus R3 abgelöst. Dennoch sind beide Zentralen weiterhin erhältlich. Und zentral ist ein sehr passender Begriff, denn in dem sehr leichten, kompakten und handlichen Gerät befindet sich nicht nur der Handregler, sondern die gesamte Elektronik der Zentrale. Die Lokmaus 2/R3 ist also die Zentrale von Roco Digital.

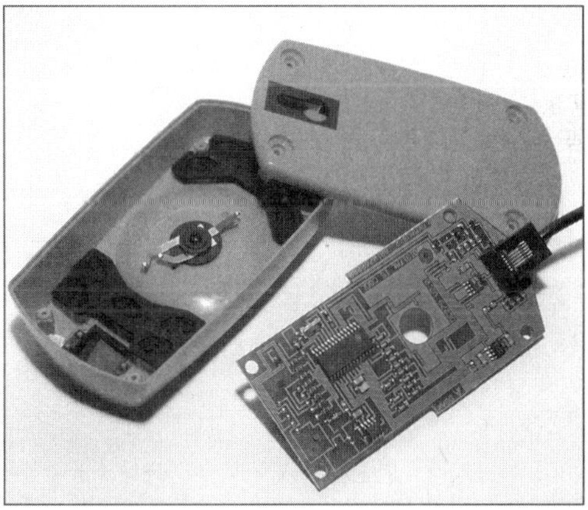

Abb. 3.75: In der Lokmaus 2 von Roco steckt die Zentrale des Digitalsystems.

Und das ist noch längst nicht alles. Mit der Lokmaus 2 kann man nämlich nicht nur Loks steuern und ihre Sonderfunktionen auslösen. Es ist damit auch möglich, die Lokdecoder zu programmieren, Weichendecoder zu programmieren und Weichendecoder zu schalten. Unglaublich? Es funktioniert, und zwar ganz hervorragend. Kaum ein Digitalsystem verhielt sich bei den intensiven Tests der verschiedenen Komponenten so unproblematisch wie die Lokmaus 2 und ihre Gefährten. Die Lokmaus 2 kommt nämlich nicht allein: Über ein Kabel, an dem ein Telefonstecker sitzt, wird die rote Maus mit einem schwarzen Kästchen verbunden, ohne das nichts geht.

### Lokmaus R3

Auch die neuere Lokmaus R3, die als Einzelteil nur noch von Roco angeboten wird, enthält die komplette Zentrale. Sie ist eine Weiterentwicklung der Lokmaus 2 (die als Bestandteil der Startpackungen immer noch zu kaufen ist).

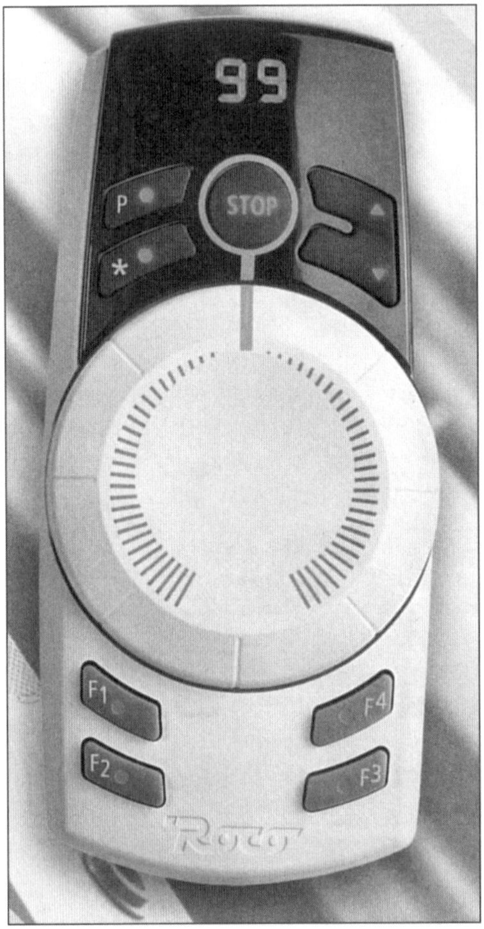


**Abb. 3.76: Die Lokmaus R3 von Roco lässt sich noch einfacher bedienen.**

Die Software wurde auf den aktuellen Stand gebracht und das Design überarbeitet. Die Regelung der Geschwindigkeit soll mit dem Drehknopf noch feinfühliger möglich sein.

Die neue Lokmaus leuchtet auch im Dunkeln. Die ganz neue Lokmaus R3 wird dadurch noch besser und einfacher nutzbar. Sofort fällt das durchsichtige Gehäuse auf. Im Fahrbetrieb leuchten außerdem die Tasten. Das aber nicht einfach so, sondern nach einem sinnvollen Prinzip: Die Pfeiltasten zeigen an, welche Fahrtrichtung gerade aktiv ist. Die Funktionstasten signalisieren durch eine Beleuchtung, ob eine bestimmte Sonderfunktion gerade aktiv ist oder nicht.

## Verstärker

„Das ist bestimmt in Wirklichkeit die Zentrale“ ist ein häufig geäußerter Verdacht, wenn es um den Verstärker geht, an den die Lokmaus (bzw. die Lokmäuse) angeschlossen werden können. Öffnet man das Kästchen, dann sieht man, dass tatsächlich nichts Besonderes drinsteckt. Es handelt sich dabei um den Leistungsverstärker oder Booster. Roco folgt mit seinem Digitalsystem einem ähnlichen modularen Prinzip wie Lenz. Und auch wenn kein Innenleben mehr von Lenz drinsteckt, von außen erinnert der Verstärker doch noch an seinen Vorgänger, der zusammen mit der ersten Lokmaus von Lenz stammte.

Der Verstärker hat drei Telefonbuchsen: Die „Master“-Buchse ist für die Lokmaus 2/R3, die als Zentrale arbeitet. An die „Slave“-Buchse kann eine weitere Lokmaus 2 bzw. R3 angeschlossen werden, die dann ein reines Handsteuergerät ist. Steckt man einen Verteiler davor, können insgesamt drei Lokmäuse angeschlossen werden.

Die Lokmaus 2 bzw. R3 ist einfach, aber zweckmäßig aufgebaut und hat eine zweistellige LED-Anzeige, welche die Lokadresse und in Form von Punkten noch weitere Informationen anzeigt. Auf Zifferntasten wurde verzichtet, die anzuwählende Adresse muss man über Cursor-Tasten einstellen, wobei die Anzeige je nach gedrückter Richtung immer um eine Adresse nach oben oder unten wechselt. Eine Lichttaste, eine Programmiertaste und vier Funktionsknöpfe – das war's. Der Drehregler hat eine Mittelstellung, die man jedoch nicht so ganz deutlich spüren kann.

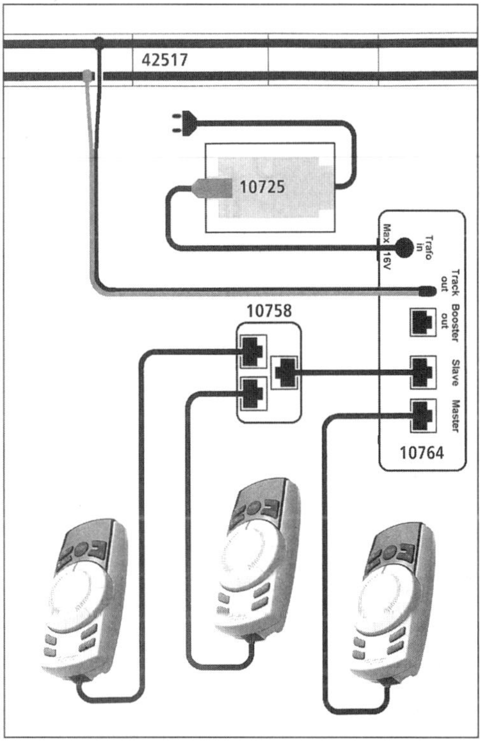


**Abb. 3.77: Die erste Lokmaus wird als Master an den Verstärker angeschlossen. Weitere Lokmäuse arbeiten dann als Slaves.**

Roco Digital ist ein DCC-kompatibles System. Alle Komponenten, die dies ebenfalls von sich behaupten, sollten sich also verwenden lassen. Insbesondere trifft dies auf die Digital-plus-Geräte von Lenz zu. Auch Lokdecoder anderer Hersteller lassen sich in den allermeisten Fällen mit dem Roco-System zusammen verwenden, solange es sich um NMRA-kompatible, also DCC-Decoder, handelt. Die Lokmaus 2/R3 kann 99 Decoder-Adressen verwalten, die mit 14, 28 oder 128 Fahrstufen betrieben werden können. Die Decoder, die von der Lokmaus 2/R3 angesprochen werden, müssen nicht unbedingt Lokdecoder sein. Auch Weichendecoder können im Roco-System nämlich auf eine Lokdecoder-Adresse (!) programmiert werden und lassen sich dann ganz ohne zusätzliche Geräte direkt über die Licht- oder F1-Taste der Lokmaus 2/R3 schalten. Vor allem in der absoluten Einsteiger-Phase, in der man unter Umständen erst sehr wenige Digitalweichen besitzt, kann man so bereits alles bequem aus der Hand per Lokmaus steuern. Dabei ruft man die Weiche wie eine Lok durch Eingabe ihrer Nummer, ihrer Adresse, auf. Zu empfehlen ist es, den Weichen zum Beispiel Adressen oberhalb von 10 zuzuordnen und die Adressen unter 10 für Loks zu vergeben. Dann behält man im Fahrbetrieb besser die Übersicht. Zu weit auseinander sollte man Lok- und Weichendecoder-Adressen auch nicht legen, da es nun mal keine Zifferntasten zur Anwahl der Adressen gibt und man sie per Pfeiltaste ansteuern muss.

## Decoder

Alle Decoder sind, wenn man sie kauft, auf eine im Werk vergebene Adresse voreingestellt. Bei allen Roco-Weichenantrieben ist dies die Lokadresse 05. Unter jeder Lokadresse lassen sich theoretisch zwei Weichen bedienen. Die eine Weiche wird über die Lichttaste, die andere über die Funktionstaste F1 geschaltet. Diese Möglichkeit gilt jedoch nur dann, wenn man für die entsprechende Lokadresse den 14-Fahrstufen-Modus wählt. Im Auslieferungszustand eines Weichendecoders liegt jeder Weichenantrieb auf der F1-Taste unter Lokadresse 05, die sich im 28-Fahrstufen-Modus befindet. In diesem Modus steht nur die F1-Taste zum Schalten einer Weiche zur Verfügung. Spätestens dann, wenn Sie also einen zweiten Antrieb verwenden wollen, wird der Wunsch nach geänderten Einstellungen und einer neuen Programmierung auftreten.

## Weichendecoder

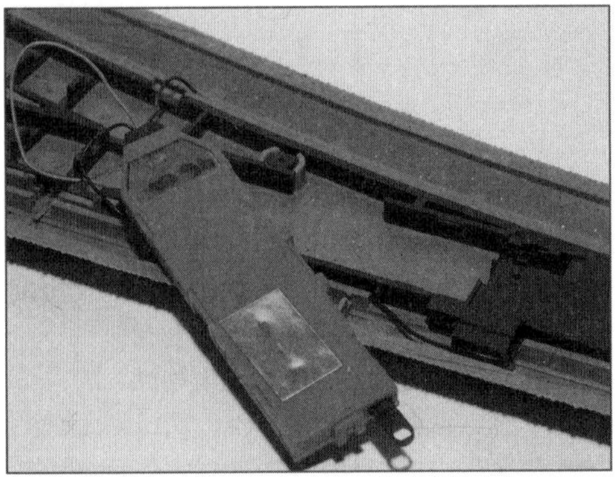

**Abb. 3.78: Der digitale Weichenantrieb wird einfach in die Gleisbettung eingeklipst.**

Der Weichendecoder 42624 wird übrigens einfach zusammen mit dem Antrieb direkt in die Gleisbettung eingeklipst und bezieht seine Digitalinformationen dann direkt aus dem Gleis. Komplizierte, zusätzliche Verkabelungen sind nicht nötig. Alles ist so einfach, dass man es kaum glauben kann.

Damit der Weichenantrieb lernt, auf welche Lokadresse er künftig hören soll, muss man ihm die neue Adresse und auch die Taste, die in Zukunft für ihn reserviert ist, mitteilen. Dazu nimmt man zunächst einmal alle Loks vom Gleis, damit diese nicht versehentlich die Weichen-Daten erhalten. Dann klipst man das Programmierkabel an die Schiene. Das ist nötig, damit die Weiche weiß, dass sie programmiert werden soll. Befindet sich das Kabel nicht am Gleis, kann man eine auf dem Gleis stehende Lok programmieren, ohne dass der Weichendecoder hiervon berührt würde. Da die Roco-Gleise ein weiches, flexibles Gleisbett besitzen, kann man dieses fest mit dem Weichenantrieb verbundene Kabel leicht hervorholen. Dann geht's los. An der Lokmaus 2/R3, die zurzeit als Master arbeitet, drückt man die Licht- und die Programmiertaste gleichzeitig. Die Anzeige SP (Standard-Programmiermodus) erscheint und zwei blinkende Punkte auf dem Display bestätigen, dass man sich nun im Programmiermodus befindet. Mit den Cursor-Tasten wählt man die neue Adresse an und bestätigt mit der P-Taste. Das war's. Die Weiche ist nun über die !-Taste unter der neuen Adresse schaltbar. Das Kabel kann abgenommen und in der Gleisbettung verstaut werden.

Auch das Programmieren einer Lok läuft auf die gleiche Art und Weise. Entweder man stellt sie auf ein Programmiergleis oder nimmt alle anderen Loks vom Hauptgleis. Stellt man dann die zu programmierende Lok auf das Hauptgleis, werden die Programmierungen von ihr akzeptiert. Das Programmieren des Lokdecoders funktioniert dabei vom Prinzip her genauso wie eben beim Weichendecoder.

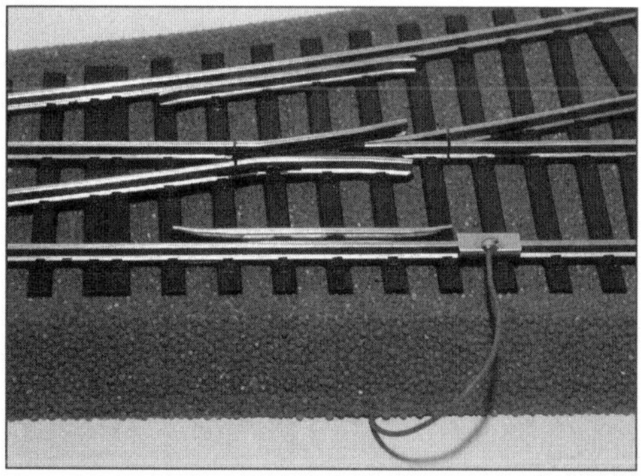

**Abb. 3.79: Das Programmierkabel signalisiert dem Antrieb, dass er gemeint ist.**

Trotz dieser simplen Bedienung können Modellbahn-Profis alle Spezialitäten programmieren, die man von anderen, wesentlich komplizierteren und teureren Systemen her kennt. Sie haben eben nur das Programmieren einer neuen Adresse kennen gelernt. Im eben beschriebenen Standardprogrammiermodus kann man bei einem Roco-Lokdecoder noch Anfahrspannung, Anfahr- und Bremsverzögerung und die Höchstgeschwindigkeit programmieren. Im Expertenprogrammiermodus sind noch viele, viele andere Einstellungen möglich, die man an einem Roco-Lokdecoder vornehmen kann. Und alle Werte werden via Lokmaus eingegeben. Dabei ist das Prozedere immer gleich. Damit man nicht ungewollt in diesen Modus wechselt und möglicherweise Werte verstellt, die man nicht manipulieren wollte, ist der Eintritt in den – nennen wir ihn einmal Profimodus – besonders gesichert. Man gelangt hinein, indem man die P(rogrammier)-Taste länger als acht Sekunden drückt. Auf dem Display der Lokmaus 2/R3 erscheint dann EP (Experten-Programmiermodus).

Der Experten-Programmiermodus funktionierte allerdings in der Version zum Redaktionsschluss dieses Buches leider noch nicht vollständig. Zwar konnte man sämtliche Werte programmieren, also in den Speicher des Lokdecoders hineinschreiben. Das Auslesen der eingestellten Werte war jedoch noch nicht möglich. Hier plant Roco aber Abhilfe.

Das Stellen von Weichen per Lokmaus ist nett, auf Dauer und bei vielen Weichen aber mühsam. Wer nicht gleich von vornherein auf die PC-Lenkung der Anlage zusteuert, der sollte sich statt einer zweiten Lokmaus wohl eher das so genannte Weichenkeyboard anschaffen, mit dem man bis zu 256 Magnetartikel schalten kann. Sobald das Weichenkeyboard angeschlossen ist, steht ein zweiter Adress-Typ zur Verfügung, bei dem die Adressen dann automatisch keine Lokadressen mehr sind. Im Klartext: Hängt das Weichenkeyboard mit im Netz, kann es zum Beispiel eine Adresse 3 zweimal geben: einmal als Lok und einmal als Weiche. Später soll auch das Schalten von Roco-Signalen möglich sein.

**Abb. 3.80: Das Weichenkeyboard schaltet bis zu 256 Magnetartikel.**

Im Vergleich zum alten Digitalsystem, das mit dem so genannten Maus-Bus ausgestattet war, den man auch an der Uhlenbrock Intellibox und der MZS-Zentrale von Lehmann wiederfindet, integrierte Roco hier den RocoNet genannten Bus, der im Prinzip kompatibel zum XpressNet von Lenz ist. Alle Lenz-Geräte lassen sich somit zum Ausbau von Roco Digital verwenden. Für den Anschluss von Geräten, die noch einen der runden XpressNet-Anschlüsse haben, braucht man allerdings einen Adapter. Das Einstellen einer Geräte-ID oder -Adresse wie bei Digital-plus oder LGB Digital ist bei Roco Digital übrigens nicht nötig – die Adresse wird automatisch vergeben, ohne dass man sich darum kümmern muss.

Wer noch alte Komponenten von Roco, wie etwa die Lokmaus 1, besitzt, muss diese nicht verschrotten. Ein Übersetzungsmodul von Roco vermittelt auch hier zwischen den beiden Systemen. Allerdings bekommt durch ihren Einstieg in die neue Welt die alte Lokmaus nicht mehr an Funktionen beschert. Wird sie an das Übersetzungsmodul angeschlossen, kann man mit ihr auch weiterhin nur acht Adressen verwalten, das Licht und eine Zusatzfunktion ein- und ausschalten. Umgekehrt geht's indes nicht: Die neue Lokmaus 2/R3 kann nicht an einer Anlage eingesetzt werden, die mit dem alten System ausgestattet ist.

Noch ein Wort zur Energieversorgung einer Roco-Digitalanlage. Der Verstärker liefert 3 Ampere. Wer mehr braucht, der kann aber auch mehr bekommen: Über die Buchse „Booster out“ kann man nämlich einen Roco Booster anschließen, an den noch einer passt. Bis zu vier Booster lassen sich so in Reihe an einem Verstärker betreiben. Exakte Anschluss- und Schaltanleitungen finden sich auf der Roco-Website im Internet.

**Abb. 3.81: Der Leistungsverstärker von Roco Digital liefert 3 Ampere.**

Bleibt nur noch die Frage zu klären, wie man Roco Digital auch Fit for PC macht, wie man also den Anschluss eines PCs bewerkstelligen kann. Bis vor kurzem musste man da auf das Interface LI100F von Lenz zurückgreifen – von Roco gab es nämlich lange kein eigenes Gerät für die Kommunikation zwischen Zentrale und PC. Das hat sich nun jedoch geändert. InterComm heißt das eigene Interface nebst zugehöriger Software, das für das dritte Quartal 2002 angekündigt war. Bis zum Redaktionsschluss dieses Buches war es zwar noch nicht ausgeliefert, mittlerweile müsste es aber erhältlich sein. Es besitzt einen eigenen Rückmeldebus und versteht sich besonders gut mit den ebenfalls angekündigten Rückmeldemodulen von Roco. Und auch Weichendecoder von Roco kommen auf den Markt, sodass allmählich aus Roco Digital ein vollwertiges Digitalsystem mit PC-Anschluss wird. Angenehm ist hier auch, dass Roco-Komponenten in aller Regel auch den Geldbeutel schonen.

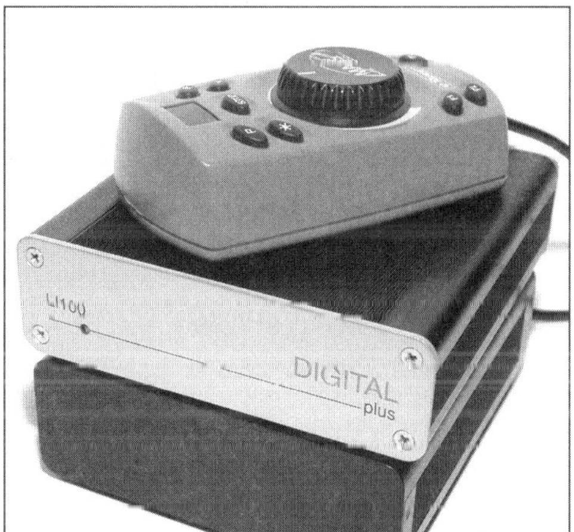


**Abb. 3.82: Auch fremde Geräte wie das PC-Interface LI100F von Lenz verstehen sich prächtig mit dem Roco-System.**

Wenn Sie in einem Modellbahn-Laden stehen und die Preise vergleichen, dann wird Ihnen sofort auffallen, dass Roco-Erzeugnisse meistens eine ganze Ecke günstiger sind als etwa das andere Ende der Preisskala, an der sich Märklin, Fleischmann und andere bewegen. Das gilt nicht nur für einzelne Loks oder Steuergeräte sondern fällt vor allem bei digitalen Startpackungen auf. Eine typische Roco Digital-Startpackung mit einer Lok, die Licht und sogar Dampf erzeugen kann, jeder Menge Wagen, der Lokmaus 2/R3, dem Verstärker, einem Gleisoval mit einer Weiche, in die bereits ein digitaler Weichenantrieb integriert wurde, sowie ein wenig Spielzeug wie eine Trillerpfeife und ein Bahnübergang ist schon für um die 150 Euro zu haben. Wohl gemerkt: Es handelt sich dabei um ein Set mit einem Digitalsystem, das sich zu einem richtigen Vollsystem mit PC-Steuerung, Rückmeldung und allem was dazu gehört ausbauen lässt.

**Abb. 3.83: Eine digitale Startpackung von Roco mit allem, was man braucht**

Die preiswerteste, digitale Startpackung von Märklin kostet etwa 50 Euro mehr, mit im Karton ist aber kein vollwertiges, sondern nur das Einsteiger-Digitalsystem mit Mobile Control, das einen nur sehr begrenzten Funktionsumfang hat und nicht mit einer PC-Steuerung erweitert werden kann. Eine große Märklin-Startpackung kostet um die 600 Euro, ist aber dafür mit zwei kompletten Zügen inklusive hochwertiger Digital-Loks auch wesentlich besser ausgestattet. Der PC-Anschluss ist immer noch nicht möglich. Hierfür benötigen Sie auf jeden Fall die dicke Central Station.

So beweist Roco also mit den Startpackungen, dass man auch für wenig Geld in die digitale Modellbahnerei einsteigen kann, dabei aber trotzdem bereits die Weichen auf Zukunft gestellt sind, was die Erweiterbarkeit angeht. Kein Wunder also, dass Roco-Startpackungen so beliebt sind.

Abb. 3.84: Die rote BR365 hat eine digitale – auch vom PC aus – bewegliche Kupplung.

Dass Roco beileibe kein unbedeutender Billighersteller ist, wie von Fans der einen oder anderen Marke immer mal wieder gerne behauptet wird, beweist nicht nur die technische Qualität und das ausgereifte, durchdachte und benutzerfreundliche Konzept von Roco Digital. Im Roco-Lokomotivenpark befinden sich weitere Modelle, die sich besonders an Digital-Modellbahner wenden und über eine Lokpfeife oder sogar eine via Lokmaus steuerbare Kupplung verfügen. So können die Kupplungshaken der roten Rangierlok der Baureihe 365 durch einen Druck auf die Funktionstaste F1 nach oben und unten bewegt werden, so dass sich richtige Rangiermanöver realisieren lassen. Auch über den PC lässt sich diese Funktion natürlich auslösen.

Was nur die wenigsten wissen: Roco hat für die digitale Modellbahnerei etwas ganz Entscheidendes mit entwickelt: Die heute allseits verbreitete Decoder-Schnittstelle, die mittlerweile sogar eine europäische NEM-Norm ist (NEM: Normen europäischer Modellbahnen), wurde gemeinsam von Roco und Lenz erdacht. Ohne diese Erfindung und ihre Verbreitung wäre die Beschäftigung mit den kleinen Loks und Decodern vor allem in den kleineren Spuren H0 und N noch ein ganzes Stück schwieriger.

## Trix Selectrix

Dieses seit 1983 verfügbare Digitalsystem ist neben Märklin Digital wohl das traditionsreichste. Nach dem Zusammenbruch der Firma Trix vor einigen Jahren gehört das Unternehmen zu Märklin. Da Märklin schon ein eigenes System für Wechselstrom-Bahnen hat, war Selectrix eine willkommene Ergänzung: Märklin verfügt mit Selectrix seitdem auch über ein Digitalsystem für Gleichstrom-Bahnen, sodass die Zukunft des beliebten Digitalsystems vorerst gesichert scheint.

### Hinweis

*Trix hat mit der Einführung des C-Gleises für den Zweischienen-Gleichstrom auch ein neues Digitalsystem namens Trix Systems etabliert. Wem das von Märklin bekannt vorkommt, der liegt nicht falsch. Das erste Steuergerät Mobile Station sieht bis auf die Knopffarbe (grün statt rot) genauso aus wie die gleichnamige von Märklin. Aber mit den Äußerlichkeiten hören die Gemeinsamkeiten auf. Trix Systems kombiniert nach Angaben des Herstellers Selectrix und DCC. Der Leistungsverstärker sitzt nicht im Steuergerät, sondern im Anschlussgleis, das auch andere Buchsen hat. Weitere Komponenten werden in den nächsten Jahren eingeführt.*

Zurück zu Selectrix. Obwohl das System nicht ganz so verbreitet ist wie manches andere, hat es doch eine sehr treue und überzeugte Anhängerschaft. Mittlerweile wurde es zweimal überarbeitet und steht nun auch im Vergleich zu anderen ganz hervorragend da. Das liegt vor allem daran, dass Selectrix-Decoder als sehr zuverlässig und prob-lemlos gelten und den Loks ein absolut seidenweiches Fahrverhalten bescheren. Das heißt, dass es mit Selectrix-Decodern kein Hopsen oder Ruckeln beim Anfahren einer Lok gibt, sondern diese sich fast wie eine „große" Lok ruhig und gleichmäßig in Bewegung setzt. Bis vor kurzem gab es bei den Original-Selectrix-Decodern nur je einen Ausgang für die Lokbeleuchtung vorn und hinten und maximal einen Funktionsausgang. Dafür war der Selectrix-Lokdecoder 66830 der weltweit kleinste seiner Art, lastgeregelt und passte in eine kleine NEM-Schnittstelle.

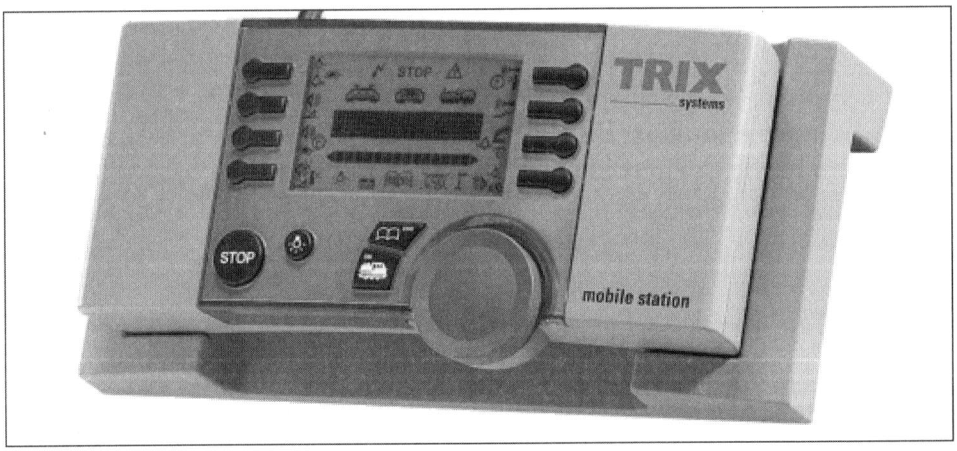


**Abb. 3.85: Trix Systems kombiniert Selectrix mit DCC.**

Den 66830 gibt es seit einiger Zeit nicht mehr: Er wurde vom 66836 abgelöst, der eine noch bessere Motorregelung, einen Anschluss für eine Zusatzfunktion und auch die Möglichkeit einer erweiterten Programmierung

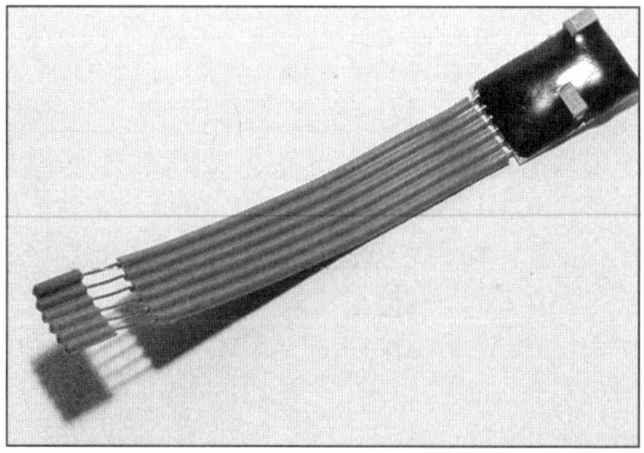

Abb. 3.86: Ein Decoder fürs Selectrix-System ist erste Wahl bei vielen Spur N-Modellbahnern.

wie der DHL-100 von MÜT bzw. der SLX830 von MDVR/ Rautenhaus besitzt. Außerdem kostet er nur noch die Hälfte seines Vorgängers. Außer diesem Mini gibt es die Selectrix-Technik noch in Form von zwei weiteren Decoder-Modellen. Da sich Selectrix als Digitalsystem „von Z bis LBG" versteht, ist auch ein besonders leistungsfähiger Decoder dabei, der 1,8 Ampere (A) leistet, wovon für den Motorausgang noch 1,2 A übrig bleiben. Eine kleinere LGB-Lok lässt sich damit also bestücken – bei schwereren Loks wird's schwierig, da diese zum Teil Leistungsreserven von 2 A und mehr brauchen. Auch dieser große Selectrix-Decoder ist lastgeregelt und mit und ohne Schnittstellen-Stecker zu haben. Der dritte im Bunde, größenmäßig in der Mitte liegend, ist ein Decoder mit 0,6 A Leistung – er war gewissermaßen das Modell Sparfuchs. Es eignet sich für alle Loks, in denen genug Platz ist, wo also ein Mini-Decoder unnötig ist. Viele Modellbahner waren zudem auch nicht länger bereit, die zuletzt 60 Euro und mehr für den kleinen 66830 zu bezahlen. Der übrigens leistete immerhin 0,8 A, wovon 0,5 A auf den Motor-Ausgang entfallen. Der neue 66836 kostet nur etwa 35 Euro und leistet 1,0 A.

Die Decoder sind – außer dem Datenformat und den Eckdaten des Systems wohl die wichtigsten Argumente für Selectrix – die Zentrale Central Control 2000 kann's jedenfalls eigentlich nicht sein. Dieser Kasten wirkt zwar nicht mehr so recht zeitgemäß, obwohl er auch nicht viel älter als viele seiner Mitbewerber ist. Wenn man sich aber ein wenig näher damit beschäftigt, merkt man, dass das System den anderen derzeit aktuellen Digitalsystemen zumindest ebenbürtig ist.

## Zentrale Control 2000

Der Drehknopf am Central Control 2000 besitzt keinerlei Raststufe und ist hervorragend geeignet, eine Selectrix-Lok feinfuhlig zu steuern. Die Umschaltung der Fahrtrichtung geschieht per Knopfdruck. Das Central Control 2000 kann das Selectrix- und das NMRA-kompatible DCC-Format erzeugen, so dass man schon mit ihm Loks aus beiden Welten auf seiner Anlage fahren lassen kann. Neun Loks können mit einem Central Control 2000 gesteuert und ihre Lokadressen programmiert werden – weitere Programmiermöglichkeiten sind in dieser Basisausstattung nicht vorgesehen.

Wer mehr braucht, der muss sich ein zusätzliches Fahrpult, das Lok Control 2000 oder das mobile Control Handy, anschaffen. In beiden Fällen vergrößert sich die Zahl der ansprechbaren Decoder bzw. der verfügbaren Adressen von neun auf 100, wobei die Adressen 0 bis 99 zur Verfügung stehen. Außerdem können mit einem der beiden Fahrregler auch Magnetartikel geschaltet und alle Parameter der Selectrix-Decoder programmiert werden. Auch eine Uhr, die auf Wunsch sogar auf eine Modellzeit eingestellt werden kann, so dass man nach einem Fahrplan fahren kann, steht nach Anschluss eines Fahrreglers zur Verfügung. Noch einmal zur Erinnerung: Im Selectrix-System gibt es keine Unterschiede zwischen Lokadresse und einer für Magnetartikeldecoder oder Gleisbesetztmelder. Auch einen separaten Rückmelde-Bus kennt Selectrix nicht.

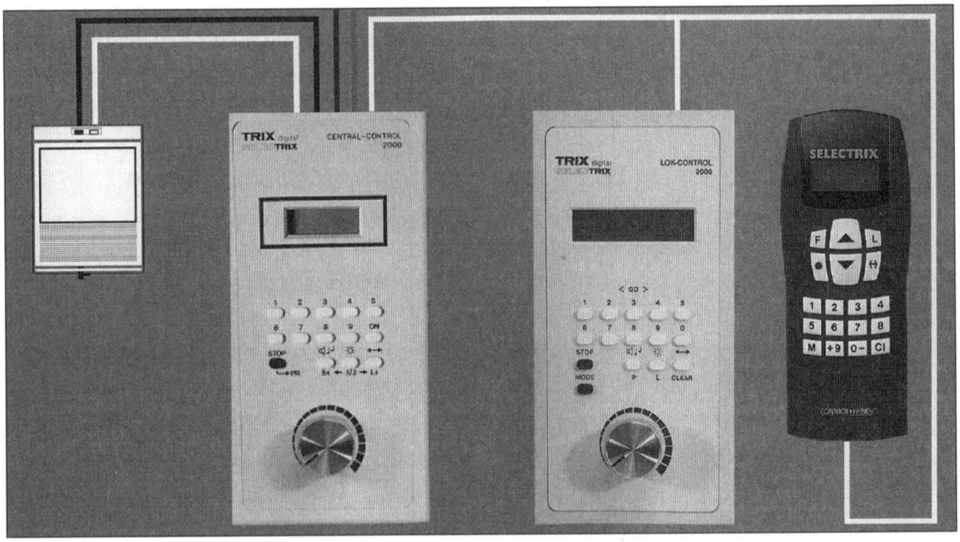


**Abb. 3.87: Der Aufbau einer Selectrix-Anlage mit Original-Trix-Hardware.**

Wie die meisten Digitalsysteme bringt auch Selectrix seinen eigenen Bus-Typ mit. Er heißt Sx-Bus und besitzt fünfpolige DIN-Stecker und -Buchsen. Über diese Anschlüsse, die trotz der Ähnlichkeit nicht kompatibel zu anderen sind, werden also alle zusätzlichen Module und Fahrregler – auch das mobile Control-Handy – an die Zentrale angeschlossen. Die nötigen Kabel, um die Module miteinander zu verbinden, liegen jeweils in den Kartons der Komponenten. Am Central Control 2000 gibt es noch eine zweite Buchse, die genauso aussieht wie der Sx-Bus.

Es handelt sich hierbei um den Px-Bus. Hier werden die so genannten Power-Packs angeschlossen, was die Trix-eigene Bezeichnung für Booster oder Leistungsverstärker ist. Über das Px-Kabel erhalten sie die Digitalinformationen von der Zentrale und verstärken sie. Ein oder mehr Power Packs werden nötig, wenn die Kraft der Zentrale (2,5 A) nicht ausreicht und die Anlage in einzelne Abschnitte aufgeteilt werden muss. Jedes PowerPack versorgt dann einen separaten Abschnitt mit ebenfalls 2,5 A Digitalstrom. Da alle angeschlossenen PowerPacks dieselben Daten von der Zentrale erhalten, kann eine Lok an jeder Stelle der Anlage stehen oder fahren und wird die Informationen erhalten. Wie üblich muss jedes PowerPack über einen eigenen Transformator mit Strom versorgt werden. Trix empfiehlt hier den Märklin Transfomer, der auch in Zusammenarbeit mit Märklin Digital gute Dienste leistet.

**Abb. 3.88: Das Control-Handy erweitert das System auf 100 Adressen.**

Auch wenn man erst nach Anschluss eines Fahrreglers alle Adressen nutzen kann – die vollwertige Zentrale, die alle 104 Adressen ansprechen kann, die für externe Geräte wie z. B. Lokdecoder vorgesehen sind, steckt direkt ab Werk im Central Control. Da das Display aber für die Lokadresse nur eine Stelle vorsieht, kann eben maximal die Adresse 9 angewählt werden. Drei Betriebsarten kennt die Zentrale: Selectrix, gemischt und DCC. Im reinen Selectrix-Modus stehen alle neun Lokadressen (1 bis 9) nur für Selectrix-Decoder zur Verfügung. Ein angeschlossenes Lok-Control oder Control-Handy vergrößert den Adressvorrat für Lokdecoder in diesem Modus dann auf 100, wobei die Adressen „00“ bis „99“ heißen. Mehr als zwei Stellen sind bei den Fahrreglern nämlich für Lokadressen nicht vorgesehen.

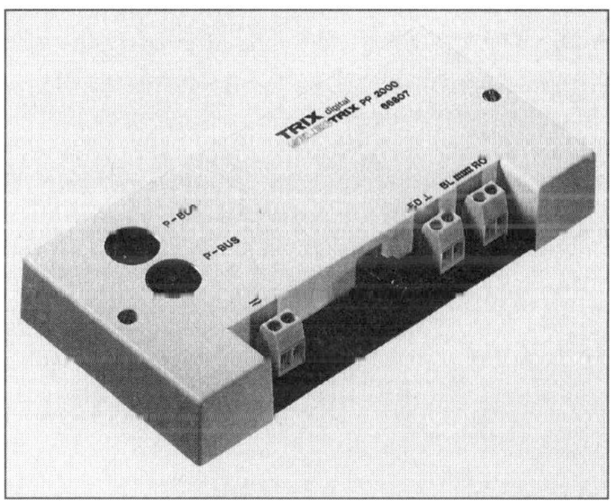


**Abb. 3.89: „PowerPack“ nennt Trix seinen Leistungsverstärker oder Booster.**

## Gemischter Selectrix-/DCC-Betrieb

In der so genannten gemischten Betriebsart kann die Zentrale sowohl Loks mit Selectrix- als auch mit DCC-Decodern ansprechen. Die ungera-

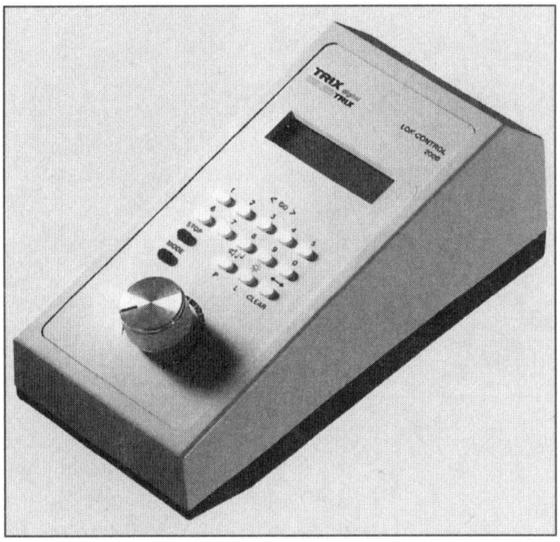

**Abb. 3.90: Das Lok-Control ist ein Gerät zum Fahren und Schalten.**

den Adressen sind in diesem Modus für Selectrix-, die geraden Adressen für DCC-Decoder reserviert. Nur maximal 64 Loks beider Formate lassen sich bedienen, wenn man den gemischten Modus wählt, den Rest muss man dann für Weichen, Signale und die Überwachung von Gleisabschnitten nutzen. Auch in der dritten Betriebsart, die auf dem Tastenfeld mit „Lz" gekennzeichnet ist, sind lediglich 64 Loks ansprechbar, die dann jedoch einen DCC-Decoder haben können. Das Einstellen der Betriebsart geschieht über die Tastatur des Central Control 2000 und sein sparsames LC-Display, das nur drei Stellen besitzt, wovon jede sieben Segmente besitzt. (Vielleicht kennen Sie diese Sieben-Segment-Anzeigen aus Taschenrechnern: Sind alle sieben Striche aktiviert, kann man die Ziffer 8 erkennen. Drückt man die Stop-Taste zusammen mit einer der drei Wahltasten „Sx" (Selectrix), „1/2" (gemischt) oder „Lz" (steht für Lenz, den Erfinder des DCC-Formates), wechselt die Betriebsart. Im Display wird dies durch ein mehr oder weniger informatives Zeichen bestätigt.

Das Selectrix-Datenformat kennt 31 Fahrstufen, wobei die meisten Loks auch tatsächlich schon in den ersten drei Stufen anfahren. Loks ohne Decoder lassen sich, anders als bei anderen Systemen, nicht einsetzen – erfahrene Modellbahner und auch einige Hersteller raten davon, wie schon erwähnt, aber ohnehin ab. Eine Lok mit eingebautem Selectrix-Decoder kann aber auf einer analog betriebenen Anlage eingesetzt werden, wenn man den Decoder vorher entsprechend programmiert. Eine automatische Erkennung gibt es nämlich nicht.

Insgesamt stehen im Selectrix-System mit einem Central Control 2000 bis zu 104 Adressen zur freien Verfügung, die entweder Loks oder andere, via Sx-Bus-Stecker an die Zentrale angeschlossene Geräte sein können. Auch wenn tatsächlich 112 Adressen vorhanden sind: Die Adressen 105 bis 111 werden von der Zentrale intern gebraucht. Bei den anzuschließenden Geräten darf es sich zum Beispiel um Magnetarktikeldecoder oder Gleisbesetztmelder handeln, von denen jedes eine Adresse belegt. Im Klartext: Reserviert man sich beispielsweise 74 Adressen für Loks, bleiben noch 30 Adressen für die Realisation von Rückmeldungen und das Schalten von Weichen übrig. Da sowohl Gleisbesetztmelder als auch Schaltdecoder von Trix je acht Anschlüsse haben, könnte man mit den verbleibenden Adressen noch 240 Weichen oder Gleisabschnitte überwachen – Selectrix ist also durch diese Freiheit, welcher Adresse man welche Funktion zuordnet, ein äußerst flexibles System, da man so konfigurieren kann, wie man es braucht.

## Translater

Wer eine größere Anlage mit Selectrix betreiben möchte, der wird mit 104 Adressen für Loks und Rückmelder und Magnetartikeldecoder aber schnell an die Grenzen des Systems stoßen. Um hier noch einmal nachzulegen, brachte die Firma Trix den so genannten Translater heraus, ein Zusatzgerät im typischen Selectrix-Modul-Design, das gleich zwei Funktionen erfüllt. Es verbindet zum einen Komponenten der ersten Selectrix-Generationen mit der aktuellen und eignet sich außerdem auch als Erweiterungsmodul für Power-User des jetzigen Systems. Schließt man es nämlich per Sx- oder Px-Stecker an die Zentrale an, erweitert man auf diese Weise den Adressbereich. Mit dem Translater und der Zentrale stehen dann 104 Lokadressen und 111 Adressen für Magnetartikel und Rückmelder zur Verfügung. Zur Erinnerung: Jeweils acht überwachte Gleisbschnitte bzw. Magnetartikel brauchen eine Adresse, sodass man insgesamt 888 Anschlüsse kontrollieren kann. Es spielt hierbei keine Rolle, wie man diese zusätzlichen Adressen auf Gleisbesetztmelder und Magnetartikel verteilt.

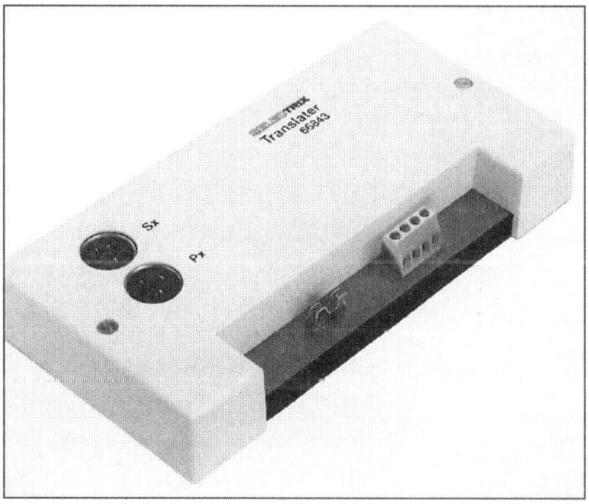

ABB. 3.91: DER TRANSLATER BRINGT ZUSÄTZLICHE ADRESSEN FÜR GRÖSSERE ANLAGEN INS SYSTEM.

Wie schon angedeutet: Es gibt von Trix einen Funktionsdecoder für das Selectrix-System, der zum Beispiel Weichen oder Signale schalten kann und der äußerst leistungsfähig ist. Er ist nämlich in der Lage, gleich bis zu acht Magnetartikel oder auch Lichtsignale zu versorgen. Zu diesem Zweck kann man ihn entweder auf Dauer- oder Impulsbetrieb programmieren. Im ersten Fall lassen sich also Lichter schalten, die dann auch dauerhaft brennen. Im Impulsbetrieb sendet der Decoder lediglich kurze Schaltimpulse aus, die zum Schalten einer Weiche oder eines Formsignals nötig sind. Dabei lässt sich die Länge des Impulses sogar zwischen fünf Millisekunden und drei Sekunden einstellen. Auch eine Rückmeldung der Weichenstellung ist möglich – allerdings beschränkt sich diese auf eine reine Kontrolle darüber, ob ein bestimmter Befehl schon gegeben wurde oder nicht. Über die tatsächliche Position der Weichenzunge sagt diese Information nichts aus. Jeder Funktionsdecoder mit acht Anschlüssen braucht nur eine Adresse, die frei wählbar ist.

Das Selectrix-System hätte in diesem Buch nicht so breiten Raum, wenn man es nicht an einen Computer anschließen könnte. Und das kann man natürlich. Das hierfür nötige Interface ist Trix-typisch unauffällig und wird über den Sx-Bus ins System eingebaut. Es kommuniziert mit einem angeschlossenen PC in einer Geschwindigkeit von bis zu 19.200 Bit pro Sekunde, ist also acht Mal so schnell wie das von Märklin. Es wird über einen Einstellblock mit kleinen Drahtbügelchen konfiguriert.

Ein Selectrix-System aufzubauen, ist zunächst einmal vielleicht eine etwas unübersichtliche Angelegenheit, was in der Geschichte des Systems und seiner Firma begründet liegt. Für einen Modellbahner wie Sie, der entweder kurz- oder mittelfristig plant, seine Selectrix-Anlage mit dem PC zu steuern, sind einige der Beschränkungen aber vielleicht gar nicht so wichtig. Sie brauchen für eine mit Original-Selectrix-Hardware gesteuerte Anlage mindestens das Central Control 2000, Funktionsdecoder, Gleisbesetztmelder und das Interface. Empfehlenwert, aber nicht unbedingt nötig, ist ein Fahrregler, wobei es egal ist, ob es sich dabei um das stationäre Lok-Control oder das mobile Control-Handy handelt. In dieser Konstellation können Sie mit dem PC 104 Adressen über den Sx0-Bus ansprechen. Das können Lok- oder Funktionsdecoder- oder Gleisbesetztmelder-Adressen sein.

Reicht das nicht aus, brauchen Sie den Translater und ein zweites Interface. Nun stehen 104 Lokadressen über den ursprünglich vorhandenen Sx-Bus (Sx0) und 111 Funktionsdecoder- und Gleisbesetztmelder-Adressen über den zusätzlichen (Sx1-) Bus zur Verfügung. An beide Busse muss je ein eigenes Interface angeschlossen werden, da es sich bei den beiden Sx-Bussen im Grunde um unabhängige Systeme handelt, die aber natürlich von ein und derselben Zentrale versorgt werden. Wenn Sie noch mehr Adressen brauchen, müssen Sie sich weitere Central Control 2000 anschaffen und diese dann wie beschrieben erweitern. Ob sich das allerdings lohnt, darf bezweifelt werden. Der Gerätepark wäre wohl doch viel zu teuer und zu umfangreich.

### Kompatible Komponenten für Trix Selectrix

Wie schon angedeutet: Man ist beim Aufbau einer mit Selectrix gesteuerten Anlage nicht zwangsläufig auf die Original-Komponenten angewiesen. Möchte man die Systemvorteile von Selectrix für sich nutzen, dies aber unter

Umgehung der Original-Geräte tun, hat man mit Digirail, das ja bereits ausführlich vorgestellt wurde, eine gute Alternative. Man kann sich aber natürlich auch die Original-Zentrale anschaffen und nur alle Zusatz-Komponenten von anderen Herstellern kaufen. Wer Selectrix-Decoder nutzen möchte, in puncto Schalten und Melden aber nicht unbedingt am Selectrix-Format hängt, der hat außerdem natürlich auch die Intellibox bzw. das Twin-Center von Fleischmann als Alternative. Alle 112 Adressen stehen hier uneingeschränkt für Loks zur Verfügung. Weichen und Signale muss man dann allerdings mithilfe von Decodern schalten, die im DCC-Format arbeiten, da der Sx-Bus von der Intellibox nicht unterstützt wird, auch wenn's auf der Rückseite vielleicht so aussieht. Die Rückmeldungen von Gleisbesetztmeldern oder Rückmeldemodulen nimmt die Intellibox dann über s88-kompatible Komponenten entgegen, da sie diesen Rückmeldebus unterstützt.

## Rautenhaus

Eine sehr engagierte Firma, die sich in punkto Selectrix-Unterstützung in der Vergangenheit hervorgetan hat, ist die Firma Rautenhaus, die ihre Produkte in Kooperation mit der Firma MDVR vertreibt. Sie bietet eine Vielzahl kompatibler Komponenten für das Selectrix-System an. Rautenhaus erweitert den Adressbereich durch die so genannte dynamische Adressierung in Verbindung mit neuen Lokdecodern auf 10.000 Adressen.

Nicht nur ein Interface, Funktionsdecoder und Gleisbesetztmelder sind bei Rautenhaus im Programm. Rautenhaus bietet mit dem SLX 850 sogar eine eigene Digitalzentrale. Mit dem neuen Fahrregler SLX844 lassen sich vier Loks gleichzeitig steuern. Angeschlossen wird das Gerät über den SX-Bus an die Original-Zentrale von Trix oder das multi control 2004 von MÜT.

Die Zentrale SLX850 versorgt die Gleise mit ca. 1,5 A und kann so bis zu sechs Spur-Z- oder Spur N-Fahrzeuge, bis zu vier Spur HO- oder drei Spur 1- oder Spur G-Fahrzeuge gleichzeitig betreuen. Bei größerem Strombedarf durch mehr Triebfahrzeuge oder beleuchtete Wagen sollte ein Fahrstrom-Booster SLX851 eingesetzt werden. Jeder Booster stellt zusätzlich eine Leistung von bis zu 3 A zur Verfügung. Als externe Stromversorgung empfiehlt Rautenhaus den Titan Trafo Typ 208 mit 64VA. In den PX-Bus können bis zu 20 Booster integriert werden.

Die Zentrale SLX850 stellt dem System ursprünglich zwei Datenbusse mit jeweils 112 Adressen zur Verfügung. Der erste Datenbus nennt sich SX0 und steuert 112 Lokomotiven oder 896 Magnetartikel, Besetztmeldungen, Signale, Entkuppler oder andere Komponenten.

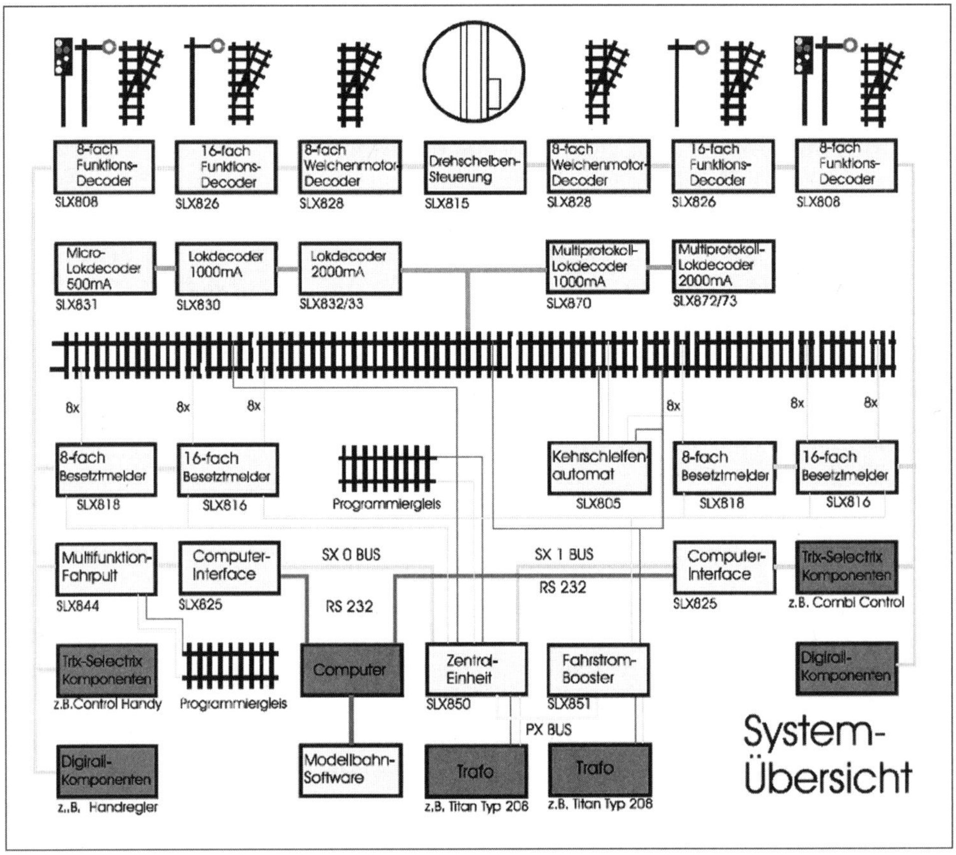


**Abb. 3.92: Rautenhaus setzt auf modulare Komponenten statt auf All-in-one.**

Die Zentrale kann beide Buchsen für den SX0-Bus verwenden oder aus einer den SX0- und aus der anderen Signale des separaten SX1-Busses mit weiteren 112 Lokadressen ansteuern.

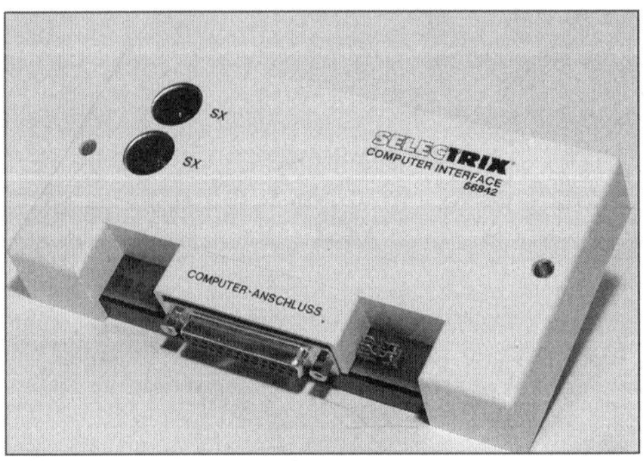


**Abb. 3.93: Das Interface SLX825 von Rautenhaus ist voll kompatibel zu Selectrix.**

Neben dem Selectrix-Format kann der SLX850 auch bis zu acht Lokdecoder im DCC-Format ansprechen. Dabei stehen 28 Fahrstufen und mit bis zu 4 Sonderfunktionen zur Verfügung. Als Adressbereich belegen diese dann 96 bis 103.

Zur Steuerung gibt es zum einen das Multifunktions-Fahrpult SLX844 oder den Multifunktions-Handregler SLX845. Der SLX844 steuert gleichzeitig bis zu vier Lokomotiven bzw. 4-fach Traktionen. Jeder Lokadresse kann zur besseren Unterscheidung eine 4-stellige Loknummer zugeordnet werden. Eine Monitorfunktion dient der Überwachung von Besetzt- und Befehlszuständen im Datenbus.

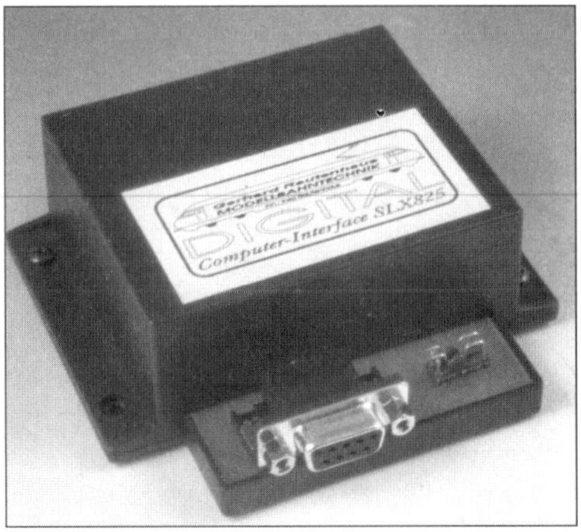


Abb. 3.94: Das SLX844 von Rautenhaus/MDVR ist ein reiner Fahrregler ohne eigene Intelligenz. Es wird an eine zu Selectrix kompatible Zentrale angeschlossen .

Der Handregler SLX845 steuert zwar nur eine Lok auf einmal, er bietet jedoch einen Zugriff auf alle Systemadressen und erlaubt einen Fahrbetrieb bei gleichzeitigem Schalten von Funktionsdecodern. Über eine Schnellwechseltaste kann der Modellbahner zwischen zwei Lokadressen hin- und herspringen. Im Regler stehen eine Lokliste mit 5-stelligen Namen oder Nummern zur Verfügung, aus denen schnell das zu steuernde Fahrgerät ausgesucht werden kann.

Für die Verbindung mit dem PC steht das Multifunktions-Interface SLX852 bereit, es verbindet zwei SX-Busse über die serielle Schnittstelle. Im so genannten Bus-Modus verwaltet das SLX852 die beiden oben genannten Busse (SX0 und SX1) und steht für Schalt-und Meldeaufgaben zur Verfügung.

## Uhlenbrock Intellibox

Dieses Gerät ist bisher in diesem Buch schon ein paar Mal erwähnt worden. Als es vor ein paar Jahren auf einer Messe zum ersten Mal gezeigt wurde, konnte man es kaum glauben: Die Firma Uhlenbrock aus dem nordrheinwestfälischen Bottrop wollte in Zusammenarbeit mit der italienischen Firma Modeltreno eine so genannte Multiprotokoll-Zentrale entwickeln, die gleich eine ganze Horde von Fliegen mit einer Klappe schlagen sollte.

Es sollten Loks mit allen gängigen Decodern ansprechbar und steuerbar sein. Eine Vielzahl von Funktionen wie Booster, Keyboard, Memory und Fahrregler sollte in einem Gehäuse stecken. Nahezu jedes gängige Zusatzgerät sollte anschließbar und verwendbar sein. Es war schwieriger als gedacht, aber mit einigen Monaten Verspätung kam die Intellibox schließlich Ende 1998 auf den Markt.

**Abb. 3.95: Die Intellibox vereint eine Fülle an Funktionen in einem Gehäuse. Auch einen Computer kann man über das eingebaute Interface anschliessen.**

Gleich fünf Mikroprozessoren stecken im Gehäuse, die unter anderem für die Erzeugung der drei gängigen Datenformate sorgen: Loks mit Decodern im DCC-, Selectrix- und Märklin/Motorola-Format lassen sich steuern. Und tatsächlich: Nicht nur die Zentralen-Funktion wurde von den Entwicklern in Deutschland und Italien eingebaut: Als eine der ersten Zentralen besitzt die Intellibox nicht nur einen sondern gleich zwei eingebaute Fahrregler, sodass man zwei Züge gleichzeitig von Hand steuern kann. Das große, beleuchtete Display ist dabei äußerst auskunftsfreudig und daher hilfreich.

Wer eine Intellibox besitzt, der hat sich fast die gesamte Ausstattung an digitalen Steuerelementen auf einmal angeschafft. Ein Keyboard zum Stellen von Magnetartikeln gehört ebenfalls mit dazu. Die dafür nötigen Tasten befinden sich in der Mitte des Bedienfeldes. Acht Magnetartikel können dabei ohne Klimmzüge geschaltet werden – insgesamt 2.048 DCC-kompatible und 320 Motorola-kompatible Magnetartikel können es insgesamt sein. Immer acht befinden sich dabei in einer Ebene. Zur nächsten Ebene gelangt man auf Knopfdruck. Wie bei allen Keyboards keine ganz glückliche Lösung.

Mit einer Intellibox kann man theoretisch Modellbahnen in allen Spuren steuern. Sie liefert 3 Ampere Leistung und kann über das Menü in zwei Betriebsarten betrieben werden: Stellt man die Box auf „Ho" liefert die Box eine ungeregelte Ausgangsspannung, die bis zu 21 Volt stark sein kann. Wählt man die Einstellung „N" wird die Spannung geregelt und geht nicht über 18 Volt hinaus. Theoretisch könnte man die Intellibox auch bei Anlagen größerer Spuren (Spur 1 oder IIm) einsetzen. Praktisch macht dies ohne weitere Booster, die mehr Power liefern, nur wenig Sinn, weil man dann nur ganz wenige Loks fahren lassen könnte. 3 Ampere oder etwa 60 VA ist zum Beispiel für eine Gartenbahn doch etwas zu schmalbrüstig. Aber es geht natürlich – zu empfehlen ist es jedoch nicht.

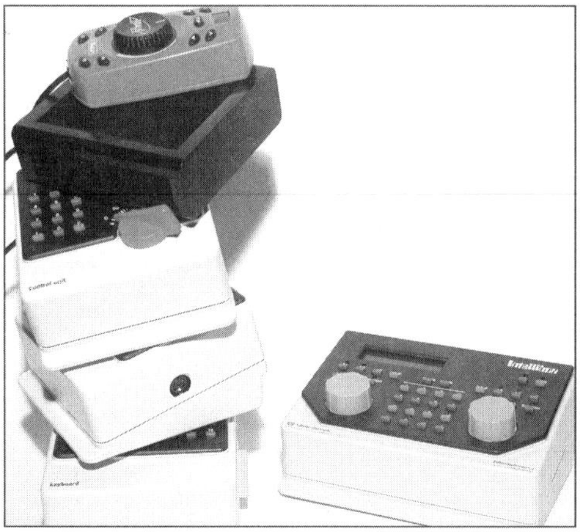

Abb. 3.96: All diese Geräte stecken in der Intellibox (rechts).

Auch ein Interface ist bereits mit an Bord. Im Gegensatz zu manch anderem, extern anschließbaren Gerät, erreicht das interne Interface der Intellibox beim Übertragen von Daten zum und vom angeschlossenen PC oder Mac eine maximale Geschwindigkeit von 19.200 Bit pro Sekunde. Als eins der wenigen Interfaces ist das der Intellibox nämlich auch speziell für den Anschluss an einen Macintosh-Computer vorgesehen. Neueren Macs muss man dafür aber erst noch per USB-Adapter eine serielle Schnittstelle spendieren, da die mittlerweile nicht mehr en vogue ist.

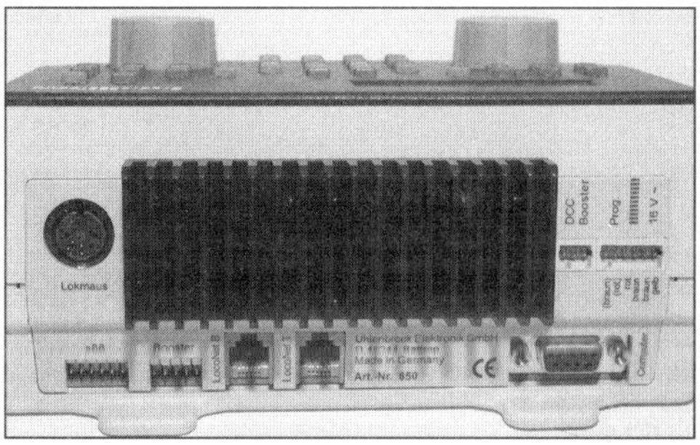


Abb. 3.97: Die Intellibox bietet eine Vielzahl an Anschlussmöglichkeiten für diverse Geräte.

In der Beschreibung der Digitalkomponenten im Kapitel 2 *So funktioniert die digitale Modellbahn* ist dieses Gerät nicht aufgetaucht: Der Programmer. Früher musste man dieses Gerät zum Programmieren der Lokdecoder, zum Beispiel auf eine neue Adresse, separat kaufen und anschließen. Das gehört mittlerweile zum Glück der Vergangenheit an, da man die Decoder entweder direkt über die jeweilige Zentrale programmieren kann oder die zu programmierenden Eigenschaften über das schon erwähnte Mäuseklavier, also kleine Schalterchen, direkt am Decoder eingestellt werden. Die Programmierfunktion ist in der Intellibox natürlich ebenfalls vorhanden – und das sogar in einer ganz besonders komfortablen Form: Die Intellibox beherrscht nämlich, wie das Digital plus by Lenz-System die so genannte Hauptgleis-Programmierung: Eine Lok muss dann nicht mehr vom Hauptgleis auf ein Programmiergleis gestellt werden, um sie zu programmieren. Sehr praktisch.

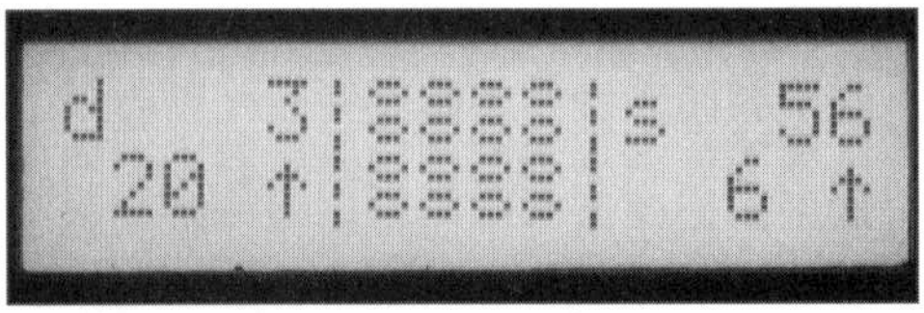


**Abb. 3.98: Im Display kann man die Eingänge der s88-Module kontrollieren.**

Darüber hinaus kommt die Intellibox mit einer ganzen Palette von Anschluss-buchsen an ihrer Rückseite daher. Eine Vielzahl an Zusatzgeräten, die derzeit von verschiedensten Herstellern für die unterschiedlichsten Systeme angeboten werden, kann man hier direkt an die Intellibox anschließen. Natürlich besitzt die Box mit dem s88-Anschluss eine Möglichkeit, entsprechende Rückmeldemodule anzustöpseln. Booster, Lokmäuse, Geräte, die über den genormten LocoNet-Anschluss verbunden werden, und vieles mehr kann hier per Kabel angedockt werden.

Apropos docken: An ihrer linken und rechten Seite besitzt die Box je eine Anschluss-Leiste, an die sich sogar bereits vorhandene Stellpulte, Memorys, Keyboards und was sonst noch anschließen lassen. Zwar braucht man diese Funktion später im Betrieb mit einem PC nicht. Gerade beim Bau der Anlage leistet sie aber gute Dienste: Die Intellibox hat nämlich einen eingebauten Rückmelde-Monitor. Jeder einzelne Eingang aller angeschlossenen Rückmeldemodule kann überprüft werden, wobei auf dem Display der Intellibox angezeigt wird, ob ein Gleiskontakt geschlossen ist oder sich ein Zug innerhalb eines vom Gleisbesetztmelder überwachten Abschnittes befindet. Maximal 128 Rückmeldemodule mit je 16 Kontakten, also 2.048 Kontaktstellen, können so überwacht werden.

## Automatische Abfrage

Die Intellibox bietet in puncto Rückmeldung über den s88-Anschluss noch einen ganz besonderen Service für einen angeschlossenen PC: Sie fragt die angeschlossenen und bei ihr angemeldeten Rückmelder selbsttätig ab und speichert für jeden einzelnen Kontakt, ob dieser nun betätigt wurde oder nicht. Dafür benutzt sie einen eigenen, internen Speicher. Der PC muss dann also nur noch nachfragen, ob sich Änderungen ergeben haben und wenn ja, an welchem Modul das der Fall war – eine echte Entlastung für den Computer. Ergebnis dieses Services: Die Rückmeldung funktioniert besonders schnell und zuverlässig, was für den computergesteuerten Betrieb wichtig ist, bei dem man als Benutzer ja meistens nicht noch einzeln nachkontrolliert, ob die elektronisch bekannte Situation auch tatsächlich mit der auf der Anlage übereinstimmt. Es ist also unerlässlich, dass man der Intellibox die Anzahl der angeschlossenen Module genau mitteilt, damit sie keine wertvolle Abfragezeit für Module verschwendet, die gar nicht vorhanden sind. Das Beispiel zeigt die in diesem Fall nahtlose Zusammenarbeit zwischen Computersteuerung und Digitalzentrale. Es kann also nicht schaden, wenn auch die Digitalzentrale eine gewisse Intelligenz und Leistungsfähigkeit mitbringt und dem PC zuarbeiten kann.

Seit einiger Zeit lassen sich mit der Intellibox auch so genannte Fahrstraßen schalten, was bei Märklin dem Memory entspricht. Über einen Knopfdruck wird so gleich eine Vielzahl an Magnetartikeldekodern gestellt, so dass ein Zug dann den Weg nur noch entlang zu fahren braucht, ohne dass man jeden Magnetartikel einzeln schalten müsste. Das Tastenfeld in der Mitte der Intellibox besitzt 16 Tasten. Jede dieser Tasten steht im Fahrstraßen-Modus für eine Fahrstraße. Jede Fahrstraße kann zehn einzelne Magnetartikel schalten. Drei „Ebenen" mit jeweils 16 Fahrstraßen gibt es, sodass sich insgesamt 48 Fahrstraßen bedienen lassen. Einmal programmierte Fahrstraßen bleiben auch dann gespeichert, wenn die Intellibox ausgeschaltet wird.

## Update für die Intellibox

Besitzern bereits verkaufter Intelliboxen ohne diese Funktion bietet Uhlenbrock ein – allerdings kostenpflichtiges – Update an. Die Intellibox selbst kostet etwa 440 Euro, das Fahrstraßen-Update für ältere Boxen schlägt mit 54 Euro zu Buche. Sie als angehender PC-Modellbahner müssen sich um all das keine Gedanken machen: Fahrstraßen schalten Sie bequem vom PC aus – die Modellbahn-Software erledigt das für Sie. 440 Euro – das hört sich auf den ersten Blick recht teuer an. Bedenken Sie aber, wie viele Geräte Sie in einem Gehäuse dafür bekommen.

**Abb. 3.99: Das via Internet heruntergeladene Update wird in die Intellibox übertragen.**

Die Intellibox ist geradezu ideal auch dann, wenn Sie als PC-Modellbahner ja eigentlich den Computer anschließen wollen: Sie nimmt längst nicht so viel Platz ein wie ein aus einzelnen Geräten bestehender Gerätepark. Sie können, wenn's darauf ankommt, aber die gesamte Anlage auch von Hand steuern, Sie können Magnetartikel schalten und Rückmeldekontakte überwachen.

Ein weiterer, großer Vorteil der Intellibox gegenüber manch anderer Zentrale ist die Update-Fähigkeit. Wird die interne Software der Box nämlich verbessert, kann man sie sich, bisher kostenlos, aus dem Internet herunterladen. Die Update-Datei wird dann über ein ebenfalls kostenloses Programm direkt vom PC in die Intellibox eingespielt, die sich nach erfolgtem Überspielen mit der neuen Software-Version meldet. Alle bereits gemachten Einstellungen bleiben dabei übrigens erhalten. Das für den PC-Anschluss nötige Kabel wird von Uhlenbrock gleich mitgeliefert – auch nicht immer eine Selbstverständlichkeit.

### Intellibox in Aktion

Die Intellibox besitzt zwei eingebaute Fahrregler. Damit sich sowohl Gleich- als auch Wechselstrom-Modellbahner gleich zu Hause fühlen, kann man die Arbeitsweise der Fahrregler selbst einstellen: Ist man gewohnt, dass sich die Nullposition in der Mitte befindet? Kein Problem, dann kann man es so einstellen. Oder empfindet man es als praktischer, dass es keine Mitte gibt und die Fahrtrichtung durch einen Impuls umgeschaltet wird? Dann ist auch das einstellbar; zum Umschalten der Fahrtrichtung drückt man dann einfach auf den Drehregler.

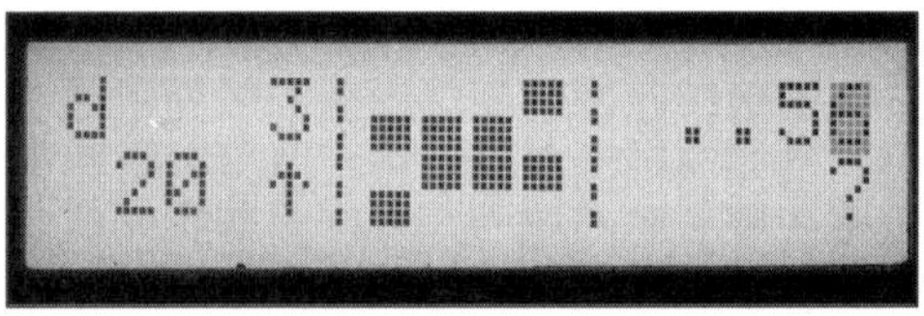

**Abb. 3.100: Die Lok-Nummer wird über das Tastenfeld eingegeben.**

Noch etwas ist enorm praktisch: Die Drehregler haben keinen Endanschlag und keine feste Position, sie drehen durch. Stellen Sie sich vor, Sie steuern gerade einen ICE über den rechten Fahrregler aus dem Bahnhof. Auf freier Strecke lassen Sie ihn seine Reisegeschwindigkeit erreichen und legen nun auf Tastendruck einen anderen Zug auf diesen Drehregler: Eine kleine, alte Museumseisenbahn, die gemütlich vor sich hin dampft. Auch zur Steuerung dieser langsameren Lok verwenden Sie natürlich den Drehregler. Sie bewegen ihn so lange, bis der Museumszug schnaufend vor einem Signal anhält. Nun übergeben Sie die Kontrolle des Zuges per Mausklick an den PC und legen sich per Tastendruck wieder den ICE auf den gleichen Fahrregler: Er behält seine vorhin eingestellte Geschwindigkeit. Auch wenn die Position des Drehreglers eben bei der Dampflok noch „Stopp" bedeutete, jetzt, beim ICE, steht sie für die aktuelle Geschwindigkeit.

Das Aufrufen einer Lok geht übrigens ganz einfach: Als Erstes wird die Taste „lok#" gedrückt. Jede Drehregler-Seite besitzt ihre eigene. Das Display wechselt und wartet nun auf die Eingabe der Lok-Nummer. Diese tippt man über die Tastatur ein und bestätigt mit der Taste „Return“. Sie wird übernommen und der entsprechende Zug kann sofort mit dem Drehregler gesteuert werden. Dabei bleibt die letzte Kombination aus Lok-Nummer und Fahrstufe in der Intellibox gespeichert und wird immer wieder ausgesandt. Selbst dann, wenn eine Lok also zwischendurch mal auf einem abgeschalteten Gleisstück stand – sobald der Strom wieder da ist, erhält sie ihre Daten wieder geliefert. Wie lange die Intellibox dies macht, das kann man in Minuten übrigens selbst einstellen.

Sie haben gesehen: PC und Digitalzentrale arbeiten auch hier wieder Hand in Hand. Vorausgesetzt, die Modellbahn-Software besitzt eine entsprechende Funktion, kann man einen Zug wechselweise in die Obhut und Kontrolle des PC geben oder per Drehregler selbst steuern. So macht das Spielen auf der digitalen Anlage ganz besonders viel Spaß.

Sie wissen ja bereits, dass die Intellibox sowohl DCC- als auch Selectrix- und Märklin-/Motorola-Decoder ansprechen kann. Damit es keine babylonische Sprachverwirrung im Gleis gibt, muss man also jede Lok mit ihrem jeweiligen Decoder einzeln bei der Intellibox anmelden – jedenfalls theoretisch. Den PC interessieren die Details dann später nicht mehr, er ist zu Höherem berufen und spricht die Loks dann nur noch mit ihrer Adresse an. Das Datenformat, das dahinter steht und von der Intellibox ausgesandt wird, ist ihm dabei völlig egal.

**Abb. 3.101: Für jeden Decoder kann man das Datenformat einstellen.**

Damit also sprachlich alles glatt läuft, muss die Intellibox wissen, welcher Decoder denn da zum Beispiel auf die Adresse „30“ hört. Damit diese Programmierung nicht in Stress ausartet, haben sich die Programmierer eine Vereinfachung ausgedacht. Da man vermutlich ein Lieblingsformat hat – manche schwören auf Selectrix, wollen aber auch mal eine DCC-Lok fahren lassen, andere verwenden nur DCC und bauen einen Selectrix-Decoder nur dann ein, wenn es im Lokgehäuse besonders eng ist – stellt man dieses Lieblingsformat ein. Zu diesem Zweck drückt man erst die *menu*-Taste und bewegt sich dann zum Menupunkt *Lok-Datenformat*. Hier kann man unter insgesamt neun Einträgen aussuchen: *Motorola - alt, Motorola - neu, DCC 14, DCC 27, DCC 28, DCC 28 DAC, DCC 128, DCC 128 DAC* und *Selectrix*.

Wie Sie sich sicher schon denken können, stehen die Zahlen für die Anzahl der Fahrstufen, während DAC für Decoder Assisted Consisting steht, was so viel wie decoderintegrierte Multitraktionsadressierung bedeutet – was zugegebenermaßen auch nicht besser verständlich ist. Gemeint damit ist die Fähigkeit mancher Decoder, so genannte Multitraktionen, also Züge, in denen mehr als eine Lok fährt, zu steuern. Ein Decoder übernimmt hierbei die Regie, die anderen ordnen sich unter.

Außer der *menu*-Taste ist einer der wichtigsten Knöpfe der mit der Überschrift mode. Er ist dafür zuständig, die Box und damit auch Display und Tastenfeld in einen von zurzeit vier Modi zu schalten, wobei jeder Tastendruck in den nächsten Betriebszustand umschaltet: Keyboard-Modus, s88-Monitor-Modus, Fahrstraßen- oder Memo-Modus und Programmier-Modus sind verfügbar. Wie bereits erwähnt: Der Fahrstraßen-Modus ist erst seit einiger Zeit Bestandteil aller ausgelieferten Intelliboxen.

**Abb. 3.102: Mit Sonderoptionen werden ganz spezielle Funktionen beeinflusst.**

Um die Menüs nicht mit Funktionen zu überladen, die vielleicht ohnehin nur für wenige Intellibox-Nutzer von Bedeutung sind, weil sie doch einiges an technischem Vorwissen voraussetzen, haben die Entwickler der Intellibox eine Reihe von so genannten Sonderoptionen verpasst. Es handelt sich dabei um Funktionen, die sich bei jedem Software-Update wieder ändern können. Eine Sonderoptionspro-grammierung besteht aus einer Kombination von Sonderoptionsnummer und einem Parameterwert.

So ist Sonderoption Nr. 815 zum Beispiel dafür zuständig, zu regeln, in welchem Modus sich die Box befinden soll, wenn man sie einschaltet: Gibt man etwa den Wert „0" ein, meldet sich die Intellibox mit aktivem Keyboard-Modus. Wert „2" steht für den „s88"-Modus. Auch eine Reihe von Inkompatibilitäten verschiedener Decoder-Typen untereinander wird durch entsprechende Sonderoptionen behoben und positiv beeinflusst. Eine aktuelle Liste der jeweils gültigen Optionen gehört zu jedem Software-Update.

### Weitere Intellibox-Komponenten

Die Firma Uhlenbrock hat rund um ihre Intellibox nach und nach ein digitales Vollsystem aufgebaut. So sind viele weitere Geräte im gleichen Design wie die Intellibox in Planung und zum Teil auch schon zu haben. Eins der interessantesten dürfte „FRED" sein, ein einfacher Handregler, der per Kabel an die LocoNet-Buchse der Intellibox angeschlossen wird. Mit FRED kann man bis zu vier digitale Lokomotiven nebst Sonderfunktionen steuern, wobei die Adressen vorher an der Intellibox eingestellt werden. Verlegt man LocoNet-Kabel und -Buchsen entlang seiner Anlage, kann man FRED an jeder dieser Buchsen einstöpseln und erhält so ein praktisches Steuersystem. Info für Bastelwütige: Es lassen sich Telefonkabel mit den gängigen Westernbuchsen verwenden – achten Sie auf jeden Fall darauf, dass genügend Adern für den Datenverkehr zur Verfügung stehen. Details hierzu gibt's im Internet, z. B. unter *www.nord-com.net/stefan.bormann*.

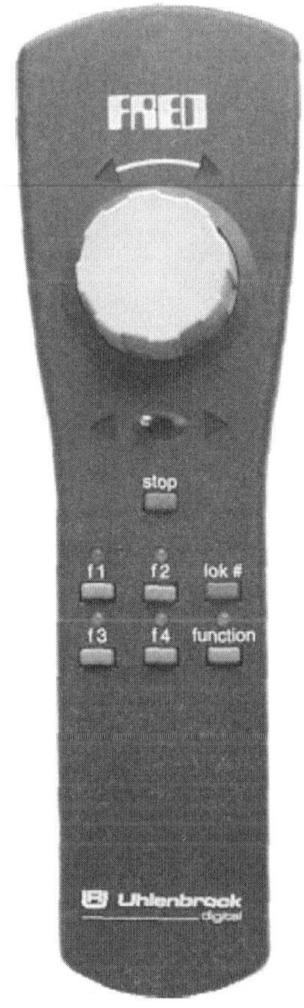


**Abb. 3.103: Auf den Namen FRED hört der Handregler von Uhlenbrock, der via LocoNet an die Intellibox angeschlossen wird.**

Wer mehr Power für weitere Stromkreise braucht, der kann einen Intellibox-Booster einsetzen, der noch einmal die gleiche Leistung liefert wie die Intellibox selbst. Der Booster wird über die entsprechende Buchse an der Rückseite mit der Intellibox verbunden. IB Control heißt ein weiteres Gerät aus der Intellibox-Familie, das gewissermaßen eine Box ohne Intelli ist. Die Box sieht fast so aus wie die Zentrale, hat aber keine eigene Steuerelektronik. Sie wird links an die Intellibox herangeschoben und bekommt über die Steckerleiste Kontakt. Auf diese Weise können zwei weitere Digitalloks per Fahrregler gesteuert werden – für Sie als PC-Modellbahner vermutlich aber nicht so interessant, weil Sie ja ohnehin den PC zur Steuerung einsetzen. In die gleiche Kategorie gehört auch IB-Switch. Sie werden es ahnen: Das ist ein Stellpult für Magnetartikel-Decoder und erweitert gewissermaßen das mittlere Tastenfeld der Intellibox um weitere Tastenpaare. Auch weitere Fahrstraßen lassen sich damit programmieren und abrufen – ein zusätzliches Memory, um die mittlerweile etwas antiquierte Märklin-Terminologie zu benutzen, ist also mit eingebaut.

Schon interessanter dagegen ist die Tatsache, dass Uhlenbrock mittlerweile eigene Lokdecoder im DCC-Format und neue Rückmeldemodule für das LocoNet im Programm hat. Der neue DCC-Decoder 74400 eignet sich für H0-Loks, läuft wahlweise mit 14, 27 oder 28 Fahrstufen, soll sich mit allen DCC-Zentralen vertragen und ist als 74420 auch mit Schnittstellenstecker zu haben. Die neuen Rückmeldemodule lassen sich ab der Software-Version 1.3 der Intellibox auch komfortabel mit der Box konfigurieren. Besonders praktisch am LocoNet ist die problemlose Verkabelung. Details, wie schon erwähnt, im Internet.

Ein besonderes Zückerchen haben sich die Entwickler für die markentreuen Modellbahner ausgedacht: Wer eine Lok mit dem neuen Decoder mit einer Intellibox oder Lenz-Zentrale ab Software-Version 3.0 steuert, der hat sogar 128 Fahrstufen zur Verfügung. Ebenfalls neu ist die Möglichkeit, bestimmte Eigenschaften des Decoders einfach über Funktionstasten zu beeinflussen. Was darunter zu verstehen ist? Stellen Sie sich vor, Sie fahren mit einem Güterzug über Ihre Anlage. Damit die Fahrt des Zuges so richtig realistisch wirkt, haben Sie die Anfahr- und Bremsverzögerungswerte des Lokdecoders so eingestellt (programmiert), dass der Zug beim Bremsen nur sehr langsam zum Stehen kommt und auch beim Anfahren sich nur sehr, sehr gemächlich in Gang setzt. So ein Güterzug ist halt schwer. Benutzen Sie die gleiche Lok aber nun später zum Beispiel zum Rangieren, ist dieses schwerfällige Reagieren auf die Befehle eher hinderlich – ein feinfühliges Rangieren wäre unmöglich. Per Knopfdruck auf eine der Funktionstasten der Intellibox können Sie die Werte wieder auf ein Normalmaß zurücksetzen, mit der Lok rangieren und später, wenn sie wieder vor einem Güterzug steht, die programmierten Werte reaktivieren.

**Abb. 3.104: Das IB-Switch ist das Keyboard für die Intellibox.**

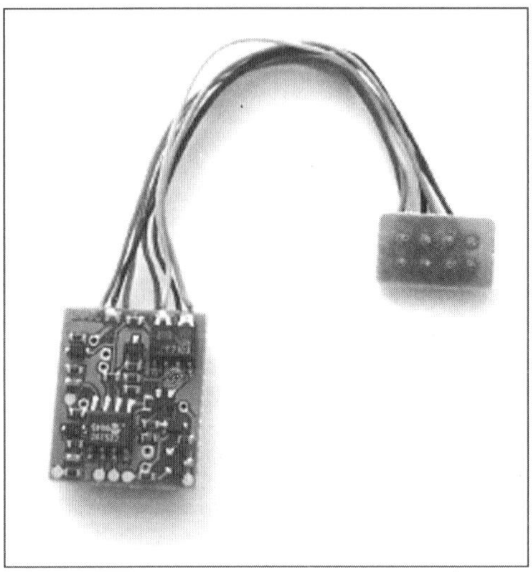

**Abb. 3.105: Von Uhlenbrock gibt es auch Lokdecoder mit DCC-Format.**

Obwohl die Intellibox also eigentlich kein eigenes Digitalsystem darstellt, ist sie trotzdem eins. Und zwar eins, das nicht festgelegt ist auf ein Protokoll oder auf einen bestimmten Hersteller. Sie ist also in sehr viele Richtungen kompatibel und bietet ein Höchstmaß an Zukunftssicherheit – nicht zuletzt auch dadurch, dass man ihr Betriebssystem updaten kann. Kommen also neue Decoder auf den

Markt, gibt es entscheidende Änderungen in diesem oder jenem Protokoll, fällt auf, dass ein Decodertyp in Verbindung mit einem anderen Probleme verursacht, kann all das durch ein einfaches Update gelöst werden.

## Zimo

Zimo galt lange Zeit als der Mercedes unter den Digitalsteuerungen: Die Geräte dieses Digitalsystems aus Österreich sind äußerst leistungsfähig – und Qualität hat bekanntlich ihren Preis. Ein Einsteiger-Set bestehend aus Zentrale, mobilem Fahrpult und zwei Lokdecodern kostet etwa 1.000 Euro.

Die Zentrale MX1 ist ein wuchtiges Gerät, das unter anderem Zentrale und Booster in einem ist. Sie erzeugt das DCC- und das Motorola-Datenformat. Bereits in seiner „kleinen" Ausführung bietet das Gerät satte acht bis zehn Ampere Leistung. Entsprechend hoch sind die Anforderungen an die Stromversorgung der Zentrale: mindestens 50, besser 100 bis 150 VA Leistung muss der Transformator bringen, damit der die MX1 auf Touren bringen kann. Der Zimo-eigene Transformer erreicht diesen oberen Wert und liefert 150 VA und 24 Volt.

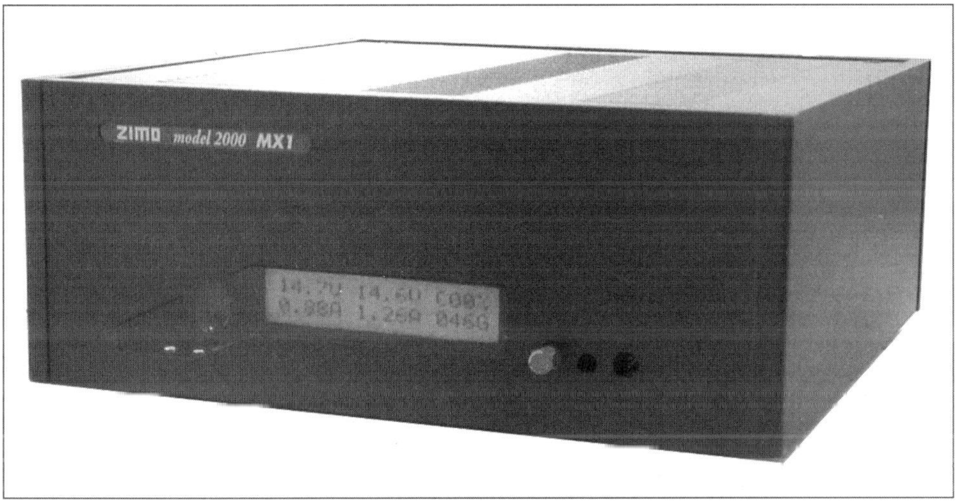


**Abb. 3.106: Die Zimo MX1 ist die Zentrale des Digitalsystems aus Österreich.**

In der Version MX1HS, als Hochstrom-Basisgerät, sind es sogar 15 A Leistung, die die Zentrale abgibt. Die Ausgangsspannung der MX1 ist dabei einstellbar zwischen zwölf und 24 Volt, sodass sich die Zimo-Zentrale tatsächlich für alle Spurweiten und Fabrikate eignet, die entweder das DCC- oder das Motorola-Format verwenden.

Mehrere Startpakete schnüren die Wiener: Im Set STARTK für kleine Spuren sind neben der Zentrale noch das Fahrpult MX21 und zwei Lokdecoder für Spur-H0-Loks. Das Set STARTG ist identisch, statt zwei H0-Decodern gehört jedoch einer für eine Lok der großen Spuren, wie zum Beispiel Spur 1 oder IIm, mit dazu. Über den Anschluss an den PC muss man sich als Zimo-Besitzer keine Gedanken machen: Das Interface ist bereits mit an Bord. Bei STARTN gibt es alles eine Nummer kleiner für Spur N und TT. Darüber hinaus hat der Hersteller noch verschiedene weitere Sets.

## CAN-Bus

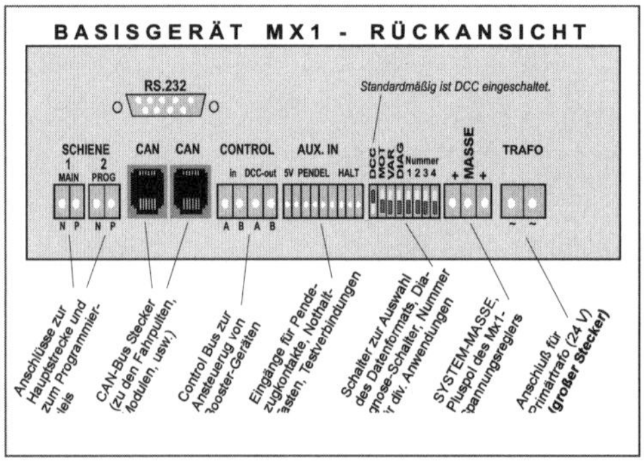


**Abb. 3.107: An der Rückseite des MX1 findet man Anschlüsse und Einstell-Schalter.**

Zu den herausragenden Besonderheiten gehört der in den Zimo-Geräten verwendete CAN-Bus (Controller Area Network) – ein Bus-Standard, der nicht nur in der digitalen Modellbahnerei sondern zum Beispiel auch in der Medizintechnik oder bei industriellen Anlagen verwendet wird. Er erreicht eine Übertragungsgeschwindigkeit von bis zu 115 Kilobit pro Sekunde, was fast der Geschwindigkeit von zwei ISDN-Kanälen entspricht. Beides liegt bei 128 Kilobit pro Sekunde. Dabei sehen die Buchsen recht unspektakulär aus: Sie verwenden die gleichen Western-Telefonbuchsen und -Stecker, die auch bei anderen Bussystemen zum Einsatz kommen. Bei Verwendung eigener Kabel ist auf die Anzahl der Adern zu achten, denn beim Telefon werden nur vier, im Datenverkehr jedoch sechs Adern benötigt.

Der CAN-Bus gilt als extrem sicher bei der Übertragung. Durch die hohe Geschwindigkeit können außerdem sämtliche Daten zu den Lokdecodern, Gleisbesetztmeldern und Magnetartikeldecodern über nur einen Bus verschickt werden. Auch wenn ein extrem hohes Datenaufkommen besteht, wie es bei größeren Anlagen passieren kann, kommt es trotzdem zu keinerlei Verzögerungen oder anderen Problemen, wie man sie von manch anderem System her kennt. So gilt beispielsweise der s88-Rückmeldebus als nicht eben besonders flott, weshalb viele Hersteller dafür bereits Alternativen anbieten, damit es gerade bei der Steuerung einer Anlage über den PC nicht zu Unfällen kommt. Je größer die Anlage ist, desto wahrscheinlicher ist es, dass die Übertragungsgeschwindigkeit des Busses nicht ausreicht.

Kabel für den CAN-Bus kann man sich übrigens aus normalem Telefonkabel mit passenden Western-Steckern selbst herstellen. Es gibt sie im Elektronik-Bedarf oder auch bei Zimo zu kaufen. Der Anschluss der MX1 wird genauso wie bei allen anderen Zentralen bewerkstelligt: Zwei Drähte führen vom Trafo zur Zentrale, zwei laufen von der MX1 zum Gleis. Das Fahrpult wird per CAN-Bus-Kabel mit der MX1 verbunden.

Abb. 3.108: Auch ein Fahrpult wie das MX2 wird über den CAN-Bus angeschlossen.

Decoder in einem Zimo-Startset sind grundsätzlich DCC-Decoder und hören, wie es die NMRA vorschreibt, grundsätzlich auf die voreingestellte Adresse „3". So kann man nach dem Einbau sofort loslegen. Bevor man den Strom einschaltet, sollte man sich noch einmal auf der Rückseite der Zentrale davon überzeugen, ob auch tatsächlich das richtige Datenformat eingestellt ist. Das grundsätzlich verwendete Protokoll wird bei Zimo nämlich über kleine Schalter voreingestellt. Es gibt die Einstellungen *nur DCC, nur Motorola* oder *DCC und Motorola*. Dabei weist der Hersteller darauf hin, dass man ein nicht verwendetes Datenformat deaktivieren sollte, damit die Zentrale all ihre Kraft auf die Erzeugung des tatsächlich zum Einsatz kommenden Formates verwenden kann.

## Fahrregler

Für die Zimo-Produkte gibt es verschiedene Fahrregler. Das MX2 wurde vom Hersteller bis Februar 2004 produziert und ist immer noch zu haben. Nachfolger wurde das MX21, das so ähnlich aussieht. Völlig neu konstruiert ist das MX31, das eine gebogene Form hat und sogar ohne Zentrale eingesetzt werden kann. Zudem hat der Hersteller ein Programm entwickelt, mit dem ein Taschencomputer PocketPC (auch PDA, persönlicher digitaler Assistent genannt) für die Steuerung eingesetzt werden kann.

Nach dem Einschalten der Anlage ist auf dem Display des Fahrpultes zunächst nicht viel zu sehen: Drei Punkte zeigen zumindest an, dass alles in Ordnung zu sein scheint. Die Eingabe der Adresse erfolgt nun über die Zifferntasten. Die Ziffern im Display scheinen nun zunächst gelb, was hier andeutet, dass man sich im Eingabemodus befindet und die Adresse von der Zentrale noch nicht akzeptiert wurde. Erst wenn man die „F“-Taste (für Fahrzeugadresse) drückt, wechselt die Ausleuchtung des Displays auf „grün“ und es kann losgehen. Über den Schieberegler am MX2/MX21 stellt man feinfühlig die Geschwindigkeit ein und im besten Fall sollte sich die Lokomotive in Bewegung setzen. Die Nullstellung befindet sich ganz unten am Schieberegler, die Höchstgeschwindigkeit ist somit am oberen Rand. Die Fahrtrichtung wird über die Pfeiltasten verändert. Die Eingabe der Decoder-Adresse in der beschriebenen Art und Weise spricht übrigens stets Decoder an, die im DCC-Format arbeiten. Will man eine Lok ansprechen, in der ein Decoder mit Motorola-Protokoll arbeitet, stellt man der Lokadresse ein „T“ voran.

**Abb. 3.109: Ein Magnetartikelempfänger ist für eine Weiche zuständig.**

Wären nun bereits Magnetartikeldecoder an die Zentrale angeschlossen, würden diese auf die gleiche Weise geschaltet werden: Die Adresse wird eingegeben – die Anzeige leuchtet gelb – dann muss sie allerdings statt mit „F“ mit der Taste „W“ aktiviert werden, woraufhin die Anzeige ihre Farbe auf rot ändert. Geschaltet wird die Weiche oder das Signal dann über die Zifferntasten, die man vorher in einer für Laien recht komplizierten Programmierprozedur vorgegeben hat. Während man im „roten Modus“ die Weichen schaltet, kann man weiterhin mit dem Schieberegler und den Pfeiltasten die zuletzt aktivierte Lok steuern. Zum Ansteuern von Magnetartikeln wie Weichen oder Signalen gibt es zwei Möglichkeiten: Der Magnetartikelempfänger ist, vergleichbar einem Lokempfänger, für genau eine Weiche mit zwei Spulen zuständig. Jedes Magnetartikelmodul kann hingegen gleich 16 Weichen oder 32 Lämpchen kontrollieren und schalten. Über 300 Euro kostet ein einziges dieser Module.

Ein Magnetartikelempfänger ist am ehesten vergleichbar mit einem Lokdecoder. Er versteht das DCC-Format, bekommt also eine DCC-Adresse zugeteilt und verhält sich genau so wie ansonsten ein Vierfach-Decoder für DCC von anderen Herstellern. Der Zimo MX81 kann eine Weiche oder zwei Lämpchen bedienen und verbraucht dafür eine Adresse. Er bekommt seinen Digitalstrom aus dem Gleis, kann also an einer beliebigen Stelle an die beiden Pole des Gleisstroms angeschlossen werden. Da er mit etwa 20 mal 10 mal 4,4 Millimetern zudem recht klein ist, passt er in viele Gleisbettungen oder sogar in die Weichenantriebe hinein. Es gibt ihn als Version für normale Weichen mit elektromagnetischen Doppelspulen und für Motor- und LGB-Weichen. In das Gehäuse eines LGB-Weichenantriebes passt er übrigens hinein. Für derartig harte Outdoor-Aufgaben stattet Zimo den ohnehin bereits in einem Schrumpfschlauch steckenden Decoder auf Wunsch auch mit per Silikon verschlossenen Enden aus, so dass er wetterfest wird.

Ein Magnetartikelmodul MX8 von Zimo ist ein Kästchen mit den Maßen 172 mal 112 mal 40 Millimeter mit teilweise transparentem Deckel. Im Gegensatz zum Weichenempfänger erhält das Modul seine Daten über den CAN-Bus, besitzt also an einer Schmalseite zwei entsprechende Buchsen.

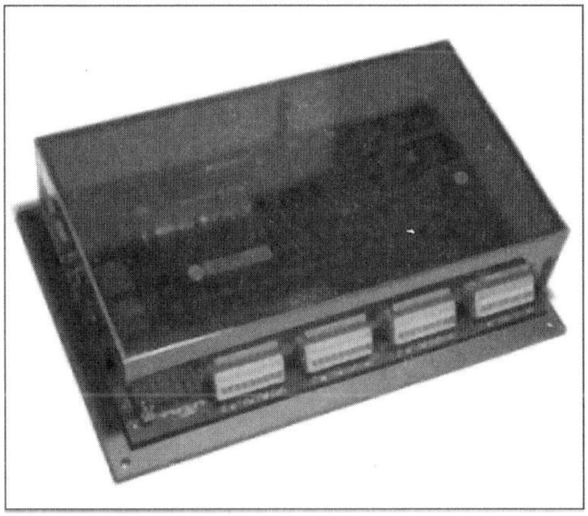

Abb. 3.110: Das Magnetartikelmodul wird über den CAN-Bus angeschlossen.

Die 16 Weichen lassen sich natürlich einzeln schalten, allerdings muss auch dies erst in einer Programmierprozedur, die man über ein angeschlossenes MX2/MX21-Fahrpult erledigt, genau festgelegt werden. Dabei muss man zum Beispiel auch angeben, in wie viele Gruppen die Anschlüsse aufgeteilt werden sollen. Sind es zum Beispiel zwei Gruppen mit so genannten Paarfunktionen, dann lassen sich insgesamt von den 32 Ausgängen 16 Weichen bedienen. Das Anwählen einer bestimmten Weiche geht dann folgendermaßen vonstatten: Zunächst wird die Moduladresse eingegeben. Jede Moduladresse beginnt mit „8", gefolgt von einer zweistelligen Zahl. Das liegt daran, dass innerhalb des Zimo-Systems für Magnetartikelmodule die Adressen 800 bis 863 reserviert sind. Wer schnell im Kopfrechnen ist, der kann daraus die zurzeit maximale Anzahl von 1.008 Weichen oder 2.016 Lämpchen errechnen, die im Zimo-System schaltbar sind. Übrigens: Die Adressen der Magnetartikel-Module haben mit denen der Lokdecoder oder Magnetartikelempfänger nichts zu tun – sie liegen in einem völlig anderen Bereich.

Hat man die Adresse eingegeben (z. B. „855"), folgt die Gruppen-Nummer (z. B. „2"). Die Sache mit den Gruppen ergibt sich übrigens aus der Tatsache, dass man Weichen mit den Zifferntasten 1 bis 8 schaltet. Durch die Anwahl der Gruppe legt man sich im obigen Beispiel also bei Gruppe 1 die Weichen 1 bis 8, bei Gruppe 2 die Weichen 9 bis 16 auf die Zifferntasten. Da muss man schon einige Semester Weichentechnik mit Schwerpunkt Gruppendynamik studiert haben, bis einem dieses Bedienkonzept in Fleisch und Blut übergegangen ist. Im Ernst: Im Fahrbetrieb kann das ganz schön umständlich sein.

Außer der schon erwähnten Verbindung über den CAN-Bus braucht jedes Modul noch Kontakt zu einem Trafo, der nicht identisch sein darf mit dem, der die Zentrale versorgt. Der Trafo liefert den Modulen den Strom, mit dem diese die Magnetartikel schließlich schalten. Auch eine Leitung zum Masseanschluss an der Zentrale muss noch hergestellt werden – dann ist die Verkabelung komplett.

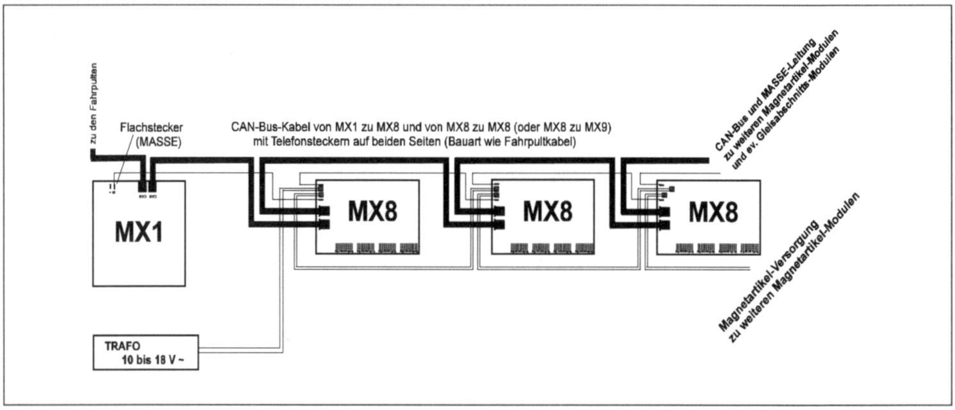


**Abb. 3.111: Jedes Magnetartikel-Modul braucht Trafo-Strom und Kontakt zur Masse.**

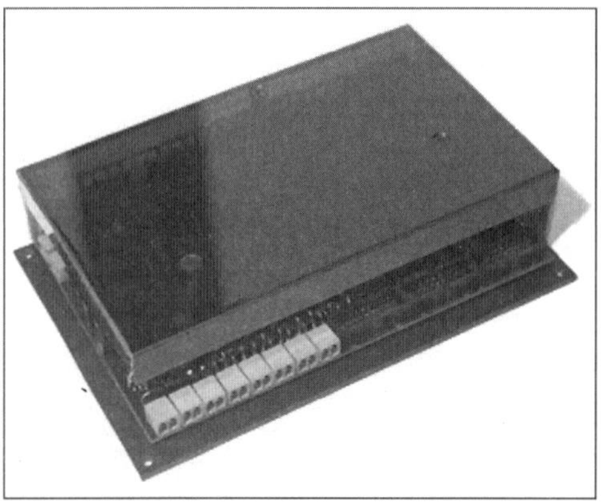

**Abb. 3.112: Jedes Gleisabschnittsmodul kontrolliert 16 Teilabschnitte.**

Während Magnetartikel-Decoder Adressen im Adressraum ab 801 haben, sind die nennen wir sie mal Überwachungsgeräte im Adressraum zwischen 901 und 963 angesiedelt. Nachdem also die 800er-Decoder mit MX8 im Namen beginnen, ist es logisch, dass das Gleisabschnittsmodul mit den 900er-Adressen nebst zusätzlicher Komponenten auf den Namen MX9 hört. Ein Gleisbesetztmeldemodul hat die Abmessungen wie ein Magnetartikelmodul und wird ebenfalls via CAN-Bus an die Zentrale angeschlossen. Jeweils 16 einzelne Gleisabschnitte (Teilabschnitte) können dabei überwacht werden, wobei immer zwei davon einen Hauptabschnitt bilden. Jeder Abschnitt ist, wie bei Gleisbesetztmeldern üblich, in Form von elektrisch isolierten Gleisen realisiert, was man am einfachsten über Isolierschienenverbinder aber natürlich auch über Trennstellen machen kann.

Außer mit dem CAN-Bus muss das MX9 außerdem noch mit dem Masseanschluss und mit den Gleisstrom-Klemmen der Zentrale verbunden werden, damit alles klappt. Da fehlt doch noch etwas? Genau: Sie als PC-Modellbahner sind nun natürlich noch daran interessiert, wie die Rückmeldedaten in den PC gelangen. Dafür gibt es zwei Möglichkeiten. Möglichkeit 1 ist die schnellste und sicherste und besteht daher in einer Verbindung zwischen CAN-Bus und PC. Da ein PC nicht von Haus aus einen CAN-Bus-Anschluss besitzt, muss man ihm diesen in Form einer entsprechenden Einsteckkarte einsetzen. Noch einmal mindestens 200 Euro werden hierfür fällig. Da diese Karte nicht von Zimo vertrieben wird, muss man sie sich separat kaufen. Auch Adapter für den Druckerport oder den USB-Anschluss stehen zwar zur Verfügung, sind aber schwierig zu bekommen und ebenfalls teuer.

Möglichkeit 2 ist in vielen Fällen durchaus ausreichend: Die Zentrale MX1 wird über die eingebaute serielle Schnittstelle mit dem PC verbunden. Zwar ist die mit 9.600 Bit pro Sekunde in der derzeit aktuellen Version nicht sonderlich schnell. Wenn Sie nicht gerade eine sehr große Anlage steuern wollen, müsste sie aber ausreichen. In zukünftigen Software-Versionen soll sich die Geschwindigkeit der Schnittstelle noch einmal erhöhen, verspricht der Hersteller. Das ist sehr zu begrüßen, weil man dann keine zusätzliche CAN-Bus-Lösung für seinen PC mehr braucht. Und schließlich kann auch eine serielle Schnittstelle die Daten exakt genauso schnell übertragen wie der CAN-Bus.

Zur Steuerung einer mit Zimo-Komponenten ausgestatteten Modellbahn-Anlage kann man jede Software verwenden, die DCC oder Motorola spricht – auch zum Beispiel die Software TrainController aus dem Railroad & Co.-Programm. Das Programm STP (Stellpult am Computer), auf das Zimo auf seiner Website hinweist, ist dabei sogar in der Lage, über den CAN-Bus mit der Zimo-Zentrale zu kommunizieren.

**Abb. 3.113: Die Verbindung zum PC erfolgt über die serielle Schnittstelle oder via CAN-Bus.**

Übrigens: Auch Zimo-Zentralen und andere Komponenten sind Update-fähig, was ihre interne Software angeht. Die MX1 in ihrer neusten Version wird, ähnlich wie die Intellibox von Uhlenbrock oder die multi control von

MÜT, über Software-Updates aus dem Internet auf den neusten Stand gebracht. Die früher etwas umständliche Update-Prozedur lässt sich über Windows durchführen. Andere Komponenten lassen sich über einen EPROM-Tausch updaten: Den entsprechenden Speicherbaustein erhält man dann per Post und tauscht ihn selbst gegen den alten aus.

Zwei Spezialitäten sind mit dem Zimo-System noch realisierbar und sollen hier nicht unerwähnt bleiben: Das Modul MX9 kann mit so genannten Zugnummern-Aufsteckplatinen versehen werden. Es ist hierdurch möglich, eine exakte Rückmeldung vom Zug zu bekommen, der sich dann mit seiner Nummer meldet. Dies ist allerdings zurzeit nur mit Lokdecodern möglich, die von Zimo hergestellt worden sind. Die Zugnummern werden dann auch zum Beispiel innerhalb der Software STP angezeigt.

Das zweite Bonbon ist die Möglichkeit, eine mit Zimo-Zentrale MX1 gesteuerte Anlage drahtlos zu steuern. Zusätzlich zum Fahrpult MX2 (oder auch stattdessen) schließt man via CAN-Bus ein Infrarot-Modul an, das mit dem drahtlos arbeitenden Fahrpult MX2IF dann via Infrarot kommuniziert. Praktisch ist, dass man dieses Fahrpult auf Wunsch auch per Kabel am CAN-Bus betreiben kann.

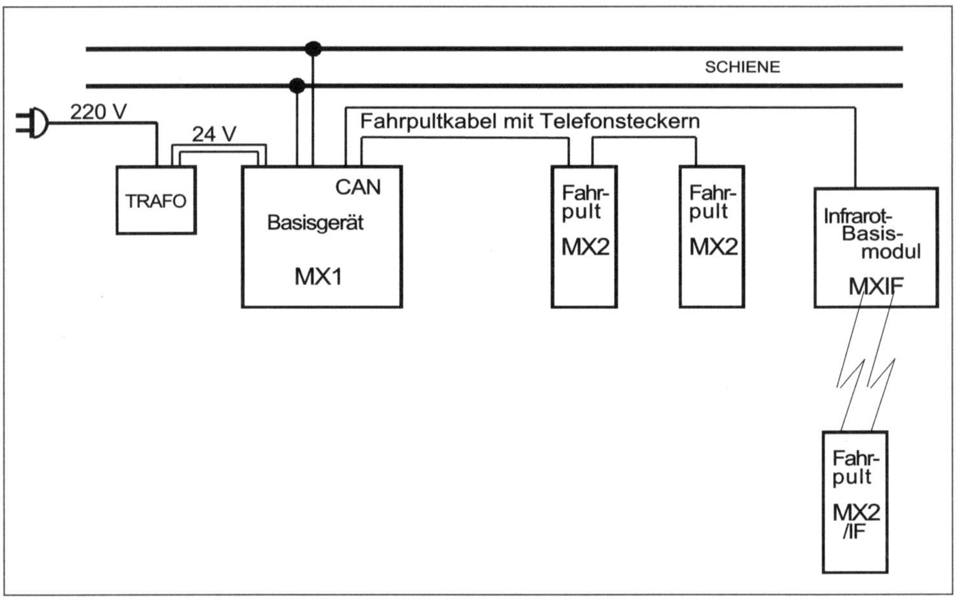


**Abb. 3.114: Auch ein Fahrpult mit Infrarot-Verbindung zur Zentrale ist verfügbar.**

# 4 Die Planung der Anlage

Es gibt Menschen, die beginnen einfach mit dem Bau ihrer digitalen Anlage, ohne sich allzu große Gedanken zu machen. Vielleicht existieren ein paar hastig hingekritzelte Skizzen, vielleicht hat man sich das eine oder andere Gleisplanbuch gekauft, um dort die Anlage der Träume zu finden. Nur in den seltensten Fällen werden die Vorschläge, die man in Gleisplanheften oder -büchern findet, hundertprozentig mit den eigenen Vorstellungen übereinstimmen. Und außerdem sind ja vielleicht schon einige Loks oder Gebäude-Modelle vorhanden, die man gerne einbauen möchte.

Um eigene Gedanken, was die Gleisplanung angeht, kommt man daher wohl nur schwerlich herum. Im Anhang dieses Buches finden Sie einige Gleisplan-Vorschläge. Es handelt sich dabei um Pläne, die speziell für den Einsatz der digitalen Steuerung erdacht worden sind. Insgesamt soll es in diesem Buch aber nicht schwerpunktmäßig um das Thema Gleisplanung gehen. Zu diesem Thema existieren bereits zahlreiche Bücher.

Sie sollen hier nur so viel erfahren, wie für die Berücksichtigung der Digitaltechnik wichtig ist. Darum werden Sie nach den grundlegenden Gedanken dazu auch einige Hilfsprogramme für den PC kennen lernen, mit denen das Planen von Modellbahn-Anlagen nicht nur einfach ist, sondern außerdem auch noch Spaß macht.

## Worauf man achten sollte

Der große Vorteil bei digitalen Anlagen ist der, dass nichts so bleiben muss wie es aktuell ist. Wenn Sie eine Anlage hingegen mit analogen Schaltungen und Verdrahtungen aufgebaut haben, dann ist jede spätere Veränderung meist mit unglaublichem Aufwand verbunden.

Bei einer digitalen, vom PC gesteuerten Anlage verdrahtet man dagegen ein Mal und kann dann die Züge jederzeit so fahren lassen, wie man möchte. Nur das Neu-Einrichten der Steuer-Software fällt an, wenn man ganz neue Zugfahrten durchführen möchte.

Grundsätzlich sollte man sich beim Planen von allem, was man aus den Anfangspackungen kennt, gedanklich trennen. Eine Eisenbahn, die ständig im Kreis oder Oval herumfährt, wird spätestens nach fünf Minuten langweilig. Denken und planen Sie also um die Ecke – im wahrsten Sinne des Wortes. Es muss schließlich nicht immer die rechteckige Grundplatte sein, auf der die Züge zwar mehrgleisig, aber im Prinzip doch permanent im Kreis fahren. Und wenn es sichs schon nicht umgehen lässt, dann sollte man die Züge wenigstens nicht dauernd sehen können.

## Schattenbahnhof

Planen Sie also verdeckte Streckenabschnitte mit ein und denken Sie an eine ausreichende Größe des so genannten Schattenbahnhofs. Darunter versteht man Abstellfläche im verdeckten Teil der Anlage. Dort warten die Züge, ohne dass man sie sehen kann, auf ihren nächsten Einsatz, der in Form des Fahrbefehls über die Zentrale vom PC kommt.

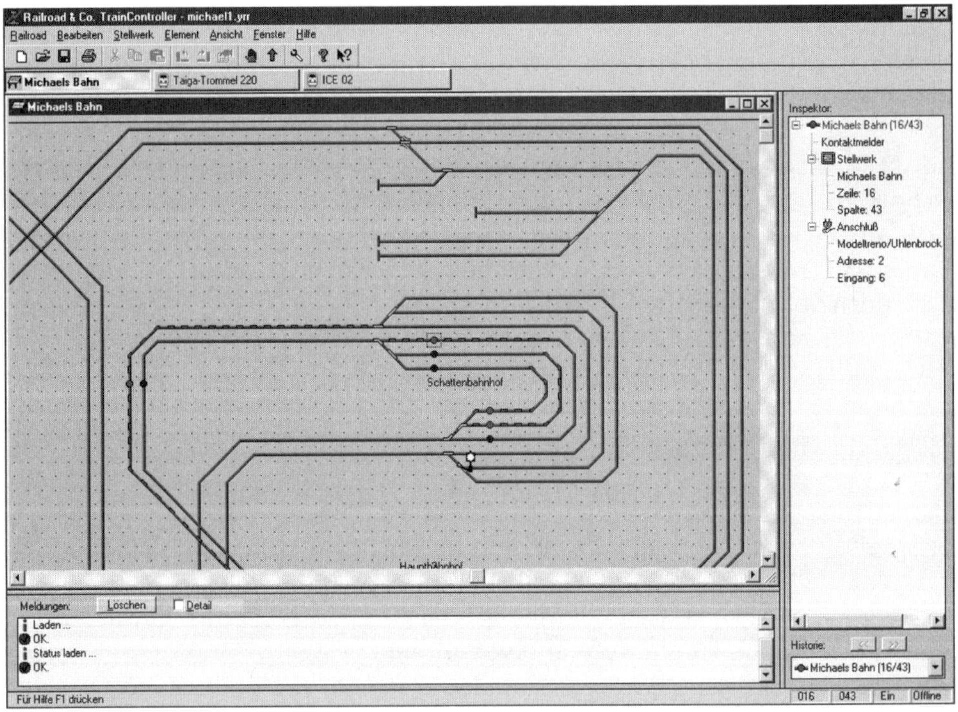


**Abb. 4.1: Der Schattenbahnhof sollte ausreichend gross sein und reichlich Platz bieten.**

Es ist schon überraschend, wenn plötzlich ein neuer Zug aus einem Tunnel kommt, in den vorher ein ganz anderer hineingefahren ist. Man kann es gar nicht oft genug sagen: Der Schattenbahnhof muss riesig sein. Auf jeden Fall sollte er deutlich größer als der sichtbare Bahnhof sein. Dort kommt es nicht auf Schönheit, sondern auf Platz an, der zum Abstellen der Züge vorhanden sein muss. Die Gleisführung darf also ruhig etwas atemberaubend sein – Hauptsache, die Züge entgleisen dabei nicht. Es gibt sogar Modellbahner, die gleich mehrere Abstellbahnhöfe im Untergrund einplanen.

Für den Bau des Schattenbahnhofs können Sie außerdem auch ruhig ältere Gleise nehmen (zum Beispiel M-Gleise für Märklin). Haben Sie vielleicht mal irgendwann auf ein neues Gleissystem umgestellt? Verwenden Sie die alten Gleise dort, wo man sie nicht sehen kann. Oder kaufen Sie sich das Gleismaterial für den Schattenbahnhof auf einer Modellbahnbörse. Viele Modellbahner sind froh, wenn sie die kurzen Gleisstücke oder die gebogenen Weichen in den langweiligen, unrealistisch engen Radien aus den Anfangspackungen loswerden können. Im Schattenbahnhof können sie all das verbauen – da sieht man's schließlich nicht.

## Viele Gleiskontakte

Sie sollten bei der Planung des Schattenbahnhofs fast verschwenderisch mit echten Gleiskontakten oder überwachten Gleisabschnitten umgehen. Mit echten Gleiskontakten ist gemeint, dass sie im Schattenbahnhof tatsächlich hardwaremäßig vorhanden sein sollten und dort nicht etwa nur virtuell von der Software errechnet werden sollten. Denn schließlich können Sie die Züge dort nicht sehen – und der PC auch nicht. Man ist also darauf angewiesen, dass man möglichst genau weiß, welcher Zug sich genau wo im Untergrund befindet, damit es dort unten keine Unfälle gibt.

Besonders geübte Bastler installieren in solchen Schattenbahnhof-Anlagen sogar eine kleine Videokamera. Das mag ein netter Gag sein, dem Computer hilft er aber natürlich nicht. Überhaupt gilt: Planen Sie so viele Gleiskontakte wie möglich und finanzierbar ein – das gilt natürlich auch für den sichtbaren Teil der Anlage. Je mehr Sie davon haben, desto genauer sind Sie hinterher darüber im Bilde, was sich genau auf Ihrer Anlage abspielt.

Damit man auf einer bestehenden Anlage, bei der die Gleise einmal fest liegen und auch die Landschaftsgestaltung abgeschlossen ist, abwechselungsreiche Zugfahrten programmieren kann, muss man schon bei der Gleisplanung berücksichtigen, dass ein Zug möglichst von jeder Stelle der Anlage zu jeder anderen fahren kann. Vermeiden Sie abgeschlossene Anlagen-Teile ohne Querverbindungen zu den anderen. So ist es zum Beispiel im Einfahrtbereich eines Bahnhofs sinnvoll, dass die Züge, ganz gleich von welcher Strecke aus sie in den Bahnhof kommen, auch tatsächlich in jedes Gleis einfahren können. Das gilt auch für den Ausfahrtbereich. Auch wenn da reichlich Weichen zusammenkommen – es lohnt sich, diese einzuplanen, anzuschaffen und zu verdrahten. Sie müssen ja später schließlich nicht jede Einzelne von Hand schalten. Zum Glück erledigt das der Computer.

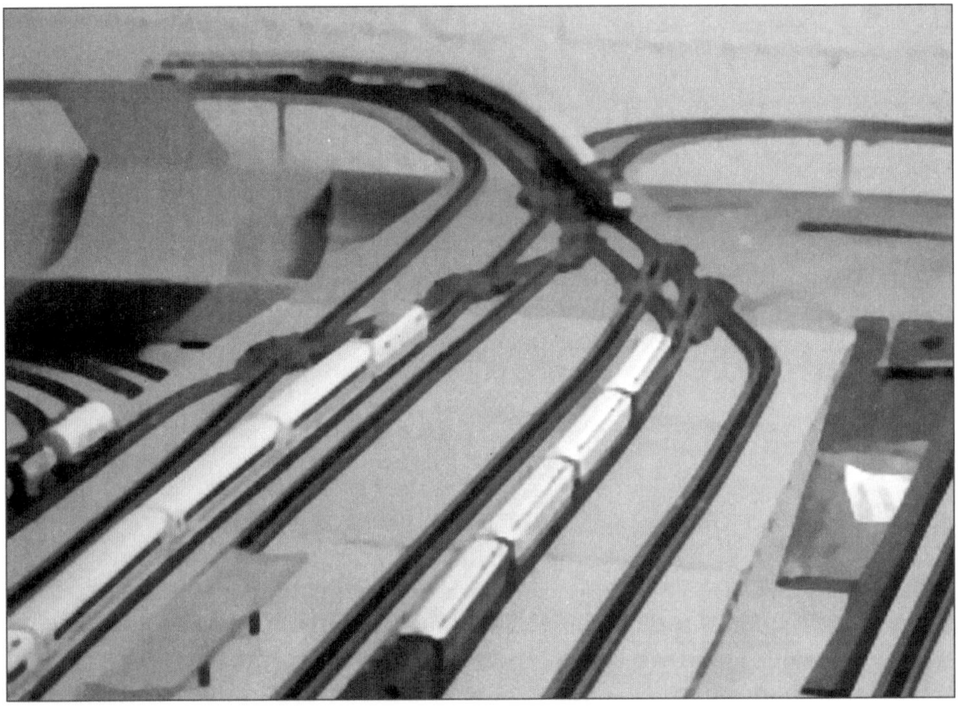

**Abb. 4.2: Der Einfahrtbereich eines Bahnhofs – sowohl von der Hauptstrecke als auch von der Nebenstrecke können die Züge jedes Bahnhofsgleis erreichen.**

## Kehrschleifenproblem

Eine Schwierigkeit, die bei der Planung von Zweileiter-Anlagen immer wieder auftritt, ist das Kehrschleifenproblem. Es ist in Kapitel 2 *So funktioniert die digitale Modellbahn* bereits angesprochent worden.

Es geht dabei – noch einmal zur Erinnerung – darum, dass bei einer Zweileiter-Anlage niemals die beiden Pole aufeinander treffen dürfen – sonst gibt es einen Kurzschluss. Als Planer einer Anlage, die mit einem Mittelleiter-System aufgebaut werden soll, hat man es da einfacher. Als Zweileiter-Planer muss man schon beim Planen überlegen, ob sich der möglicherweise auftretende Kurzschluss eventuell über die schon erwähnten Kehrschleifen-Module beheben ließe.

# Software für die Anlagenplanung

Am besten ist es, Sie benutzen zum Planen ein Programm. Achten Sie schon bei der Wahl des Gleisplan-Programms darauf, dass die Software das Gleismaterial kennt, das Sie später zum Bauen verwenden möchten. Da die einzelnen Hersteller zum Teil unterschiedliche Gleisstücke, Radien und Weichen haben, geht sonst Ihr kunstvoll am PC geplantes Gleisbild in der Realität nicht auf. Genug der Worte, denn Sie sollen jetzt einige der Programme kennen lernen, mit denen man seine Anlage am PC planen und das Gleisbild zeichnen und später ausdrucken kann.

> **Hinweis**
> *Die in diesem Kapitel besprochenen Programme finden Sie als Demo-Versionen im Internet. So können Sie gleich loslegen und sich direkt ein Bild von dem jeweiligen Programm machen. Die Reihenfolge der vier Gleisplanprogramme in diesem Kapitel ist übrigens alphabetisch und stellt keine Rangfolge dar.*

Viele Programme drucken nach erledigter Planungsarbeit am Schluss sogar eine Art Einkaufszettel für die benötigten Schienen aus. Ganz schön prak-

**Abb. 4.3: Der Modellbahnarchitekt kann mehr als nur Anlagen planen.**

tisch. Bei der Kurzvorstellung der einzelnen Programme werden Sie die beliebtesten Programme finden, mit denen Sie jeweils die ersten Schritte auf dem Weg zur selbst geplanten Anlage gehen werden.

## PC-Ausstattung

Während für die Steuerung der Anlage (siehe auch Kapitel 6 *Digitalsteuerung per Software*) ein einfacherer und älterer Windows-PC ausreicht, sollten Sie für die Planungs-Programme einen aktuellen Rechner einsetzen, soll heißen: Mindestens Pentium III mit einem Gigahertz und 256 Megabyte Speicher, besser noch ein Pentium 4 oder Celeron bzw. AMD Athlon mit 2 Gigahertz. Das Gerät sollte mindestens eine 20-Gigabyte-Festplatte und eine aktuelle Grafikkarte besitzen (mindestens ATI Radeon 9200 oder nVidia G3 mit 64 Megabyte eigenem Speicher) – letztere ist wichtig, weil viele Programme die geplante Anlage auf Wunsch dreidimensional darstellen und es zu Fehlern in der Anzeige kommt, wenn die Grafikkarte mit den Anforderungen nicht mithalten kann. Manche Planungsprogramme erlauben auch virtuelle Fahrten mit rollendem Material – hierfür ist eine solche Konfiguration unabdingbar.

## Modellbahnarchitekt

Dieses Programm von SYBEX „nur" als Gleisplanungssoftware zu bezeichnen, würde ihm sicher nicht gerecht. Anlagen planen, das kann man zwar mit dem Programm auch. Seine besondere Stärke liegt aber darin, eine Modellbahn-Anlage als 3D-Bild anzuzeigen. Mit ein wenig Fantasie kann man in der dreidimensionalen Darstellung der Anlage direkt die kleinen Züge brausen sehen. Gute Idee, warum eigentlich nicht? Der Modellbahnarchitekt ist nämlich gewissermaßen eine Modelleisenbahn im PC. Wenn Sie also noch nicht einmal Platz für eine Spur-Z-Anlage haben, dann könnte das hier die Lösung sein.

Aber im Ernst: Es ist schon toll, wenn man mit dem Programm zuerst seine Anlage planen und dann, in der 3D-Ansicht, schon mal so einen ersten Eindruck davon bekommen kann, wie sie wahrscheinlich erst viele Monate später in Realität aussehen wird. Mit einem „richtigen" Gleisplan-Programm à la WinRail kann es das Programm zwar nicht aufnehmen, wenn man sich jedoch an die stellenweise etwas ungelenke Art der Bedienung gewöhnt hat, kann die Beschäftigung damit sogar Spaß machen.

Aber schön der Reihe nach. Nach dem Programmstart präsentiert sich das Programm mit zwei Fenstern.

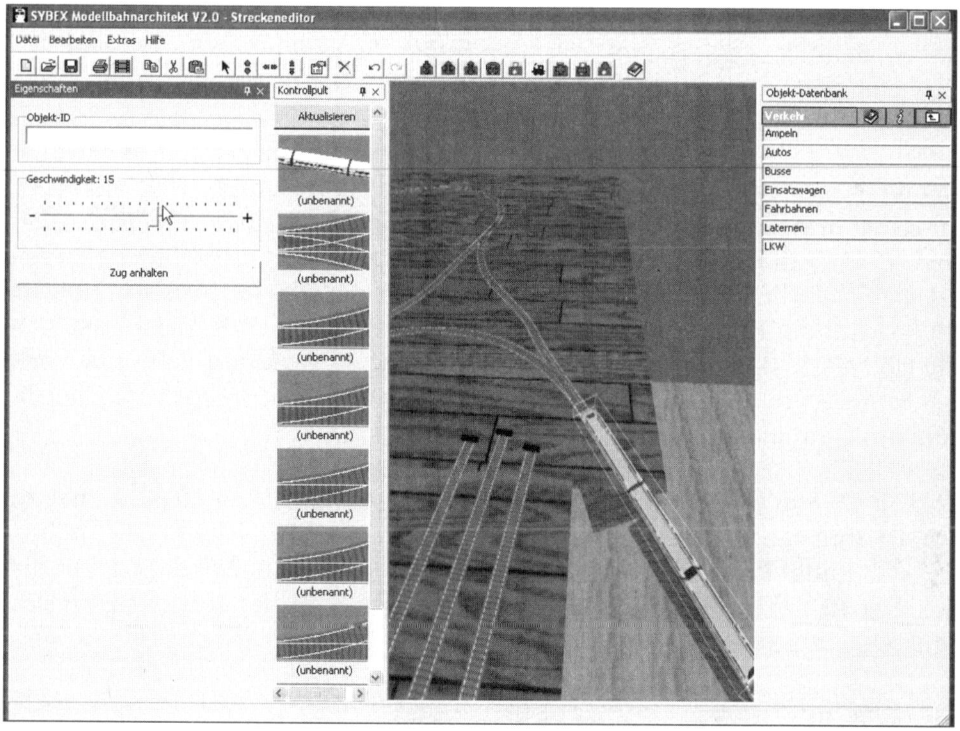


**ABB. 4.4: DIE MODELLBAHN IM PC – WENN NUR GANZ WENIG PLATZ IM BÜRO VORHANDEN IST**

Das linke Fenster ist das Haupt-, das rechte das Assistenten-Fenster. Links geht's rund, aus den rechts auftauchenden Elementen können Sie auswählen, was sie links platzieren möchten.

Im ersten Schritt definiert man sich am besten seine Grundplatte – das ist bei allen Gleisplanprogrammen so. Beim Modellbahnarchitekt hat man da ganz besonders vielfältige Möglichkeiten. Klicken Sie dazu als Erstes mit der linken Maustaste auf die linke der beiden 2D-Schaltflächen (schematisch) oben in der Werkzeugleiste. Vermutlich ist diese Funktion aber ohnehin bereits aktiviert.

Klicken Sie nun mit der rechten Maustaste in den Hauptbildschirm und wählen Sie im dort auftauchenden Menü die Option *Eigenschaften*. Es erscheint ein Fenster mit drei Karteireitern: Wählen Sie den mit der Bezeichnung *Grundplatte* an, denn das ist es ja, was nun geschehen soll: Sie wollen die Eigenschaften der Grundplatte verändern. Wundern Sie sich nicht darüber, dass das Fenster weder die Schaltflächen *OK* noch *Abbruch* besitzt, die haben die Programmierer wohl einfach vergessen. Die Werte, die Sie eingeben, wirken sofort. Verlassen muss man das Fenster über das *X* oben rechts.

Wenn Sie eine rechteckige Platte planen möchten, weil Sie nicht mehr Platz haben, dann können Sie einfach in die Felder die Länge und Breite Ihrer Anlage eintragen. Da Sie ja eine Art virtuelle Holzplatte herstellen, können Sie natürlich auch die Dicke der Platte bestimmen. Und es ist klar, dass eine Holzplatte aus ganz unterschiedlichen Holzarten bestehen kann. Wundern Sie sich aber nicht, dass Sie die Einstellungen, die Sie nachfolgend vornehmen, zunächst nicht sehen können – dazu müssen Sie später auf die rechte der beiden 2D-Schaltflächen klicken. Wählen Sie also nun zur Einstellung der Holzart die Schaltfläche *Material* an und wählen Sie sich die gewünschte Holzart im Assistenten-Fenster aus. Mit Hilfe der Schaltfläche *Oberfläche* lässt sich die Holzplatte dann noch mit diversen Überzügen versehen. Fehlt nur noch ein Hintergrund – hierbei bestimmen Sie, in welcher Farbe Ihr virtuelles Eisenbahnzimmer gestrichen sein soll.

Klicken Sie nun mit der linken Maustaste in die Schaltfläche *3D* und schauen Sie sich Ihre neue Modellbahn-Platte an. Mit den Schaltflächen rechts neben dem 3D-Knopf können Sie sich innerhalb der 3D-Welt bewegen. Klicken Sie das *Eigenschaften*-Fenster mithilfe des kleinen *X* an der rechten Ecke des Fensters einfach weg, wenn Sie es nicht mehr brauchen. Nachdem also nun

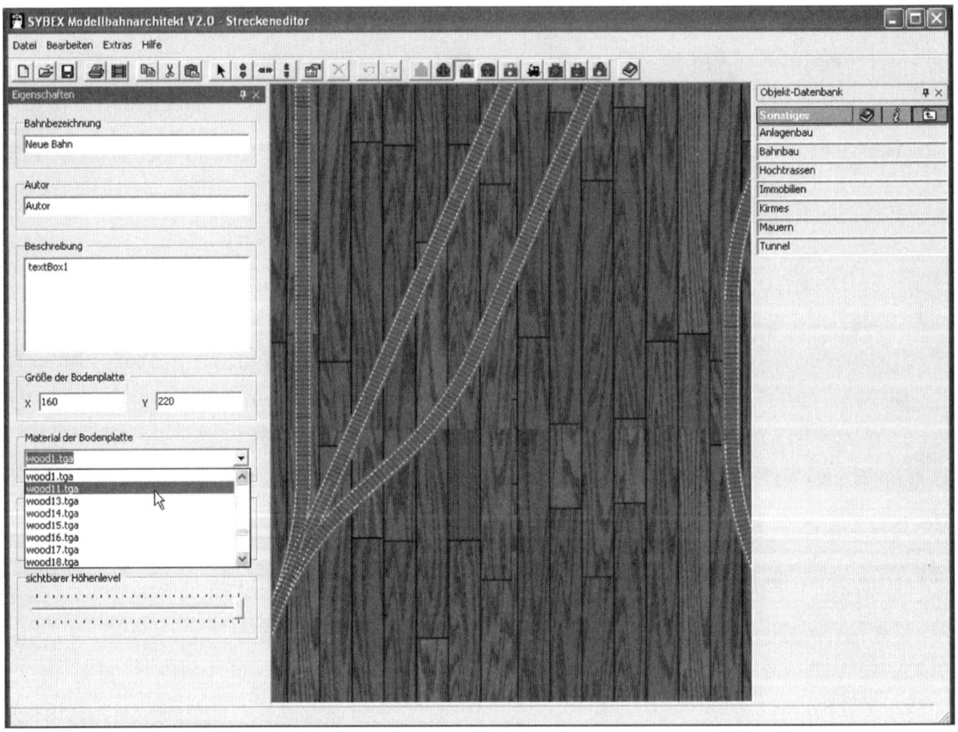


**Abb. 4.5: Für die Grundplatte stehen verschiedene Materialien zur Verfügung, darunter mehrere Holzsorten.**

die Platte fertig gebaut ist, geht's ans eigentliche Planen. Wechseln Sie dazu als Erstes wieder in die schematische 2D-Ansicht (mit der linken der beiden 2D-Tasten). Damit Sie die gesamte Platte oder wenigstens einen großen Ausschnitt davon sehen können, verkleinern Sie sie ein wenig, indem Sie erst auf die Lupe mit dem Minuszeichen und anschließend so oft auf die Anlage klicken, bis sie die gewünschte Größe erreicht hat.

Klicken Sie nun auf das Schienensymbol im Bereich rechts in der Werkzeugleiste, um die Übersicht im Assistenten-Fenster aufzurufen. Nun müssen Sie sich entscheiden: Welches Gleissystem möchten Sie verwenden? Klicken Sie auf *Gleissysteme*, um die gesamte Auswahl sehen zu können, die die Software mitbringt. Viele der gängigen Gleissysteme der verschiedenen Hersteller sind nun anwählbar. Klicken Sie auf die Gleise in der Spurweite, mit der Sie später auch die echte Anlage planen möchten.

Im *Assistenten*-Fenster haben Sie nun sämtliche Gleiselemente zur Auswahl, die es vom gewählten Hersteller zu kaufen gibt. Sogar die Bestell- oder Artikelnummern sind aufgeführt, sodass Sie anhand des Hersteller-Kataloges genau nachschlagen können, welche Gleisstücke Sie verwenden können. Klicken Sie mit der linken Maustaste auf ein Gleiselement, halten Sie die Maus-

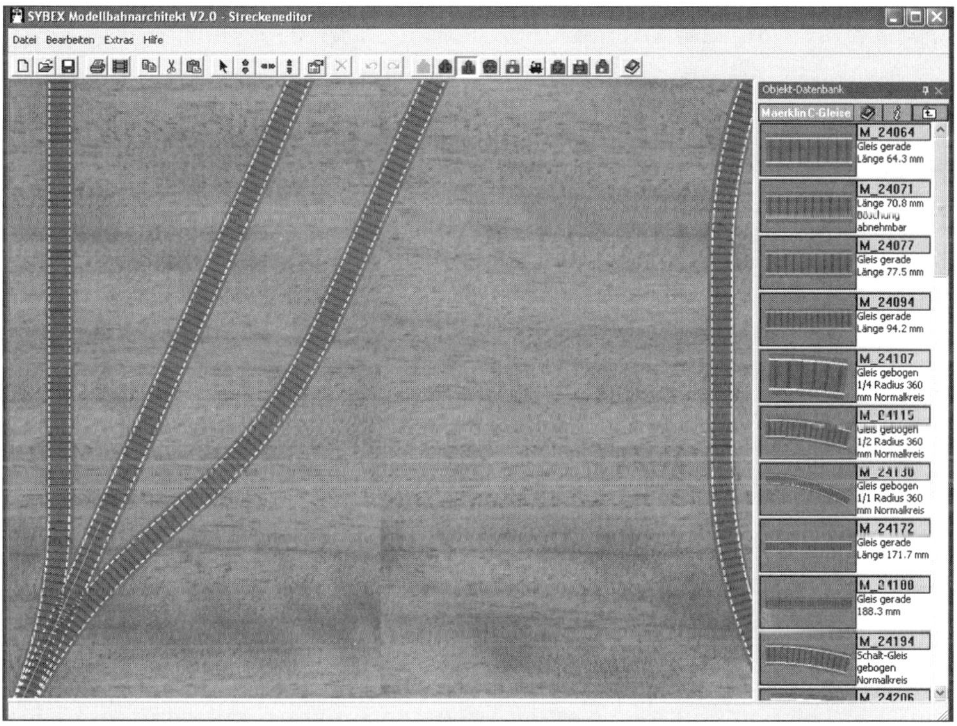


**Abb. 4.6: Alle im jeweiligen Gleissystem verfügbaren Gleise stehen zur Verfügung.**

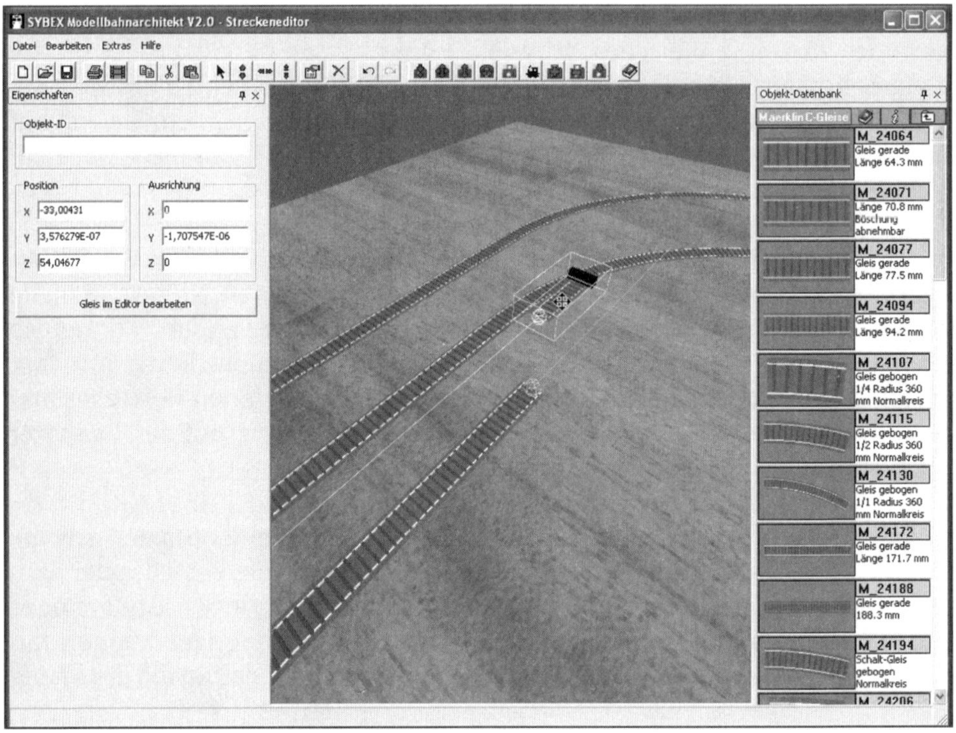


**Abb. 4.7: Gleise in der höheren Ebene – etwas frickelig, aber es funktioniert.**

taste fest und ziehen Sie das Element auf Ihre Grundplatte. Legen Sie es dort ab, wo es hin soll und lassen Sie die Maustaste los. So verfahren Sie mit allen anderen Elementen auch. Jedes Mal, wenn Sie sich mit einem neuen Gleisstück den bereits auf der Anlage montierten Gleisen nähern, rastet das neue Stück an den schon liegenden Schienen an.

Neu in der Version 2.0 ist die Verwendung von biegbaren Gleisen (Flexgleisen). Biegen und zuschneiden können Sie hier aber leider nur die virtuellen Flexgleise von Roco. Markieren Sie das flexible Gleiselement, rufen Sie die *Eigenschaften* aus dem *Bearbeiten*-Menü auf und aktivieren Sie den Karteireiter *Flexgleis*.

Wie im richtigen Modellbahnerleben müssen Sie auch hier genau darauf achten, dass die Gleisgeometrie aufgeht, dass Bögen auch zueinander finden und dass die Gleise im gewählten Radius auch tatsächlich auf die Platte passen. Es ist sogar möglich, so realistisch zu zeichnen, dass ein Gleisplan über mehrere Ebenen geht – unverzichtbar, wenn Sie Landschaften mit Bergen und Tälern planen und zeichnen möchten. Die Funktion, mit der man Gleise nach oben in die höhere Ebene bewegen kann, haben die Programmierer indes gut versteckt: Wechseln Sie in den 3D-Modus. Drücken Sie nun zuerst die ⇧-Taste und klicken Sie dann das Gleisstück an, das Sie nach oben bewegen möchten. Wenn Sie jetzt mit der Maus eine Bewegung nach oben ausführen, hebt sich das Gleis in eine höhere Ebene.

Es ist allerdings ein wenig fummelig, weitere Gleise an das nun oberhalb der anderen befindliche Gleisstück anzudocken. Fehlt jetzt eigentlich nur noch die entsprechende Rampe, über die ein Zug das jetzt weiter oben liegende Gleis erreichen kann. Auch das ist wieder ein wenig komplizierter. Positionieren Sie das Gleis über den eben gezeigten Trick in der Ebene, von der aus eine noch höhere angefahren werden soll. Klicken Sie das Schienenstück dann mit der rechten Maustaste an. Im *Eigenschaften*-Fenster wählen Sie den Kartenreiter *Objekt* an. Über das Eingabefeld *Winkel y* können Sie nun den Neigungswinkel des Schienenstückes verstellen – das Ergebnis ist jeweils sofort zu sehen. Wie gesagt: Sie müssen ein wenig experimentieren, aber irgendwann hören Sie beim Heranbewegen des eben geneigten Gleisstückes das ersehnte Andock-Geräusch. Perfekt sieht's nicht aus, aber es macht ganz nette Ergebnisse möglich.

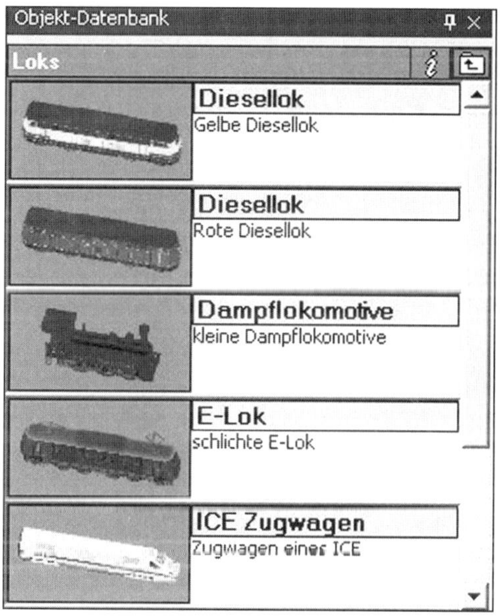


**Abb. 4.8: Die Objektdatenbank enthält die Elemente, die Sie in Ihren Anlagen verwenden können.**

Wie wär's mit Gebäuden oder mit Bäumen? Im Handumdrehen hat man, wenn der Gleisplan erst einmal steht und aufgegangen, das letzte Stück Schiene also eingerastet ist, eine komplette Anlage kreiert. Wechseln Sie beim Planen am besten immer zwischen 3D-Modus und schematischer 2D-Anzeige hin und her, dann erzielen Sie die besten Ergebnisse.

Klicken Sie im *Assistenten*-Fenster nun auf *Loks und Hänger*. Falls Sie nicht wissen, wie Sie sich im Assistenten-Fenster bewegen und zum Beispiel eine Ebene zurückblättern können: Die Pfeiltasten oben in der Werkzeugleiste sind hierfür zuständig – da muss man erst mal drauf kommen. Das Aufgleisen der diversen Fahrzeuge funktioniert nun genauso wie das Platzieren der Gleise: Anklicken und ins Hauptfenster ziehen. Sobald die Räder Kontakt zu einem Gleisstück haben, setzen sie auf, und damit steht der Zug.

**Abb. 4.9: Alles fährt, alles rollt – die virtuelle Modellbahn ist Realität geworden.**

Wie das Andocken der Gleise, funktioniert auch das Zusammenstellen von Zügen: heranschieben, bis es „klick" macht. So, und nun sollen diese Züge natürlich auch noch fahren. Klicken Sie dazu die Lok eines Zuges mit der rechten Maustaste an. Im erscheinenden *Eigenschaften*-Fenster bewegen Sie nun den Fahrregler nach rechts, bis sich die Anzeige *km/h* zu verändern beginnt. Die Lok und damit alles, was an ihr hängt, setzt sich ohne Rücksicht auf Verluste in Bewegung. Übrigens müssen Sie nicht befürchten, dass ein Zug aus einem Gleis, das kein Ende oder keinen Prellbock hat, versehentlich herausfährt. Eine Lok fährt nur so lange, wie sie Gleis unter den Rädern spürt. Ein Zug bleibt auch einfach stehen, wenn eine Weiche, an die er kommt, in die falsche Richtung gestellt ist. Wollen Sie sie umstellen, können Sie die Weiche entweder mit der rechten Maustaste anklicken und im dann auftauchenden Menü die Option *Weiche schalten* anwählen. Oder Sie wählen im gleichen Menü die Option *Eigenschaften*. Im schon bekannten Fenster sind nun auch alle in der Anlage vorkommenden Weichen aufgelistet und können geschaltet werden.

Der Clou ist, dass Sie die 3D-Landschaft mit Gleisen, Bäumen, Häusern und den fahrenden (!) Loks sich nun auch von allen Seiten anschauen können, um

**Abb. 4.10: Auch während der Fahrt der Züge kann man seinen Blickwinkel verstellen.**

von Ihrer bisher erst virtuell vorhandenen Modellbahnanlage jedes Detail aus jedem Blickwinkel betrachten zu können. Daneben ist es natürlich auch möglich, den Gleisplan in der schematischen oder der etwas ausgeschmückten sowie der dreidimensionalen Ansicht auszudrucken. Auch eine Stückliste, gewissermaßen der Einkaufszettel für die Anschaffung der Gleise, kann ausgedruckt werden.

Wem es vor allem auf das maßstabsgerechte Planen und Zeichnen ankommt, der sollte zu einer anderen Software greifen. Wer Spaß hat an fahren den Zügen auf dem PC-Bildschirm, dem wird die Software aber gefallen.

## Kurzinfo

| | |
|---|---|
| *Programmname:* | *Modellbahnarchitekt 2.0 3D* |
| *Vertrieb:* | *SYBEX-Verlag* |
| *Anforderungen Hardware:* | *PC mit Pentium-Prozessor, 233 MHz* |
| *Anforderungen Software:* | *Windows 95 oder höher* |

| | |
|---|---|
| *Preis:* | *24,95 Euro* |
| *Internet:* | *www.sybex.de* |
| *Demo-Version* | *www.modellbahnarchitekt.de/ downloads/setupmbademo.exe* |
| *Urteil:* | *leistungsfähiges, aber vergleichsweise umständlich zu bedienendes Programm* |

### PCRail für Windows

Dieses Programm wird vom Modellbahnzubehör-Hersteller Busch vertrieben. Ein großer, leerer Bildschirm – das ist alles, womit sich PCRail nach dem Start meldet. Die Funktionen verbergen sich in der Werkzeugleiste, die am linken Rand auf Eingaben wartet.

Im Gegensatz zum Modellbahnarchitekt wirkt PCRail knochentrocken und spartanisch. Nehmen Sie sich einige Minuten Zeit, und kommen Sie mit auf eine kleine Entdeckungstour durch das Programm.

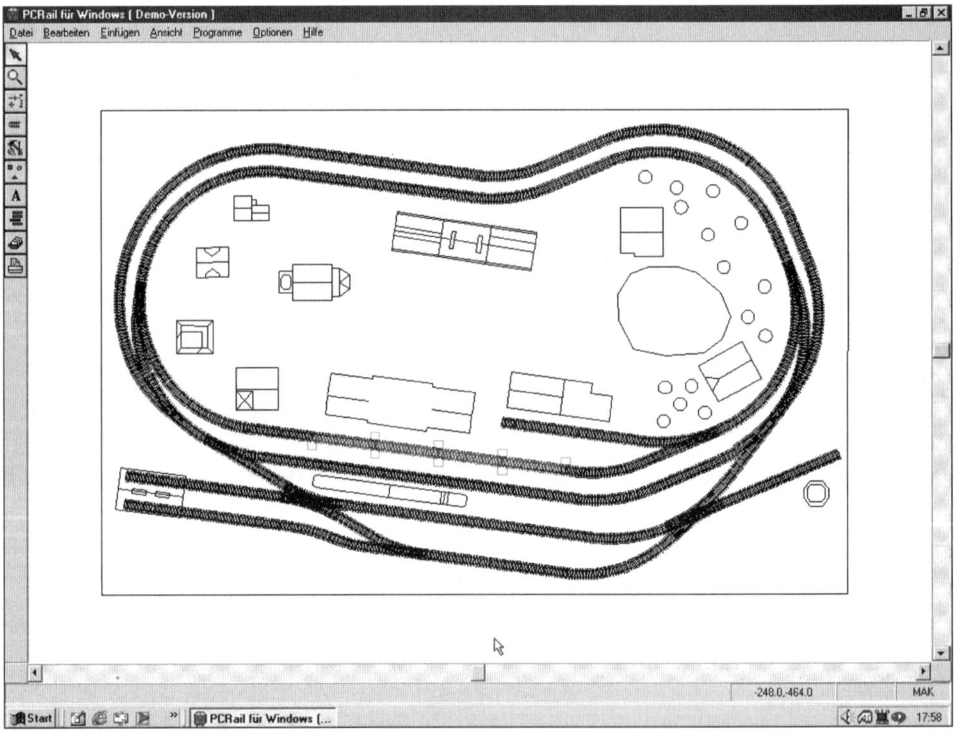


**Abb. 4.11: PCRail wirkt, als sei es nur mit dem Nötigsten ausgestattet.**

Gezeichnet werden die Gleise direkt in die weiße Arbeitsfläche hinein. Bevor man damit jedoch beginnen kann, muss man zunächst auswählen, mit welchem Gleissystem von welchem Hersteller man umgehen will. Dies geschieht über den *Gleis auswählen*-Dialog.

Hier wählt man im Dateifenster über kryptische Bezeichnungen – *mak* steht zum Beispiel für Märklin-Kunststoffgleis – zunächst die Gleisbibliothek aus. Alle Elemente, die zur Verfügung stehen, werden daraufhin mit ihren Dateinamen angezeigt. Auch ein dazu gehörendes Bild gibt es. Das allerdings erscheint erst, wenn man die Bestellnummer des entsprechenden Gleisstückes angeklickt hat. Wer also in den Bezeichnungen der Hersteller nicht ganz so fit ist und sich durchklicken muss, der kommt ganz schön ins Klicken. Mit einem Klick wählt man das passende Gleisstück dann aus.

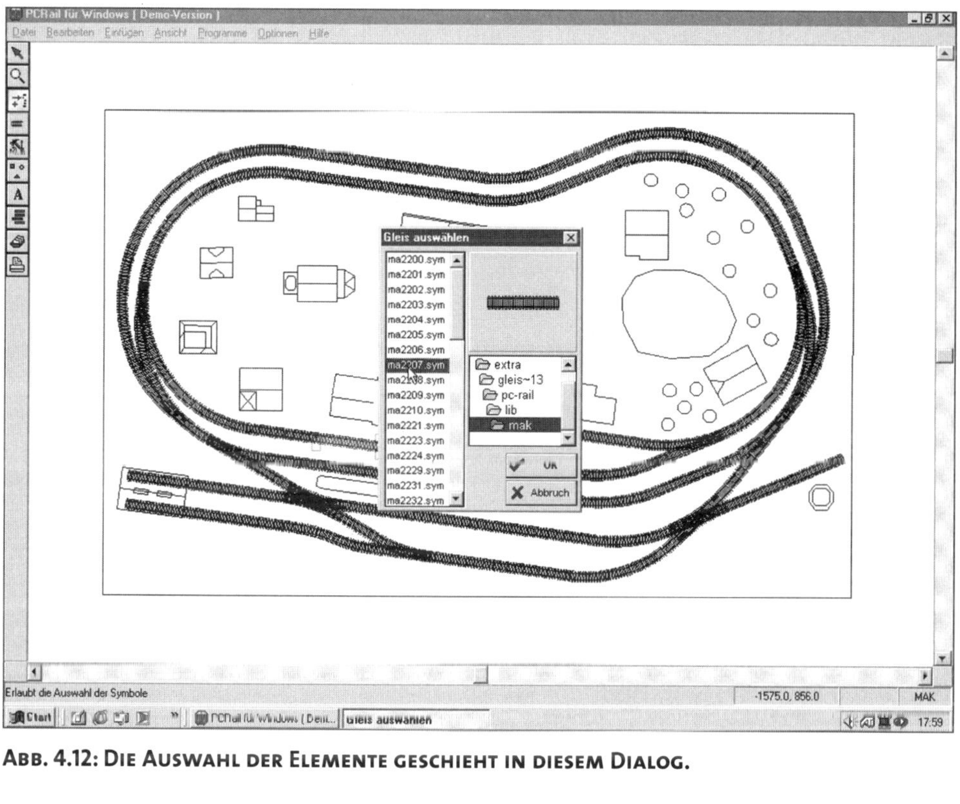


**ABB. 4.12: DIE AUSWAHL DER ELEMENTE GESCHIEHT IN DIESEM DIALOG.**

Um es platzieren zu können, muss man das Fenster allerdings erst wieder schließen. Das kann recht nervig sein. Immerhin kann man den *Gleis auswählen*-Dialog auch über ein kleines Symbol aus der Werkzeugleiste aufrufen. Die Symbole sind jedoch so fantasielos gestaltet, dass man anfangs häufiger nachdenken muss, welches Symbol denn nun für welche Funktion steht.

Legt man ein Gleisstück in der Arbeitsfläche ab, hat man es in der zur Zeit aktuellen Ebene platziert. Das Ebenen-Prinzip ist recht praktisch, da man auf diese Weise so zeichnen kann, als würde man mit transparenter Folie arbeiten. Acht dieser Ebenen sind verfügbar, die einzeln aus- oder eingeblendet werden können. Damit es ein wenig übersichtlicher wird, kann man zudem jeder Ebene eine Zeichenfarbe zuordnen. Hat man ein Element jedoch abgelegt, muss man höllisch aufpassen: Wer jetzt, wie er es aus einem Grafik-Programm kennt, das Gleis gleich wieder greifen will, der wird feststellen, dass das dafür notwendige Klicken dazu führt, dass das gleiche Gleis wie vorher noch einmal platziert wurde. Wer nach dem Ablegen ein Gleis greifen will, um es zu verschieben, der muss vorher erst *Gleise anwählen* anklicken. Nach einigen PC-Rail-Sitzungen hat man das aber im Griff.

Zwei Gleise, die aneinander liegen, können zwei Zustände besitzen: Entweder sie sind gefügt, dann ist die Trennlinie zwischen den Gleisen rot, oder die beiden Gleise sind getrennt, dann ist die Linie grün. Gleise, die gefügt sind, kann man zusammen verschieben, indem man versucht, sie mit der Maus zu greifen. Das allerdings ist nicht immer ganz einfach und man braucht oft viele Versuche, bis man sie endlich erwischt hat.

Was man bewegen kann, färbt sich rot – es ist dann also aktiviert. Den Verbindungsstatus zwischen zwei Gleisen kann man übrigens jederzeit verändern: Klickt man auf das kleine *Werkzeug*-Symbol in der linken Leiste, treten weitere Werkzeuge zu Tage. Sowohl ein Tool zum „Trennen" als auch eines zum „Fügen" steht hier bereit.

Eine sehr schöne und praktische Funktion von PCRail ist der Umgang mit Flexgleisen, also Gleisen, deren Länge man in der Realität mit einer kleinen Säge oder Trennscheibe selbst bestimmen kann. Auch eine eventuelle Biegung oder ein ganz und gar atemberaubender Gleisverlauf lässt sich beim Anlagenbau eigentlich nur mit Flexgleisen sinnvoll gestalten. Die virtuellen Flexgleise können ebenfalls jede gewünschte Länge annehmen – da hört's dann halt mit dem Bezug zur Realität auf. Außerdem lassen sie sich natürlich auch biegen. Dazu klickt man das *Gleis biegen*-Symbol an und legt los.

Wie und wo man genau die Maus ansetzen und dort die Taste gedrückt halten muss, um das Gleis so zu biegen, wie man es braucht, sollte man am besten selbst ausprobieren. Auf jeden Fall irgendwo am Ende. Wenn es allerdings nicht geht, dann könnte das daran liegen, dass man gar kein Flexgleis ausgewählt hat – was angesichts der fehlenden Klarschrift-Bezeichnung kein Wunder wäre. Wer kennt schon alle Artikelnummern auswendig? Als recht unpraktisch werden Sie vermutlich auch die Tatsache empfinden, dass zum Beispiel beim Biegen eines Gleises die Biegefunktion immer nur so lange angewählt bleibt, wie man die Maustaste noch nicht losgelassen hat. Wenn man also mehrmals biegen will, muss man die Funktion jedes Mal wieder aufs Neue anwählen.

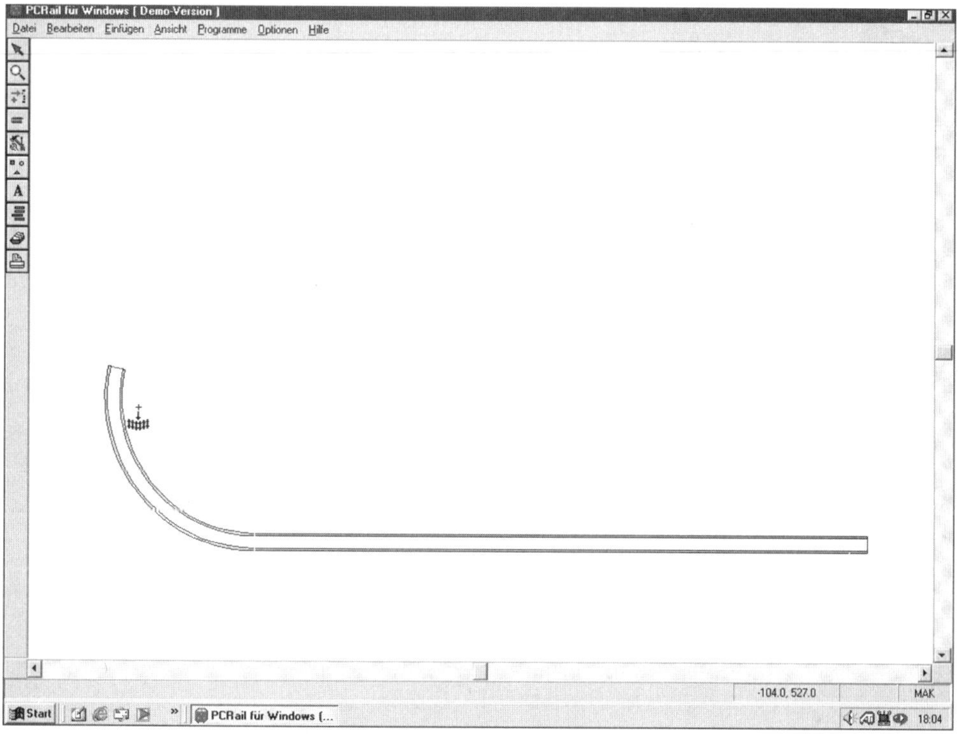


**ABB. 4.13: HIER WIRD JEDER ZUM VIRTUELLEN FLEXGLEISBIEGER.**

Aber nicht nur Gleise lassen sich auf die beschriebene Weise im Gleisplan unterbringen. Auch eine Reihe von Gebäudemodellen – oder besser ihre zweidimensionalen Grundrisse – stehen als Bibliothek bereit. Auch hier sollte man wieder sehr firm mit den Bezeichnungen und Bestellnummern der Hersteller sein. *Buta20.sym* oder *fa107-1.sym* – mehr Informationen über die zu platzierenden Bauteile bekommt man da nicht. Und auch das Bild des Gebäudemodells bringt einen da nicht wirklich weiter. Ein Feld für Klarschriftbezeichnungen der Elemente wäre nur von Vorteil.

Man kann sich über einen mitgelieferten, in der Demo-Version leider deaktivierten Gleiseditor übrigens jederzeit auch eigene Modelle bauen oder Gleise entwerfen, die es in dieser Form bisher noch nicht gab. Diese Elemente können gespeichert und später über den schon beschriebenen Dialog aufgerufen und im Gleisplan platziert werden.

Ehrliche Meinung? Irgendwie bleibt bei PCRail der Spaß an der Modellbahnerei ein wenig auf der Strecke. Das Programm ist so langweilig gemacht und die Eigenheiten sind so ausgeprägt, dass man ganz vergisst, dass es seine Aufgabe, nämlich die Gleisplanung, eigentlich ganz gut erfüllt. Diese Software müsste dringend gründlich überarbeitet werden, um sie so zu verändern, dass sie in dieses Jahrtausend passt. Größter Wert auf plausible Benutzerführung sei bei der Windows-Version gelegt worden, behauptet der Hersteller in einer Programmbeschreibung. Aber nicht alles, was plausibel ist, muss auch schön sein. Denn schließlich soll die Modellbahnerei ja Spaß machen. Wer aber bereit ist, sich einzuarbeiten, der wird mit PCRail sicher zu ansehnlichen Ergebnissen kommen können.

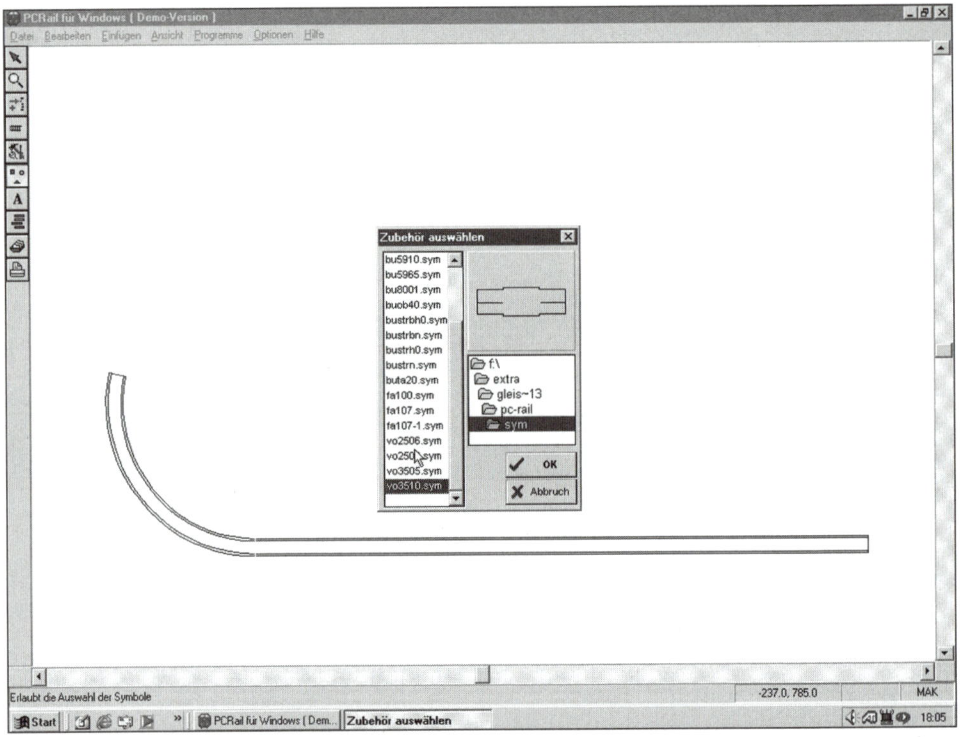


**Abb. 4.14: Auch Zubehör steht zum Einsatz im Gleisplan als Bibliothek bereit.**

## Kurzinfo

| | |
|---|---|
| *Programmname:* | *PCRail 4.0* |
| *Hersteller:* | *PC-Rail GmbH* |
| *Vertrieb:* | *Busch Modellspielwaren* |
| *Anforderungen Hardware:* | *PC mit 80486-SX-Prozessor* |
| *Anforderungen Software:* | *Windows 3.11, 95 oder XP* |
| *Preis:* | *50 Euro, Update auf 4.0 kostenlos* |

| | |
|---|---|
| *Internet:* | *www.busch-modell.de/pcrail/pcrail.htm* |
| *Demo-Version:* | *www.busch-modell.de/download/pcrail/ pcrdemo.exe* |
| *Urteil:* | *leistungsfähiges, aber vergleichsweise umständlich zu bedienendes Programm* |

## WinRail

Das äußerst leistungsfähige Programm wurde von Gunnar Blumert entwickelt und seitdem kontinuierlich weiterentwickelt. WinRail ist das zur Zeit wohl beste Gleisplanungsprogramm, mit dem man professionelle Ergebnisse erzielen kann. So lassen sich Gleispläne damit komfortabel am Bildschirm entwerfen und in jedem beliebigen Maßstab zwischen 1:1 und 1:100 ausdrucken. Der 1:1-Modus ist besonders praktisch, wenn man den Ausdruck verwenden möchte, um exakt danach die Gleise zu verlegen. Gerade dann, wenn man Flexgleise benutzt, ist man für jede Hilfe, mit der man zum exakten Arbeiten gezwungen wird, dankbar.

Seit der Version 5.0 ist es nun auch möglich, den gezeichneten Gleisplan in einer 3D-Darstellung anzuzeigen. Allerdings beschränkt sich das 3D-Fenster auf eine „stille" Darstellung der am PC entworfenen Anlage. Züge fahren lassen kann man damit nicht. Von WinRail gibt es eine Demo, mit der man ausprobieren kann, ob man grundsätzlich mit dem Programm zurechtkommt. Diese Demo ist in einigen Funktionen eingeschränkt: So lässt sich zum Beispiel nur ein Gleistyp verwenden. Die Version kann man sich jederzeit aus dem Internet herunterladen, allerdings ist sie gegenüber der Vollversion eingeschränkt: Man kann nur die Gleise eines Herstellers und nur eine bestimmte Anzahl an Bauteilen verwenden. Den 3D-Viewer, der Bestandteil des Programms ist, kann man ebenfalls kostenlos im Internet bekommen und mit ihm Gleispläne und Anlagen anschauen, die mit WinRail gezeichnet worden sind.

Wenn man das Programm startet, öffnet sich ein leerer Bildschirm mit einer Werkzeugleiste, die die Symbole für die benutzbaren Funktionen enthalt. Wenn Sie schon wissen, mit welchem Gleissystem Sie später einmal Ihre Anlage bauen wollen – und es wäre gut, wenn Sie das schon wüssten – laden Sie nun die entsprechende Bauteil-Bibliothek. Es handelt sich dabei jeweils um eine Sammlung der Schienenelemente eines Herstellers in einer bestimmten Baugröße und – falls es das gibt – in einer bestimmten Gleisart. Auch die Bestellnummern und der ungefähre Preis des Elements sind in der Bibliotheksdatei enthalten. Haben Sie Ihre Wahl getroffen, finden sich die einzelnen Elemente in der Bibliotheksleiste unterhalb der Werkzeugleiste wieder.

Mit den Schiebern können Sie durch die Leiste blättern. Fahren Sie mit der Maus über ein Bauteil ohne zu klicken, wird die Bestellnummer bzw. die Kurzbezeichnung angezeigt. Übersichtlicher kann man das nicht machen.

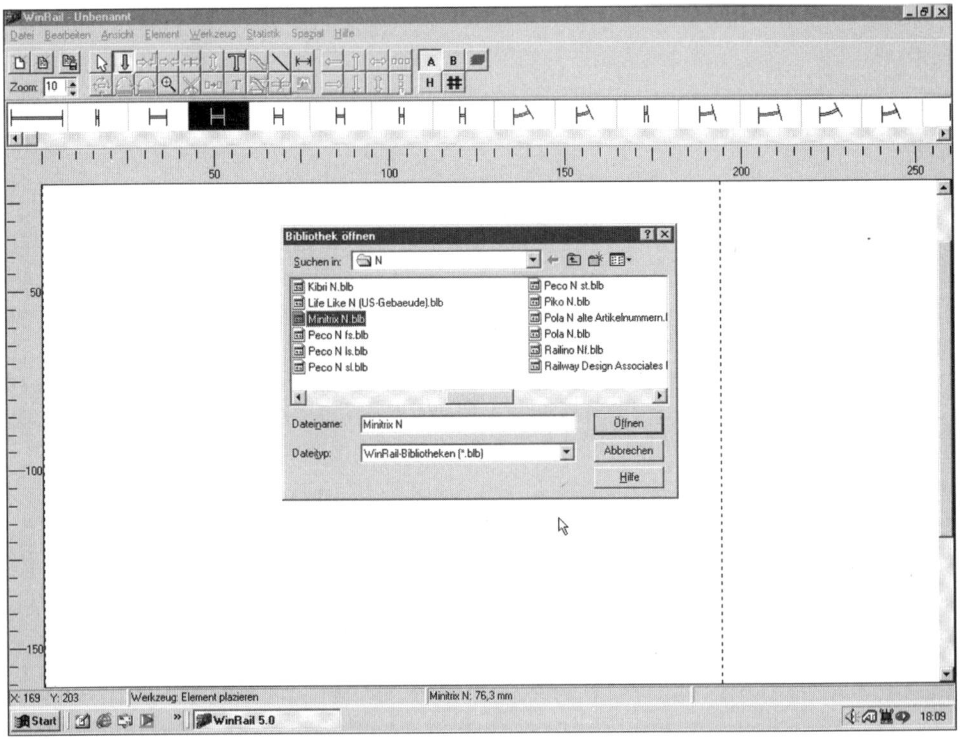


**Abb. 4.15: Als Erstes muss in WinRail die Bauteil-Bibliothek geladen werden.**

Dann ist alles vorbereitet und es kann losgehen. Als Nächstes muss die Anlagenplatte definiert werden. Welche Form hat sie und wie groß ist sie? Maximal 30 mal 30 Meter haben Sie bei WinRail zur Verfügung. Diese Einstellungen nimmt man im *Ansicht*-Menü mit Hilfe der Option *Eigenschaften* vor. Statt das Fenster über das Menü aufzurufen, kann man auch einfach mit der rechten Maustaste in den geöffneten Arbeitsbereich hineinklicken und im so genannten Kontext-Menü, das sich dann öffnet, die Option *Eigenschaften* wählen. Im Karteireiter *Oberfläche* füllen Sie nun einfach die Felder im Bereich *Arbeitsbereich begrenzen* entsprechend aus. Es ist sinnvoll, hier bereits annähernd die Größe einzustellen, die die echte Anlage hinterher haben soll, weil man zum einen so nicht einfach ins Blaue hinein plant und das Programm es zum anderen hinterher bei der 3D-Darstellung leichter hat.

Nun können Sie bereits damit beginnen, Ihre Anlage zu planen. Wer möchte und die Werte bereits kennt, der kann die exakte Größe und Form der Anlage mithilfe des Werkzeuges *Linie* oder *Verdrahtung einfügen* einzeichnen. Begin-

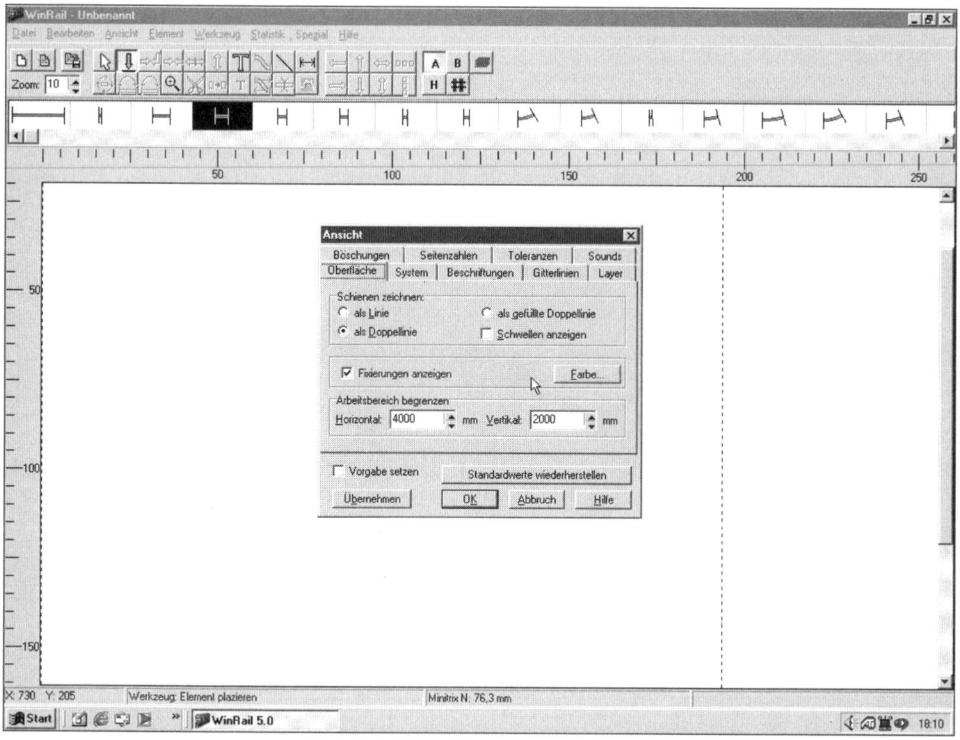


**Abb. 4.16: Als Nächstes muss die Grösse des Arbeitsbereiches eingestellt werden.**

nen Sie nun einfach mit dem Verlegen der ersten Gleise: Aktivieren Sie die Funktion *Elemente platzieren* aus der Werkzeugleiste, suchen Sie sich in der Leiste mit den geladenen Teilen ein Gleisstück aus und klicken Sie es mit der linken Maustaste an. Halten Sie die Taste jedoch nicht fest, sondern bewegen Sie den Mauscursor in die Arbeitsfläche hinein. Das erste Gleis, das Sie ablegen, kann dabei an jedem beliebigen Ort auf der Arbeitsfläche abgelegt werden. Nachdem das Gleis liegt, wechselt das Programm den Gleisbau-Modus von *Elemente platzieren* auf *Schienen an vorhandene Strecke anlegen*. Ab jetzt wird Sie WinRail dann mit einem Halteverbotszeichen darauf aufmerksam machen, dass Sie nun nicht mehr so frei in der Wahl des Ablageortes sind. Der Grund: Da ja vermutlich irgendwann einmal Loks und Züge auf Ihren Gleisen fahren sollen, überprüft das Programm, wohin ein Gleis, mit dem Sie sich auf die Arbeitsfläche bewegen, am besten passen könnte. Im Normalfall ist das eben das Ende eines Gleisstückes, das bereits platziert wurde. Nur dort wird der Cursor dann also vom Halteverbot auf das Symbol wechseln, was signalisiert, dass man hier ablegen darf.

Dabei gibt es noch eine ganz praktische Hilfe: Man muss nämlich mit dem Cursor nicht peinlich genau die Anschlussstelle treffen, damit ein Gleis ange-

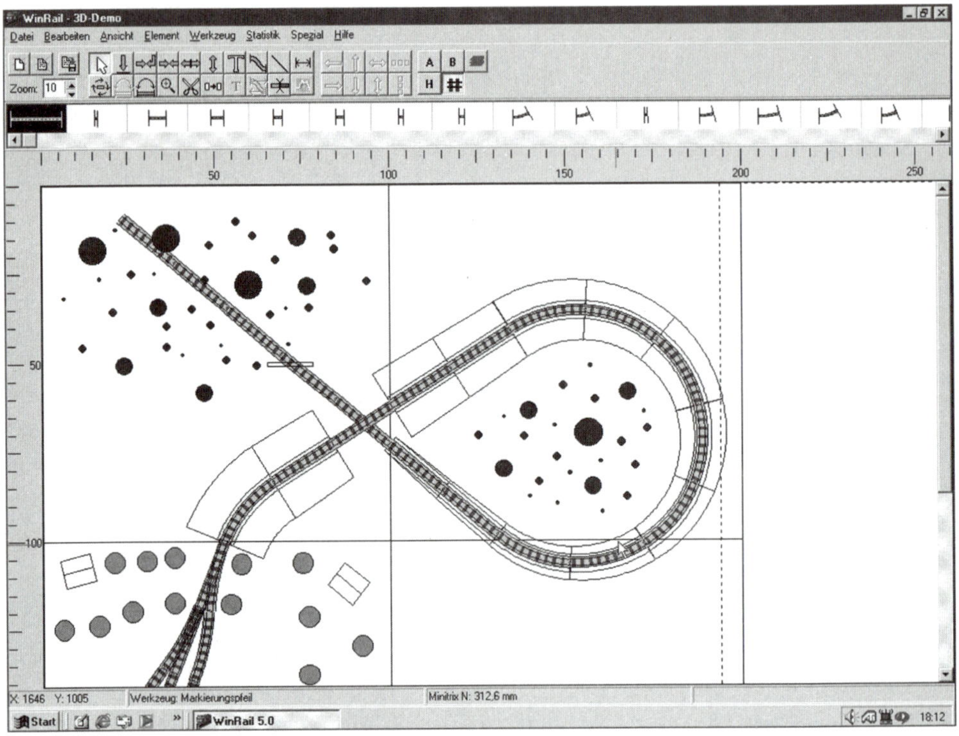


**Abb. 4.17: Die ersten Gleise sind platziert – der Plan beginnt zu wachsen.**

fügt werden kann. Innerhalb einer Toleranz, die man einstellen kann, erkennt WinRail, wenn Sie sich mit dem Cursor nähern, was Sie vorhaben. Auf diese Weise hat man schnell auch umfangreiche Gleisbauarbeiten auf dem virtuellen Reißbrett erledigt.

Auch das Platzieren von Flexgleisen ist mit WinRail recht einfach: Probieren Sie sie doch einfach einmal aus. Um zu verstehen, wie sie funktionieren, muss man sich erst einmal darüber im Klaren sein, wann man ein Flexgleis einsetzt. Es gibt dafür zwei Gründe: Der Erste ist, dass die Verwendung von Flexgleisen meistens preiswerter ist, als wenn man die gleiche Strecke mit einzelnen Schienenstückchen bauen müsste. Der zweite Grund ist der, dass man einen derartig atemberaubenden Streckenverlauf plant, dass dafür keine fertigen Gleise passen würden. Testen Sie als Erstes einmal die einfachere Verwendung: Platzieren Sie zunächst einmal ein Gleisstück irgendwo im Arbeitsbereich. Bleiben Sie nun auf der gleichen Linie (die Anzeige unten links hilft dabei, das zu kontrollieren) und setzen Sie ein zweites Gleisstück in einigem Abstand vom ersten. Diese Lücke, die dadurch entstanden ist, soll nun von einem Flexgleis ausgefüllt werden – das wird Ihnen beim Bauen der Anlage in der Realität sicher auch häufiger passieren.

Rufen Sie nun das Werkzeug *Flexgleis einfügen* aus der Werkzeugleiste auf. Klicken Sie erst an einem der beiden Schienen-Enden. Ein kleines Dreieck deutet an, dass eine weitere Aktion folgen soll. Sobald Sie nun das zweite Schienenende anklicken, erscheint dort ebenfalls ein Dreieck und die Lücke wird durch eine Schiene geschlossen. So einfach ist das.

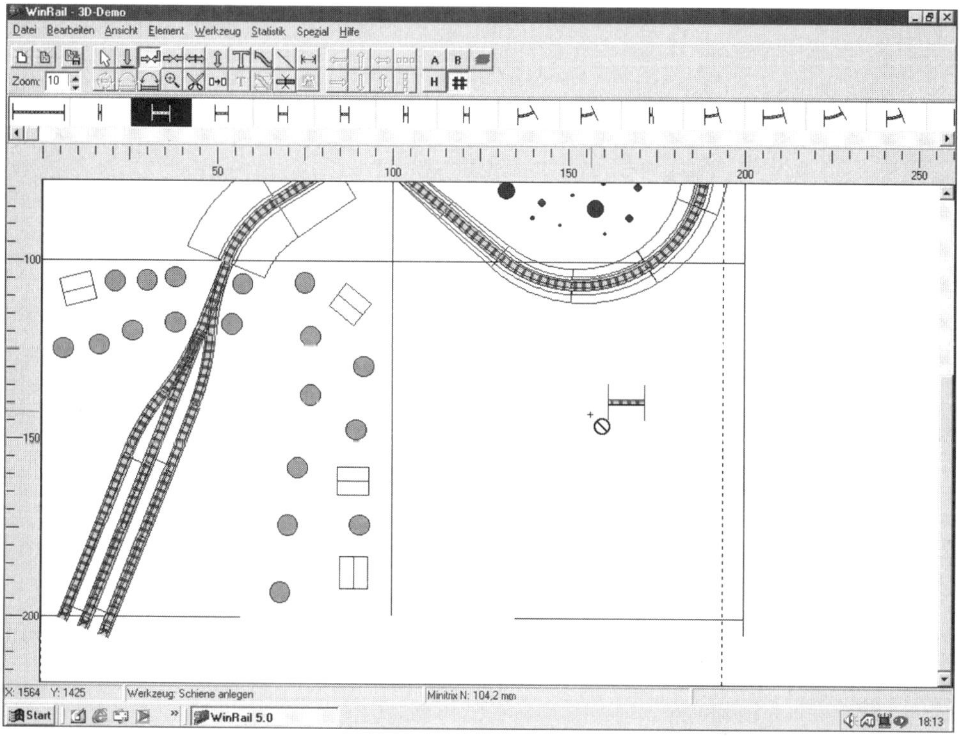


**Abb. 4.18: WinRail prüft selbsttätig, wohin man ein Gleis legen kann.**

Nun folgt die zweite Verwendungsmöglichkeit von Flexgleisen. Dabei handelt es sich um gebogene Flexgleise. Bei WinRail ist das Biegen schnell geschehen, in der Realität ist das Verlegen von gebogenen Flexgleisen keine ganz so leichte Sache. Platzieren Sie wieder zwei Schienenstücke in einigem Abstand voneinander. Achten Sie diesmal aber darauf, dass die beiden Stücke nicht auf einer Linie liegen. Wenn Sie nun das Werkzeug *Flexgleis einfügen* anwenden, wird WinRail ein geschwungenes Gleis verwenden, um die beiden Dreiecke miteinander zu verbinden. Mit der Form werden Sie aber vermutlich nicht einverstanden sein: Es sieht je nach Richtung wie ein S oder ein Z aus, was WinRail da als Form vorschlägt.

Aber: Es gibt ja noch das Werkzeug *Flexgleis formen* und das kommt jetzt zum Einsatz. Klicken Sie das Flexgleis an einer beliebigen Stelle an. Es erscheinen zwei Linien, die das Gleisstück berühren. Klicken Sie nun an einer beliebigen

Stelle auf diese Linien, bis Sie zwei dicke, schwarze Punkte sehen. Diese beiden Punkte sind nun für die Ausprägung der Biegung zuständig. Am besten, Sie experimentieren ein wenig mit der Funktion herum, dann bekommen Sie am ehesten ein Gefühl dafür, wohin man die Punkte setzen muss, damit das Flexgleis eine bestimmte Form annimmt.

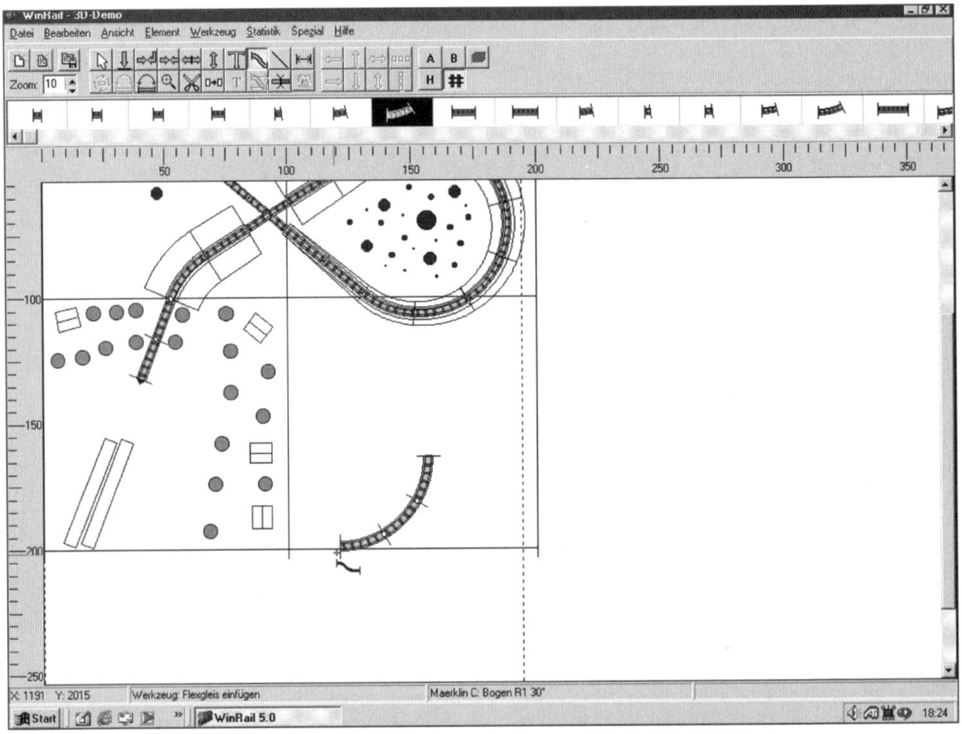


**Abb. 4.19: Das Platzieren von Flexgleisen ist bei WinRail sehr gut gelöst.**

Noch eine äußerst nützliche Funktion von WinRail soll nicht unerwähnt bleiben. Wie bei PCRail können Sie auch hier einen Gleisplan nämlich in mehreren Ebenen anfertigen. Damit sind nicht etwa unterschiedliche Höhen gemeint, wie sie entstehen, wenn man ein Gleis über eine Brücke führt. Eine Ebene muss man sich, wie schon erwähnt, eher wie eine Transparentfolie vorstellen. Auf einer dieser Folien könnte man zum Beispiel die Gleise, auf einer zweiten die Gebäude und auf einer dritten die Verdrahtungen anbringen. So kann man immer nur die Ebenen einblenden, auf die es ankommt, oder die gezielt ausblenden, die gerade nicht benötigt werden.

Natürlich kann man aber mit WinRail auch Anlagen planen, in denen es verschiedene Höhen gibt – erst dann wird eine Modellbahn-Anlage ja richtig echt. Zu diesem Zweck kann man zum Beispiel einer Schiene eine Steigung verpassen, die in Promille angegeben wird. Dazu wählen Sie das Gleisstück,

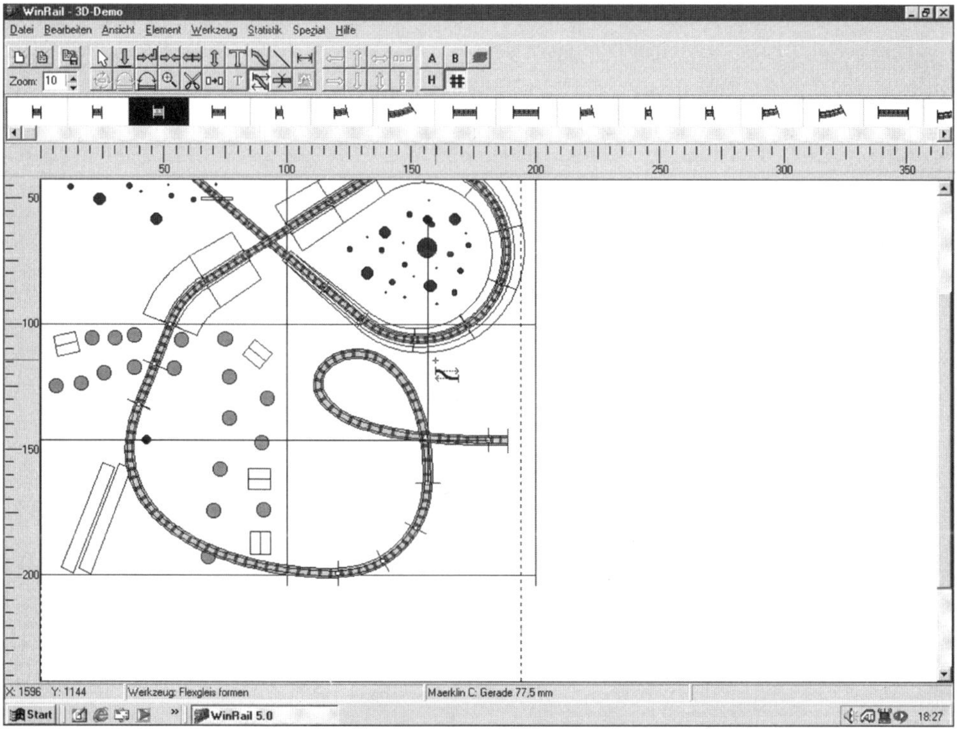


**Abb. 4.20: Für das Formen von Flexgleisen verwendet WinRail so genannte Beziér-Kurven.**

bei dem die Steigung beginnen soll, zunächst aus, indem Sie zuerst das Werkzeug *Elemente markieren* anwählen und dann das entsprechende Schienenstück markieren, das daraufhin einen grauen Rahmen bekommt. Klicken Sie mit der rechten Maustaste in dieses markierte Schienenstück und wählen Sie im Kontext-Menü, das übrigens so heißt, weil es je nach Zusammenhang immer andere Optionen enthalten kann, die Option *Eigenschaften* an. Hier finden Sie unter dem Karteireiter *Gleise* auch die Möglichkeit, die Steigung einzugeben. 45 Grad Steigung entsprechen hierbei 1.000 Promille. Eine negative Steigung (manche Menschen sagen auch Gefälle dazu) wird demnach mit einem Minuszeichen vor dem Promillewert eingegeben.

Es geht aber auch einfacher: Wenn Sie an einer bestimmten Stelle ein höheres Gleis planen, dann können Sie die Höhe dieses Gleises auch über das *Höhe*-Werkzeug einstellen. Klicken Sie es in der Werkzeugleiste an und klicken Sie damit dann auf ein Stück Gleis. In der daraufhin erscheinenden Dialogbox können Sie die Höhe nun in Millimetern eingeben – das ist doch etwas weniger abstrakt. Aktivieren Sie nun noch die Funktion *Steigung errechnen* in dieser Box, können Sie anschließened im Fenster von vorhin nachschauen, welcher Promille-Steigung diese Höhenveränderung entspricht.

Von einer eventuellen Einstellung der Höhe können Sie auf dem zweidimensionalen Gleisplan natürlich nichts sehen. Allenfalls die Angabe der Höhe in Millimetern als Text deutet unter Umständen darauf hin. Aber es gibt ja schließlich noch einen Modus, in dem Sie genau beurteilen können, wie die Anlage in der Realität aussehen wird: Schalten Sie dazu das Programm einfach auf die Option *3D-Ansicht* im Menü *Ansicht*.

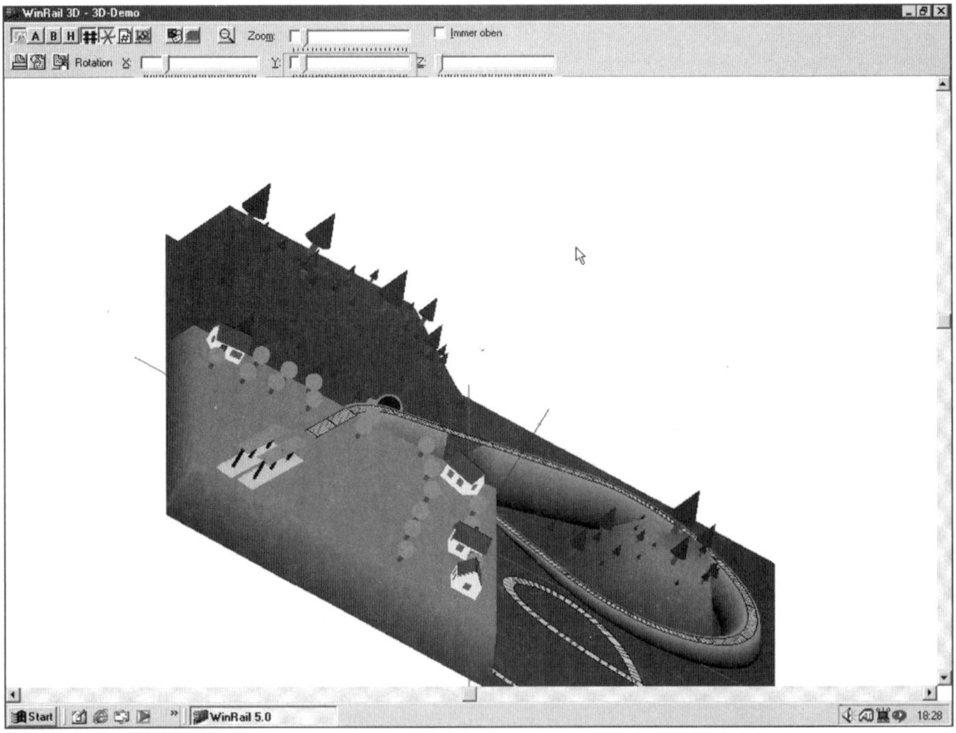


**ABB. 4.21: AUCH DREIDIMENSIONAL KÖNNEN SIE IHRE ANLAGE DARSTELLEN LASSEN.**

Ein neuer Bildschirm öffnet sich, ein neuer Programmteil startet und übernimmt die Daten des Gleisplans, um die Anlage dreidimensional darzustellen. Auch eventuell angelegte Landschaften kann man nun genau beurteilen. Und somit sind natürlich auch die unterschiedlich hoch angelegten Gleistrassen, Berge und Brücken in der 3D-Ansicht zu sehen. Diesen 3D-Viewer kann man übrigens auch aus dem Internet laden und mit ihm Anlagen betrachten, die mit älteren Versionen von WinRail entworfen worden sind. Zwar bewegt sich nichts in der virtuellen Landschaft, aber man kann die Anlage selbst im Raum bewegen. Zu diesem Zweck gibt es am oberen Rand des Viewer-Fensters vier Schieberegler. Einer davon ist für den Zoom zuständig: Hiermit kann man die Anlage näher heranholen oder weiter weg bewegen. Mit den drei anderen Reglern lässt sich die Anlagenplatte um alle drei Raumachsen rotieren, so dass man sein Werk aus vielen verschiedenen Blickwinkeln betrachten kann.

Als digitaler Modellbahner werden Sie natürlich auch daran interessiert sein, Schaltelemente, Gleiskontakte, Weichendecoder und Ähnliches in den Gleisplan zu integrieren. Vielleicht könnte man dafür einen oder mehrere der insgesamt 255 anwählbaren Layer – so heißen die Ebenen im Fachjargon – für digitale Bauteile reservieren. Leider gibt es für derartiges Zubehör bisher noch keine Bibliothek, die man einfach laden könnte.

Aber: Man kann sich jedes Bauteil, das in WinRail zum Einsatz kommen soll, schließlich jederzeit selbst entwerfen. Alles, was man dafür braucht, ist der so genannte Bauteil-Compiler, den man allerdings zusätzlich kaufen muss. Er kostet derzeit etwa 25 Euro. Bauteile, die man mit ihm entwirft, können allerdings nur von der Vollversion von WinRail gelesen werden und stehen für die Demo-Version leider nicht zur Verfügung.

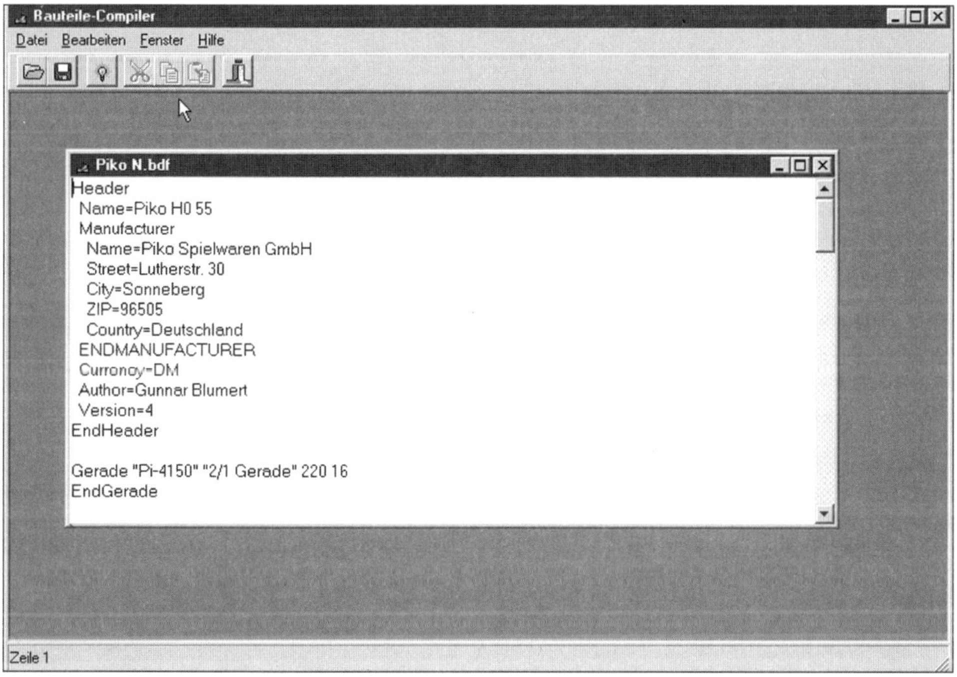


**ABB. 4.22: DER BAUTEIL-COMPILER ERLAUBT DAS ENTWERFEN EIGENER BAUTEIL-BIBLIOTHEKEN.**

Übrigens kann man mit WinRail natürlich auch Autorennbahnen, Lego-Eisenbahnen und andere Modelle planen. Der Schlüssel zu all dem ist der Bauteil-Compiler. Denn selbst zu bereits gezeichneten Plänen kann man jederzeit neue Elemente in Form von neuen Bibliotheken hinzufügen.

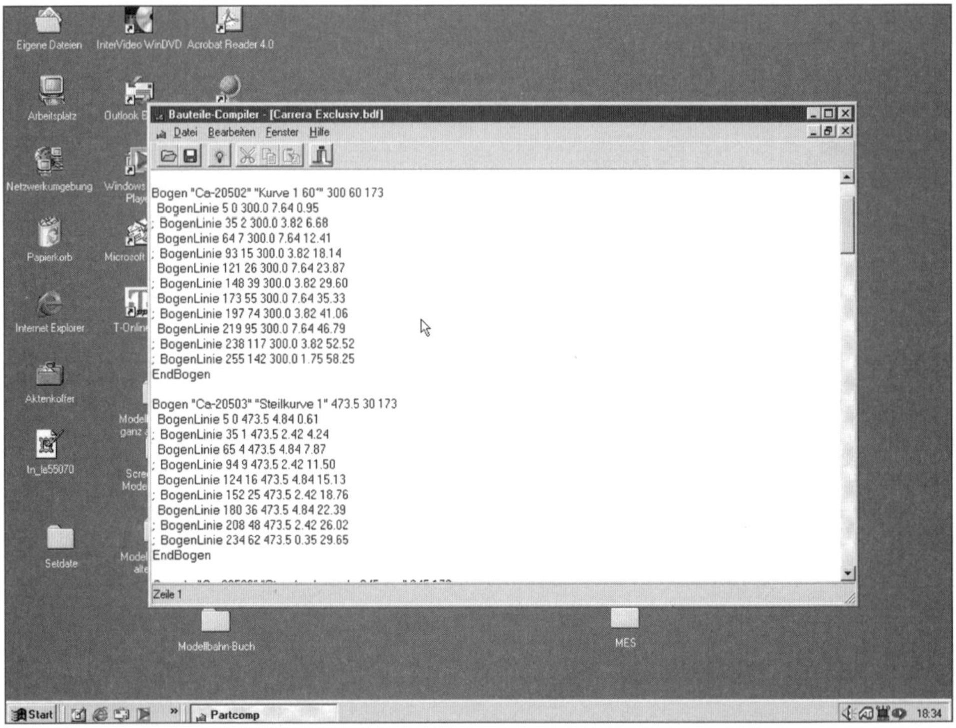


**ABB. 4.23: DER BAUTEIL-COMPILER IN AKTION.**

Im Grunde gibt man in Form von Text eine Beschreibung des Bauteils ein – der Compiler macht dann daraus das Bauteil bzw. die Bibliothek, die man jederzeit über die Option *Bibliothek laden* im Menü *Element* hinzuladen kann. Insgesamt ist WinRail ein empfehlenswertes Programm, in dessen Bedienung man sich jedoch erst intensiv einarbeiten muss, bevor man seine Ideen, die man über seine neue Anlage im Kopf hat, in die Tat umsetzen kann.

## Kurzinfo

| | |
|---|---|
| *Programmname:* | *WinRail 7.0* |
| *Hersteller:* | *Gunnar Blumert* |
| *Vertrieb:* | *Gunnar Blumert* |
| *Anforderungen Hardware:* | *PC mit Pentium-Prozessor* |
| *Anforderungen Software:* | *Windows 95 oder höher* |
| *Preis:* | *34,99 Euro, Download 32,99 Euro* |
| *Internet:* | *www.winrail.de* |

| | |
|---|---|
| *Demo-Version:* | *www.blumert.de/software/wr70sw.exe* |
| *Urteil:* | *Das Gleisplanprogramm mit dem zurzeit besten Preis-Leistungs-Verhältnis* |

## WinTrack

Das Gleisplanprogramm WinTrack ist das teuerste, aber wohl auch das professionellste und leistungsfähigste der hier vorgestellten Programme zur Gleisplanung. Es funktioniert ein wenig anders als seine Konkurrenten, ist zugleich aber auch das wohl am leichtesten bedienbare Programm seiner Art. Die Programmierer dieser Software haben sich deutlich mehr als die anderen an der Art orientiert, wie man Windows-Programme aus anderen Anwendungsfeldern her kennt. Die Bedienung fällt daher deutlich leichter als bei manch anderem Programm.

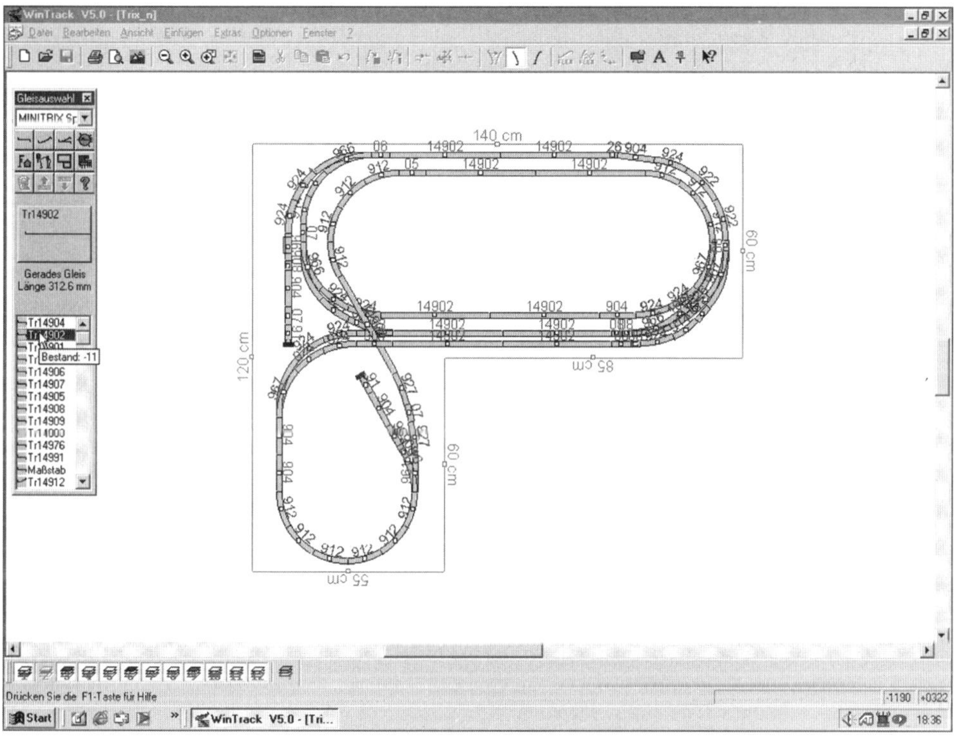


**Abb. 4.24: WinTrack ist intuitiv zu bedienen und sehr leistungsfähig.**

Auch bei WinTrack gibt es einen Hauptbildschirm, die Werkzeug- oder Funktionsleiste ist verschiebbar und rastet an allen vier Seiten – ganz nach Wunsch – ein. Das Gleisauswahlfenster kann sogar völlig frei auf dem Bildschirm positioniert werden. Bei WinTrack manipuliert man nicht mit der

Maus im Gleisplan herum, sondern überlässt diese Platzierungsarbeiten der Software – das Ganze wirkt ein wenig wie eine Gleisplanzeichnungsfernsteuerung. Nachdem man im Gleisauswahlfenster die entsprechende Gleisbibliothek angewählt hat, stehen in der darunter befindlichen Liste die zur Verfügung stehenden Gleisstücke bereit. Klickt man eines davon doppelt an, erscheint es sofort auf dem Gleisplan. Jedes weitere Gleiselement, das man auf die gleiche Weise auswählt, findet unmittelbaren Anschluss an die schon platzierten Gleise.

Sie können das Element aber auch erst auswählen und die Platzierung dann durch Anklicken der großen Schaltfläche, auf der das gewählte Bauteil zu sehen ist, auslösen. Dieses Vorgehen empfiehlt sich in jedem Fall, wenn man mehrere Gleise eines Typs hintereinander verbauen möchte. Ein einzelnes Schienenstück, das man gesetzt hat, lässt sich natürlich auch wieder löschen. Zu diesem Zweck markiert man es mit der linken Maustaste und wählt danach die Option *Entfernen* aus dem *Bearbeiten*-Menü – ganz so, wie man das aus anderen Programmen schon kennt. Auch die [Entf]-Taste bewirkt ein Verschwinden des eben platzierten Bauteils.

In der Regel wird man aber vermutlich mehrere Schienenstücke aneinander setzen. Mit jedem Klick auf die große Taste wird ein weiteres Schienchen angefügt. Das geschieht immer dort, wo der Gleisverbinder rot erscheint. Möchte man ein Gleisstück auf der anderen Seite anhängen, klickt man mit der Maus auf die gewünschte Seite und kann dann weiter Gleise anhängen. Das alles erscheint gut durchdacht und funktioniert sehr gut und problemlos.

Auch der Umgang mit Flexgleisen ist recht einfach und ähnelt fast dem tatsächlichen Vorgehen beim Einbau dieser flexiblen Gleisstücke. Man wählt die Funktion in der Funktionsleiste an, woraufhin ein Stück Flexgleis am aktiven Gleisende angebaut wird. Greift man nun mit dem Cursor das Ende des Flexgleis-Stückes, kann man es flexibel verlegen. Drückt man gleichzeitig die [⇧]-Taste, verändert sich der Winkel, in dem das Gleis gebogen wird. Ein Doppelklick auf das Gleisende beendet die Aktion und man kann andere Funktionen anwählen.

WinTrack ist auf besondere Art und Weise auf die digitale Modellbahnerei vorbereitet: Zumindest in der Symbolbibliothek der Märklin-Gleise sind sogar Symbole für Magnetartikeldecoder und digitale Steuergeräte vorhanden. Aber auch in anderen Bibliotheken kann man sich seine digitalen Geräte selbst als Symbole anlegen, die sich dann in eigenen Gleisplänen verwenden lassen. Dazu müssen Sie allerdings einen kleinen Trick anwenden. Ein neues Symbol muss nämlich immer mindestens aus zwei alten bestehen, auch

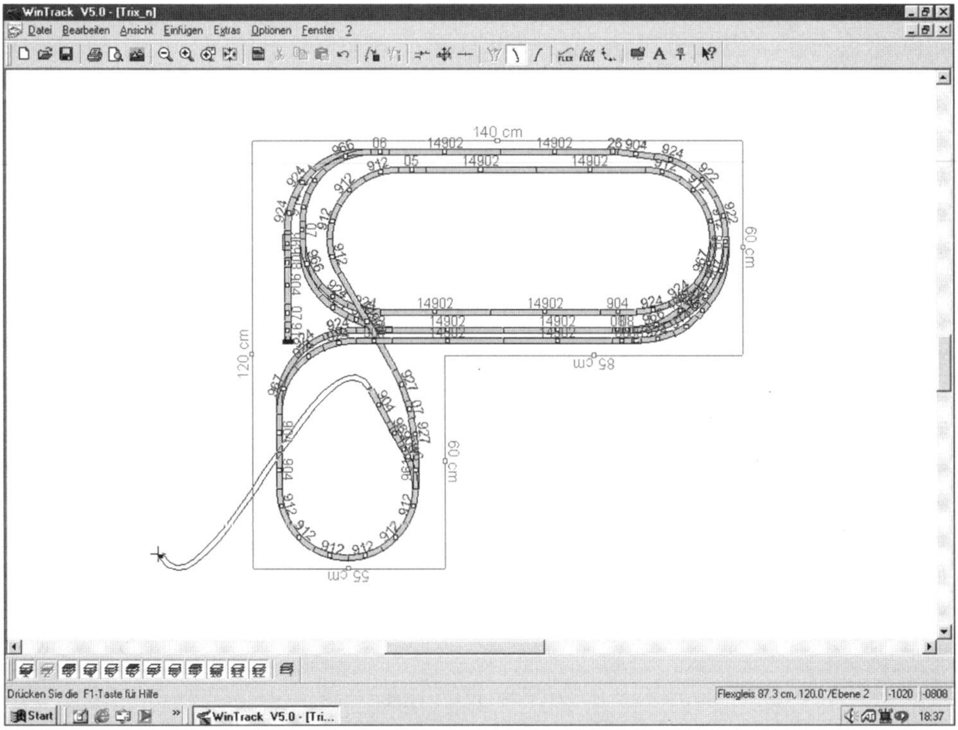


**ABB. 4.25: VIRTUELLE FLEXGLEISE WERDEN MIT DER MAUS VERLEGT.**

dann, wenn beide alte gerade eben mit dem Freihandlinien-Werkzeug erzeugt wurden. Kreieren Sie mit dem Werkzeug *Freihandlinie* zum Beispiel Ihre Digitalzentrale.

Zeichnen Sie dazu zum Beispiel zuerst einen rechteckigen Kasten und klicken Sie mit der linken Maustaste doppelt, wenn Sie alle vier Linien gezeichnet haben. Nun müssen Sie mindestens noch einen kleinen Punkt, noch einen kleineren Kasten oder ein anderes charakteristisches Merkmal der Zentrale einzeichnen, damit das Objekt aus zwei Elementen besteht, da der Trick sonst nicht funktioniert. Wählen Sie nun die Option *Symbol erzeugen* aus dem Menü *Extras* aus. In der Dialogbox geben Sie die Bezeichnung der Zentrale ein und haben nach Klick auf die *OK*-Taste soeben Ihr eigenes Symbol für eine Digitalzentrale angelegt, die im Gleisauswahl-Fenster ganz am Ende zum Anwählen auftaucht. Experimentieren Sie einfach ein wenig mit dieser Möglichkeit herum – sie macht Spaß. Leider kann man für WinTrack nicht, wie etwa bei WinRail, ganz eigene Symbole wie Gleise oder andere Elemente herstellen.

Eine Funktion, die ganz besonders praktisch ist und oft bei der Planung am PC vergessen wird, ist die Konstruktion des Anlagen-Unterbaus. Auch hierfür stellt das Programm eine Reihe von Symbolen zur Verfügung, sodass man am Schluss seiner digitalen Planungsphase eine komplette Anlage im Computer hat. Mithilfe der 3D-Funktion kann man diese nun sogar noch dreidimensional auf den Bildschirm bringen, um sich von allen Seiten davon zu überzeugen, dass man alles richtig gemacht hat. In der WinTrack-Version mit eingebauter 3D-Funktion wählt man hierfür im *Ansich*t-Menü die Option *3D-Ansicht*. In der Demo-Version kann man leider keine selbst konstruierte Anlage in 3D bewundern, sondern bekommt eine vorkonstruierte Platte angezeigt. In jedem Fall kann man mithilfe der kleinen Schaltflächen in der Funktionsleiste des 3D-Betrachters die Anlage aus allen Richtungen anschauen.

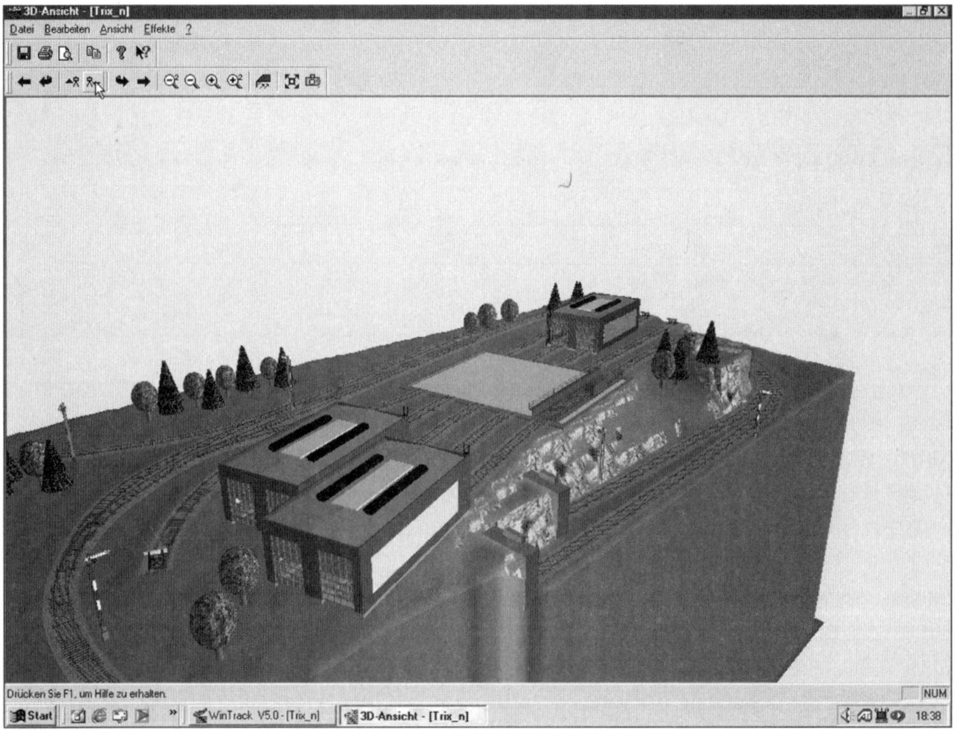


**ABB. 4.26: DIE 3D-ANSICHT VON WINTRACK IST BEEINDRUCKEND.**

Vor allem das Verändern der Kameraposition ermöglicht ganz erstaunliche Ergebnisse. Mithilfe der Pfeile kann man zudem die ganze Anlage drehen, so dass man fast das Gefühl hat, um die Anlage herumzulaufen. Besonders eindrucksvoll ist das, wenn man im Menü *Ansicht* unter *Optionen* die Schrittweite der Drehfunktion möglichst klein (am besten 1) einstellt. Da man nämlich beim Betätigen der Drehen-Funktion keine flüssige 3D-Animation sieht, sondern das Bild einen kleinen Sprung macht, sieht es besser aus, wenn dieser Sprung zumindest nicht zu groß ist. Schade nur, dass man für jeden

Schritt die Maustaste drücken muss und es keine automatische Wiederholung gibt. So bekommt man dann nämlich schnell einen müden Mausfinger.

Das Programm ist in zwei Versionen zu haben: Ohne die 3D-Funktion, die man sich aber eigentlich unbedingt gönnen sollte, damit die mühsame Planungsarbeit auch ab und zu einen Motivationsschub erlebt, kostet WinTrack zur Zeit etwa 75 Euro. Mit der 3D-Funktion werden etwa 100 Euro fällig.

**Kurzinfo**

| | |
|---|---|
| *Programmname:* | *WinTrack* |
| *Hersteller:* | *Modellplan* |
| *Vertrieb:* | *Modellplan* |
| *Anforderungen Hardware:* | *PC 80486-Prozessor* |
| *Anforderungen Software:* | *Windows 95 oder höher* |
| *Preis:* | *75 Euro ohne, 100 Euro mit 3D-Funktion* |
| *Internet:* | *www.modellplan.de* |
| *Demo-Version:* | *www.modellplan.de/planen/Wintrack/ indexWintrack.htm* |
| *Urteil:* | *sehr leistungsfähiges, gut bedienbares, leider nicht ganz billiges Programm* |

## Was kostet eine digitale Anlage?

Tja, nun sind Sie am heiklen Punkt der Vorüberlegungen und Planungen angekommen, dem lieben Geld. Bevor es mit dem Kapitel 5 *Ausstattung mit digitalen Komponenten* dann gleich richtig ans Bauen geht, sollten Sie vielleicht noch einmal ein paar Seiten verschnaufen und sich ein paar Gedanken über die Kosten machen, die auf Sie zukommen.

Digital ist teuer, dieses Vorurteil hört man immer wieder. Seien Sie versichert: Das stimmt so nicht. Eher im Gegenteil. Denn durch den Kauf dieses Buches haben Sie auf jeden Fall schon mal eines bewiesen: Sie haben Interesse daran, sich genau zu informieren und nicht auf die Versprechungen oder Drohungen von Leuten hereinzufallen, die bestimmte Interessen verfolgen: Die einen wollen Sie für ihr System gewinnen, die anderen wollen Ihnen Geräte verkaufen, koste es, was es wolle. Und wieder andere, die vielleicht den Schritt bisher gescheut haben, sich näher mit der Digitaltechnik zu beschäftigen, warnen Sie davor und empfehlen Ihnen vielleicht, doch lieber die Finger davon zu lassen. Sie haben es ja nun auf den vergangen Seiten immer wieder gelesen: Gerade als Digitalbahner mit Ambitionen in Richtung auf die Steuerung über den PC kann man Geld sparen. Denn schließlich braucht man eine ganze Batterie von Geräten schon einmal überhaupt nicht, weil deren Funktionen viel besser vom PC erledigt werden. Zusätzlich kann man noch für sich prüfen, ob man unbedingt in jedem Fall die Original-Komponenten der großen Modellbahn-Hersteller kaufen muss oder ob man nicht, gerade wenn es um Zubehör wie Lokdecoder oder Gleisbesetztmelder geht, nicht auch auf die Angebote kleinerer Firmen zugreifen will.

Im Folgenden werden Sie nun einige Anhaltspunkte dafür bekommen, mit welchem finanziellen Mehraufwand (!) Sie rechnen müssen, wenn Sie Ihre Anlage digital betreiben möchten. Das gilt sowohl bei einer Umstellung von analog auf digital als auch beim sofortigen Start mit einem Digitalsystem. Dabei sei von einer fiktiven Anlage ausgegangen, die die nachfolgend aufgelisteten „Basiskomponenten" enthält, die in die verschiedenen Beispielrechnungen dann nicht mit einbezogen werden. Denn diese Dinge müssen Sie ohnehin anschaffen oder haben das schon getan – ganz gleich, ob Sie die Anlage nun analog oder digital betreiben wollen.

Die fiktive Modellbahn-Anlage in der Spur Ho, die als Basis für die Modellrechnungen gelten soll, besteht aus:

- 15 Lokomotiven
- 50 Weichen
- 6 Stromkreisen

Die erste Beispiel-Berechnung geht davon aus, dass es sich um einen reinen Handbetrieb handelt. Es gibt keinerlei Automatik-Funktion, Weichen und Signale müssen über Schaltpulte von Hand gestellt werden. Das Fahren der Loks geschieht über herkömmliche Trafos, von denen jeder einen eigenen Stromkreis versorgt. Der Besitzer der Anlage hat nur Komponenten von einem Hersteller verwendet. Die Signale werden herkömmlich über Doppelspulenantriebe und somit über Stellpulte geschaltet.

### Beispiel 1: Analoge Anlage ohne Automatik (Märklin)

| *Komponente* | *Stückzahl* | *Stückpreis €* | *Gesamtpreis €* |
|---|---|---|---|
| *Transformator* | *6* | *70,–* | *420,–* |

| | | | |
|---|---|---|---|
| *Weichenstellpult* | *20* | *12,–* | *240,–* |
| *Lichtsignale* | *30* | *30,–* | *900,–* |
| ***Gesamt*** | | | ***1.560,–*** |

Die zweite Beispiel-Berechnung geht von der gleichen Anlage aus, allerdings wird hier die gesamte Anlage digital mit Original-Komponenten von Märklin betrieben. Es gibt keinen Automatik-Betrieb und keinen PC-Anschluss.

## Beispiel 2: Digitale Anlage ohne Automatik (Märklin)

| ***Komponente*** | ***Stückzahl*** | ***Stückpreis €*** | ***Gesamtpreis €*** |
|---|---|---|---|
| *Control Unit* | *1* | *225,–* | *225,–* |
| *Control 80f* | *1* | *150,–* | *150,–* |
| *Booster* | *5* | *125,–* | *625,–* |
| *Transformer* | *6* | *75,–* | *450,–* |
| *Lichtsignale* | *30* | *30,–* | *900,–* |
| *Decoder k83* | *20* | *50,–* | *1.000,–* |
| *Keyboard* | *5* | *140,–* | *700,–* |
| *Hochleistungsantriebsset* | *15* | *75,–* | *1.125,–* |
| ***Gesamt*** | | | ***5.175,–*** |

Noch einmal zur Erinnerung: Die Tabellen listen nur das auf, was zusätzlich zur normalen Ausstattung noch angeschafft werden muss. Beim dritten Beispiel handelt es sich um eine digitale Anlage, die ebenfalls ohne Automatik-Betrieb aufgebaut wurde. Die Komponenten stammen hier jedoch nicht von Märklin, sondern von Roco, die Decoder für die Weichen und die Lichtsignale von LDT.

## Beispiel 3: Digitale Anlage ohne Automatik (Roco, LDT)

| ***Komponente*** | ***Stückzahl*** | ***Stückpreis €*** | ***Gesamtpreis €*** |
|---|---|---|---|
| *Verstärker* | *1* | *80,–* | *80,–* |
| *Lokmaus 2* | *1* | *65,–* | *65,–* |
| *Verstärker* | *5* | *80,–* | *400,–* |
| *Transformer* | *6* | *60,–* | *360,–* |
| *Lichtsignale* | *30* | *10,–* | *300,–* |
| *Weichendecoder* | *13* | *28,–* | *365,–* |
| *Lichtsignaldecoder* | *8* | *45,–* | *360,–* |

| | | | |
|---|---|---|---|
| *Keyboard* | *1* | *100,–* | *100,–* |
| *Lokdecoder* | *15* | *40,–* | *600,–* |
| ***Gesamt*** | | | ***2630,–*** |

Sie sehen: Es lässt sich bei gleicher Funktion und gleichen Möglichkeiten Einige sparen. Fast genau die Hälfte kosten die digitalen Zusatz-Komponenten, wenn man sie von einer anderen Firma kauft. Im Beispiel handelt es sich allerdings um eine Anlage, die im Märklin/Motorola-Format betrieben wird, im zweiten Beispiel ist es eine Anlage, die auf DCC-Komponenten basiert.

Sehen Sie sich nun noch eine vierte und letzte Berechnung an. Hierbei haben Sie eine Anlage vor sich, die komplett vom PC aus steuerbar ist und einen komfortablen, automatischen Fahrbetrieb ermöglicht, in den Sie allerdings jederzeit auch eingreifen können. Bei dem Beispiel handelt es sich um eine gemischte Anlage, in der Decoder in den verschiedenen Formaten gemeinsam betrieben werden können. Was im Vergleich zu einer rein über digitale Fahrpulte gesteuerten Anlage hinzukommt, sind die Komponenten für die Rückmeldung, damit der PC auch weiß, was auf der von ihm verantworteten Anlage so passiert. Auch hier sind in der Beispielrechnung Geräte verwendet worden, die preislich nicht im oberen Feld angesiedelt sind.

## Beispiel 4: Digitale Anlage mit PC-Steuerung (diverse Hersteller)

| ***Komponente*** | ***Stückzahl*** | ***Stückpreis €*** | ***Gesamtpreis €*** |
|---|---|---|---|
| *Intellibox* | *1* | *400,–* | *400,–* |
| *Verstärker* | *5* | *150,–* | *750,–* |
| *Transformer* | *6* | *60,–* | *360,–* |
| *Lichtsignale* | *30* | *10,–* | *300,–* |
| *Weichendecoder* | *13* | *28,–* | *365,–* |
| *Lichtsignaldecoder* | *8* | *45,–* | *360,–* |
| *Lokdecoder* | *15* | *40,–* | *600,–* |
| *Rückmeldemodule* | *6* | *60,–* | *360,–* |
| *Gleiskontakte (Eigenbau)* | *45* | *1,–* | *45,–* |
| *PC-Software* | *1* | *60,–* | *60,–* |
| ***Gesamt*** | | | ***3.600,–*** |

Fazit: Mit etwa 2.000 Euro Mehraufwand können Sie aus einer ganz normalen, analogen Anlage eine Luxus-Anlage herstellen. Digital alleine ist teurer als analog. Digital mit PC ist billiger als digital mit eigenen Steuergeräten.

# 5 Ausstattung mit digitalen Komponenten

Jetzt geht es an die Praxis: Nachdem Sie nun die Komponenten kennen, die zu einer digitalen Modellbahn-Anlage gehören, nachdem Sie die verschiedenen Systeme mit ihren Vor- und Nachteilen kennen gelernt haben, werden Sie nun erfahren, wie Sie Schritt für Schritt Ihre digitale Anlage bauen können. Und auch dann, wenn Sie jetzt schon mit dem Bau begonnen haben oder Sie gerne eine analoge Anlage auf Digitaltechnik umbauen möchten, werden Sie eine ganze Reihe nützlicher Tipps bekommen. Bevor es an die Installation auf der Anlage selbst geht, sollten Sie sich zunächst einmal dem Umbau Ihrer Loks und der Einstellung der Lokdecoder widmen.

## Lokdecoder einbauen

Es gibt in verschiedenen Baugrößen viele unterschiedliche Lok-Modelle, sogar, wenn Sie nur das Programm eines einzigen Herstellers betrachten. Und weil das so ist, ist der Einbau eines Lokempfängers oder -decoders sehr umfangreich.

Zwar gibt es Werkstätten, die sich auf den Lokdecoder-Einbau spezialisiert haben, und bei besonders schwierigen Fällen oder wertvollen Modellen

ABB. 5.1: WENN DAS DIGITALE MATERIAL ERST EINMAL INSTALLIERT IST, LÄSST ES SICH ENTWEDER VON DER HARDWARESEITE PROGRAMMIEREN ...

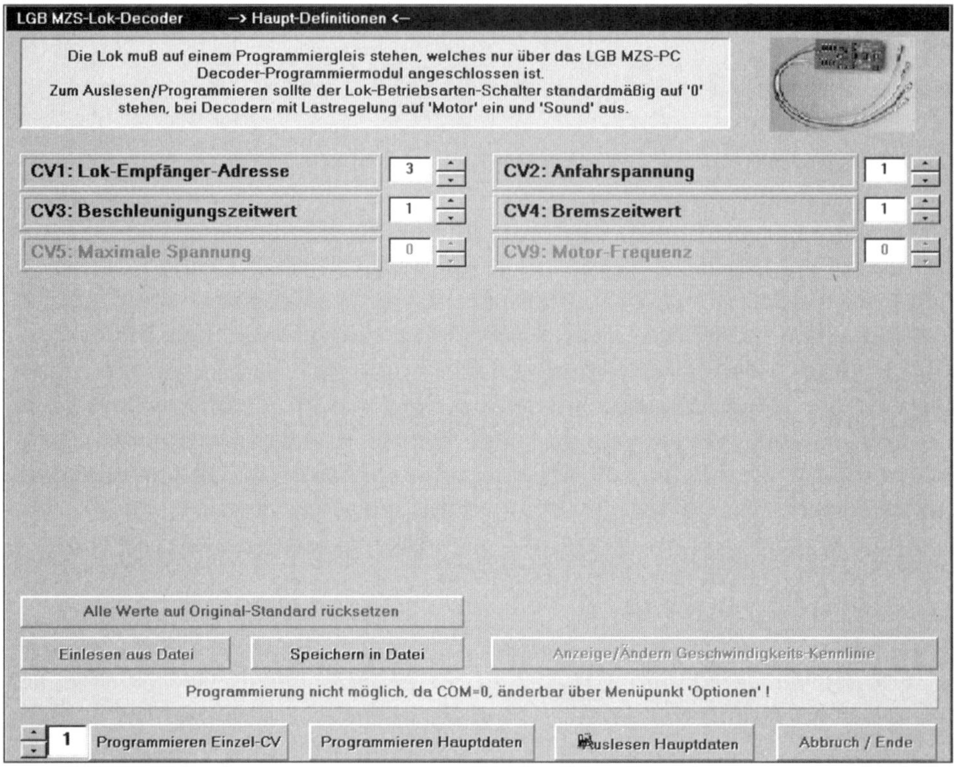


**Abb. 5.2: ... oder mit unterschiedlichen Softwareprogrammen relativ komfortabel in seinen unterschiedlichen Funktionen einstellen und anpassen.**

sollte man auch eher auf deren Erfahrung zurückgreifen und das Geld für den Umbau investieren. Mit ein wenig Basteltalent und Geschick können Sie den Lokdecoder-Einbau aber in sehr vielen Fällen selbst bewerkstelligen.

Als einen groben Anhaltspunkt bei der Entscheidung für oder gegen einen bestimmten Decoder können Sie auch die folgende Checkliste nutzen. Sie enthält die wichtigsten Punkte, die man beachten sollte.

- Wie hoch müssen die Ausgänge des Decoders belastbar sein?
- Fahre ich mit Gleich- oder Wechselstrom?
- Welches Datenformat sollte der Decoder beherrschen (muss mit der Zentrale harmonieren)?
- Soll der Decoder lastgeregelt sein?

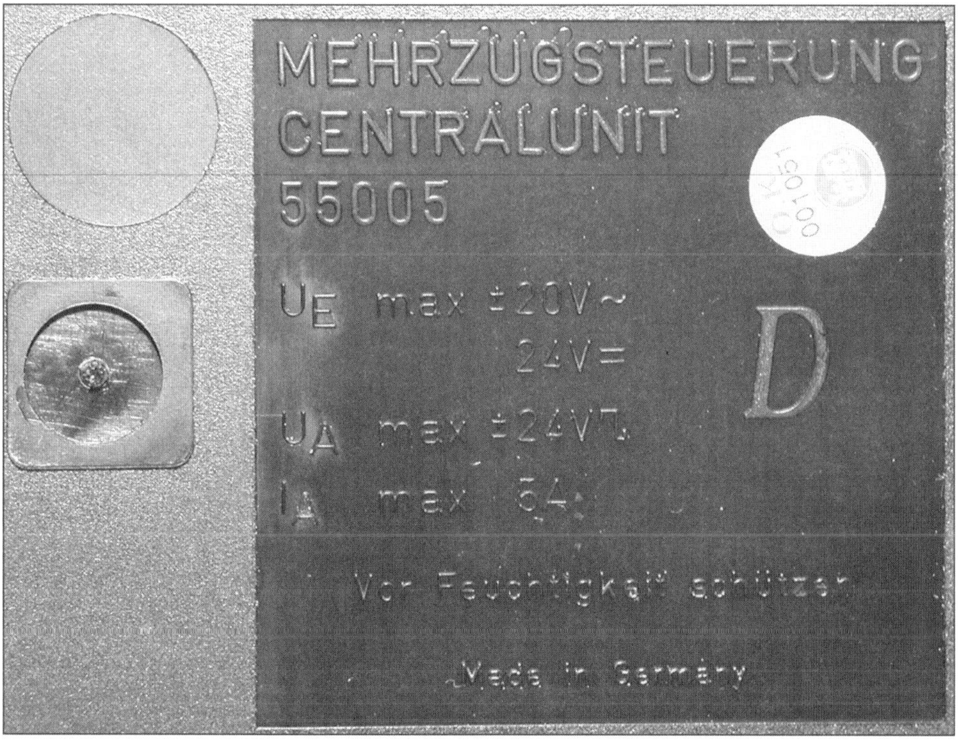


**Abb. 5.3: Wie viel Strom liefert die Digitalzentrale? Ein Blick aufs Typenschild hilft oft.**

- Hat die Lok, in die der Decoder eingebaut werden soll, eine Schnittstelle?
- Wenn ja, um welche Schnittstelle handelt es sich?
- Wie viel Platz ist in der Lokomotive vorhanden, wie viel Platz kann man eventuell noch schaffen? Wie groß und auch wie dick darf der Decoder somit also sein?

## Vorbereitungen

Bevor Sie einen Decoder kaufen und einbauen, müssen Sie die umzubauende Lok zunächst einmal überprüfen. Eventuell sollten Sie das Modell noch einmal so warten, wie der Hersteller es in der Betriebsanleitung vorschlägt. Ein Tröpfchen Öl, eine neue Kohlebürste – jetzt ist der geeignete Moment, derartige Arbeiten zu erledigen. Das gilt natürlich nicht für neue Loks. Lassen Sie die noch analoge Lok, egal ob neu oder alt, dann einige Zeit (etwa 30 Minuten) bei mittlerer Geschwindigkeit vorwärts und die gleiche Zeit auch rückwärts fahren, damit sie sich ein wenig einfährt.

### Stromaufnahme der Lok messen

Dann heißt es: Stromaufnahme ermitteln – im Klartext: Wie viel Energie, wie viel vom wertvollen Digitalstrom, wird die Lok verbrauchen? Sie brauchen diesen Wert, um den geeigneten Lokdecoder zu finden. Um den Wert zu ermitteln, gibt es einen Trick, der Laborbedingungen zwar nicht Stand halten könnte, der aber in der Regel recht brauchbare Ergebnisse liefert. Ermitteln Sie zunächst, wie viel Spannung die demnächst von Ihnen verwendete Digitalzentrale liefern wird. Sind es 18, sind es 24 oder nur 14 Volt? Ein Blick in die technischen Daten der Betriebsanleitung, oft auch schon einer aufs Typenschild hilft da weiter. Falls Sie den Wert nicht ermitteln können, lässt er sich

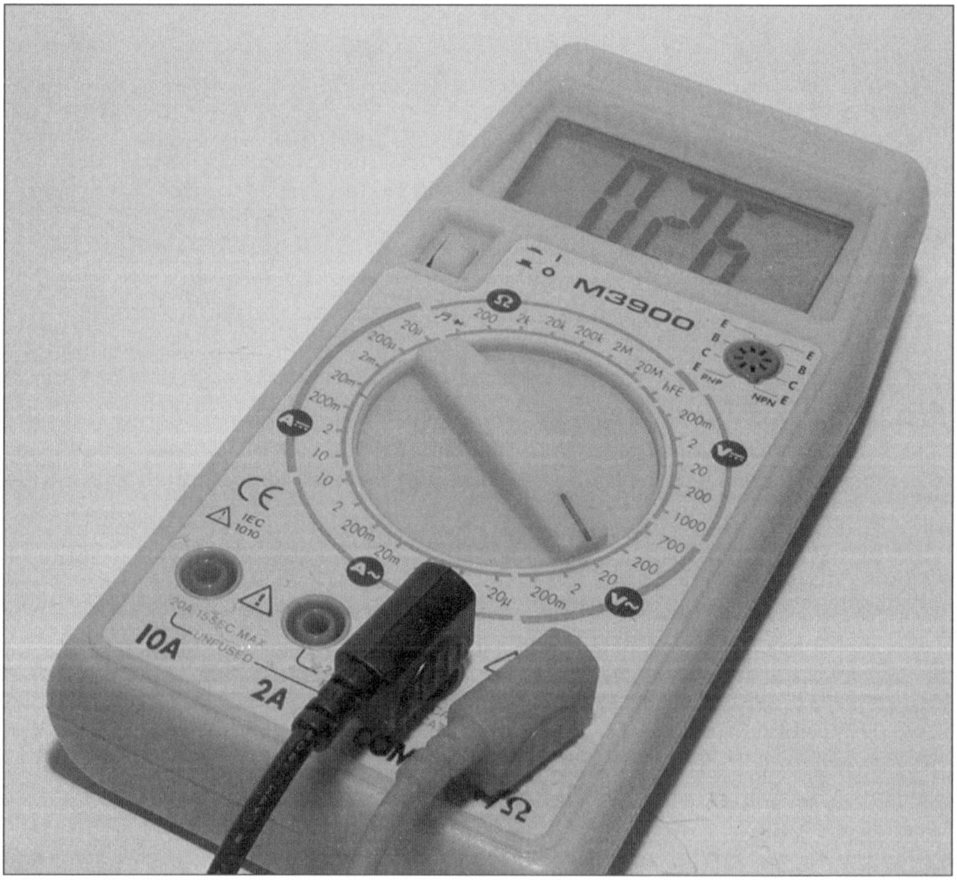


ABB. 5.4: EIN DIGITALES MULTIMETER LEISTET DEM MODELLBAHNER GUTE DIENSTE.

natürlich auch, wie gleich beschrieben, durch Nachmessen herausfinden. Sie brauchen nun ein so genanntes Multimeter, ein Messgerät, das man für wenig Geld im Baumarkt oder im Elektronik-Shop kaufen kann. Sie werden es als Modellbahner immer wieder brauchen, seine Bedienung ist recht einfach und jetzt am Anfang ist vielleicht der geeignete Zeitpunkt, sich ein solches Gerät anzuschaffen.

Achten Sie beim Kauf darauf, dass Sie mit dem Gerät sowohl Volt als auch Ampere, also die Spannung und die Stromstärke messen können. Meist gibt es für diese Zwecke einen Drehregler, mit dem man den Messbereich und die Art der Messung einstellen kann.

Messen Sie nun also als Erstes, wie hoch die Spannung Ihrer Zentrale ist. Schließen Sie dazu den Transformator, den Sie für die Zentrale vorgesehen haben, an dieser an. Vorsicht! Passen Sie gut auf, dass Sie die beiden Anschlusspaare nicht vertauschen: Ein Paar ist für den Strom zum Gleis und ein Paar für den Strom vom Transformer zur Zentrale vorgesehen. Schalten Sie nun den Transformer ein – die Zentrale müsste nun ein Lebenszeichen von sich geben. Sollte sie sich im „Stop"-Modus befinden (z. B. beim Fleischmann Twin Center ist das im Auslieferungszustand so voreingestellt), dann schalten Sie sie auf „Go" oder „Start".

Jetzt kommt das digitale Multimeter ins Spiel. Schließen Sie die beiden Messkabel an und schalten Sie das Gerät ein und anschließend auf Spannungsmessung (V oder Volt, Wechselstrom ~). Wählen Sie nun einen Messbereich, der zwischen 20 und 100 liegt. Da Sie nicht genau wissen, wie hoch die Spannung sein wird, die Sie gleich messen werden, ist es immer besser, einen höheren Messbereich zu wählen – die Zahl gibt die Obergrenze des zu messenden Stroms an. Langsam kann man sich dann nach unten tasten. Nun berühren Sie mit den beiden Enden der Messkabel vorsichtig die beiden Pole an der Zentrale, an die eigentlich die Kabel für den Anschluss zum Gleis gehören würden. Achten Sie sorgsam darauf, dass sich die beiden Metallstifte nicht berühren, während Sie sich an den Anschlüssen der Zentrale befinden, sonst könnte es zu einem üblen Defekt in der Zentrale kommen.

Auf der Anzeige des Multimeters müsste jetzt die Spannung angezeigt werden, die die Zentrale abgibt. Es müsste sich dabei um eine Zahl zwischen 12 und 25 handeln. Da Sie das Messgerät genau dort angeschlossen haben, von wo aus später die Kabel zum Gleis führen werden, wissen Sie nun, mit wie viel Volt die Zentrale arbeitet. Je nach verwendetem System können das eben zwischen 12 und 25 Volt sein, die Sie da messen. Schreiben Sie diesen Wert auf!

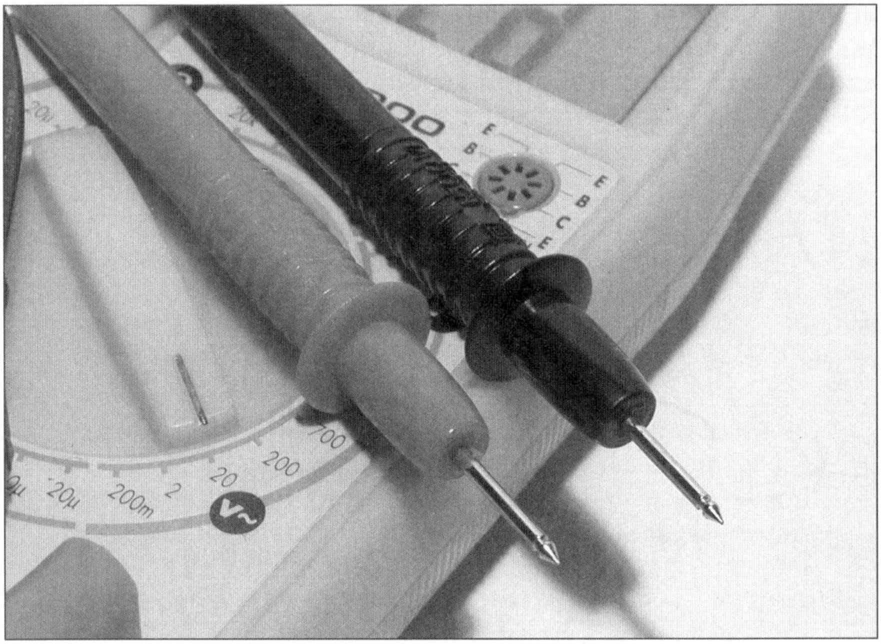

**Abb. 5.5: Die Enden der Messkabel sind meistens mit Metallstiften versehen.**

Nehmen Sie sich nun einen analogen Trafo mit eingebautem Fahrregler zur Hand, wie er vor der geplanten Digitalisierung zur Steuerung der Lok verwendet wurde. Er sollte aber zu Ihrer Modellbahnanlage passen – also ein Wechselstrom-Trafo gehört an eine Wechselstrom-Anlage und ein Gleichstrom-Trafo an eine Gleichstrom-Anlage. Wiederholen Sie die Messung nun auch beim Trafo. Schließen Sie die beiden Messkabel an die Anschlüsse für den Fahrstrom an und beobachten Sie die Anzeige des Multimeters. Wenn Sie den Fahrregler nun aufdrehen, müsste auch die Spannung steigen.

**Hinweis**

*Wenn die Spannung gleich hoch bleibt, haben Sie das Multimeter an den falschen Anschlüssen angebracht und messen gerade die stets konstant hohe Spannung des Anschlusses, der zum Beispiel für Lichtstrom verwendet wird.*

Drehen Sie den Regler so weit auf, bis der Wert in der Anzeige (also die Spannung des Fahrtrafos) genauso hoch ist wie die, die Sie vorher bei Ihrer Zentrale ermittelt haben. Merken Sie sich die Position, oder noch besser: Markieren Sie sie auf der Reglerskala mit einem kleinen Klebepunkt oder mit einem Folienschreiber. Drehen Sie die Spannung wieder nach unten.

**Abb. 5.6: So misst man die Stromaufnahme einer Lok.**

Im folgenden Schritt messen Sie nicht mehr die Spannung, sondern die Stromstärke. Je nach benutztem Messgeräte-Modell kann es sein, dass Sie dafür die Kabel umstecken müssen. Richten Sie am Messgerät alles so ein, dass Sie nun den Strom in Ampere (kurz A) bis zu einer Stärke von 2 A messen können – stellen Sie also den Wahlschalter am Messgerät auf den entsprechenden Bereich ein (mehr ist kein Problem, also wenn der Wertebereich bis 5 A reicht oder 10, ist das auch noch OK, nur größer sollte die Skala nicht sein).

Schließen Sie nun, wie auf dem Bild zu sehen ist, ein Kabel zwischen Trafo und Gleis an. Beim zweiten Kabel müssen Sie das Messgerät zwischen Trafo und Gleisanschluss einsetzen, um die Stromaufnahme messen zu können. Am besten stecken Sie ein Messkabelende an den Trafo, mit dem anderen berühren Sie das andere Ende des Kabels, das vom Gleis kommt. Stellen Sie nun die zu beurteilende Lok auf die Gleise und stellen Sie ein Hindernis auf das Gleis – einen Karton, ein Buch oder Ähnliches. Achten Sie nur darauf, dass die Lok dagegen fahren kann, ohne dass vorne etwas abbricht – polstern Sie das künstliche Hindernis zur Not mit etwas Schaumstoff. Das Hindernis sollte nach Möglichkeit so schwer sein, dass die Lok es nicht verschieben kann – oder Sie müssen es entsprechend fixieren (und sei es durch eine weitere Person, die es festhält). Wenn Sie einen aufsteckbaren Prellbock besitzen, können Sie auch den auf das Gleis klipsen.

Setzen Sie die Lok in Fahrtrichtung, so dass sie kurz vor dem Hindernis steht. Stellen Sie nun (langsam, um die Lok durch die folgende Karambolage nicht zu beschädigen) den Trafo auf die zuvor markierte Spannung: Die Lok fährt gegen das Hindernis und bleibt dort mit durchdrehenden Rädern stehen.

- Das ist der Moment, in dem Sie den Ampere-Wert am Messgerät ablesen müssen. Sehen Sie zum Beispiel den Wert 0,67, dann wissen Sie, dass die Lok 0,67 Ampere oder 670 Milliampere (mA) Stromaufnahme hat.

## Passenden Decoder auswählen

Wie schon erwähnt: Sie brauchen diesen Wert, um den geeigneten Decoder zu finden. In den technischen Daten steht, wie viel Digitalstrom sie an die Lok abgeben. Zusätzlich müssen Sie aber noch berücksichtigen, dass auch Beleuchtungen, ein Rauchgenerator und andere Zusatzfunktionen (wie z. B. eine Klangelektronik) auch noch Strom brauchen. Eine Leuchtdiode zur Stirnbeleuchtung braucht etwa 20 mA, ein Lämpchen ca. 50 mA. Im Zweifelsfall müssen Sie diese einzeln nachmessen. In den meisten Fällen finden Sie in den Beschreibungen der Decoder aber Angaben wie „Stromaufnahme bis 800 mA, davon Motor 500 mA, Licht 300 mA". Um bei dem Beispiel von eben zu bleiben, wäre der so beschriebene Decoder also für die eben gemessene Lok eindeutig zu schwach. Die Belastbarkeit des Motorausgangs muss sehr deutlich über dem gemessenen Wert liegen.

### Anschlüsse am Decoder

Bevor es gleich an den Einbau geht, noch ein paar grundsätzliche Betrachtungen zu Lokdecodern. Es gibt viele verschiedene Fabrikate, mehrere Systeme, unterschiedliche Größen. Im Grunde ist aber die Verkabelung, sind die Anschlüsse aller Lokdecoder gleich. Die Farben der Kabel können variieren, überprüfen Sie anhand der Betriebsanleitung des Decoders, welche Farbe für was steht, damit Sie sich nicht den wertvollen Decoder zerstören. Bei allen Lokdecodern gibt es:

- zwei Pole für die Stromversorgung aus dem Gleis (2, 6)
- zwei Pole für den Motoranschluss (4, 7)
- einen Strompol für das Licht vorn (1)

- einen Strompol für das Licht hinten (3)
- einen gemeinsamer Masse-Pol für Lichter (5)

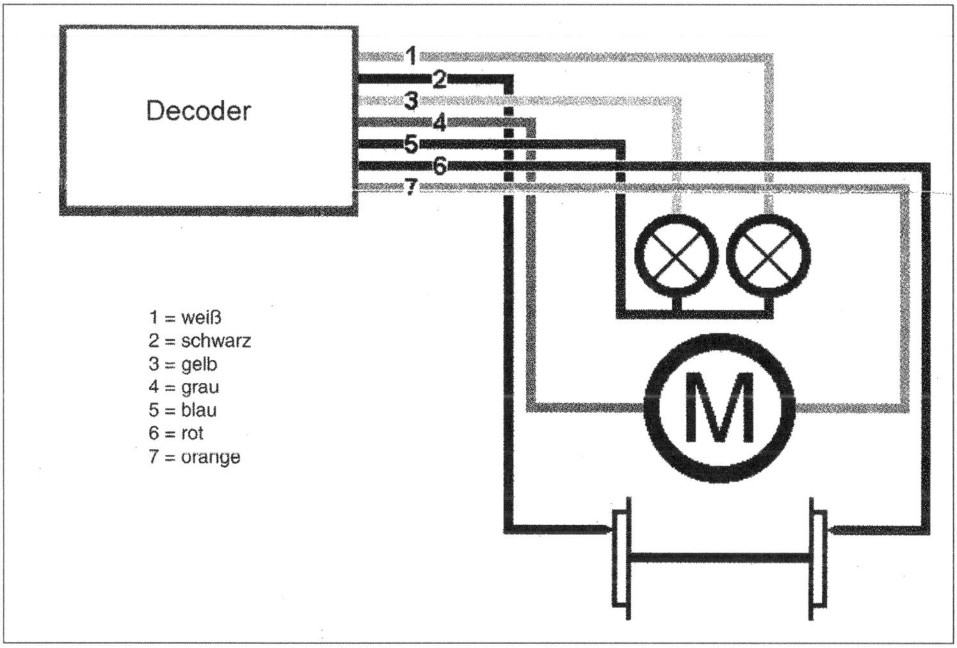


**Abb. 5.7: Das Prinzip der Verkabelung ist bei allen Lokdecodern gleich.**

Diese Anschlüsse können entweder als so genannte Lötpunkte vorhanden sein – dann muss man jeweils Kabel auf der Platine und am entsprechenden Anschluss der Lok anlöten. Bei besonders kleinen Platinen oder wenn der Decoderhersteller es dem Kunden besonders einfach machen möchte, sind bereits Kabel befestigt, dann muss man nur das andere Ende am Anschluss der Lok anlöten.

Oder es gibt Schnittstellenstecker-Hülsen oder sogar -Stecker, über die man mit wenig Aufwand die Verbindung zwischen Decoder und Lok herstellen kann. Die einfachste Lösung ist aber die, bei der Sie den Decoder einfach nur in die Schnittstelle der Lok schieben. Ein solcher Einbau dauert dann nur wenige Minuten. Diese Schnittstellenstecker sind in der Regel genormt.

## Lokdecoder mit Schnittstelle

Vielen Modellbahnern ist Löten ein Gräuel. Da muss sich niemand schämen. Das Lötzinn riecht übel und die Fummelei mit Drähtchen, Lötzinn, Lötkolben sowie der hoch empfindlichen Platine liegt so manchem Modellbau-Bastler einfach nicht. Und auch wenn der Einbau eines Lokdecoders gar nicht so schwierig ist, selbst dann nicht, wenn man ein wenig löten muss – komfortabler und einfacher ist es, wenn eine Schnittstelle vorhanden ist, also ein Stecker, mit dem der Decoder in der Lok mit den genannten Anschlüssen verbunden wird. Damit lässt sich der Decoder auch viel schneller einbauen.

Damit die Anschlüsse in den verschiedenen Loks und Decodern zusammenpassen, sind die Steckerformen und deren Belegung normiert. Besitzen Lok und Decoder die gleiche Schnittstelle, funktionieren sie also (sofern die elektrische Versorgung passt) meist problemlos miteinander.

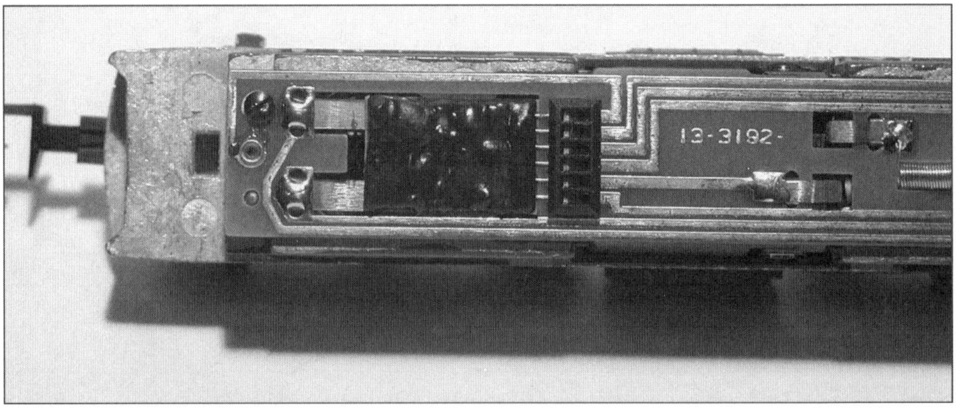


**Abb. 5.8: Eine weit verbreitete Schnittstelle ist diese „kleine" – auch als NEM (S) bezeichnet.**

## Die NEM-Schnittstellen

Mittlerweile hat es sich bei fast allen Herstellern von Lokomotiven herumgesprochen, dass man bei der Neukonstruktion eines Fahrgeräts gleich von vornherein eine Schnittstelle mit einplant. Und so kommen immer mehr Loks mit einer solchen auf den Markt. Die schon einmal erwähnte Organisation MOROP (Verband der Modelleisenbahner und Eisenbahnfreunde Europas) hat übrigens definiert, was das überhaupt ist, eine Schnittstelle im Sinne der Modellbahnerei. Es handelt sich dabei um eine

*„Verbindung mehrerer elektrischer Leiter, die durch Verwendung einer zweiteiligen Steckverbindung (Stecker/ Buchse) mechanisch lösbar gestaltet ist."*

Diese Definition ist im offiziellen Normen-Blatt zur NEM 650 zu finden. NEM sind übrigens die Normen Europäischer Modellbahnen. Gleich vier Typen von Schnittstellen wurden exakt beschrieben und als Norm festgeschrieben.

Jeder Hersteller, der sich mit der Bezeichnung „genormte Schnittstelle nach NEM“ schmücken will, muss jede Bestimmung der jeweiligen Norm genau einhalten, worüber die MOROP wacht. Die Bezeichnung der Schnittstelle lautet NEM plus einer dreistelligen Zahl. Außerdem gibt es noch einen Buchstaben, der auf die Größe hinweist.

- Auf die kleine S-Schnittstelle nach NEM 651 trifft man häufig in kleineren Loks, in denen es ein wenig eng zugeht. Meistens befinden sich die Stecker direkt am Decoder, so dass man ihn nur noch in die Schnittstelle einschieben muss.
- Bei der mittleren (M/a) nach NEM 652 haben Buchse und Stecker zwei Reihen zu je vier Kontakten.
- NEM 653 (M/b) ist ebenfalls eine mittelgroße Variante, bei der die Kontakte aber alle in einer Reihe stehen.
- Die große (L) schließlich nach NEM 654 ist eine, bei der es nur recht wenige Vorgaben gibt. Schnittstellen nach NEM 653 und 654 sind allerdings eher selten anzutreffen. Selbst die Entwickler des LGB-Lokdecoders, auf den die Norm am ehesten Anwendung finden könnte, haben sich nicht an die Spezifikationen gehalten.

**Abb. 5.9: Die NEM652-Schnittstelle hat einen kleinen Stecker am Ende des Kabels.**

Die nachfolgende Tabelle zeigt die Normen noch einmal in der Übersicht. Die Normen-Blätter finden Sie aber in ihrer vollständigen Ausführlichkeit auch im Internet auf der Website der MOROP.

| ***Norm*** | ***NEM 651*** | ***NEM 652*** | ***NEM 653*** | ***NEM 654*** |
|---|---|---|---|---|
| *Ausführung* | *Klein (S)* | *Mittel (M/a)* | *Mittel (M/b)* | *Groß (L)* |
| *Anschlüsse* | *6 (1 x 6)* | *8 (2 x 4)* | *9 (1 x 9)* | *4** |
| *Teil im Fahrzeug* | *Buchse* | *Buchse* | *Buchse* | *Stecker* |
| *Kontaktabstand* | *1,27 mm* | *2,54 mm* | *1,5 mm* | *k. Vorgabe* |
| *Stiftform*** | *rund* | *rund* | *rund* | *rund* |
| *Stiftlänge* | *5 mm* | *4 mm* | *4 mm* | *7,5 mm* |
| *Stiftdurchmesser* | *0,25 mm* | *0,5 mm* | *0,5 mm* | *1,25 mm* |
| *Dauerbelastbarkeit**** | *0,5 A* | *1,5 A* | *1,5 A* | *4,0 A* |
| *Spitzenbelastung (kurzzeitig)* | *0,75 A* | *3,0 A* | *3,0 A* | *6,0 A* |

* *keine Vorgabe*

** *Stifte mit einem rechteckigen Querschnitt sind eine akzeptable Alternative, sofern sie die gleiche Belastbarkeit und physikalische Kontakt-Qualität aufweisen wie die runde Form.*

*** *Die angegebene Belastbarkeit ist auf jeden einzelnen Kontakt bezogen, sie bezieht sich weder auf die Decoderkapazität noch auf die des Motors, der Lichter oder weiterer Zusatzkomponenten. Da viele Decoderhersteller für die Licht- und Funktionsanschlüsse weniger hoch belastbare Anschlüsse zur Verfügung stellen, ist den Fahrzeugherstellern zu empfehlen, zu dokumentieren, wie viel Strom die Stirnbeleuchtung und weitere Funktionen im Einzelnen aufnehmen.*

## Der Einbau

Im Folgenden zeigen wir Ihnen, wie man einen Lokdecoder einbaut. Die ersten Schritte sind dabei identisch – egal ob Sie einen Decoder mit oder einen ohne Schnittstellenstecker einbauen. Folgende grundsätzliche Tipps möchten wir Ihnen für die Arbeiten noch mit auf den Weg geben:

- Führen Sie den Einbau grundsätzlich auf einem großen Tisch durch. Legen Sie wie ein Fernsehkoch, der ein Gericht zubereitet, sämtliches Werkzeug, das Sie benötigen sowie sämtliche Bauteile, die dabei verbaut werden, zurecht.

**Abb. 5.10: So sieht eine Lok ohne Haube aus – zum Entfernen der erforderlichen Schrauben ist oft kriminalistischer Spürsinn nötig.**

- Folgen Sie langsam Schritt für Schritt den Anweisungen, natürlich nicht ohne sich vergewissert zu haben, dass die Anweisungen für Sie zutreffen.

- Zusatztipp: Führen Sie Protokoll. Schreiben Sie Schritt für Schritt auf (und wenn es nur stichwortartig ist), damit Sie im Fehlerfall oder wenn ein Experte die Lok reparieren muss, bei der Fehlersuche helfen können. (Wer Protokoll führt, zeigt damit zumindest, dass er nicht kopflos an die Sache gegangen ist ...)

- Wenn Sie noch nie einen Decoder eingebaut haben, sollten Sie vielleicht nicht gerade mit der wertvollsten Lok beginnen, sondern erst einmal ein preiswerteres Modell ausstatten.

- Haben Sie keine Angst vor Steckern, Werkzeug und Lötkolben. Der Einbau eines Decoders ist weder Hexenwerk noch bedarf es einer handwerklichen Lehre. Sie sollten nur etwas Geschick und Ruhe mitbringen.

Scheuen Sie sich nicht, den Einbau abzubrechen und durch einen Experten durchführen zu lassen, wenn Sie merken, dass Sie das nicht können. Der fahrenden Lok ist nachher nicht anzusehen, wer die Steuerplatine dort eingebaut hat.

*Schritt 1*

Als Erstes muss die Lok natürlich geöffnet werden. Das klingt banal, aber da können die Schwierigkeiten schon anfangen. Am besten ist es, wenn Sie sich die Betriebsanleitung der Lok zur Hand nehmen und sich ein Bild machen, wie man an ihr Inneres gelangen kann. Wenn die Anleitung da so recht keine Infos zum Öffnen geben will, sollte man als Erstes an der Unterseite der Lok nach einer größeren Schraube fahnden. In aller Regel befindet die sich in der Mitte der Lok.

**Tipp**

*Nehmen Sie sich einen Streifen transparentes Klebeband zur Hand und kleben Sie die Schraube auf ein Blatt Papier. Schreiben Sie dabei, wo Sie diese Schraube herausgenommen haben. Wenn die Schraube nämlich verschwindet, wird es hinterher schwierig, sie als Ersatzteil zu bekommen.*

Es gibt auch Hersteller, bei denen das obere Gehäuse des Triebfahrzeuges nicht von einer Schraube sondern von einem trickreich konstruierten Gehäuserand am unteren Teil der Lok festgehalten wird. In diesem Fall müsste man eigentlich drei Hände haben, um die Lok zu öffnen. Da das aber leider bekanntermaßen nicht der Fall ist, muss man sich irgendwie behelfen. Man hält die Lok so, dass das Fahrgestell nach oben zeigt. Mit den beiden Daumen versucht man nun, das Gehäuse leicht nach außen zu biegen, ohne allerdings der Lok allzu viel Schaden zuzufügen. Mit einem Mittelfinger probiert man gleichzeitig, den unteren Lokteil nach oben zu drücken. Manchmal klappt's, manchmal nicht. Wenn man Glück hat, ist die Lok jedenfalls irgendwann offen und man kann mit den weiteren Überlegungen fortfahren.

*Schritt 2*

Lokalisieren Sie die Schnittstelle im Inneren der Lok – normalerweise sollte die schnell gefunden sein. Häufig hält ein kleines Platinchen so lange hier die Stellung, bis ein Decoder eingesetzt wird. Das weitere Vorgehen hängt stark davon ab, wie gut das Innere der Lok auf die Aufnahme eines Decoders vorbereitet ist. Was vor allem für den freien Raum gilt, der hier für ein Verstauen des Decoders vorgesehen ist.

*Schritt 3*
Am einfachsten funktioniert der Einbau bei Loks mit einer kleinen S-Schnittstelle nach NEM 651: Das Platzhalter-Platinchen wird zunächst herausgezogen. Da es in der Regel genauso groß, pardon: klein ist wie der Decoder, gibt es beim Einstecken auch selten Probleme. Die sechs Pins am Decoder, die im Idealfall genau in die Löcher an der Schnittstelle passen, müssen allerdings völlig parallel stehen. Falls man da nachregulieren muss, leistet ein Zahnstocher hier gute Dienste. Dann steckt man den Decoder einfach in die Schnittstelle.

*Schritt 4*
Auch der kleine Selectrix-Decoder besitzt einen Schnittstellen-Stecker nach NEM 651. Damit man jedoch flexibel beim Unterbringen der Platine im Lokgehäuse ist, sind die Pins dieses Decoders Teil eines Flachbandkabels, das am Decoder hängt. Braucht man das nicht, schneidet man es einfach so ab, dass noch etwa fünf Millimeter stehen bleiben. Entfernt man davon vorsichtig die Kunststoff-Isolierung, bleiben nur noch die Pins stehen, die dann auch exakt den Vorgaben der Norm entsprechen. Will man den Selectrix-Decoder hingegen doch lieber fest einlöten, so kann man das Kabel auch länger lassen und nutzt das Flachbandkabel dann eben seiner eigentlichen Bestimmung nach – als Kabel eben: Man schneidet es auf die gewünschte Länge und isoliert die unteren fünf Millimeter ab. Jetzt kann man die Enden an Lötpunkte anlöten.

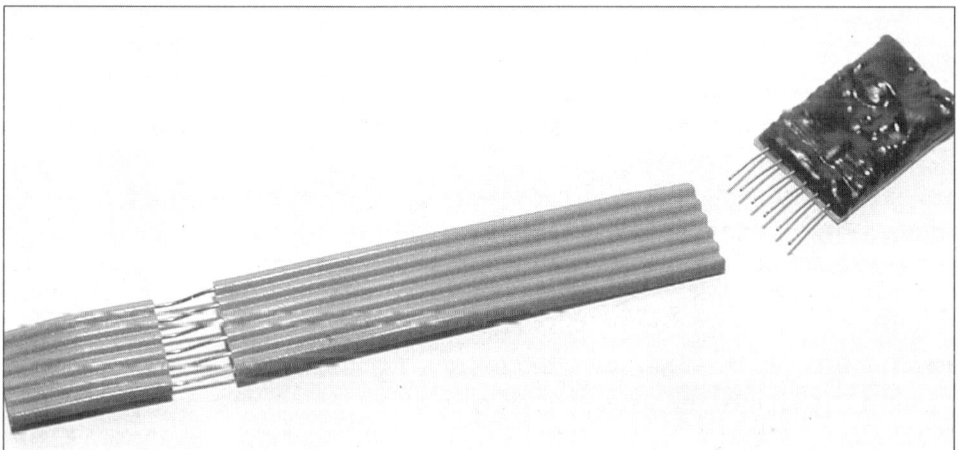

**Abb. 5.11: Beim Selectrix-Decoder schneidet man das Flachbandkabel ab.**

Wie das genau gemacht wird, dazu erfahren Sie weiter hinten in diesem Kapitel mehr. Das Flachbandkabel ist aber auch im Zusammenhang mit einer Schnittstelle noch interessant: Man hat dadurch gewissermaßen eine Art

Verlängerungskabel zwischen Decoder und Schnittstelle. Denn genauso, wie man es ganz kurz abschneidet, um die fünf Millimeter langen Pins zu erhalten, kann man es natürlich auch in jeder gewünschten Länge einsetzen. Sobald man unten fünf Millimeter Isolierung entfernt, hat man einen Schnittstellen-Stecker. Auf diese Weise ist man äußerst flexibel beim Einbau: Wenn nämlich in unmittelbarer Nähe der Lok-Schnittstelle kein Platz für die Decoder-Platine ist, dann sucht man einfach woanders danach. Das Flachbandkabel stellt in jedem Fall eine Verbindung her. Unter Umständen muss man allerdings ein wenig fummeln, um das recht starre Kabel so zu biegen, dass man es im Inneren der Lok verlegen kann. Praktisch ist es aber in jedem Fall.

### Decoder mit NEM651-Schnittstelle

Die Decoder-Hersteller stimmen ihre Platinen in der Regel auf die Loks ab: Die kleinen Selectrix- oder auch MÜT-Decoder (beide beherrschen das Selectrix-Format) oder auch der kleine DCC-Decoder von Lenz besitzen Pins, die genau in eine NEM-S-Schnittstelle passen. Je kleiner ein Decoder ist, desto teurer ist er. Und wer ist bereit, so viel Geld (der Original-Selectrix-Decoder kostet bis zu 80 Euro) für einen Decoder auszugeben? Diejenigen, die keine andere Wahl haben, weil in der Lok einfach kein Platz ist, und das sind in der Regel die N- und Z-Bahner. Und da die kleinen Loks meistens weniger Strom brauchen als größere, sind die kleinen Decoder auch nicht so stark belastbar. Also wird man die kleine NEM-Schnittstelle vor allem in kleinen Loks finden.

Bei der Gestaltung der NEM-S-Schnittstelle gibt es, trotz der Normung durch die NEM-Bestimmungen, gelegentlich auch Unterschiede. Wer schon einmal eine etwas neuere Lok von Roco in der Spurweite N mit einem Selectrix-Decoder ausgestattet hat, der wird festgestellt haben, wie leicht das Einstecken in die Schnittstelle funktioniert. Die Buchse besitzt richtige Löcher, in denen die Pins äußerst festen Halt finden, man muss keine Angst haben, dass sich da etwas lösen könnte.

Bei Schnittstellen in Minitrix-Fahrzeugen ist das ein wenig anders: Hier besteht die Schnittstelle aus einer Kunststoff-Leiste, in der kleine Federklammern sitzen. Steckt man den Decoder ein, werden die Pins von diesen Klämmerchen auf die Platine gedrückt und finden dort, wenn alles gut geht, Anschluss zu den Kontakten der Lokplatine. Man tut gut daran, hier auf eine besonders exakte Position der Pins zu achten, damit es keine Kontaktprobleme gibt. Der Decoder sitzt in dieser Schnittstelle auch nicht so fest wie in einer von Roco: Schon ein Umfallen der Lok auf der Anlage kann ausreichen, um den Decoder zu lockern – die Lok funktioniert nicht mehr und muss erst geöffnet werden, um den Decoder wieder fest einzustecken. Wer eine besonders ruhige Hand hat, der kann versuchen, die Federklammern ein wenig strammer zu machen – nicht immer hat man damit aber Erfolg.

Trotz all der Normungsbestrebungen kann es aber immer wieder Schwierigkeiten geben. So passt zum Beispiel ein Selectrix-Decoder aus älterer Produktion, der angeblich einen Schnittstellen-Stecker nach NEM-S besitzt, nicht in den modernen Talent-Triebzug von Brawa, obwohl auch dieser angeblich über die dazu passende NEM-Schnittstelle vom Typ S verfügt.

Wenn man die Anschlüsse dann genau nachmisst, ist der Übeltäter entlarvt: Es gibt offenbar Selectrix-Decoder, bei denen die Drähtchen oder Pins dünner als die von der NEM geforderten 0,25 mm² sind. Zudem besitzt die Brawa-Schnittstelle eckige Löcher. Das hört sich merkwürdig an, aber es ist so: Der Querschnitt der passenden Stifte müsste also rechteckig und nicht rund sein. Trotzdem passen aber Decoder mit runden Stiften hinein, wenn sie nicht zu dünn sind. Zum Glück kennt man bei Brawa das Problem: Auf Anfrage erhält man eine Schnittstellen-Kupplung, in die man den Selectrix-Decoder steckt und das Ganze in den Triebzug einbaut. Sie sehen anhand dieser ausführlich geschilderten Beispiele, dass man trotz normgerechter Schnittstelle nicht immer vor Überraschungen sicher sein kann.

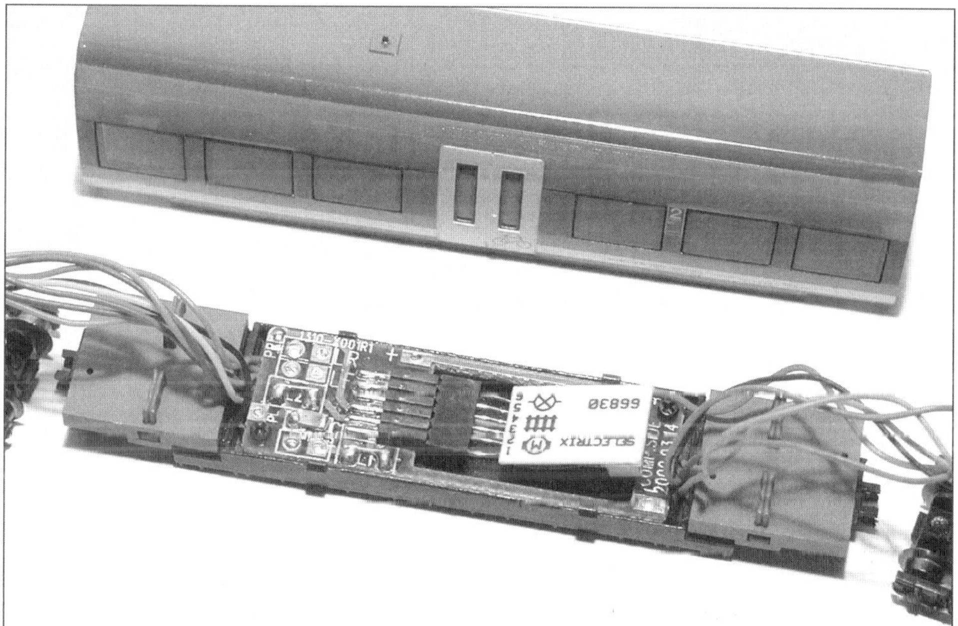


**Abb. 5.12: Der Talent-Triebwagen von Brawa hat eine Schnittstelle mit eckigen Löchern (Mitte).**

## Decoder mit NEM652-Schnittstelle

Recht wenige Probleme hat man mit der wohl gängigsten Schnittstelle nach NEM-652, die in Ho-Loks (außer denen von Märklin) häufig anzutreffen ist, vor allem in neueren Modellen. Der Stecker ist in der Regel getrennt vom eigentlichen Decoder – Kabel verbinden beide Elemente miteinander. Auf diese Weise ist man wieder sehr flexibel bei der Unterbringung des Decoders.

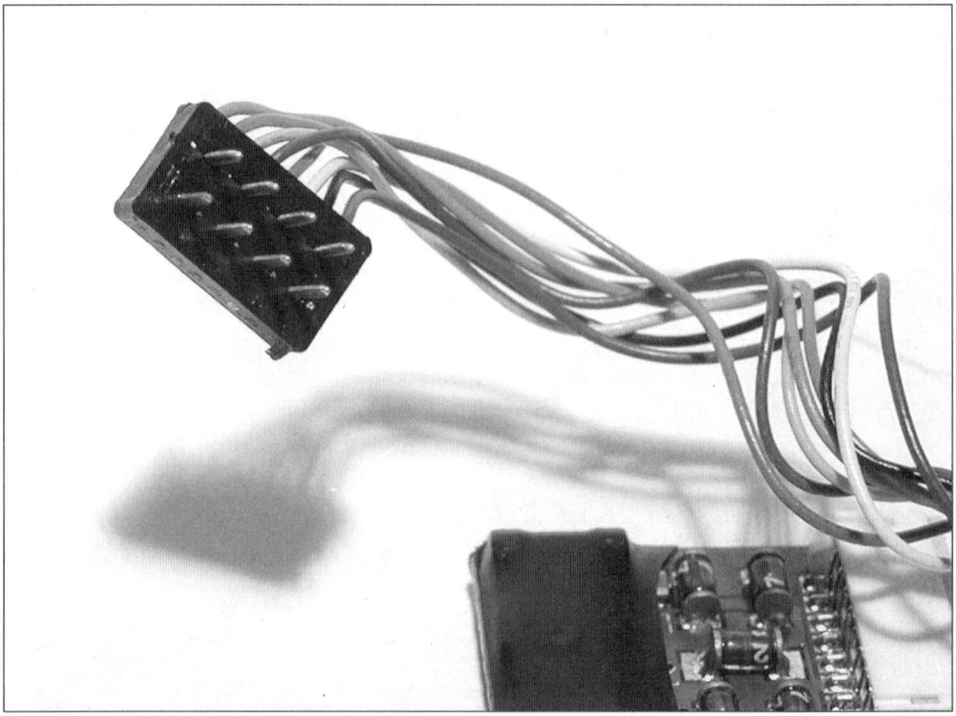

**Abb. 5.13: Die mittlere Schnittstelle NEM652 (M) ist vor allem bei H0 sehr häufig anzutreffen.**

Genormt sind, wie Sie der Tabelle weiter vorne entnehmen können, hier nur der Stecker und die Buchse – und auch das nur in Bezug auf Stiftlänge, -durchmesser und -abstand. So kann der eigentliche Stecker, der meistens über Kabel in den übrigens nach NEM ebenfalls genormten Farben mit dem Decoder verbunden ist, recht unterschiedlich aussehen. Passen muss er aber immer in die Buchse in der Lok – und tatsächlich gibt es hier die wenigsten Probleme mit der Kompatibilität.

Während man sich beim Platzieren eines Decoders mit NEM-S-Verbindung darüber in der Regel keine Gedanken machen muss, weil die Pins meist direkt am Decoder befestigt sind, ist dies bei der mittleren Variante ein wenig anders: Man ist nämlich in der Wahl des Platzes, an dem man den Decoder in der Lok verstaut, nicht völlig frei. Denn da sich im Inneren einer Lok mitunter für den Decoder höchst unangenehme Temperaturen entwickeln können, sollte man ihn möglichst weit weg vom Motor platzieren, denn der wird in der Regel im Betrieb heiß. Auf keinen Fall sollte man den Decoder also direkt auf oder neben den Motor platzieren oder ihn gar frei im Gehäuse herumliegen lassen, wozu man geneigt ist, wenn in einer Lok ordentlich viel Platz ist. Immer mehr Hersteller schlagen bereits in ihren Betriebsanleitungen einen Platz für einen Digital-Decoder vor. Diesen Vorschlag sollte man in der Regel auch annehmen, wenn es die Abmessungen des Decoders erlauben.

**Abb. 5.14: In dieser Roco-Lok vom Typ BR 80 ist bereits ein Decoder-Platz vorgesehen.**

Meistens liegt dem Decoder aber auch noch ein Stückchen doppelseitiges Klebeband bei. Mit dem kann man die Platine in der Lok befestigen. Absehen sollte man allerdings unbedingt davon, den Decoder mit Isolierband oder anderen Maßnahmen einzupacken, um ihn schützen zu wollen: Denn auch ein elektronisches Bauteil wie ein Chip, und davon sitzen auf einem Decoder gleich eine ganze Reihe, entwickelt Hitze. Diese könnte nicht abfließen, wenn man den Decoder einpacken würde, und so kann das Bauteil wegen dieser Hitze Schaden nehmen.

Isolierband sollte nur in einem Zusammenhang verwendet werden: Ist das Chassis aus Metall, benutzen die Hersteller es als Masseverbindung. Der gesamte Metall-Kern ist in einem solchen Fall dann gewissermaßen einer der beiden Pole, mit denen die Lämpchen zum Leuchten oder der Motor zum Arbeiten gebracht wird. Würde man den Decoder also auf dieses Metall legen, könnte es zu einem Kurzschluss kommen. Deswegen sollte zwischen Platine und Metallgehäuse Isolierband angebracht werden.

In aller Regel fließt in einer auf Decoderbetrieb vorbereiteten Lok – und davon darf man bei einem mit Schnittstelle vorbereiteten Fahrzeug wohl ausgehen – kein Strom außerhalb der Drähtchen. Aufpassen müssen Sie allerdings beim Anschluss an die Schnittstelle, denn es gibt weder bei der S- noch der M-Schnittstelle einen Schutz vor falschem Einstecken. Man kann einen Decoder also auch schnell einmal falsch herum in die Schnittstelle stecken. Zwar heißt es hierzu in den MOROP-Papieren, dass der Pin Nummer 1 gekennzeichnet sein muss. Angesichts der winzigen Steckerchen kann man eine solche Markierung, selbst dann, wenn sie vorhanden ist, aber meistens mit bloßem Auge nicht erkennen. Hier heißt es also doppelt aufpassen. Immerhin: Man zerstört den Decoder in der Regel nicht, wenn man ihn falsch herum einsetzt.

**Abb. 5.15: Bei diesem Decoder ist nicht auf den ersten Blick zu erkennen, in welche Richtung die Schnittstelle aufgesteckt wird.**

## LGB-Schnittstelle

Einen Sonderfall bei den Schnittstellen nehmen die Gartenbahn-Lokomotiven des Ernst Paul Lehmann Patentwerks (LGB) für die Spur IIm ein. Während es bei älteren Modellen für Laien meistens unmöglich war, den Decoder-Einbau selbst vorzunehmen, ist dies bei Modellen mit Schnittstelle so einfach, dass das nun wirklich jeder schafft. Die Bezeichnung Direct Decoder deutet auf eine derartig vorbereitete Lok hin: Im Katalog ist sie mit einem Symbol gekennzeichnet.

**Abb. 5.16: Lokomotiven mit diesen Logos lassen sich digital nachrüsten.**

Kaufen Sie eine LGB-Lok gebraucht, können Sie ihre Digitalfertigkeit auch an einem „D" erkennen, das im Boden der Lok eingeprägt ist.

**Abb. 5.17: Eine mit „D" gekennzeichnete Lok kann mit einem Digitaldecoder nachgerüstet werden.**

Die einzige größere Schwierigkeit auch hier ist eigentlich nur das Öffnen der Lok. Irgendwie scheinen die Hersteller etwas dagegen zu haben, dass man ihre Fahrzeuge öffnet – man braucht nämlich stets ein wenig Spürsinn, bis man die richtigen Schrauben entdeckt hat. Ist das Gehäuse einer mit Direct-Decoder-Signet ausgestatteten Lok aber erst einmal offen, ist der weitere Einbau wirklich kinderleicht. Man kann im Grunde nichts falsch machen.

Sieht man sich den Original-Decoder von LGB einmal näher an, dann wird man auf der einen Seite kleine Stifte entdecken. Hierbei handelt es sich um die Schnittstellenstecker. Alle Anschlüsse sind hier einmal vorhanden. Die vier Kabel an der schmalen Seite des Decoders kann man, wenn man das Platinchen via Direct-Decoder-Schnittstelle anschließt, einfach abschneiden. Es handelt sich dabei um die Anschlüsse für Gleis und Schiene, die man nur dann braucht, wenn man den Decoder so einbauen will, wie im Anschluss beschrieben. Schneiden Sie sie einfach ab oder, wenn Sie den Decoder später vielleicht noch einmal anderweitig verwenden möchten, wickeln Sie sie auf und kleben Sie ein wenig Isolierband – hier darf man's – um die Kabelenden. Für den Direct-Decoder-Einbau braucht man sie nicht.

Lokalisieren Sie im Lok-Inneren die zu den Stiften passenden Buchsen, drehen Sie den Decoder so, dass die Stifte in die Buchsen passen und stecken Sie nun den Decoder einfach auf. Fertig. Sie können die Lok wieder schließen. Besonders ängstliche Menschen machen schon mal eine Probefahrt mit der Lok in offenem Zustand. Wie international üblich, hat jeder Decoder, den Sie frisch aus dem Karton nehmen, die Adresse „3". Das ist auch hier so. Testen Sie Ihre Arbeit in Form von ein paar Proberunden und schließen Sie das Gehäuse dann bei Erfolg wieder.

Während die Direct-Decoder-Schnittstelle also bei LGB schwer im Kommen ist und die Firma Lehmann sie bei Neu-Konstruktionen auch generell vorsieht, gibt es aber doch noch eine Reihe von Loks ohne diese ganz besonders einfach zu handhabende Schnittstelle. Etwas älter ist eine zweite Schnittstellen-Variante, erkennbar an dem Signet mit den sechs im Kreis angeordneten Punkten ohne den Schriftzug „Direct Decoder". Um einen Decoder hier anzuschließen, braucht man ein Zusatzkabel. Die einzelnen Drähte des Zusatzkabels werden hierbei mit bereits angebrachten Hülsen auf die schon erwähnten Stifte am Decoder aufgesteckt. Am anderen Ende des Kabelbaums sitzt dann die Kupplung, die man auf den entsprechenden Stecker im Inneren einer Lok aufsteckt. Weitere Aktionen sind auch hier nicht mehr erforderlich und die Lok sollte ohne Murren funktionieren.

Schließlich existiert noch eine dritte Variante, die ebenfalls ganz ohne Löten auskommt, bei der man allerdings ein wenig tiefer in die Technik der Lok einsteigen muss. Man erkennt diese Loks an einem am Boden der Lok angebrachten Buchstaben „D" – für Digital oder Decoder. Hier ist zwar keine Schnittstelle im eigentlichen Sinne vorhanden, vier Stifte gibt es aber schon. An die werden die vier Kabel, die an jedem Original LGB-Decoder ab Werk hängen, angeschlossen.

Es handelt sich dabei um die beiden Anschlüsse für den Motor (gelb und grün) und die, über die der Decoder seinen Strom aus den beiden Schienen der Gleise bekommt (braun und weiß). Alle anderen Funktionen wie etwa die fahrtrichtungsabhängige Beleuchtung, ein eventuell vorhandener Dampfgenerator im Schornstein einer Dampflok oder ein Soundmodul werden über diese Kabel nicht versorgt. Sie muss man zusätzlich und auf eigene Faust verdrahten und anschließen. Man muss also die Kabel zum Beispiel von den Lämpchen bis hin zum Decoder verlegen. An jedem Kabelende bringt man eine der dem Decoder beiliegenden Hülsen an, die man einfach mit einer Zange festdrücken kann. So vorbereitet, lassen sich diese Anschlüsse dann auf den Decoder aufstecken – genauso, wie man das auch mit dem eben erwähnten Schnittstellen-Kabel gemacht hätte.

**Abb. 5.18: Vier Kabel werden direkt angeschlossen, bei den anderen muss man basteln.**

Unter Umständen ist es nötig, für das Anschließen von Lampen und anderen Stromverbrauchern, die man später gerne über die Sonderfunktionstaste an der Fernbedienung (bei Lehmann auch Handy genannt) oder den PC schalten möchte, die Lok teilweise zu zerlegen, da man ansonsten nicht an die Kabel kommt. Wichtig ist außerdem: Prüfen Sie, ob die Lampen und zum Beispiel der Rauchgenerator überhaupt auf die höhere Spannung vorbereitet sind, die da kommt.

Ansonsten gilt: Schon beim Umbau einer Lok mit „D“-Getriebe muss man ein wenig Basteltalent und Verständnis für die Gegebenheiten

**Tipp**

*Sie sollten alle Stromverbraucher wie Lämpchen oder Rauchgeneratoren austauschen, sofern sie nicht für den Betrieb mit der beim Digitalsystem MZS üblichen Spannung von 24 Volt geeignet sind. Wenn es sich um analoge Loks älteren Datums handelt, vertragen die nämlich oft nur wesentlich niedrigere Spannungen.*

in einer Lok mitbringen, damit es nicht nur Frust gibt. Im Grunde spart man sich hierbei nämlich nur die Lötarbeit. Alle anderen Problemchen, die mit dem Anschluss eventuell vorhandener Stromverbraucher zu tun haben, muss man leider selbst lösen.

So gibt es analoge Loks, bei denen die vom Gleis kommende Spannung zum einen zum Motor geht. Über die unterschiedlich hohe Spannung, die durch das Drehen des Fahrreglers entsteht, wird die Umdrehungszahl des Motors und damit die Geschwindigkeit der Lok gesteuert.

Damit die Lämpchen aber beispielsweise auch bei niedrigen Spannungen, also sehr niedrigen Geschwindigkeiten, schon hell leuchten, bekommen sie ihren Strom über einen Spannungsbegrenzer, der sie mit stets konstant

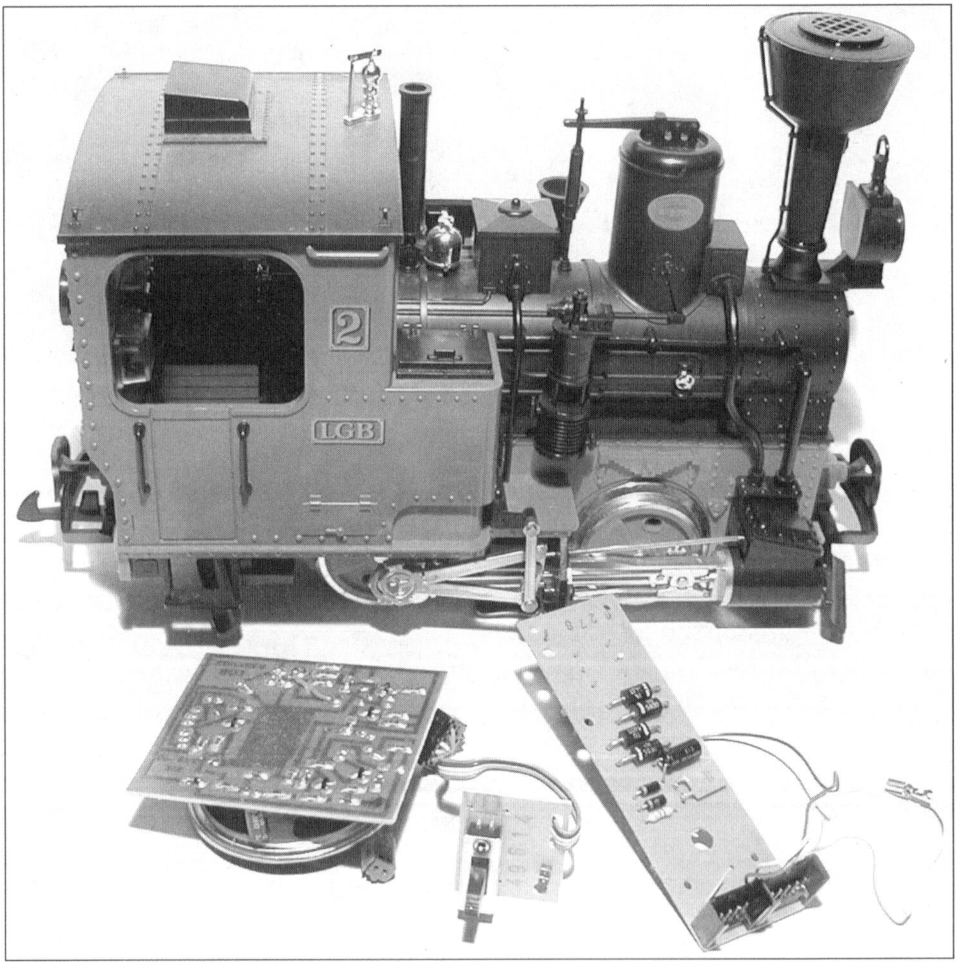


**Abb. 5.19: Beim Umbau einer älteren Analog-Lok von LGB muss unter Umständen der Begrenzer ausgebaut werden.**

hoher Spannung versorgt und verhindert, dass sie bei maximaler Spannung durchbrennen. Dieser Begrenzer könnte im Zusammenhang mit einem Decoder Probleme bereiten. Besser ist es dann, die Lämpchen gegen solche für 24 Volt auszutauschen und den Begrenzer zu entfernen. Schließlich sorgt bereits die konstante Digitalspannung dafür, dass die Lämpchen stets gleich hell brennen – und das sogar dann, wenn die Lok steht.

## Lokdecoder-Einbau ohne Schnittstelle

Wer sich an den Decoder-Einbau in eine Lok ohne Schnittstelle herantraut, der muss zwar kein Elektronik-Profi sein. Mit der eigentlichen Digitaltechnik kommt man ja schließlich selbst beim Decoder-Einbau eigentlich nicht in Berührung – hier geht es nur um das Anschließen von Kabeln. Ein wenig technisches und elektrisches Verständnis sollte man aber schon haben, damit man am Schluss nicht vor einem Häufchen Kleinteilen sitzt. Die wichtigsten Handgriffe werden Sie jetzt aber kennen lernen.

### Kabel, Belegung und Farben

Aufgrund der Normungsbestrebungen kann man, zumindest sehr oft, davon ausgehen, dass die Farben der Drähtchen, die bei Decodern ohne Schnittstellenstecker angebracht sind, einem international üblichen Farbschema folgen.

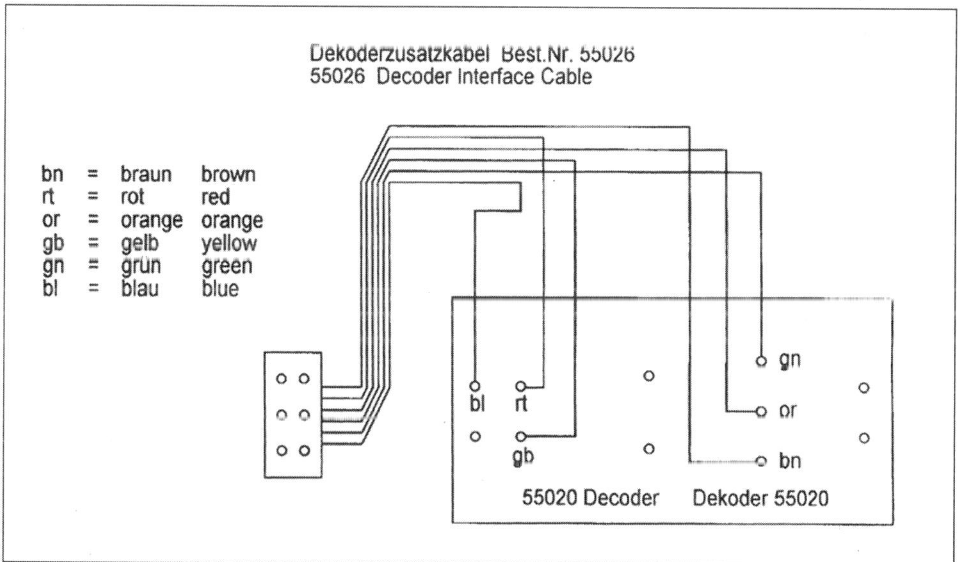


**Abb. 5.20: So wird im Prinzip jeder Decoder in eine Gleichstrom-Lok eingebaut.**

Achtung: LGB-Decoder und solche, die für den Einbau in LGB-Loks vorgesehen sind (wie z. B. die entsprechenden Modelle von Lenz) folgen dem international festgelegten Farbschema nicht. Das gleiche gilt für Loks und Decoder, die im Märklin-Digitalsystem zu Hause sind. Auch hier gelten andere Farben. Es ist also in jedem Fall angeraten, in der Betriebsanleitung nachzusehen, bevor man loslegt. Auf keinen Fall sollte man sich blind auf die Farben verlassen – schnell hat man sich sonst einen Decoder zerstört. Im Zweifelsfall und wenn es keine Dokumentation gibt, sollte man sich nicht aufs Experimentieren verlegen, sondern überlegen, ob man den Einbau nicht doch lieber einer Fachwerkstatt überlassen will.

***Farbcodierung bei DCC-Decodern***

| | |
|---|---|
| *Weiß* | *Pol 1 Licht vorn* |
| *Schwarz* | *Radanschluss links* |
| *Gelb* | *Pol 1 Licht hinten* |
| *Grau* | *Motoranschluss links* |
| *Blau:* | *Gemeinsamer Pol 2 für Licht oder Masse, Lokchassis* |
| *Rot* | *Radanschluss rechts* |
| *Orange* | *Motoranschluss rechts* |

***Farbcodierung bei Märklin-Decodern c90***

| | |
|---|---|
| *Rot* | *Mittelschleifer* |
| *Braun* | *Masse, Lokchassis* |
| *Grau* | *Pol 1 Licht vorn* |
| *Gelb* | *Pol 1 Licht hinten* |
| *Blau* | *Motoranschluss 1* |
| *Grün* | *Motoranschluss 2* |

## Vorbereitungen für den Decodereinbau

Nachdem die Lok also geöffnet wurde, sollte man nun als Erstes alle Kabelverbindungen in Ruhe anschauen. Dabei sollte man vor allem feststellen, ob auch das Lokgehäuse als Leiter verwendet wird. Gut erkennbar ist das oftmals an den kleinen Birnchen: An wie viele Drähtchen sind die Lampen angeschlossen? Sind es zwei, ist alles in Ordnung. Ist es nur eins, dann liegt das Birnchen wahrscheinlich in einer Vertiefung oder Aussparung des Lokchassis,

ABB. 5.21: MÄRKLIN-LOK MIT HOCHLEISTUNGSANTRIEB.

das aus Metall besteht. Ein Pol ist dann per Drähtchen, der andere über das Lokchassis realisiert. Bei diesen Loks ist äußerste Sorgfalt geboten. Da das gesamte Lokchassis also somit stromführend ist, darf der Decoder später auf keinen Fall mit diesem in Berührung kommen, sonst dauert es unter Umständen nur wenige Sekunden, und der Decoder ist dahin.

Noch einmal die eindringliche Warnung: Wickeln Sie niemals einen Decoder in Isolierband oder Ähnlichem ein. Die Hitzeentwicklung wäre zu groß.

Nun ist es an der Zeit, sich sein Werkzeug zurechtzulegen. Sie benötigen:

- Schraubendreher in diversen Größen, Schlitz und Kreuzschlitz
- Pinzette oder kleine flache Zange
- Lötkolben (ideal: temperaturgeregeltes Modell)
- Lötzinn (für Elektronikarbeiten geeignet)
- „Dritte Hand“ (spezielle Einspannvorrichtung für Bastelarbeiten)
- Isolierband
- Abisolierwerkzeug für Kabel
- eventuell Mini-Bohrmaschine (z. B. Dremel oder ein ähnliches Gerät mit Fräseinsatz)
- Entlötpumpe

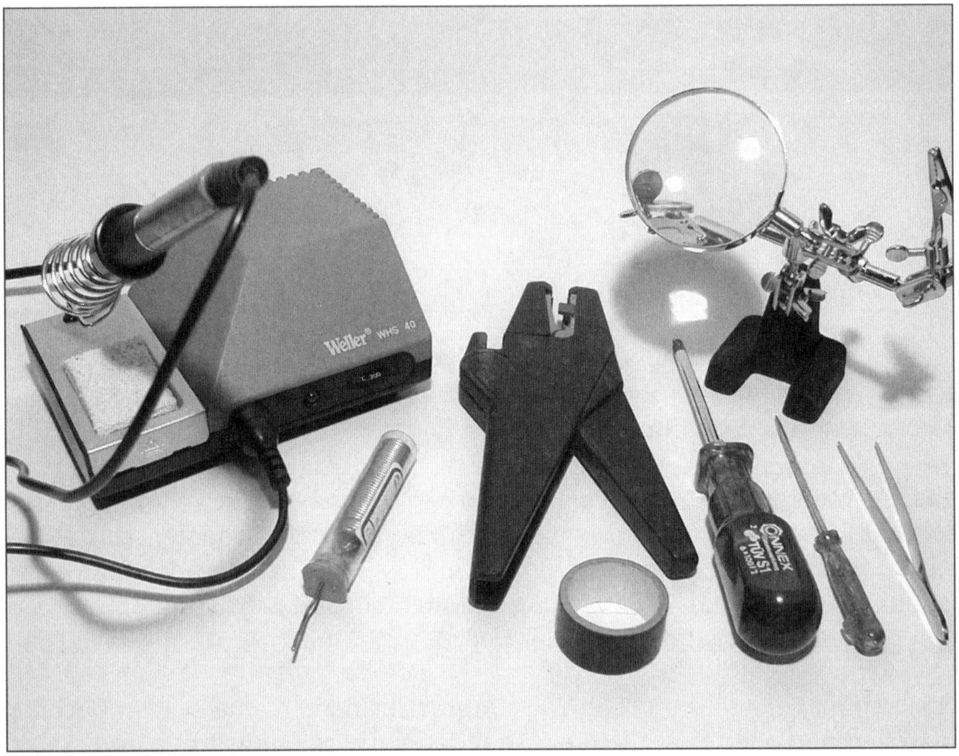


ABB. 5.22: DIE WERKZEUGE EINES DIGITALARBEITERS.

Die „Dritte Hand" ist übrigens ein Gerät, das man entweder am Basteltisch festschrauben kann oder das so schwer ist, dass es auch ohne Befestigung fest auf dem Tisch steht. Es besitzt dann Vorrichtungen, in die man zu bearbeitende Bauteile einspannen kann, sodass man die Hände frei hat. Vor allem für die filigranen Arbeiten an der Modellbahn ist die Anschaffung eines solchen Gerätes sehr zu empfehlen. Man kann sie im Baumarkt oder im Elektronik-Shop und -Versand günstig (etwa 10 bis 20 Euro) kaufen.

Das Abisolierwerkzeug können Sie für wenig Geld im Baumarkt kaufen, es lässt sich für die weiteren Verdrahtungsaufgaben unterhalb der digitalen Anlage später noch gut verwenden. Achten Sie beim Kauf nur darauf, dass Sie mit dem Werkzeug auch Kabel mit sehr kleinem Querschnitt wie in der Modellbahnerei üblich (zwischen 0,25 und 1,5 mm, je nach Spurweite) vom Kabelmantel befreien können.

Beim Abisolieren ist darauf zu achten, dass nur die Hülle entfernt wird und möglichst keine Fäden der Litze mit abgerissen werden, damit der komplette Kabelquerschnitt für den Anschluss erhalten bleibt.

Das allgemein nur als Dremel bezeichnete Gerät ist ein wahrer Alleskönner. Als Modellbahner sollten Sie sich ein solches Multitalent über kurz oder lang anschaffen. Sie werden sehen: Es lohnt sich. Es muss natürlich kein Original-Dremel sein, auch Nachbauten leisten gute Dienste. Es handelt sich dabei in jedem Fall um ein Basisgerät, das wie eine Bohrmaschine arbeitet. Sie können die Drehzahl sehr feinfühlig regeln und vorne eine Fülle von Werkzeugen einspannen: Mini-Bohrer, eine kleine Trennscheibe zum Abschneiden von Flexgleisen, Fräs-Einsätze zum Fräsen von Stellen für den Decoder-Einbau und vieles mehr.

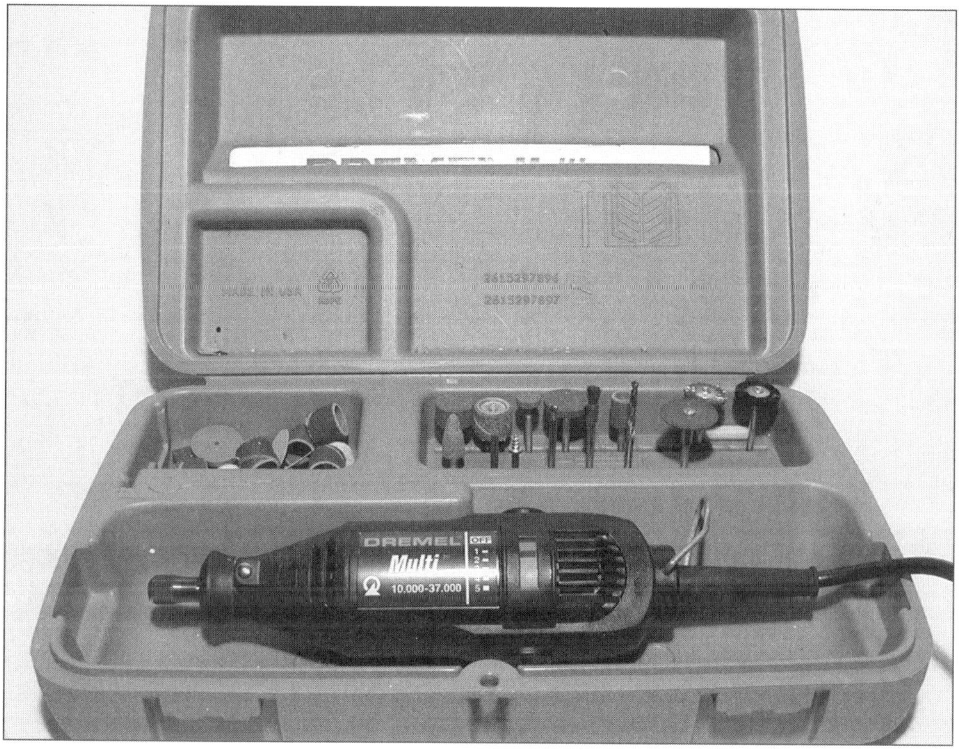


ABB. 5.23: MIT DIESEM MINI-BOHR- UND FRÄSGERÄT LÄSST SICH IN LOKOMOTIVEN PLATZ FÜR DEN DECODER SCHAFFEN.

## Kleiner Löt(ex)kurs

Viele digitale Modellbahner werden das gleiche Problem haben: Die Digitaltechnik zu verstehen, das ist sicher kein Problem. Wenn man die Grundprinzipien erst einmal begriffen hat, dann erschließt man sich den Rest meist ohne größere Probleme – spätestens dann, wenn man dieses Buch gelesen hat, gibt es hoffentlich nur noch wenige Unklarheiten. Und auch der Einbau eines Decoders ist im Grunde einfach. Die elektrischen Gegebenheiten in einer Lok kann man schnell durchschauen.

Nur mit den praktischen Arbeiten könnte es schwieriger werden. Wer zum Beispiel noch nie einen Lötkolben in der Hand hatte, der traut sich vielleicht überhaupt nicht an den Decoder-Einbau heran. Das muss sich ändern, denn auch das Löten ist recht simpel – mit ein wenig Geschick schafft das jeder. Und ein wenig Basteltalent muss man als Modellbahner ja sowieso haben.

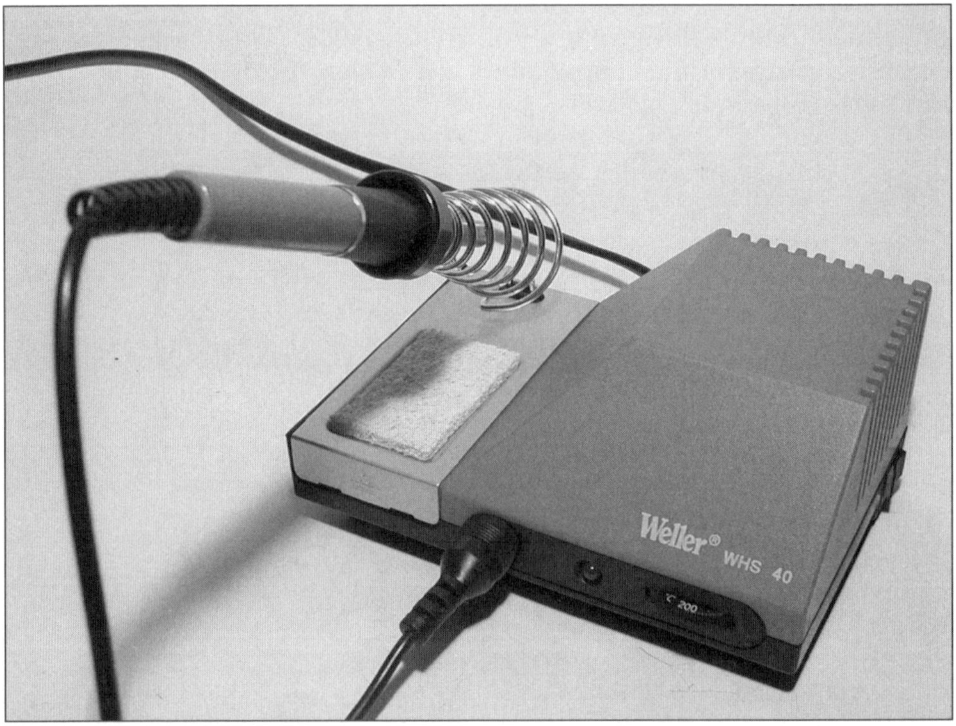


**Abb. 5.24: Wichtig für Arbeiten an elektronischen Komponenten: eine temperaturgeregelte Lötstation.**

In den Abbildungen in diesem Kapitel taucht immer wieder eine kleine Lötstation auf, die sich – unabhängig vom Hersteller – für Arbeiten an der Modellbahn ganz besonders gut eignet. Hauptgrund: Die Temperatur ist einstellbar. Zum Löten von elektronischen Bauteilen sollten Sie eine Temperatur von etwa 190 Grad wählen, um die empfindlichen Bauteile nicht zu überhitzen. Es gibt aber auch Lötkolben-Modelle, bei denen man die Temperatur nicht verändern kann, sie aber konstant bleibt. Falls Sie nur über einen einfachen Lötkolben verfügen, sollte dieser

> **Tipp**
>
> *Auch der beste Profi verlötet sich manchmal oder muss zuviel Lötzinn entfernen. Für diesen Zweck sollten Sie eine Entlötpumpe besitzen, mit der Sie Lötzinn von der erhitzten Stelle wegsaugen können.*

nicht mehr als 30 Watt Leistung haben und am besten über eine Dauerlötspitze verfügen, die sich feucht abwischen lässt.

Schon nach kurzer Zeit wird es wieder hart und Drähtchen und Lötstelle sind miteinander verbunden. Während dieser Arbeiten sollte man für eine gute Belüftung sorgen, da die beim Löten entstehenden Dämpfe gesundheitsschädlich sein können. Sollte die benutzte Lötstation ein Schwämmchen besitzen, feuchten Sie es an. Hier können Sie die Lötspitze ab und zu abwischen – wobei die sich bildende Oxidschicht entfernt wird. Soweit zum Prinzip, jetzt noch einmal langsam zum Mitlöten.

**Hinweis**

*Das Prinzip des Lötens ist recht simpel. Das Ziel besteht darin, zwei Metallteile leitend miteinander zu verbinden. Im Fall des Decoder-Einbaus handelt es sich bei einem dieser Elemente meistens um ein Drähtchen, bei dem anderen um einen Lötpunkt auf einer Platine. Sowohl das Drahtende als auch die Stelle, an der der Draht befestigt werden soll, erhalten einen Überzug mit Lötzinn. Dann erhitzt man beide Elemente und sorgt so dafür, dass das Lötzinn weich und flüssig wird.*

Als ersten Schritt sollten Sie den Lötkolben, falls möglich, auf etwa 190 bis 200° Celsius einstellen. Manche Geräte besitzen eine Kontrollleuchte, an der Sie ablesen können, wann die Temperatur erreicht ist. Isolieren Sie nun das Ende des Kabels etwa drei Millimeter ab. „Verdrillen“ sie, falls vorhanden, die einzelnen Adern des Drähtchens, indem Sie sie zwischen zwei Fingern drehen. So entsteht ein härterer, einzelner Draht. Spannen Sie nun das Kabel in eine Halterung der „Dritten Hand“ ein, sodass das Drahtende nach unten zum Tisch zeigt.

Wenn der Lötkolben seine Temperatur erreicht hat, nehmen Sie ihn in eine und die Rolle mit Lötzinn in die andere Hand. Halten Sie die Spitze des Lötkolbens an das Drahtende und achten Sie dabei darauf, dass Sie nicht die Isolierung berühren. Bleiben Sie am Drähtchen und nähern Sie sich gleichzeitig von oben mit dem Ende des Lötzinns, das ja ebenfalls aussieht wie ein Draht. Durch die Hitze schmilzt das Lötzinn und läuft durch das dem Zinn beigemischte Flussmittel an dem abisolierten Drahtende herunter.

Halten Sie den Lötkolben immer nur kurze Momente an das abisolierte Ende, damit durch die Hitze nicht die Isolierung schmilzt. Wenn Sie es richtig gemacht haben, wird das flüssige Lötzinn von der heißen Litze aufgesaugt. Achten Sie darauf, dass alle Fäden der Litze vom silbernen Zinn überzogen sind – sie sollten noch sichtbar sein. Wenn Sie zu viel Lötzinn verwenden, wird das Ende zu dick und lässt sich beispielsweise nicht mehr in eine Bohrung

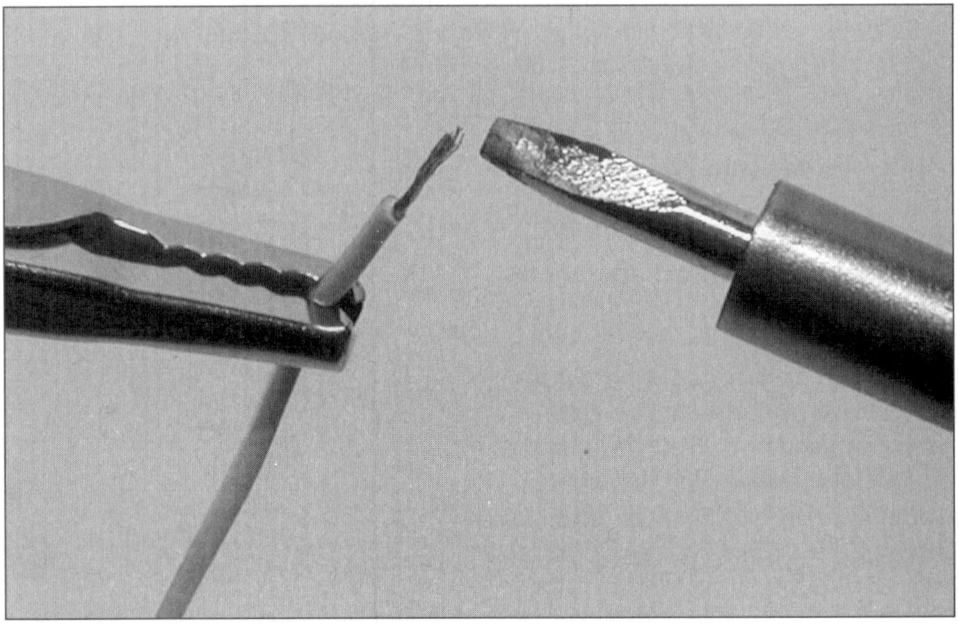

Abb. 5.25: Zuerst wird das Ende des Drahtes mit Lötzinn überzogen.

einer Platine stecken, an der es festgelötet werden soll. Wenn Sie zum ersten Mal löten, sollten Sie das Verzinnen erst einmal an etwas Abfallkabel üben.

Sobald das Ende verzinnt ist, entfernen Sie sich sofort mit Lötkolben und Lötzinn vom Drähtchen und lassen Sie das Ganze abkühlen.

Genauso verfahren Sie nun mit allen anderen Drähtchen, die Sie löten möchten. Manche Hersteller bieten ihre Decoder sogar bereits mit verzinnten Drahtenden an, was natürlich besonders praktisch ist. Außer dem Drähtchen gibt es noch eine zweite, typische Stelle, an der man seine Lötkünste anwenden muss: eine Platine. In aller Regel sollte man dort ein Drähtchen festlöten, wo es ein so genanntes Lötauge, also ein kleines Loch, oder eine kleine, sichtbare Stelle auf den Leiterbahnen gibt. Auch hier verfährt man wieder ähnlich wie eben beim Draht: Man spannt das zu lötende Teil in die „Dritte Hand" ein oder befestigt es anderweitig auf dem Tisch.

Nun bringen Sie das verzinnte Drahtende zu der Stelle, an der es befestigt werden soll – am einfachsten ist es, wenn es sich schon um ein Lötauge oder eine Bohrung in der Platine handelt. Stecken Sie das Drähtchen in das Loch oder halten Sie es auf die Stelle. Führen Sie nun den heißen Lötkolben zu der Stelle. Erhitzen Sie die Stelle und führen Sie gleichzeitig Lötzinn von oben zu, so dass das flüssige Zinn in das Loch hineinläuft oder auf die Lötstelle laufen kann. Achten Sie darauf, dass Sie nicht zu viel Lötzinn nehmen, damit nicht unter Umständen gleich mehrere benachbarte Anschlüsse mit verlötet werden. Zu wenig darf's aber auch nicht sein, da die Verbindung sonst unter Umständen nicht hält. Die Menge des Lötzinns ist also im Prinzip die einzige Sache, bei der man den Kniff erst heraushaben muss, um wirklich schöne Lötstellen zu erzeugen.

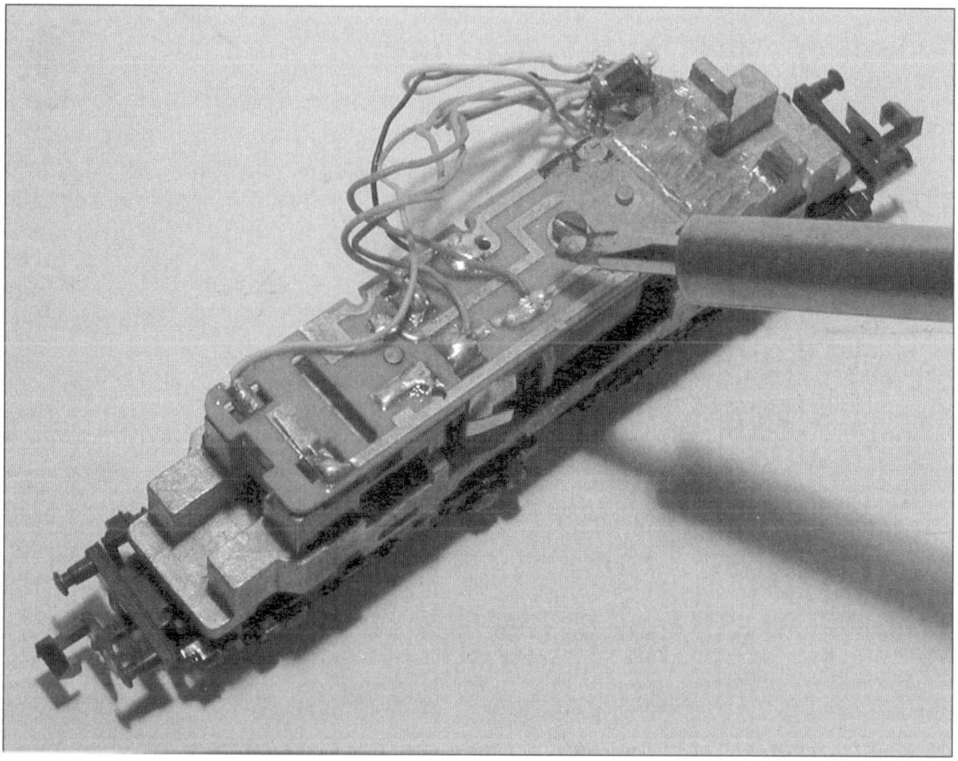

**Abb. 5.26: Nachdem das Kabelende verzinnt ist, wird es auf der Platine festgelötet.**

Mit der Zeit wird Ihnen das aber ganz sicher gelingen. Vielleicht bearbeiten Sie erst einmal ein paar Test-Lötstellen zum Üben, bevor Sie sich am realen Objekt versuchen.

## Das Einlöten des Decoders

Direkt auf dem Decoder müssen Sie wahrscheinlich nur in den seltensten Fällen löten – es sei denn, eines der kleinen Drähtchen hat sich gelöst. In der Regel werden Sie die

**Achtung**

*Wenn Sie auf einer Platine löten, auf der bereits Bauteile sitzen, sollten Sie den Lötkolben nur so kurz wie möglich an die Platine halten, damit die Bauteile durch die Hitze keinen Schaden erleiden.*

Drähtchen, die bereits fest am Decoder hängen, im Inneren der Lok anlöten müssen.

*Schritt 1*
Es klang vorhin schon an: Überprüfen Sie unbedingt, ob die Lämpchen oder der Motor mit einem Pol Strom direkt über das Lokchassis erhalten. Diese Verbindung müssen Sie unbedingt finden und auftrennen.

**Tipp**
*Ganz wichtig: Wenn Sie eine Verbindung auftrennen, sollten Sie sich aufschreiben oder aufzeichnen, welche beiden Punkte sie verbunden hat. Dann haben Sie es bei den nächsten Schritten leichter.*

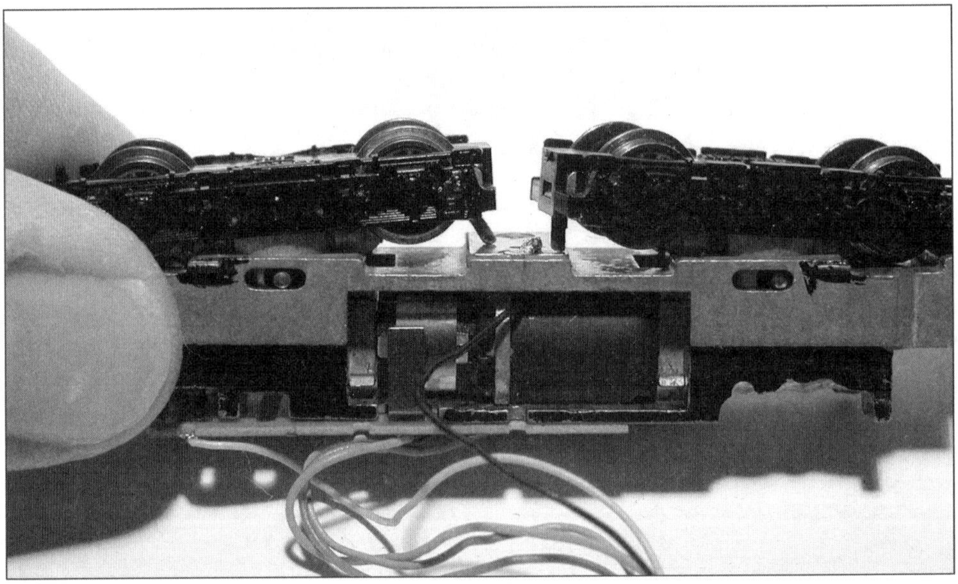

**Abb. 5.27: Bei dieser Lok aus dem Zweileiter-System setzen zwei Kontaktzungen, die an den Rädern einer Seite befestigt sind, das gesamte Lokchassis unter Strom.**

*Schritt 2*
Trennen Sie nun also alle Verbindungen auf, die es in der Lok gibt. Notieren Sie sich dabei vor allem, welche Drähtchen oder Anschlüsse für welche Seite der Lok zuständig waren, was entscheidend für die Fahrtrichtung sein kann. Wenn Sie beim Anschluss des Motors an den Decoder die beiden Drähtchen vertauscht anbringen, fährt die Lok rückwärts, wenn man von der Digitalzentrale oder vom PC aus den Befehl zum Vorwärtsfahren gibt und umgekehrt.

*Schritt 3*

Wenn Sie, zum Beispiel bei einer Lok von Märklin, gleichzeitig mit dem Decoder auch Teile des Motors gegen leistungsfähigere ersetzen wollen (z. B. den Hochleistungsantrieb einbauen möchten), dann sollten Sie das nun tun. Es bietet sich in der Tat an, diesen Umbau beim Digitalisieren der Lok durchzuführen, da sie mit dem Hochleistungsantrieb einfach um Klassen besser läuft. Allerdings müssen Sie abwägen, ob sich das immer lohnt, vor allem wenn Sie die Lok neu anschaffen – oder ob Sie nicht direkt zum mit Hochleistungsantrieb ausgestatteten Modell greifen.

**Abb. 5.28: Loks mit Hochleistungsantrieb haben ein realistischeres Fahrverhalten und auch mehr Leistung.**

Die Märklin-Dampflok S 3/6 kostet in herkömmlicher Ausstattung mit DELTA-Modul etwa 170 Euro. Die Version mit eingebautem, vollwertigem Decoder und Hochleistungsantrieb ist „nur" etwa 40 Euro teurer. Das Set, bestehend aus Hochleistungsantrieb und Decoder kostet auch immerhin etwa 75 Euro. Dazu kommt dann noch entweder die Arbeit des Einbauens oder Arbeitslohn dafür, wenn man den Einbau von einer Fachwerkstatt erledigen lässt.

*Schritt 4*

Die Lok ist jetzt also mechanisch auf dem neusten Stand und alle Verbindungen sind aufgetrennt. Es gibt auch Loks, bei denen Sie nun den Motor „gegen" das Chassis isolieren müssen. Das bedeutet: Sie müssen versuchen, die Stelle zu finden, über die der Motor mit einem Pol am Metallrahmen der Lok Verbindung hat. Diese Stelle müssen Sie mit Isolierband abkleben oder, falls vorhanden, das entsprechende Drähtchen oder die Kontaktzunge abschneiden.

Eine Alternative dazu ist, den Rahmen einfach als ein Strom führendes Teil so zu belassen, wie er ist und den Decoder so sicher unterzubringen, dass er von diesem Strom nichts abbekommt. Man kann das zum Beispiel dadurch erreichen, indem man ihm mit Isolierband ein eigenes Fach auslegt, in dem er, isoliert von allem anderen, liegen kann.

*Schritt 5*

Falls nötig, müssen Sie mit Hilfe des Fräswerkzeuges am Dremel Platz für den Decoder schaffen. Am einfachsten geht das überall dort, wo der Lok-Hersteller ein Gewicht zum Beschweren der Lok eingesetzt hat. Dieses Gewicht kann man recht einfach ein wenig wegfräsen, um so ein kleines Fach für den Decoder zu schaffen. Kleiden Sie es sicherheitshalber komplett mit Isolierband aus und verwenden Sie doppelseitiges Klebeband zum Befestigen des Decoders an seinem neuen Platz. Denken Sie daran, dass dieser Platz möglichst weit weg vom Motor liegen sollte, damit dem Decoder beim Denken nicht zu heiß wird.

**Abb. 5.29: Mit der Mini-Fräse wurde Platz für den Decoder geschaffen.**

*Schritt 6*

Löten Sie nun also die einzelnen Drähtchen vom Decoder an die entsprechenden Verbindungen in der Lok. Am einfachsten ist das, wenn Sie die Lokplatine, die Sie aus der anlogen Zeit der Lok übernommen haben, als Verteiler-Platine für die einzelnen Anschlüsse nutzen können. Verfolgen Sie die einzelnen Leiterbahnen, um zu sehen, an welcher Stelle Sie die einzelnen Drähtchen des Decoders befestigen können. Denken Sie daran, dass es leicht passieren kann, dass man die Pole des Motor-Anschlusses vertauscht. Bei der nachfolgenden Probefahrt fällt das allerdings dann auf. Sie können die Pole dann noch einmal entlöten, in dem Sie die Stelle kurz noch einmal erhitzen, die Kabel herausnehmen und sie erneut festlöten. Oder aber Sie können die Fahrtrichtung auch im Decoder umprogrammieren – vielleicht die elegantere Lösung.

**Abb. 5.30: Jedes Drähtchen wird nun behutsam in der Lok angelötet.**

*Schritt 7*

Fixieren Sie den Decoder mit (meistens mitgelieferten) doppelseitigen Klebeband-Streifen im Inneren der Lok.

*Schritt 8*

Ein Problem könnte sich noch daraus ergeben, dass die in der Lok aus analogen Zeiten befindlichen Stromverbraucher wie Lämpchen oder Rauchentwickler nicht für den hohen Digitalstrom geeignet sind. Tauschen Sie sie not-

Abb. 5.31: Der Decoder ist verstaut, die Drähtchen angelötet – die Lok ist digitalisiert. Zum Schluss wird das Gehäuse wieder aufgesetzt.

falls gegen Elemente aus, die für die Digitalspannung (die Sie ja vorhin gemessen haben) gedacht sind. Fast alle Hersteller von Loks bieten genau für dieses Problem spezielle Ersatzteile an. Noch eleganter ist es freilich, wenn Sie die Spannung der Decoder-Ausgänge für Licht und andere Funktionen softwaremäßig programmieren können. Dann können alle Teile nämlich dort bleiben, wo sie sind.

*Schritt 9*

Machen Sie ausgedehnte Probefahrten mit der frisch umgebauten Lok und testen Sie dabei möglichst auch alle Sonderfunktionen. Bei DCC-Decodern ist die Werkseinstellung immer Adresse 3, bei Decodern anderer Systeme schauen Sie am besten in die Betriebsanleitung, welche Adresse hier voreingestellt ist. Ist alles in Ordnung, kann das Gehäuse wieder geschlossen werden. Achten Sie dabei darauf, dass kein Drähtchen zwischen Gehäusehaube und Metallrahmen kommt oder sonst wie eingeklemmt wird, sonst kann es später zu Kurzschlüssen oder – im schlimmsten Fall – zur Zerstörung des Decoders kommen.

# Lokdecoder programmieren

Ist der Decoder eingebaut, fährt die Lok zunächst mit den vom Hersteller der kleinen Platine voreingestellten Werten. In aller Regel wird der Wunsch nach Veränderung dieser Werkseinstellungen sehr schnell auftreten. Am einfachsten funktioniert das Programmieren der verschiedenen Eigenschaften über ein komfortables PC-Programm. Aber auch direkt mit der Zentrale kann man die Programmierung vornehmen. Bei Märklin-Decodern ist alles noch ein wenig ursprünglicher: Hier werden die programmierbaren Eigenschaften in Form von DIP-Schaltern eingestellt.

In den folgenden Abschnitten werden Sie nun erfahren, was Sie bei den einzelnen Decodern programmieren können und wie das geschieht. Es können hierbei nicht alle Decoder-Typen, sondern nur ganz besonders gängige berücksichtigt werden. Sie werden aber schon merken, dass es selbst unter diesen zwar leichte, aber keine gravierenden Unterschiede gibt. Somit lassen sich die Programmier-Hinweise auch gut auf andere Decoder-Typen übertragen.

ABB. 5.32: EIN LENZ-HANDREGLER IM PROGRAMMIERMODUS.

## Programmiergleis

Das Auslesen eines Decoders, der irgendwo auf der Anlage, also auf dem Hauptgleis steht, ist nicht möglich, sondern Sie brauchen dafür ein Programmiergleis. Dabei handelt es sich um ein extra stehendes Gleis, das von der übrigen Digitalstrecke elektrisch getrennt ist und mit den Pro-grammiergleis-Anschlüssen des Programmierteils einer Zentrale verbunden ist. Wenn Sie es ganz besonders bequem haben möchten, dann richten Sie sich einfach in einem abgelegenen, aber gut einsehbaren Teil Ihrer Anlage ein Abstellgleis ein, das Sie vom Rest mit einem Trenngleis trennen und das mit den Programmiergleis-Anschlüssen verbunden wird.

## DCC-Decoder

Ältere DCC-Decoder wurden über feste Register programmiert. Heute bezeichnet man die Speicherstellen als Configuration Variable, kurz CV. Es handelt sich dabei um Plätze, in denen bestimmte Vorgaben dauerhaft festgehalten werden. Hier sind ein paar der wichtigsten Werte von aktuellen DCC-Decodern, so wie sie die NMRA vorschreibt. Der Wert in der Spalte Werk gibt an, auf welchen Wert diese CV eingestellt ist, wenn Sie den Decoder gekauft haben.

| *Nr.* | *Funktion* | *Beschreibung* | *Werk* |
|---|---|---|---|
| *1* | *Adresse* | *Nummer, unter der der Decoder aufgerufen wird.* | *3* |
| *2* | *Minimalgeschwindigkeit* | *Spannung, die bei Fahrstufe 1 zum Motor gelangt. So einstellen, dass die Lok bei Fahrstufe 1 gerade eben anfährt.* | *8** |
| *3* | *Anfahrverzögerung* | *Geschwindigkeitsänderung beim Beschleunigen. Je höher der Wert, desto länger dauert es, bis die Lok anfährt.* | *0** |
| *4* | *Bremsverzögerung* | *Geschwindigkeitsänderung beim Bremsen. Je höher der Wert, desto länger dauert es, bis die Lok stehen bleibt.* | *0** |
| *5* | *Höchstgeschwindigkeit* | *Hier wird die maximale Geschwindigkeit eingegeben, mit der eine Lok fahren können soll. Man kann so auch ein Lokmodell, das eine unrealistisch hohe Höchstgeschwindigkeit hat, künstlich verlangsamen.* | *Frei*** |
| *7* | *Versionsnummer* | *Kann nur gelesen werden.* | *Frei*** |
| *8* | *Hersteller-Kennung* | *Kann nur gelesen werden.* | *Frei*** |
| *29* | *div. Einstellungen 1* | *Hier werden gleich mehrere Einstellungen auf einmal beeinflusst (siehe Text weiter unten).* | *–* |
| *30* | *Fehlermeldung* | *Hier werden vom Decoder beim Auftreten eines Kurzschlusses Werte gesetzt.* | *0* |

* *Hersteller darf von dieser Vorgabe abweichen*

** *Hersteller darf eigenen Wert eintragen*

Wie Sie beim Durchsehen der Tabelle erkennen, hat sich die NMRA beim Festlegen der CVs sehr zurückgehalten. Im Grunde können die Hersteller beim Eintragen der Standard-Werte machen, was sie wollen. Gerade einmal die Adresse muss verbindlich auf „3“ gesetzt sein. Daher tut man gut daran, die Betriebsanleitung des jeweiligen Decoders zu studieren, um hier die Standard-Werte zu ermitteln.

## Mehrfach-Register

Für die CV 29 werden, wie für andere CVs auch, die aus Platzgründen – und weil sie bei den verschiedenen Decodern abweichen dürfen – hier nicht alle Werte aufgeführt. Sie ist eine Variable, die gleich mehrere Einstellungen auf einmal regelt. Damit Sie das Prinzip verstehen, finden Sie hier die Möglichkeiten der CV 29 und ihre Programmierung. Die CV 29 wird binär programmiert, das heißt, Ihr Wert wird eigentlich über einzelne Bits ermittelt und dann als Dezimalzahl in den Speicherplatz geschrieben. Damit das Ganze etwas übersichtlicher ist, finden Sie nachfolgend eine vereinfachte Version (Paged Programming), bei der man die Werte der gewünschten Funktionen einfach nur addieren muss. Das Ergebnis dieser Berechnung wird dann in den Speicherplatz geschrieben.

| ***CV 29 Funktion*** | ***Werte*** | | | |
|---|---|---|---|---|
| *Fahrtrichtung* | *normal=* | *0* | *vertauscht* | *1* |
| *Fahrstufen* | *14 oder 27=* | *0* | *28=* | *2* |
| *Lok fährt auch auf analoger Anlage* | *nicht erlaubt=* | *0* | *erlaubt=* | *4* |
| *Geschwindigkeitstabelle* | *Standard* | *0* | *eigene* | *16* |

Je nach Wert addieren Sie die einzelnen Zahlen und programmieren das Ergebnis in das CV29.

Ein Beispiel: Wollten Sie z. B. einstellen, dass die Fahrtrichtung vertauscht wird (etwa deshalb, weil Sie die Kabel beim Einlöten des Decoders vertauscht haben), die Lok mit 27 Fahrstufen fahren soll, auch auf einer analogen Anlage fahren darf und Sie keine eigene Geschwindigkeitstabelle berechnet haben, dann addieren Sie:

$1 + 0 + 4 + 0 = 5$

Sie schreiben also in diesem Fall den Wert „5“ in den Speicherplatz 29.

## Geschwindigkeitstabelle

Die Geschwindigkeitstabelle einer Lok ist ein Thema, an das Sie sich nur dann heranwagen sollten, wenn Sie sich gut mit dem Fahrverhalten von Lokomotiven auskennen. Die eigentlichen Geschwindigkeiten, die den Fahrstufen zugeordnet werden, sind in den CVs 67 bis 81 abgelegt. Man kann diese Zuordnung auch grafisch darstellen, wie es das folgende Diagramm zeigt.

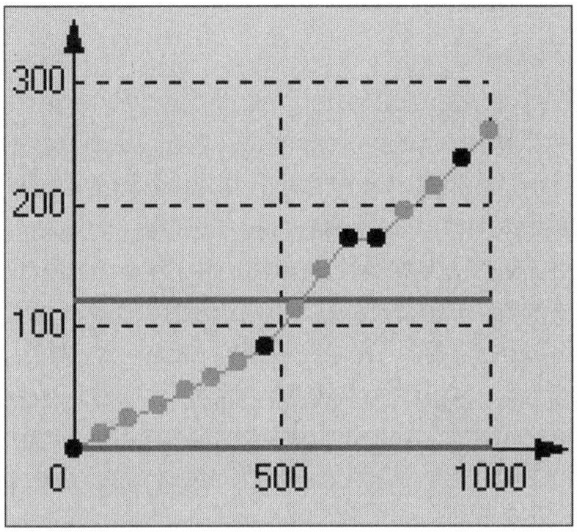


**Abb. 5.33: Die Geschwindigkeitskennlinie aus Fahrstufe und tatsächlicher Geschwindigkeit.**

> **Tipp**
> *Wenn Sie mit den Einstellungen experimentieren möchten, lesen Sie die Standard-Werte zunächst einmal wie nachfolgend noch beschrieben aus und notieren Sie sich diese. So können Sie, falls plötzlich nichts mehr geht, immer noch die Standard-Werte zurückschreiben.*

Das Verändern dieser Kennlinie ist eine Spezialität für absolute Decoder-Fans.

So lange man hierfür den Wert „0" hinzuaddiert, bleibt die ab Werk gespeicherte Tabelle aktiv. Das heißt, die Lok verhält sich so, wie der Decoder-Hersteller das vorgegeben hat. Aktivieren Sie jedoch eine eigene Tabelle, indem Sie „16" hinzuaddieren, dann müssen Sie die Tabelle auch selbst festlegen, da die Lok ansonsten stehen bleiben würde, weil die Werte dieser Tabelle zur Zeit noch alle auf „0" stehen.

In der Geschwindigkeitstabelle stehen vereinfacht gesagt Werte, die dem Decoder mitteilen, wie schnell er eine Lok tatsächlich fahren lassen soll, wenn er von der Zentrale oder vom PC aus den Befehl für eine bestimmte Fahrstufe bekommt. Man kann mit dieser Tabelle also eine Lok „tunen" und ihr ein besonders realistisches Fahrverhalten geben.

## Decoderprogrammierung in der Praxis

Nachdem Sie nun vielleicht eine Vorstellung davon bekommen haben, wie umfangreich die Programmiermöglichkeiten sind wenn man unbedingt will, müssen Sie natürlich noch wissen, wie die Werte in den Decoder kommen. Zur Übung sollten Sie die Werte vielleicht zunächst einmal nur auslesen. Das kann auch interessant sein, weil Sie so ein wenig über die programmierbaren Werte lernen. Das Vorgehen ist dabei bei allen Zentralen sehr ähnlich. Wichtig ist natürlich, dass Sie eine Zentrale mit eingebautem Programmer besitzen, was aber heute bei fast allen Modellen der Fall ist. Im Beispiel kommt eine Intellibox für das Auslesen eines DCC-Decoders zum Einsatz.

- Stellen oder fahren Sie die Lok auf das spezielle Programmiergleis.

- Rufen Sie bei der Intellibox den Programmier-Modus auf, indem Sie die Taste *mode* so oft drücken, bis die Anzeige *Programmier Mode* im Display erscheint. Drücken Sie nun die Taste *menu*, um das Programmier-Menü zu sehen. Drücken Sie die Taste mit dem *Pfeil nach unten*, bis die Anzeige *DCC* zu sehen ist. Drücken Sie nun die Taste mit dem *Pfeil nach rechts*, um in den DCC-Modus zu gelangen. Drücken Sie die Taste mit dem *Pfeil nach rechts* noch einmal, um in die Auswahl der Programmier-Arten von DCC-Decodern zu gelangen. Mit dem *Pfeil nach unten* können Sie durch die einzelnen Modi blättern:

  *Register-Programmierung*
  *CV-Programmierung byteweise*
  *CV-Programmierung bitweise*
  *Paged Programming*
  *Hauptgleis-Programmierung*
  *Lange Adressen*

- Wählen Sie die Option *Paged Programming*, indem Sie die *Return*-Taste drücken. In der Anzeige müsste nun

  *Page Prog:*
  *CV ...1 = - - -*

  zu sehen sein.

**Abb. 5.34: Intellibox beim Auslesen eines DCC-Decoders.**

- Bewegen Sie den Cursor mit den Pfeil-Tasten in den Bereich links vom Gleichheitszeichen und drücken Sie die *Return*-Taste. Die Intellibox versucht nun, den Wert der CV 1 zu lesen. Während dies geschieht, kreist ein Balken im Display. Sobald der Wert gelesen ist, wird er angezeigt. Bei einem neuen DCC-Decoder sieht die Anzeige dann vermutlich so aus:

  *Page Prog:*
  *CV ...1 = 3*

- Sie möchten diesen Wert nun verändern. Die Lok soll nicht mehr die Nummer 3 sondern die Nummer 65 haben – zum Beispiel deshalb, weil es sich dabei um eine Rangierlok vom Typ BR365 handelt. Bewegen Sie den Cursor mit den Pfeiltasten auf den Wert *3* und geben Sie über die Tastatur der Intellibox die neue Adresse *65* ein. Bestätigen Sie das Ganze mit der *Return*-Taste. Der neue Wert wird in den Speicherplatz der CV 1 geschrieben. Hat alles geklappt, meldet sich die Intellibox mit

  *CV ...1 = 65 ok*

- Wenn Sie eine andere Variable programmieren oder auslesen möchten, funktioniert das ganz genauso. Bewegen Sie den Cursor in den Bereich links vom Gleichheitszeichen. Geben Sie die Nummer der CV ein und drücken Sie *Return*. Der augenblicklich gespeicherte Wert wird angezeigt.

- Wechseln Sie nun in den rechten Bereich und geben Sie den neuen Wert ein. Drücken Sie erneut die *Return*-Taste. Die Intellibox meldet sich entsprechend z. B. mit:

  *CV ...2 = 6 ok*

So, das soll erst einmal reichen. Denn trotz der komfortablen Menüs erfordert das Programmieren über die kleinen Displays stets höchste Konzentration. Wer als PC-Modellbahner also mehr programmieren will, der kann sich dazu der Hilfe seines Computers bedienen. Wie das genau mithilfe von komfortablen Programmen funktioniert, erfahren Sie in Kapitel 6 *Digitalsteuerung per Software*.

## LGB-Decoder

Die neueren Original-Decoder der Firma Lehmann haben im Wesentlichen die gleichen Configuration Variables wie DCC-Decoder. Nur einige Werte sind unterschiedlich. Insbesondere unterscheidet sich aber die Art, wie die Werte programmiert werden.

Der größte Unterschied und ein Handicap von LGB-Digital ist der Umstand, dass man mit dem System die Werte der Decoder nicht auslesen, sondern nur in den Speicher schreiben kann. Hier aber erst einmal einige Werte in der Übersicht:

| *Nr.* | *Funktion* | *Beschreibung* | *Werk* |
|---|---|---|---|
| *1* | *Adresse* | *Nummer, unter der der Decoder aufgerufen wird.* | *3* |
| *2* | *Minimalgeschwindigkeit* | *Spannung, die bei Fahrstufe 1 zum Motor gelangt. So einstellen, dass die Lok bei Fahrstufe 1 gerade eben anfährt.* | *3* |
| *3* | *Anfahrverzögerung* | *Geschwindigkeitsänderung beim Beschleunigen. Je höher der Wert, desto länger dauert es, bis die Lok anfährt.* | *3* |
| *4* | *Bremsverzögerung* | *Geschwindigkeitsänderung beim Bremsen. Je höher der Wert, desto länger dauert es, bis die Lok stehen bleibt.* | *3* |
| *5* | *Höchstgeschwindigkeit* | *Hier wird die maximale Geschwindigkeit eingegeben, mit der eine Lok fahren können soll. Man kann so auch ein Lokmodell, das eine unrealistisch hohe Höchstgeschwindigkeit hat, künstlich verlangsamen.* | *127* |
| *6* | *Registeradresse beim Programmieren* | *Hier wird die Adresse gespeichert, die gerade programmiert werden soll. Außerdem: Nach Eingabe der zu programmierenden CV-Nummer in die CV 6 wird hier der Funktionswert eingetragen.* | |
| *29* | *div. Einstellungen* | *Wert 0: normale Fahrtrichtung, 14 Fahrstufen, nur Digitalbetrieb, im Werk programmierte Geschwindigkeitstabelle.* | *4* |
| | | *Wert 1: umgekehrte Fahrtrichtung, 14 Fahrstufen, nur Digitalbetrieb, im Werk programmierte Geschwindigkeitstabelle* | |
| | | *Wert 2: normale Fahrtrichtung, 28 Fahrstufen, nur Digitalbetrieb, im Werk programmierte Geschwindigkeitstabelle* | |

| Nr. | Funktion | Beschreibung | Werk |
|---|---|---|---|
| | | Wert 3: umgekehrte Fahrtrichtung, 28 Fahrstufen, nur Digitalbetrieb, im Werk programmierte Geschwindigkeitstabelle | |
| | | Wert 4: normale Fahrtrichtung, 14 Fahrstufen, Analog- und Digitalbetrieb, im Werk programmierte Geschwindigkeitstabelle | |
| | | Wert 5: umgekehrte Fahrtrichtung, 14 Fahrstufen, Analog- und Digitalbetrieb, im Werk programmierte Geschwindigkeitstabelle | |
| | | Wert 6: normale Fahrtrichtung, 28 Fahrstufen, Analog- und Digitalbetrieb, im Werk programmierte Geschwindigkeitstabelle | |
| | | Wert 7: umgekehrte Fahrtrichtung, 28 Fahrstufen, Analog- und Digitalbetrieb, im Werk programmierte Geschwindigkeitstabelle | |
| | | Wert 16: normale Fahrtrichtung, 14 Fahrstufen, nur Digitalbetrieb, selbst programmierte Geschwindigkeitstabelle | |
| | | Wert 17: umgekehrte Fahrtrichtung, 14 Fahrstufen, nur Digitalbetrieb, selbst programmierte Geschwindigkeitstabelle | |
| | | Wert 18: normale Fahrtrichtung, 28 Fahrstufen, nur Digitalbetrieb, selbst programmierte Geschwindigkeitstabelle | |
| | | Wert 19: umgekehrte Fahrtrichtung, 28 Fahrstufen, nur Digitalbetrieb, selbst programmierte Geschwindigkeitstabelle | |

| *Nr.* | *Funktion* | *Beschreibung* | *Werk* |
|---|---|---|---|
| | | *Wert 20: normale Fahrtrichtung, 14 Fahrstufen, Analog- und Digitalbetrieb, selbst programmierte Geschwindigkeitstabelle* | |
| | | *Wert 21: umgekehrte Fahrtrichtung, 14 Fahrstufen, Analog- und Digitalbetrieb, selbst programmierte Geschwindigkeitstabelle* | |
| | | *Wert 22: normale Fahrtrichtung, 28 Fahrstufen, Analog- und Digitalbetrieb, selbst programmierte Geschwindigkeitstabelle* | |
| | | *Wert 23: umgekehrte Fahrtrichtung, 28 Fahrstufen, Analog- und Digitalbetrieb, selbst programmierte Geschwindigkeitstabelle* | |
| *49* | *Spannungsregelung für Funktionsausgang F1* | *Wie viel Spannung brauchen Strom--verbraucher, die an den Funktionsausgang angeschlossen werden?* | *32* |
| | | *Wert 32: Loks mit Decoder-Schnittstelle* | |
| | | *Wert 5: Direkter Anschluss von 5-V-Lämpchen* | |
| | | *Wert 26: Direkter Anschluss von 19-V-Lämpchen* | |
| *50* | *Spannungsregelung für Lichtausgänge* | *Wie viel Spannung brauchen die Lämpchen, die an die Lichtausgänge angeschlossen werden?* | *32* |
| | | *Wert 32: Loks mit Decoder-Schnittstelle* | |
| | | *Wert 5: Direkter Anschluss von 5-V-Lämpchen* | |
| | | *Wert 26: Direkter Anschluss von 19-V-Lämpchen* | |
| *55* | *Wiederherstellen des Auslieferungszustandes* | *Wert 55: Alle CVs erhalten wieder den Wert, den sie bei Auslieferung des Decoders hatten* | |

## LGB-Decoderprogrammierung in der Praxis

Abb. 5.35: Mit dem Lokhandy kann man die Adressen 00 bis 15 programmieren.

Für das Programmieren aller Funktionen brauchen Sie außer der MZS-II-Zentrale außerdem ein Universalhandy. Wenn Sie nur die Lokadresse verändern möchten – was die häufigste Anwendung sein dürfte – können Sie dies auch mit einem Lokhandy machen. Leider kann man mit dem Lokhandy allerdings nicht alle, sondern nur die Adressen 00 bis 15 programmieren. Weitere Programmiertätigkeiten sind allein mit dem Lokhandy nicht möglich.

- Um die Lokadresse zu programmieren, müssen Sie zuerst alle Loks bis auf die zu programmierende vom Gleis nehmen, ein extra Programmiergleis ist bei LGB nicht vorgesehen.

- Nun drücken Sie die STOP-Taste am Lokhandy und halten sie fest. Drücken Sie anschließend die Reset-Taste an der Zentrale. Im Display des Handys ist „P“ (für Programmiermodus) zu erkennen.

- Lassen Sie die STOP-Taste des Handys los und geben Sie nun die neue Adresse ein. Die Lok ruckt ein wenig und zeigt auf diese Weise, dass sie die neue Adresse akzeptiert hat. Drücken Sie wieder die STOP-Taste, um zum normalen Fahr-Modus zurückzukehren.

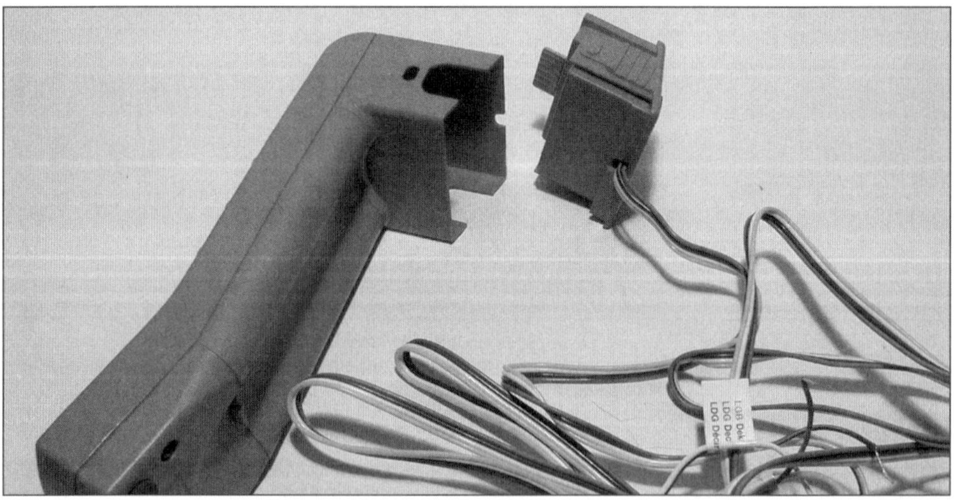

Abb. 5.36: Das Programmier-Modul muss ins Universalhandy geschoben werden.

Wenn Sie mehr als nur eine neue Adresse programmieren möchten, ist das ein wenig komplizierter und nur mit dem Universalhandy möglich. Als erste Operation muss man zunächst das Modul des Universalhandys, an dem das Kabel zur Zentrale hängt oder der Funk-Sender steckt, herausnehmen und gegen das so genannte „Programmier-Modul“, das jedem Universalhandy beiliegt, ersetzen.

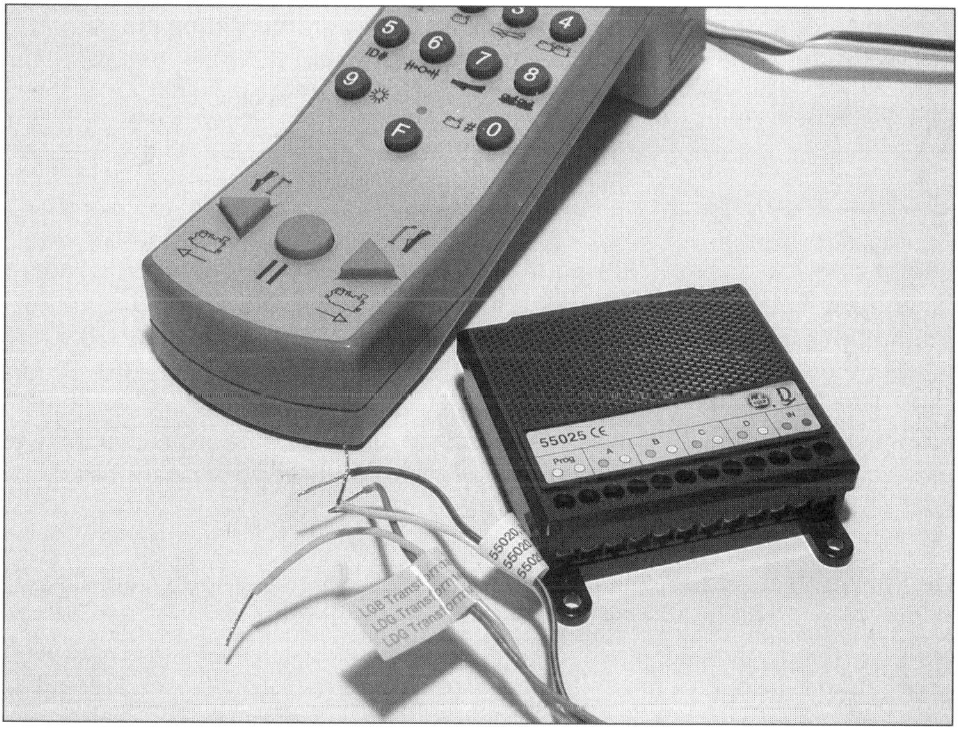


**ABB. 5.37: ACHTEN SIE BEIM ANSCHLUSS DES UNIVERSALHANDYS GENAU AUF DIE FARBCODIERUNG DER KABEL – EIN FALSCHER ANSCHLUSS KANN DAS GERÄT ZERSTÖREN.**

Schieben Sie es ins Universalhandy ein und drücken Sie es fest. Vier Kabel sind dort zu finden: Das gelbe und das grüne Kabel muss jeweils an einen LGB-Trafo angeschlossen werden, um das Handy beim Programmieren mit Strom zu versorgen. Das weiße und das braune Kabel wird mit den Anschlüssen verbunden, über die der Decoder sonst den Strom aus dem Gleis bekommt.

**Achtung**

*Schließen Sie die Kabel des Programmiermoduls mit Bedacht an. Wenn Sie sie vertauschen, wird das Handy sofort zerstört.*

Die Zentrale ist beim Programmieren nicht beteiligt. Wenn der Deco der schon eingebaut ist, was wohl in den meisten Fällen so sein wird, können Sie das weiße und das braune Kabel auch an ein Programmiergleis anschließen, auf dem die Lok steht, die programmiert werden soll. In jedem Fall zeigt das Display des Universalhandys nach dem Einschalten des Stroms dann ein „P".

Das Eingeben der Werte ist nun eine kleine Wissenschaft für sich. Wie Sie vielleicht schon aus der Tabelle weiter vorne geschlossen haben, können Sie die Werte leider nicht direkt eingeben, sondern müssen dies über einen etwas umständlichen Umweg tun. Wenn Sie die Programmierung ein paar Mal durchgeführt haben, haben Sie die Vorgehensweise vielleicht behalten, bis dahin muss man aber vermutlich jedes Mal hier nachlesen.

### Spezielle Speicherplätze

Es gibt zwei CVs, die nach Einschub des Programmier-Moduls eine besondere Bedeutung haben: Im Speicherplatz CV 6 steht während des gesamten Programmiervorgangs die Adresse der CV, die gerade programmiert wird. Klar? In die CV 5 schreibt man beim Programmieren dann den eigentlichen Funktionswert hinein. Erst dann, wenn man das Programmieren abschließt, nimmt das Handy den Wert aus CV 5 und schreibt ihn in den Speicher der CV, deren Nummer in CV 6 steht. Ein bisschen kompliziert, aber man gewöhnt sich dran.

Und so würde man zum Beispiel die Spannung der Lichtausgänge auf den direkten Anschluss von 19-Volt-Birnchen programmieren:

- Zuerst also Programmier-Modul einstecken und die Kabel wie beschrieben anschließen. Im Display ist nun zu sehen:
  *P—*

- Wählen Sie CV 6 an, indem Sie die Zifferntaste *6* drücken. Das Display zeigt:
  *P–6*

- Geben Sie die Nummer der CV ein, die Sie programmieren möchten – in diesem Fall ist es die Nummer *50*. Das Display zeigt:
  *P 50*

- Lösen Sie die Programmierung aus, indem Sie die *Pfeiltaste rechts* drücken. Das Display zeigt:
  *P—*

- Geben Sie nun 5 als Nummer der CV ein, in der das Handy den Wert zwischenspeichert. Das Display zeigt:
  *P –5*

- Geben Sie den Wert ein, der der zu programmierenden Eigenschaft „direkter Anschluss von 19-V-Birnchen“ entspricht. Es ist der Wert *26*. Das Display zeigt:
  *P 26*

- Bestätigen Sie die Programmierung, indem Sie die *Pfeiltaste rechts* drücken. Das Display zeigt:
  *P —*

Der gesamte Vorgang ist nicht einfach, und Sie müssen sich sehr konzentrieren, um keinen Fehler zu machen.

## Märklin-Decoder

Einen Märklin-Decoder mit Motorola-Datenformat zu programmieren, ist keine große Sache. Es ist schnell erledigt, da man nämlich alle Funktionen ohne Programmierwerte oder CVs einfach über DIP-Schalter und Drehregler gewissermaßen hardwaremäßig einstellen kann.

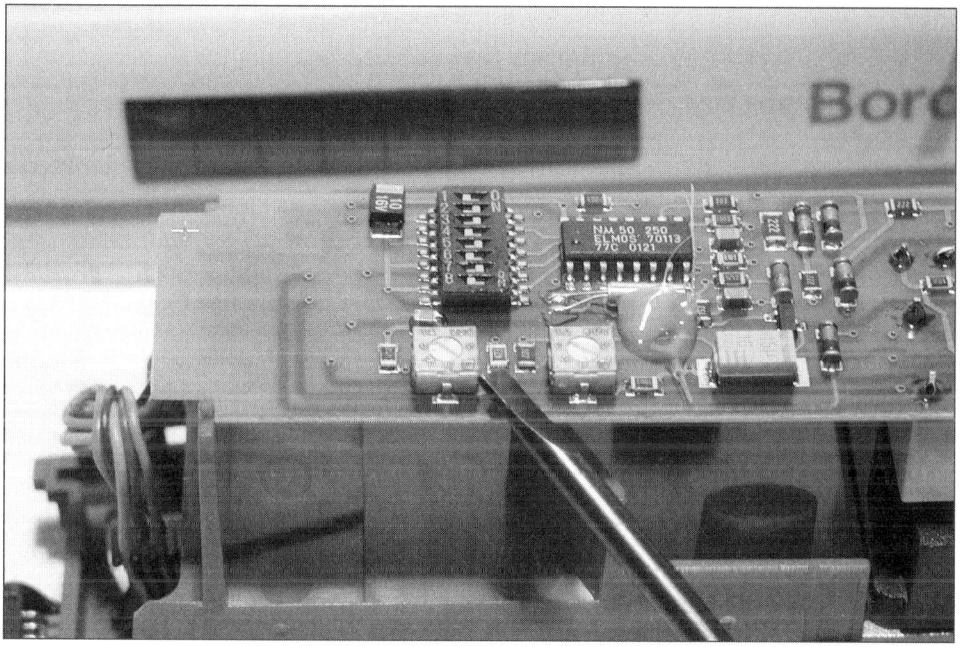

**Abb. 5.38: Bei Märklin bestimmen DIP-Schalter die Lokadresse, mit den Drehreglern kann man per Schraubendreher weitere Parameter einstellen.**

Manche Digitalbahner, die selbst DCC-Systeme nutzen, machen sich darüber gerne lustig, andere finden diese Art der Programmierung am praktischsten. Fest steht, dass man die Lok jedes Mal öffnen muss, wenn man etwas verändern will. In diesem Abschnitt soll es also zunächst um das Programmieren der echten Märklin-Decoder gehen. Später werden Sie noch kurz Decoder mit Motorola-Format für Märklin-Anlagen kennen lernen, die man, wie aus anderen Systemen bekannt, per Software-Befehl von der Zentrale aus programmieren kann.

80 Adressen sind bekanntermaßen im „alten" Märklin/Motorola-System verfügbar. Ein vollwertiger Decoder (also kein DELTA-Decoder), besitzt zur Einstellung der Lokadresse eine Leiste mit acht so genannten DIP-Schaltern, die man mit einem kleinen Schraubendreher verstellen kann. Je nachdem, wie jeder einzelne Schalter steht, hört die Lok auf eine andere Adresse. Im Anhang der Bedienungsanleitung jeder Lok ist eine Tabelle zu finden, wie die DIP-Schalter für welche Adresse stehen müssen.

Wofür man bei DCC, Selectrix und anderen die „Configuration Variables" bemühen muss, lässt sich bei einem Märklin-Decoder über zwei kleine Schräubchen einstellen. Eines davon ist für die Anfahr- und Bremsverzögerung, das andere für die Maximalgeschwindigkeit zuständig. Die Einstellungen sollte man, wie auch beim Programmieren über CVs, ausprobieren und so modifizieren, dass die Lok ein realistisches Fahrverhalten bekommt.

### Programmierung eines Märklin/Motorola-kompatiblen Decoders

Außer Märklin stellen weitere Firmen wie Arnold, ESU, Lenz und Uhlenbrock und andere Lokdecoder her, die man in eine Märklin-Lok einbauen kann und sie entweder ebenfalls via DIP-Schalterleiste oder aber bequem über eine Zentrale programmieren kann. Für die Programmierung in Frage kommen hier die Central Control von Märklin, aber auch eine von Arnold (spezielle Version der Zentrale Digi Pro) oder Uhlenbrock (Intellibox).

Je nach Hersteller verfügen diese Decoder oft über zusätzliche Möglichkeiten. Man ist zum Beispiel nicht mehr unbedingt auf 80 Adressen beschränkt oder hat mehr Funktionsausgänge zur Verfügung. Sobald man allerdings wieder die Original-Zentrale von Märklin verwendet, sind diese zusätzlichen Möglichkeiten gesperrt, weil man sie über eine Central Unit gar nicht ansprechen kann. Die kann nur, was Märklin ursprünglich vorgesehen hat.

Märklin/Motorola-kompatible Decoder ohne DIP-Schalter-Klaviaturen lassen sich übrigens in aller Regel auch mit einer Märklin-Zentrale, der Control Unit, programmieren. Mit einer Intellibox oder mithilfe der Arnold Digi in Märklin/Motorola-Version geht's natürlich auch.

**ABB. 5.39: AUCH EINEN FREMDEN DECODER KANN MAN MIT EINER CENTRAL UNIT VON MÄRKLIN PROGRAMMIEREN.**

Nutzt man die Central Unit, wird der Decoder – nicht die Zentrale – hierfür zunächst in den Programmiermodus versetzt. Dies passiert bei den verschiedenen Herstellern unterschiedlich. Bei Märklin/Motorola-kompatiblen Decodern von Uhlenbrock zum Beispiel funktioniert das so:

- An der Zentrale die Lokadresse wählen (bei einem neuen Uhlenbrock-Decoder ist das z. B. die *01*)
- Für etwa acht Sekunden den Fahrregler des Steuergeräts in der Umschaltposition, mit der man sonst die Fahrtrichtung wechselt, festhalten
- Die hintere Beleuchtung blinkt vier Mal langsam.

Nun befindet sich der Decoder im Programmiermodus. Um zum Beispiel die Lokadresse zu ändern, ist die folgende Prozedur nötig:

- An der Zentrale *01* eingeben
- Fahrtrichtung umschalten

- Die hintere Beleuchtung blinkt vier Mal schnell auf.
- An der Zentrale den Wert für die neue Lokadresse eingeben (möglich sind die Werte *01* bis *80*)
- Fahrtrichtung umschalten
- Die hintere Beleuchtung blinkt viermal langsam auf

Die neue Lokadresse ist programmiert. Wie Sie vielleicht merken, wird auch in diesem Fall der Decoder über CVs konfiguriert, die jedoch etwas andere Bedeutungen haben. Auch bei Decodern für das Motorola-Format von Lenz sind die CV-Nummern wieder etwas unterschiedlich. Die Zuordnung entnehmen Sie am besten der jeweiligen Betriebsanleitung des Decoders.

## Selectrix-Decoder

Wenn Sie dem neu eingebauten Decoder nur eine neue Lokadresse zuteilen möchten, können Sie das auch mit dem Lok-Control 2000 tun. Einen speziellen Anschluss für ein Programmiergleis kennen die Original-Selectrix-Eingabegeräte allerdings nicht. Wenn Sie also eine Lok programmieren wollen, darf sich kein anderes Fahrzeug auf dem Gleis befinden. Eine andere Möglichkeit besteht darin, einen speziellen getrennten Gleisabschnitt einzurichten, der über einen Umschalter vom Hauptgleis zum Programmiergleis wird.

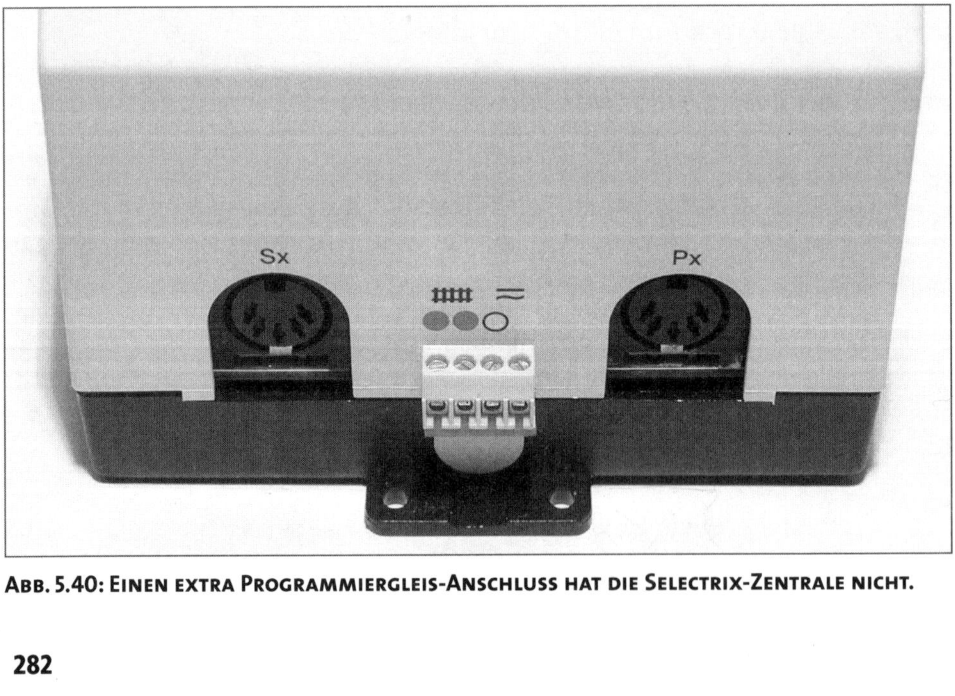


Abb. 5.40: Einen extra Programmiergleis-Anschluss hat die Selectrix-Zentrale nicht.

Während der Programmierung wird dieses Gleisstück dann an die Gleisklemmen der Central Control 2000 angeschlossen (oder darauf umgeschaltet). Die Situation ändert sich auch nicht, wenn man ein Lok-Control 2000 oder ein Control Handy hat: Beide Steuergeräte hängen nämlich über den Sx-Bus-Anschluss der Zentrale im System.

### Lokadresse für Programmierung mit Central Control 2000 umstellen

Besitzen Sie bisher nur das Central Control 2000, müssen Sie die Lokadresse verstellen – Ihnen bleibt gar nichts anderes übrig. Wenn Sie nämlich einen Selectrix-Decoder kaufen, ist dieser auf die Lokadresse 15 eingestellt. Da Sie mit einem Central Control aber nur die Adressen 1 bis 9 ansteuern können, sollte man eine dieser Adressen einstellen.

- Stellen Sie die zu programmierende Lok also allein auf ein Gleis, drücken Sie die Taste *Pr* und halten Sie sie fest, bis im Display Folgendes erscheint:

  *P*

- Halten Sie die *Pr*-Taste weiterhin gedrückt und betätigen Sie zusätzlich noch die Zifferntaste *1* bis *9* – je nachdem, wie die neue Adresse lauten soll. Soll die neue Adresse 4 lauten, drücken Sie die Taste *4*. Im Display erscheint

  *4* –

- Die Adresse ist damit programmiert. Weitere Programmier-Aktionen sind mit der Central Control 2000 nicht möglich.

Alle Funktionen stecken bereits in der Zentrale. Wenn Sie allerdings programmieren möchten, brauchen Sie eines der beiden Handgeräte.

**Hinweis**

*Um weitere Programmierungen vornehmen zu können, brauchen Sie ein Lok Control 2000 oder ein Control Handy. Ob Sie es sich anschaffen wollen, bleibt Ihnen überlassen, da sie für die Steuerung via PC später überflüssig werden.*

Mit der folgenden Tabelle bekommen Sie einen Überblick darüber, was Sie bei einem Selectrix- oder einem kompatiblen Decoder programmieren können.

| Funktion | Beschreibung | mögliche Werte | Werk |
|---|---|---|---|
| L | *Lokadresse* | 00 bis 99 | 15 |
| V | *Höchstgeschwindigkeit* | 1 bis 7 | 7 |
| A | *Anfahr-/ Bremsverhalten* | 1 bis 6 | 6 |
| I | *Impulsbreite (Motoranpassung)* | 1 bis 4 | 3 |
| S | *Signalhalteabschnitte* | 1 bis 2 | 1 |

Die Einstellung der Signalhalteabschnitte beeinflusst das Verhalten einer Lok beim Anhalten zum Beispiel vor einem Signal. Gibt man hier den Wert 1 ein, bremst die Lok ab und bleibt stehen. Bei der Einstellung des Decoders auf 2 Halteabschnitte bremst die Lok gewissermaßen in zwei Stufen ab: Erst verlangsamt sie, fährt ein wenig in der langsameren Geschwindigkeit und bremst dann noch einmal ab, bis sie stehen bleibt. Allerdings funktioniert das beim Original-Decoder nur dann, wenn man eine zusätzliche Diode im abgetrennten Abschnitt vor dem Signal anbringt. In diesem Fall merkt der Decoder, dass es sich bei diesem Abschnitt um einen vor einem Signal handelt, und reagiert entsprechend.

## Selectrix-Decoder programmieren in der Praxis

Das Programmieren eines Selectrix-Decoders, ganz gleich ob mit einem der beiden Fahrregler oder zum Beispiel auch mit der Intellibox, funktioniert dabei immer gleich: Alle möglichen Werte werden eingegeben und in einem zweiten Schritt werden allesamt in einem Rutsch in den Decoder übertragen.

- Versetzen Sie bei Lok-Control oder Control Handy das Gerät zunächst in den Programmiermodus. Drücken Sie hierzu die Taste *M (Mode)* so lange, bis im Display der Hinweis auf den jetzt aktiven Programmier-Modus erscheint.

- Nun arbeiten Sie sich nacheinander durch die einzelnen Programmier-Optionen und geben die Werte für Höchstgeschwindigkeit, Anfahrverhalten usw. ein (siehe vorheriger Abschnitt).

- Schreiben Sie diesen gesamten „Datensatz“ durch Druck auf die Taste *P* (am Control Handy die Taste *F*) in den Decoder-Speicher.

- Zur Sicherheit liest die Zentrale den gesamten Datensatz direkt nach dem Schreibvorgang noch einmal aus, so dass Sie eine gewisse Kontrolle darüber haben, welche Einstellungen im Decoder gespeichert sind. Sie können den Auslesevorgang aber auch jederzeit von Hand einleiten. Die Taste *L* ist hierfür zuständig. Drückt man sie, werden im Display die gemachten Einstellungen angezeigt. Aus den Angaben

*Prog ok*
*Adrs ? 4 – 733*

müssen Sie das Nötige herauslesen.

> **Hinweis**
> *Haben Sie sich beim Eingeben vertan oder möchten Sie nur einen einzigen Wert ändern, müssen Sie die gesamte Prozedur trotzdem noch einmal komplett durchlaufen. Das Programmieren einzelner Werte ist mit dem Trix-Gerät nicht möglich.*

- Die erste Ziffer hinter dem Fragezeichen ist die Decoder-Adresse,
- dann folgt ein Strich bei der Einstellung von einem Signalhalteabschnitt bzw. ein Doppelstrich (ein Gleichheitszeichen) bei zwei dieser Abschnitte (das ist also nicht etwa ein Trennstrich).
- Schließlich folgen die Werte für Höchstgeschwindigkeit, Anfahr-/Bremsverhalten und Motoranpassung.

### Selectrix-Programmierung mit MÜT Digirail

Als Besitzer einer Digirail-Zentrale multiControl 2004 von MÜT haben Sie es beim Programmieren bedeutend leichter, weil Sie sich nicht durch kryptische Abkürzungen kämpfen müssen, die bei den Original-Selectrix-Geräten aufgrund der kleinen Displays notwendig sind. Das große, beleuchtete Display der Digirail-Zentrale erlaubt es, dass jeweils ein kompletter Datensatz mit seinen Werten angezeigt werden kann.

Auf diese Weise müssen Sie sich auch nicht jedes Mal, wenn Sie nur einen Wert ändern wollen, durch das vollständige Programmier-Menü arbeiten. Die Zeile mit dem zu ändernden Wert wird mit den Cursor-Tasten ausgewählt. Nach Eingabe des Zahlenwertes erscheint dieser sofort. Startet man dann die Programmierung, werden die Werte in den Decoder übertragen. Auch die

**ABB. 5.41: DIE MULTICONTROL 2004 ZEIGT DIE PARAMETER IM KLARTEXT AN.**

Programmierung der zusätzlichen Funktionen der neuen Selectrix-Decoder ist über die Digirail-Zentrale sehr komfortabel möglich, weil sie die zum Teil etwas komplizierten Programmierschritte automatisch erledigt.

## Programmierung des neuen Selectrix-Decoders

Die Selectrix-Erfinder Doehler & Haass entwickelten einen neuen Selectrix-kompatiblen Decoder, der von MÜT und MDVR/Rautenhaus angeboten wird. Der neue Decoder hat die Abmessungen des Original-Decoders 66830 und besitzt grundsätzlich die gleichen Funktionen. Die 00 steht als Lokadresse allerdings bei diesem Decoder nicht zur Verfügung. Um kompatibel zum System zu bleiben, haben die Entwickler diese Adresse nämlich dafür reserviert, die neuen Funktionen zu programmieren.

Das bedeutet, dass man den Lokdecoder auf die Adresse 00 programmiert und die beim herkömmlichen Decoder für Höchstgeschwindigkeit, Anfahr-/Bremsverhalten, Impulsbreite und die Anzahl der Signalhalteabschnitte benutzten Speicherplätze für die neuen Funktionen nutzt.

Diese neuen Funktionen sind:

| *Beschreibung* | *mögliche Werte* | *Werk* |
|---|---|---|
| *Vertauschung von Anschlüssen* | *0 bis 7* | *4* |
| *Wirksamkeit der Anfahr-/Bremsverzögerung* | *1 bis 2* | *1* |
| *Variante der Motorregelung* | *1 bis 4* | *3* |
| *Lesen oder Schreiben* | *1 bis 2* | *1* |

**Abb. 5.42: Die Digirail-Zentrale programmiert auch die neuen Selectrix-Decoder.**

Das Vertauschen der Anschlüsse kann, wie schon erwähnt, dann interessant sein, wenn man die Anschlüsse beim Einlöten des Decoders vertauscht hat und das ohne zusätzliche Fummelei an der Lok elektronisch ausgleichen möchte. Es gibt dabei folgende Einstellmöglichkeiten („ja“ bedeutet „Anschlüsse sollen getauscht werden“):

| *Motorkabel* | *Lichtkabel* | *Gleiskabel* | *Wert* |
|---|---|---|---|
| – | – | *ja* | *0* |
| *ja* | – | *ja* | *1* |
| – | *ja* | *ja* | *2* |
| *ja* | *ja* | *ja* | *3* |
| – | – | – | *4 (Standard)* |
| *ja* | – | – | *5* |
| – | *ja* | – | *6* |
| *ja* | *ja* | – | *7* |

Den entsprechenden Zahlenwert schreibt man dann in den Speicherplatz, der bei anderen Adressen für die Programmierung der Höchstgeschwindigkeit benutzt wird. In den letzten Speicherplatz, sonst für die Anzahl der Halteabschnitte genutzt, wird beim Programmieren immer der Wert 2 geschrieben. Will man die Werte auslesen, wird hier 1 eingetragen. Wie gewohnt schreibt man dann den kompletten Datensatz in den Decoder hinein.

Anschließend programmiert man den Decoder dann auf die tatsächliche Lokadresse und gibt die Werte für Höchstgeschwindigkeit, Anfahr-/Bremsverhalten, Impulsbreite und die Anzahl der Signalhalteabschnitte wie gewohnt noch einmal ein und schreibt die Werte in den Decoder. Macht man es übrigens umgekehrt, werden beim Schreiben der erweiterten Funktionen die herkömmlichen Werte gelöscht. Beim Programmieren der neuen Decoder über eine Digirail-Zentrale kümmert sich diese selbsttätig darum.

# Digitale Anlage verkabeln

Nicht nur beim Bau der Landschaften und Gebäude, nicht nur für den Gleisplan und die Platzierung von Brücken, Lok-Drehscheiben oder Tunneln müssen Sie kreativ sein und Neues wagen. Das gilt auch für die elektrische Verdrahtung der Anlage. Natürlich sollen möglichst wenig Kabel verlegt werden – wofür hat man sich schließlich für die Digitaltechnik entschieden? Daraus folgt aber auch, dass man sich über die wenigen Kabel, die einfach nötig sind, intensive Gedanken macht, damit man hinterher nicht im Kabelgewirr erstickt. Also planen Sie am besten vor dem Kauf und Einbau der Komponenten, wie diese am besten miteinander verbunden werden.

## Farbcodierung festlegen

Regel Nummer 1 sollte sein: Überlegen Sie sich einen Farbcode oder entscheiden Sie sich für eine von Herstellern oder Normen vorgegebene Vereinbarung, welches Kabel welche Farbe haben soll.

Das hat seinen Sinn: Wenn Sie alle Arten von Kabeln in nur einer Farbe verlegen oder nehmen, was gerade vorhanden ist, blicken Sie hinterher, wenn Sie etwas erweitern, verändern oder reparieren wollen, nicht mehr durch, weil Sie sich unter Umständen nicht mehr daran erinnern können, welches Signal oder welcher Strom jetzt durch dieses Kabel läuft. Und die Nachverfolgung eines Kabels bis zu seinem Ursprung ist eine zeitaufwändige Angelegenheit, besonders auf größeren Anlagen, wenn ein Teil der Kabel durch Elemente wie Landschaften verdeckt werden.

Folgende Farben schlagen wir für eine Zweileiter-/Gleichstrom-Anlagevor:

| | |
|---|---|
| *Digitalstrom von der Zentrale an rechte Schiene* | *rot* |
| *Digitalstrom von der Zentrale an linke Schiene* | *blau* |
| *Wechselstrom aus Trafo Pol 1* | *weiß* |
| *Wechselstrom aus Trafo Pol 2* | *schwarz* |

Bei Märklin-Anlagen kann man natürlich auch die Farbcodierung benutzen, die bei den Klemmen selbst benutzt wird.

## Ringleitung

Einen Begriff sollten Sie im Zusammenhang mit der Basis-Verkabelung in jedem Fall kennen: Die so genannte „Ringleitung". Man versteht darunter im Zusammenhang mit der digitalen Modellbahn ein Kabelpaar, das zum Beispiel von der Zentrale kommt. Wie ein Lasso oder ein Ring (daher der Name) verlaufen die beiden Drähte dann unter dem Anlagenteil, der direkt von der Zentrale versorgt wird, und laufen zurück zur Zentrale.

Auf die gleiche Art und Weise verfährt man auch mit nicht digitalem Strom aus einem separaten Trafo. Dieser sollte allerdings keine Verbindung zu den Trafos von Zentrale und eventuell vorhandenen Boostern haben. Auch von jedem Booster aus kann man eine solche Leitung verlegen. Sinn und Zweck: Man hat es, wenn man die Leitung tatsächlich rundum unter der Anlage verlegt, nie weit zum nächsten Stromanschluss.

Wie in diesem Buch schon mehrfach erwähnt, braucht man an seiner Anlage nicht nur Digitalstrom von der Zentrale. Zum Schalten von Weichen, zur Beleuchtung und für andere Zwecke ist es praktisch, wenn daneben auch eine ganz normale separate Stromleitung mit Spannung aus einem Trafo verläuft. So kann man dann von der tatsächlichen Verbrauchsstelle aus einfach zwei Drähte zum Ring verlegen und diese dort anschließen.

Die Ringleitung mit digitalem Strom braucht man übrigens noch für einen anderen Zweck. Bei einer größeren Anlage reicht es nicht mehr aus, den Strom, so wie bei einem Oval aus einer Anfangspackung üblich, nur an einer Stelle von der Zentrale ins Gleis zu schicken. Sie müssen das mehrfach an über die Anlage verteilten Stellen tun. Wie viele Strom-Einspeisungsstellen erforderlich sind, sollte man ausprobieren – es lässt sich dafür schlecht eine Empfehlung geben. Wenn Sie an einer bestimmten Stelle bemerken, dass Loks dort stocken oder unvorhergesehene Dinge machen, dann kann das daran liegen, dass der Digitalstrom, bis er an dieser Stelle angekommen ist, schon zu schwach geworden ist und die Datenpakete nicht mehr sicher übertragen werden.

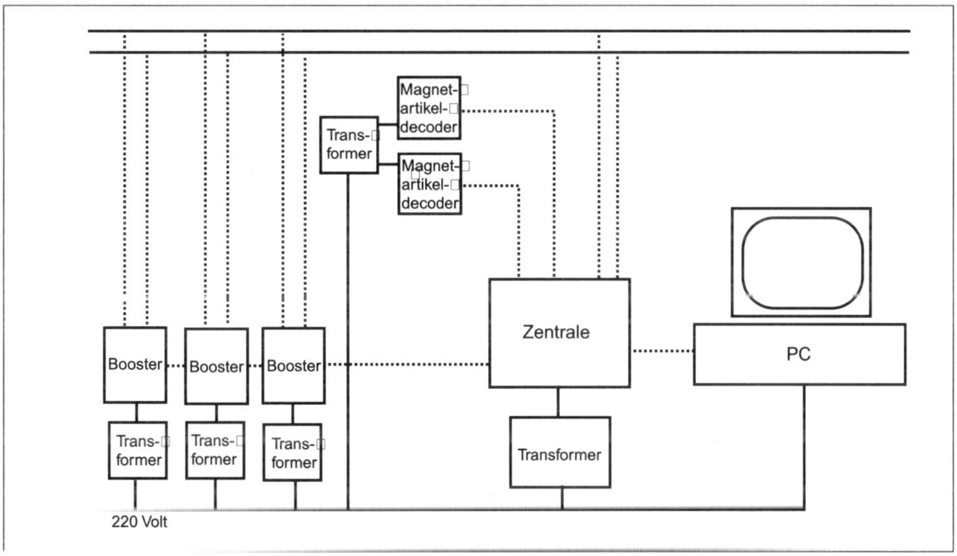


**Abb. 5.43: Verkabelungsschema einer digitalen Anlage (Beispiel).**

LGB rät Besitzern digitaler Anlagen von Mehrfacheinspeisungen ab, da eben genau diese zu Verfälschungen in der Datenübermittlung führen sollen. Mit einer Ringleitung unter der Anlage sind Sie aber in jedem Fall auf der sicheren Seite, weil eine zusätzliche Einspeisung, wenn Sie merken, dass sie nötig wird, keinen größeren Verdrahtungsaufwand bedeutet. Die Einspeisungspunkte kann man übrigens entweder selbst herstellen, indem man die Kabel zum Beispiel an einen Schienenverbinder lötet, oder man verwendet die Schienenanschluss-Lösungen der einzelnen Gleis-Hersteller.

### Passendes Kabelmaterial

Für die Verkabelung muss man auch nicht die meist von den Modellbahn-Herstellern teuer angebotenen Marken-Drähte kaufen. In jedem Elektronik-Shop, aber auch im Modellbahn-Fachhandel werden Drahtrollen in verschiedenen Farben von Zubehör-Herstellern angeboten.

Dabei sollten für normale Anlagen in den kleineren Spuren, also N, TT und H0, Kabel mit einem Querschnitt von mindestens 0,14, besser 0,19 $mm^2$ benutzt werden, bei größeren Anlagen empfehlen die Hersteller meist Kabel mit einem Querschnitt von mindestens 0,75 $mm^2$. Als Großbahner können Sie übrigens ganz besonders preiswerte Kabel nutzen: 1,5 $mm^2$ Querschnitt pro

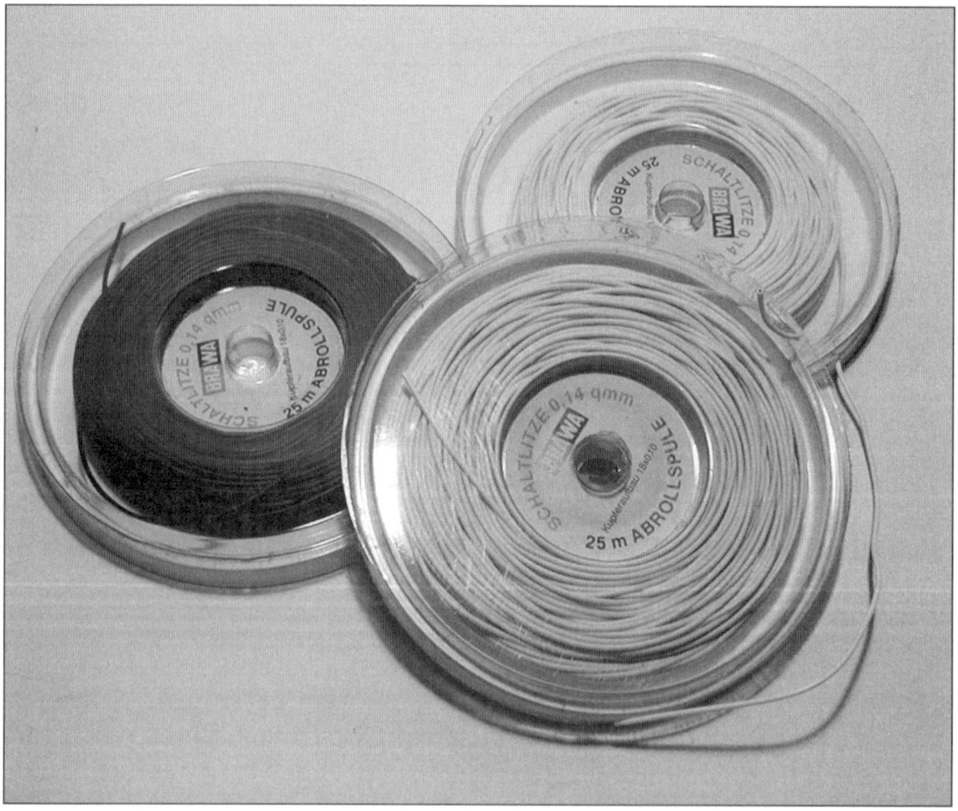


Abb. 5.44: Kabel für die Modellbahn. Wichtig ist, dass die Querschnitte stimmen.

Einzelkabel lautet hier die Empfehlung. Im Garten kann man also normale Feuchtraum-Kabel verwenden, wie es sie in Baumärkten in 50-Meter-Rollen schon für 25 Euro und weniger zu kaufen gibt. Der Vorteil: Hier hat man meist drei oder mehr Adern zur Verfügung. Verlegt man zwei dieser Dreier-Kabel zusammen, kann man gleich drei unabhängige Stromkreise aufbauen.

Wie Sie herausfinden können, ob ein Kabel den Empfehlungen der Hersteller entspricht? Da müssen Sie einen kleinen Ausflug in die Mathematik machen: Messen Sie das Innere eines einzelnen Kabels ohne Isolierung mit der Schieblehre. Nehmen wir an, dieses Kabel sei 1,5 mm dick. Um davon nun auf den Kabel-Querschnitt zu kommen, müssen Sie sich vorstellen, es werde von dem Kabel eine Scheibe abgeschnitten. Bei der Querschnitts-Angabe handelt es sich um die Fläche dieser abgeschnittenen Scheibe, also eines Kreises. Die Formel für die Flächenberechnung eines Kreises lautet:

$$F = \pi r^2$$

Das, was Sie da ohne Isolierung gemessen haben, war der Durchmesser. Der Radius $r$ ist die Hälfte vom Durchmesser. Um beim Beispielskabel zu bleiben, wären das also:

1,5 mm ÷ 2 = 0,75 mm

Weiter müsste man rechnen:

Querschnitt = 3,14 × 0,75 × 0,75 = 1,766

Gerundet hätte das Kabel also einen Querschnitt von 1,8 mm² und würde damit für die Verkabelung einer Gartenbahn in Frage kommen.

Lassen Sie die einzelnen Kabelstränge unter der Anlage möglichst nicht lose herunterhängen, sondern verwenden Sie Kabel-Halterungen, die man ebenfalls für wenig Geld im Modellbahn-Handel oder im Elektronik-Versand kaufen kann. Sie lassen sich gut per Heißklebepistole unter die Anlage kleben und nehmen eine Menge Kabel auf, die sich einfach durchziehen lassen.

Sollten Sie s88-kompatible Rückmeldemodule bei Ihrer Anlage verwenden, werden diese ja hintereinander gehängt, das heißt, dass nur das erste Modul direkt mit der Zentrale verbunden ist, das zweite wird am ersten, das dritte am zweiten angeschlossen und so weiter. Die hierfür nötigen Kabel sollte man immer gleich zusammen mit den Modulen vom Hersteller beziehen, da sie spezielle Stecker besitzen und sich nicht durch normales Kabel verbinden lassen. In aller Regel gehört aber auch immer ein Kabel zu jedem Modul dazu.

Abb. 5.45: Befestigen Sie die Kabel an der Anlage durch entsprechende Halter oder Kabelbinder.

Platzieren Sie die Module so, dass sie gleichmäßig verteilt sind und man es mit möglichst kurzen Wegen zwischen Kontaktmelder und Rückmeldemodul zu tun hat. Ausnahme: Bei Verwendung des Rückmeldebusses von Lenz kommen Sie mit zwei ganz normalen Drähtchen aus, die von der Zentrale kommen und von einem zum nächsten Rückmeldebaustein führen.

## Booster

Ein Booster ist eine Digital-Zentrale ohne eigene Intelligenz. So ganz stimmt diese Aussage natürlich nicht, denn als Zentrale arbeitet ein Booster nicht. Er erhält die Datentelegramme von der Zentrale und mixt sie zusammen mit dem Strom aus einem eigenen Trafo zum digitalen Stromcocktail zusammen. In aller Regel sind die Booster, die zu einer bestimmten Zentrale passen, genauso leistungsfähig wie diese selbst. Sie müssen den oder die Booster nicht sofort installieren. Sie können natürlich auch erst einmal ausprobieren, inwieweit die Zentrale die komplette Anlage auch allein versorgen kann.

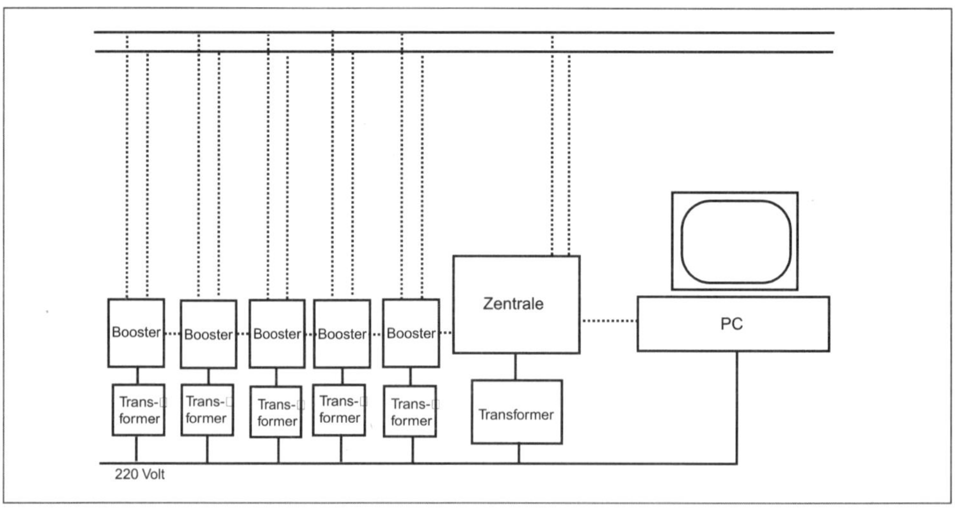


Abb. 5.46: Grössere Anlagen erhalten den Strom zusätzlich durch Booster.

Sie müssen einen oder mehrere Booster immer dann installieren, wenn auf der Anlage so viele Züge gleichzeitig fahren, dass die Leistung der Zentrale nicht mehr ausreicht. In diesem Fall nehmen Sie sich am besten Ihren Gleisplan zur Hand und überlegen, wie Sie Ihre Anlage sinnvoll in verschiedene Bereiche aufteilen können.

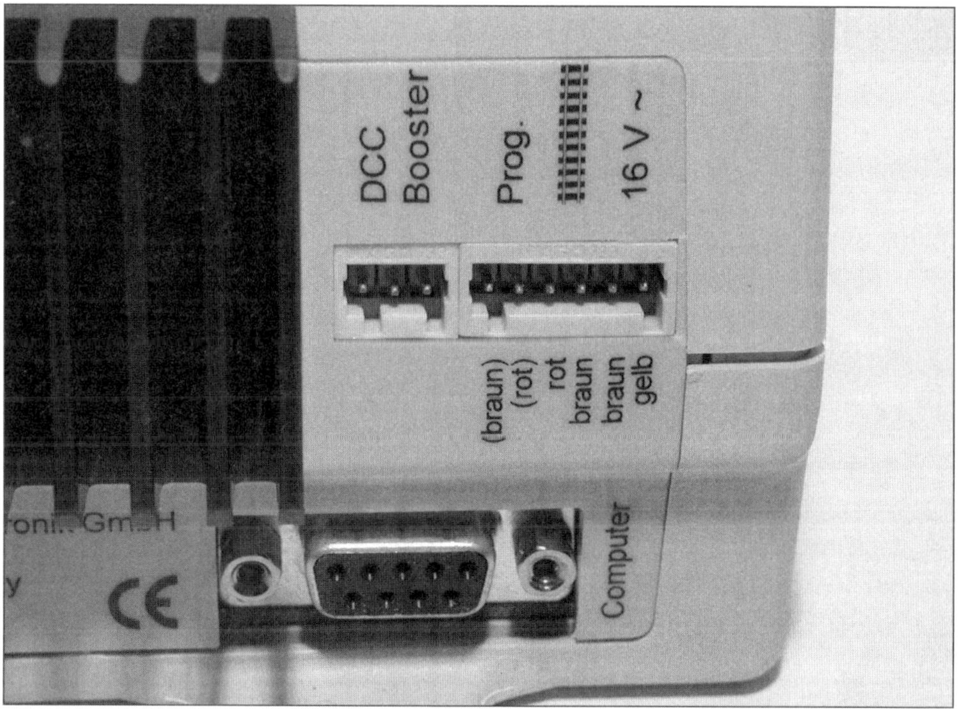


**Abb. 5.47: An die Buchse einer Zentrale (links oben) wird ein Booster angeschlossen, wenn sie die Anlage nicht mehr allein mit Strom versorgen kann.**

Wie viele Züge fahren dann in einem solchen Abschnitt im Normalfall? Versuchen Sie, anhand der Leistungsdaten der Loks zu ermitteln, wie viele Abschnitte Sie brauchen. Wie gesagt: Jeder Booster braucht über einen separaten Booster-Anschluss Kontakt zur Zentrale und einen eigenen Trafo. Versuchen Sie nicht, hier zu sparen, sondern versorgen Sie jeden Booster mit einem eigenen, gleichen Trafo – am besten der gleiche, der auch die Zentrale mit Strom beliefert. Die einzelnen Abschnitte werden dann von jedem Booster aus mit Digitalstrom versorgt.

Achten Sie darauf, dass der oder die Booster, die zum Einsatz kommen sollen, auch tatsächlich alle Datenformate ausgeben können, die Sie brauchen. So kann ein grundsätzlich kompatibler DCC-Booster, den Sie an eine Intellibox anschließen, zwar das DCC-Format erzeugen. Wenn Sie gleichzeitig aber auch

Loks einsetzen, die mit Selectrix-Decodern fahren, brauchen Sie einen Booster, der beides kann.

Dazu müssen die einzelnen Gleisabschnitte elektrisch voneinander isoliert werden. Hierfür verwenden Sie entweder Isolierschienenverbinder oder Sie trennen mit einer kleinen Trennscheibe am schon erwähnten Dremel die Gleise auf. Jeder dieser isolierten Gleisabschnitte bekommt seinen „eigenen" Digitalstrom von seinem Booster. Auch hier können Sie in jedem Gleisabschnitt wieder Ringleitungen verlegen, um den Digitalstrom eventuell auch mehrfach einzuspeisen. Manche Booster besitzen eine so genannte Meldeleitung für Kurzschlüsse. Kommt es in einem Gleisabschnitt zu einem Kurzschluss, erhält die Zentrale und damit auch der angeschlossene PC Informationen darüber und kann die gesamte Anlage abschalten. Soweit sie vorhanden ist, sollten Sie sie auch verwenden und anschließen.

## Magnetartikeldecoder installieren

Die Weichen- und Signaldecoder sollten zum benutzten Digitalsystem passen. Multiprotokoll-Zentralen wie die Intellibox sind da am flexibelsten: Hier können Sie sowohl Magnetartikeldecoder im Motorola- als auch solche im DCC-System nebeneinander verwenden. Wie schließt man die Decoder für die Magnetartikel nun an die Zentrale an? Die einfachste Möglichkeit: Man entnimmt den mit Datentelegrammen angereicherten Strom der Ringleitung, die ja den digitalen Strom von der Zentrale aus unter der Anlage verteilt.

Manche Hersteller empfehlen auch, zum Beispiel einen Weichendecoder einfach an die Gleise anzuschließen, da ja hier auch die komplette Digitalinformation entlangflitzt. Die Erfahrung zeigt allerdings, dass es hier häufiger zu Störungen kommen kann, als wenn man die Informationen der Ringleitung für die Gleisversorgung entnimmt. Wenn die benutzten Magnetartikeldecoder, so wie zum Beispiel die von LDT, separate Anschlüsse für den so genannten Schaltstrom haben, dann sollten Sie diese auch benutzen. Der Decoder bekommt dann also zweimal Strom:

- Der digitale Strom versorgt ihn mit den nötigen Informationen.
- Wenn er zum Beispiel Weichen schalten muss, braucht er dafür ja auch Strom. Wenn dies ein separater, nicht mit digitalen Informationen angereicherter Strom ist, klappt das Ganze besser.

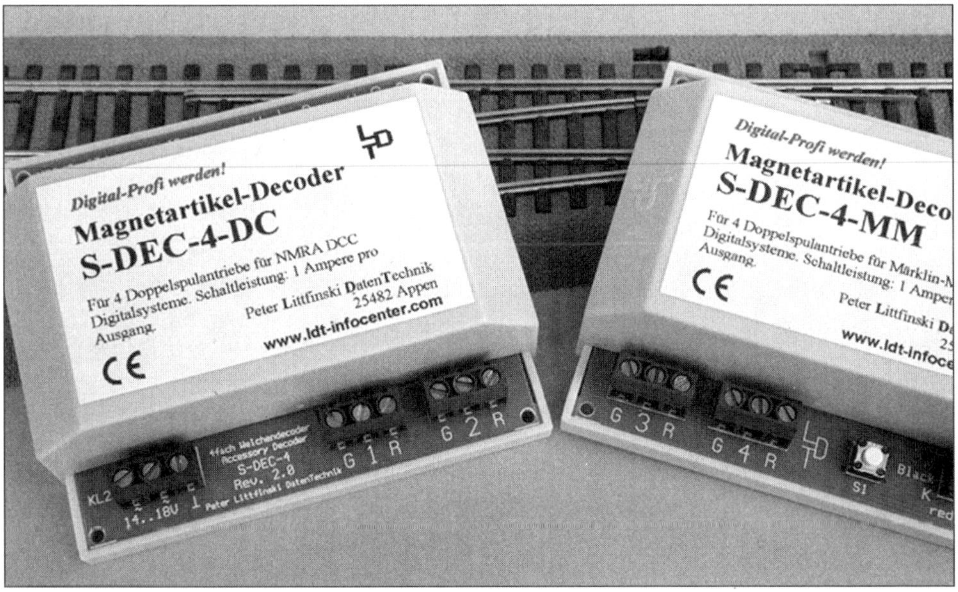


**Abb. 5.48: Diese Weichendecoder können mit einem separaten Schaltstrom versorgt werden.**

Den Schaltstrom können Sie einfach der zweiten Ringleitung entnehmen, die aus einem separaten Trafo kommt. Das gilt umso mehr, wenn Sie Magnetartikeldecoder etwa so einstellen, dass man mit ihnen Beleuchtungen einschalten kann. Der Strom, der die Lämpchen dann zum Leuchten bringt, fließt dann auch aus der zusätzlichen Ringleitung über den Decoder zum Lämpchen.

Leider ist dieser sichere Weg nicht bei allen Decodern realisierbar, da es nicht bei allen zwei Eingangspaare für digitalen Strom und Schaltstrom gibt. Wenn Sie jedoch feststellen, dass Ihr System unsicher arbeitet, dass zum Beispiel Befehle nicht ankommen oder falsch ausgeführt werden, sollten Sie darüber nachdenken, ob Sie zum Beispiel für alle Magnetartikeldecoder, die keinen separaten Schaltstrom-Eingang besitzen, einen separaten Digitalstromkreis anlegen, den Sie aus einem zusätzlichen Booster speisen.

## Magnetartikeldecoder programmieren

Wenn Sie einen Magnetartikeldecoder verdrahtet haben, muss er nun noch im System angemeldet werden. Genauer gesagt: Er muss seine Adresse erhalten, unter der er anschließend von der Zentrale und damit auch vom PC aus angesprochen werden kann. Und auch bei diesem Thema waren die Hersteller wieder ungeheuer kreativ und haben sich die verschiedensten Verfahren einfallen lassen – manche sind sehr einfach, bei anderen fragt man sich, wie man eigentlich auf solche Ideen kommt. Ein paar Beispiele sollen Sie kennen lernen.

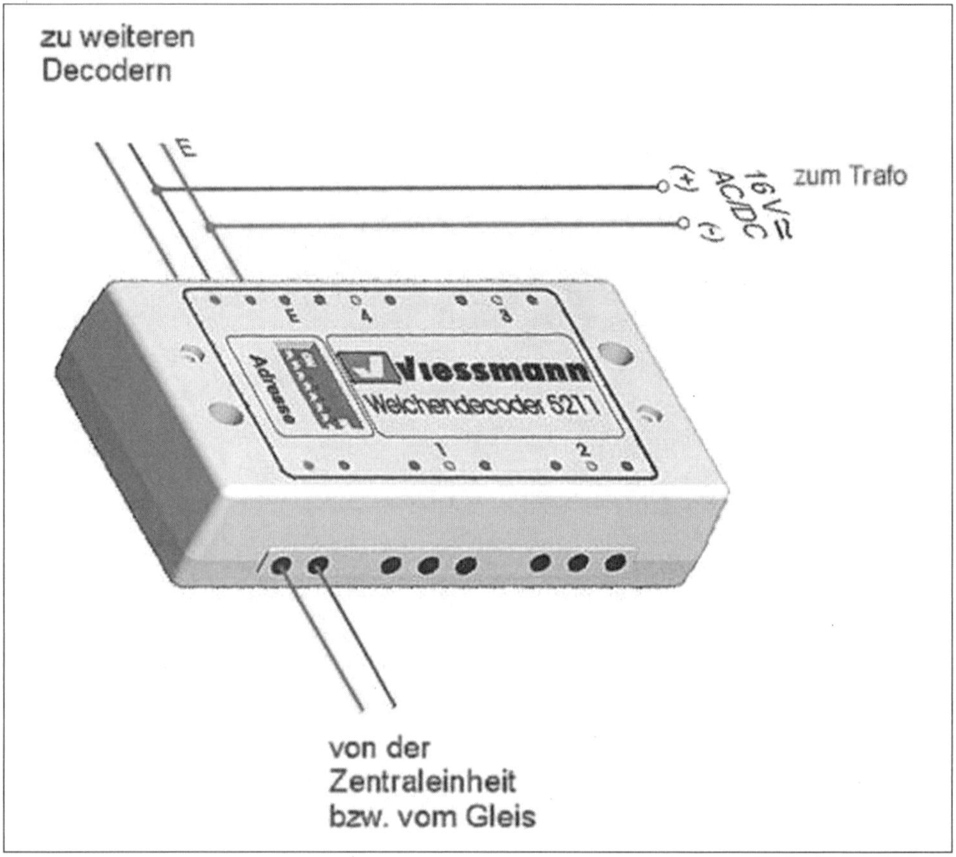


**Abb. 5.49: Bei Decodern von Viessmann sind die DIP-Schalter von außen zugänglich.**

## Magnetartikeldecoder-Programmierung per DIP-Schalter

Die externen und auch die ins Gleisbett einbaubaren Magnetartikeldecoder von Märklin werden, genau wie Lokdecoder auch, über so genannte Codierschalter, also DIP-Schalter, programmiert. Hierzu muss man bei den externen Decodern k 83 und k 84 das Gehäuse abnehmen. Die Firma Viessmann hat für ihre Decoder ebenfalls die DIP-Schalter-Programmierung übernommen, diese sind bei deren Decodern allerdings wenigstens von außen erreichbar.

Auch Magnetartikel-Decoder für das Selectrix-System von MÜT können via DIP-Schalter programmiert werden, lassen sich aber auch per Software von der Zentrale aus einstellen. Die DIP-Schalter-Programmierung hat auch ihre

Vorteile: Man stellt die Adresse ein Mal ein und kann das tun, auch wenn der Decoder schon unterhalb der Anlage montiert ist. Das war's. Allerdings muss man wieder mit einem kleinen Uhrmacherschraubendreher unter der Anlage herumkriechen, wenn man hier etwas verändern will.

### Magnetartikeldecoder-Programmierung über den PC oder die Zentrale

Viele Hersteller sind dazu übergegangen, die Programmierung eines Magnetartikeldecoders ein wenig einfacher zu gestalten. So gibt es bei vielen Decodern eine einzige Taste auf der Platine. Drückt man diese, befindet sich der Decoder im Programmiermodus und lauert darauf, von der Zentrale einen Befehl zu bekommen.

Dieser kann zum Beispiel dazu dienen, eine bestimmte Weiche zu schalten. Der Decoder merkt sich dabei, unter welchem Namen er angesprochen wurde, er wird gewissermaßen darauf konditioniert. Bei den Decodern von LDT bewegt sich nach Druck auf die Programmiertaste am Decoder die Weichenzunge der daran angeschlossenen Weiche am Anschluss 1 langsam hin und her. Das ist das Zeichen, dass man mit der Programmierung beginnen kann. Wird nun ein Schaltbefehl am PC oder an der Zentrale ausgelöst, registriert der Decoder, zu welcher Vierergruppe die Taste gehört.

Abb. 5.50: Ein Druck auf die Taste versetzt den Decoder in den Programmiermodus.

Der Decoder besitzt nämlich vier Ausgänge, so dass der erste Decoder die Adressen 1 bis 4, der zweite die von 5 bis 8, der dritte die von 9 bis 12 und so weiter erhält. Drückt man nun zum Beispiel die Taste 7, erkennt der Decoder, dass er den Adressraum 5 bis 8 bekommt und teilt die Adressen den Eingängen entsprechend zu. Das ist praktisch, aber nicht immer zu 100 Prozent zuverlässig. Es kann in seltenen Fällen passieren, dass man die Programmierprozedur wiederholen muss. Hat der Decoder die Adresse aber gelernt, wird der Rhythmus der schaltenden Weichenzunge schneller. Das signalisiert: Alles O.K., Konditionierung war erfolgreich.

## Rückmeldesystem installieren

Wie man Rückmeldemodule verdrahtet, wissen Sie bereits. Jeder tatsächlich vorhandene Gleiskontakt muss mit dem Rückmelde- oder Gleisbesetztmeldemodul über Kabel verbunden sein. Wie Sie ebenfalls bereits kennen gelernt haben, gibt es verschiedene Möglichkeiten, einen solchen Gleiskontakt herzustellen: Reedkontakte, Kontaktschalter, Lichtschranken, Trenngleise – all das sind Varianten zur Lösung des gleichen Problems: Sie melden sich, wenn ein Zug darüber fährt. Die sicherste Möglichkeit sind jedoch die ebenfalls bereits ausführlich behandelten Gleisbesetztmelder.

Noch einmal kurz zur Erinnerung: Diese Gerätchen überwachen in einem isolierten Schienenabschnitt, ob sich ein Zug darin befindet. Der Abschnitt ist eben zwar isoliert; über das Kabel, das den Abschnitt überwacht, versorgt es sich gleichzeitig aber auch mit Strom. Sie merken also nichts davon, dass sich die Stromverhältnisse der Lok verändern. Und so soll es ja auch sein.

In diesem Zusammenhang sollten Sie sich vielleicht auch einmal die für Ihr Gleissystem verfügbaren Isolierschienenverbinder ansehen. Sie erfüllen den gleichen Zweck wie die Verbinder, die ab Werk an den Schienen stecken. In zwei Punkten unterscheiden sie sich aber: Sie bestehen nicht aus gut leitendem Metall, sondern aus nicht leitendem Kunststoff.

Genau an der Stelle, wo die Metallschienenprofile zusammenstoßen würden, befindet sich meistens ein kleiner Steg aus Kunststoff. Ersetzt man nun zum Beispiel bei Zweileiter-Systemen auf der rechten Seite eines Gleises, also bei einer Schiene vorn und hinten, die Standard-Verbinder durch die nicht isolierenden Vertreter, entstehen isolierte Schienenstücke, an die man nun zum Beispiel einen Gleisbesetztmelder anschließen kann. Das ist schnell und praktisch und einen Dremel mit Trennscheibe oder eine Metallsäge braucht

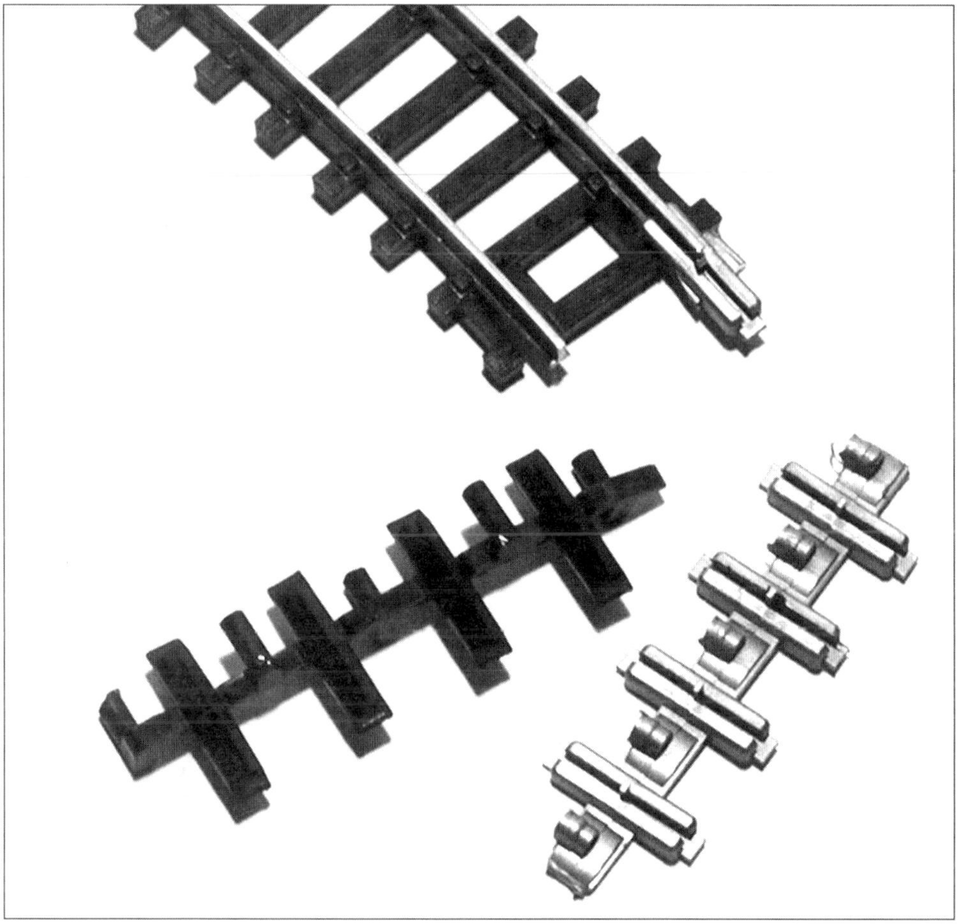

Abb. 5.51: Isolierschienenverbinder sind enorm praktisch.

man dann auch nicht. Isolierschienenverbinder gibt es für alle Gleissysteme und alle Spurweiten, sogar für die schweren LGB-Gleise aus Messing. Einige gut sortierte LGB-Händler verkaufen diese kleinen Helfer. Sie werden einfach statt der an den Gleisen befindlichen Verbinder oder bereits aufgeschraubter, leitender Verbinder aus gleicher Produktion angebracht und isolieren ganz prächtig.

### Kontaktgleis selbst gemacht

Während das isolierte Schienenstück bei der vorher beschriebenen Lösung recht lang sein kann und der digitale Strom über einen Gleisbesetztmelder in das isolierte Stück eingespeist wird, entstehen beim selbst hergestellten Kontaktgleis nur sehr kurze Stücke, die jeweils nur so lang sind, dass nie eine

Lokomotive vollständig auf dem isolierten Stück steht, da sie dann auch stehen bleiben würde. Im Gegensatz zur Lösung mit der Gleisbesetztmeldung ist das isolierte Schienenstück nämlich wirklich isoliert und hier fließt auch kein Strom mehr.

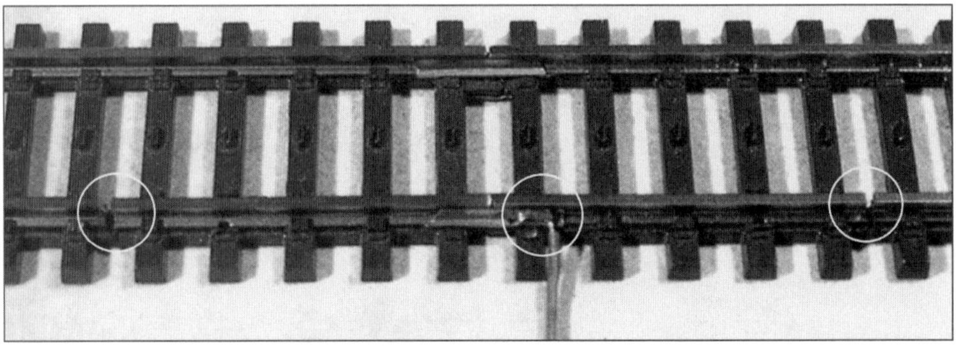

**Abb. 5.52: Kontaktgleis selbst gemacht: zwei Trennstellen (Kreise rechts/links), ein Kabel wird angelötet (Kreis Mitte).**

Da die Lok aber stets mit mindestens einem Radpaar einen mit Strom versorgten Gleisabschnitt berührt, sollte es kein Rucken geben. Das Prinzip lässt sich sowohl bei großen Spur Ho- als auch bei TT-Gleisen anwenden – bei kleineren Spuren wie N und Z wird's arg fummelig, ist aber realisierbar.

> **Tipp**
> *Wenn man das Kabel an einen Schienenverbinder anlötet, ist es einfacher, weil man das Kabelstück dann beim Löten festklemmen kann. Man schneidet dann also einen Schlitz links und einen rechts vom Schienenverbinder und lötet das Kabel dazwischen an den Verbinder.*

Das Prinzip ist: Sie schneiden mit einer kleinen Trennscheibe zwei Schlitze in eine Schienenseite. Die beiden Schlitze liegen so weit auseinander, dass selbst die kleinste Lok, die man hat, nicht zwischen die beiden Schlitze passt. Dann löten Sie an das Stück Schiene einen Draht an und verbinden diesen mit dem Meldeeingang eines Rückmeldemoduls. Wer nicht gerne lötet (obwohl das nach dem Lötkurs von vorhin eigentlich kein Hindernis mehr darstellt), der kann auch eine Stromklemme für das jeweilige Gleissystem anbringen. Das ist zwar einfacher, aber die Trennstelle fällt dadurch auch mehr ins Auge.

## Gleisabschnitte spannungsfrei schalten?

Warum sollte man bei einer digitalen Modellbahn auf die Idee kommen, ein Stück Gleis spannungsfrei zu schalten? Ist das nicht ein Vorgehen beim Auf-

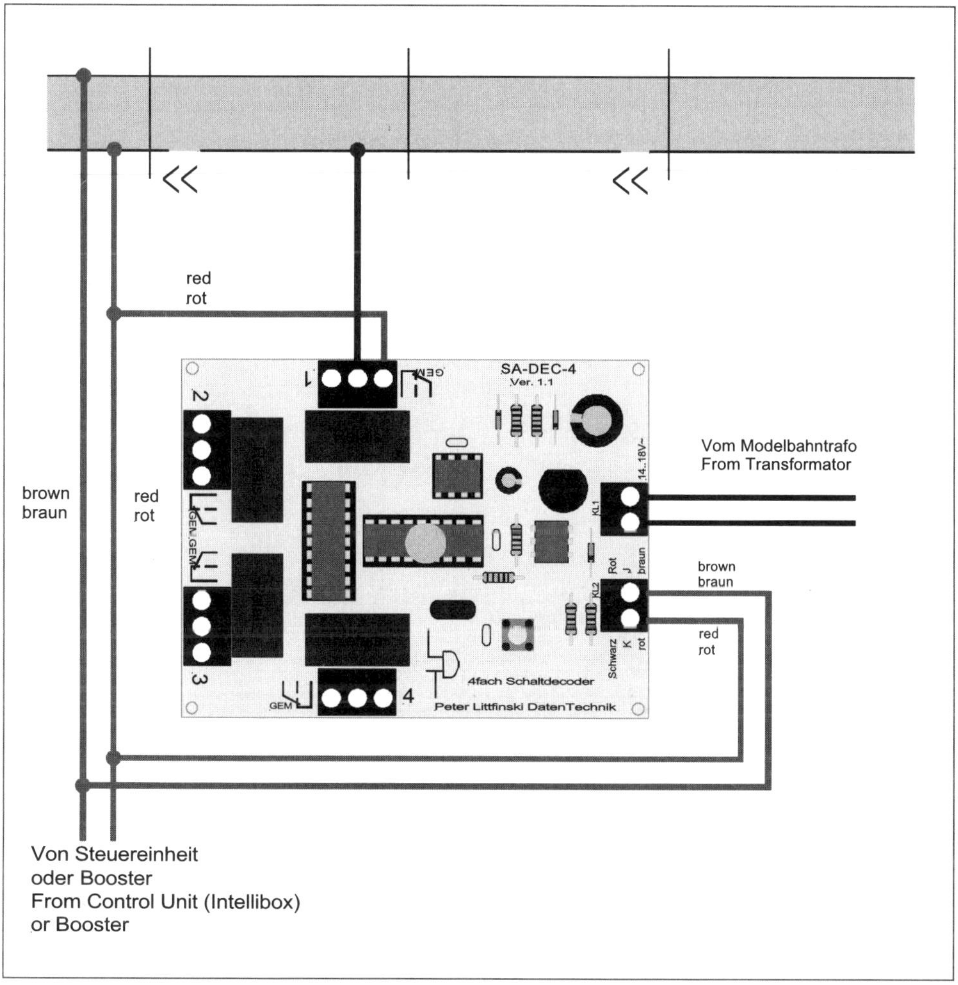


**Abb. 5.53: Das Schaltprinzip eines abschaltbaren Gleisabschnitts.**

bau einer analogen Anlage? Keineswegs! Als digitaler Modellbahner sind Sie damit beschäftigt, zu berechnen, ob die Power einer Zentrale denn nun für die Züge ausreicht, die Sie gerne fahren lassen möchten. Selbst ein im Schattenbahnhof stehender Zug verbraucht aber digitalen Strom. Und davon hat man ja bekanntermaßen nie genug. Also ist es enorm praktisch, wenn man einen oder mehrere Gleise besitzt, in denen man den Strom einfach abschalten kann – die Beleuchtungen in allen Wagen schalten sich dann ab.

Wer etwas mehr investieren möchte, der kann natürlich auch in jedem Wagen einen Funktionsdecoder unterbringen, um die Lämpchen auszuschalten. Für alle anderen empfiehlt sich aber wohl eher diese Lösung: Ein Magnetartikeldecoder, bei dem man die Ausgänge auch auf Dauerstrom schalten kann, leistet in diesem Zusammenhang Enormes. Statt eine Weiche oder ein Lämpchen zu schalten, schaltet man auf Knopfdruck oder per Mausklick einfach den Schienenabschnitt ab, womit die Lämpchen verlöschen.

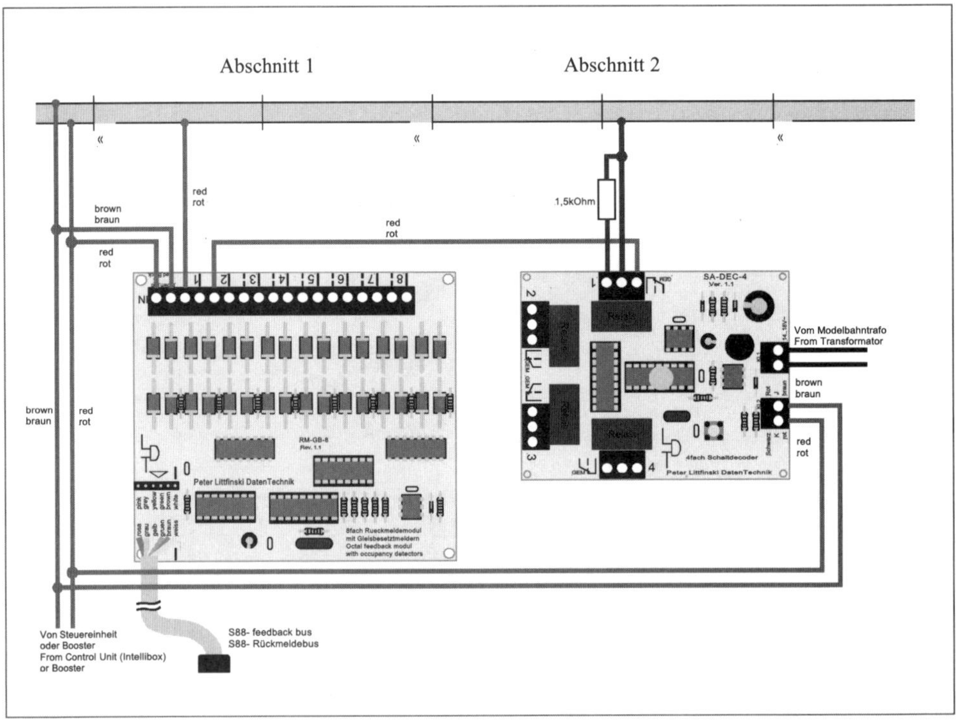


**Abb. 5.54: Überwachung abgeschalteter Gleisabschnitte.**

Koppelt man diese Schaltung noch mit einem Gleisbesetztmelder, dann hat man sogar noch die volle Kontrolle darüber, was auf den abgeschalteten Abschnitten so los ist – will sagen: Man weiß dann genau, ob der Abschnitt gerade frei ist oder ob ein Zug dort steht und wartet. Der Widerstand von 1,5 Kiloohm, der im Bild oberhalb des Rückmeldemoduls zu sehen ist, hat eine wichtige Funktion: Wäre er nicht da, könnte der Besetztmelder im abgeschalteten Zustand des Gleises nicht richtig arbeiten.

# 6 Digitalsteuerung per Software

Zu den Geräten, mit denen Sie eine Modelleisenbahn steuern können, haben Sie bis hierher nun schon eine ganze Menge erfahren. Was noch fehlt, damit Sie eine Entscheidung für oder gegen ein System fällen und die ersten Schritte machen können, ist die nötige Software. Die meisten Programme laufen nur auf einem PC (Windows). Dabei kann es sich, je nach Programm, aber oft auch ruhig um ein älteres Rechnermodell handeln.

## Computer für die Modellbahnsteuerung

An dieser Stelle kann keine konkrete Produktempfehlung gegeben werden, aber der Computer sollte bestimmte Mindestanforderungen erfüllen, damit er seine Aufgabe erfüllen kann. Es muss allerdings kein neuer Rechner sein. Wenn Sie von Computertechnik nicht so viel verstehen, ist das kein Problem. Es gibt ein paar Eckdaten (ähnlich der PS-Zahl bei Autos), auf die Sie achten müssen, wenn Sie einen gebrauchten oder neuen Computer kaufen wollen, oder wenn Sie nur abchecken wollen, ob ein bereits vorhandenes Gerät den Anforderungen des modernen Zugbetriebs standhalten kann.

Die Leistung eines Computers wird von mehreren Faktoren bestimmt:

- Prozessor
- Arbeitsspeicher (RAM)
- Festplatte
- Grafikkarte

Zudem gibt es ein paar Ausstattungsmerkmale, die für den Einsatz in einer PC-Steuerung wichtig sind:

- serielle Schnittstelle
- Windows

Mancher Modellbahn-Software-Hersteller gibt an, dass Sie mindestens einen PC mit einem Intel 80486 als Prozessor einsetzen können. Wenn Sie noch einen funktionierenden älteren PC mit diesem Prozessor besitzen und die Software (zum Beispiel *Die kleine Eisenbahn*) vom Hersteller aus darauf laufen sollte, können Sie das durchaus probieren. Wollen Sie sich ein neues oder gebrauchtes Gerät für Ihr Hobby zulegen, sollten Sie sich aus praktischen Erwägungen mindestens einen Computer in der nachfolgend beschriebenen Ausstattung zulegen. Solche Geräte sind für wenig Geld – komplett ab etwa 50 Euro – auf dem Gebrauchtmarkt zu haben. Bei einem langsameren PC lässt sich nicht mehr so viel Geld sparen, und solche Systeme lassen selten den Einsatz von Windows zu. Sie müssen sich also mit MS-DOS, dem „Vorgänger" von Windows auskennen oder entsprechende Literatur besorgen. Weiterhin müssen Sie damit rechnen, kaum noch Unterstützung durch die Hersteller und keine Ersatzteile zu erhalten.

**Abb. 6.1: Auch ein PC, der nur die Modellbahn steuert, sollte ein paar Mindestanforderungen erfüllen.**

## Prozessor

Das wichtigste Bauteil ist der Prozessor. Dabei kommt es neben dem Typ auch auf die Geschwindigkeit an. Als Prozessor sollte das Gerät mindestens einen Pentium III oder Celeron enthalten, der mindestens 500 Megahertz Taktfrequenz aufweisen sollte. Bei einer geringeren Geschwindigkeit benötigt der

PC einfach zu lange mit grundsätzlichen Tätigkeiten, außerdem wird man – wenn man z. B. im Büro – ein schnelleres Gerät gewöhnt ist, nicht lange Freude an einem langsameren PC haben.

Soll es ein Gerät aus der aktuellen Angebotspalette sein, dann ist für den Modellbahnbetrieb optimal ein kleinerer PC mit Intel Celeron oder Pentium IV und oder ein entsprechender AMD-Prozessor (Sempron oder Athlon), Taktfrequenz ab 2 Gigahertz. Mehr brauchen Sie wirklich nicht.

## Arbeitsspeicher

Um die Daten und Grafiken einwandfrei und schnell genug wiedergeben zu können benötigen Sie eine Mindestausstattung von 128 Megabyte, besser 256 Megabyte. Entsprechende Speicherriegel kosten nicht mehr als ein Komplettmenü bei einer Fast-Food-Kette, bringen aber viel, wenn Sie nicht allzu lange auf den PC warten wollen.

Auf der sicheren Seite sind Sie bei einer Speicherausstattung von 512 Megabyte. Mehr RAM ist nicht nur überflüssig, sondern wird von älteren PCs bzw. Windows-Versionen gar nicht ausgenutzt.

## Festplatte

Damit die Anwendungen auch zügig ausgeführt werden, ist eine große Festplatte notwendig. Sofern der PC nur für die Modellbahnsteuerung abgestellt wird, reicht eine 10-Gigabyte-Festplatte aus. So viel sollte es auch sein, denn auf der Festplatte speichert Windows (das Betriebssystem) nicht nur Programme und Daten, sondern benutzt sie auch als Arbeitsspeicher. Optimal sind 40 Gigabyte.

Die Festplatte sollte mindestens nach dem UDMA-33-Standard arbeiten, damit sie auch schnell genug ist. Optimal sind UDMA-66- oder 100-Festplatten. Und wenn Sie einen Exoten mit SCSI-Festplatte erwerben, sollte diese mindestens an SCSI-II angeschlossen sein.

## Grafikkarte

An eine Grafikkarte werden keine großen Ansprüche gestellt – oder vielleicht doch, vor allem bei älteren PCs. Wenn Sie darauf ein komplexeres Programm zur Steuerung installieren, sollte die Grafikkarte mindestens 1024 x 768 Bildpunkte unterstützen, und der Monitor natürlich auch. Wenn beide längere Zeit benutzt werden, also wenn Sie länger vor dem Gerät sitzen und die Anlage steuern, lohnt es sich, darauf zu achten, dass Karte und Monitor bei der gewählten Auflösung mindestens 85 Hertz Bildwiederholfrequenz unterstützen (außer bei TFT-Displays, da ist das zu vernachlässigen).

Optimal ist eine der kleineren Grafikkarten mit ATI 9250-Grafikprozessor und 64 Megabyte RAM, es kann auch ein neuerer PC mit Grafikkarte auf der Hauptplatine eingesetzt werden.

## Schnittstellen

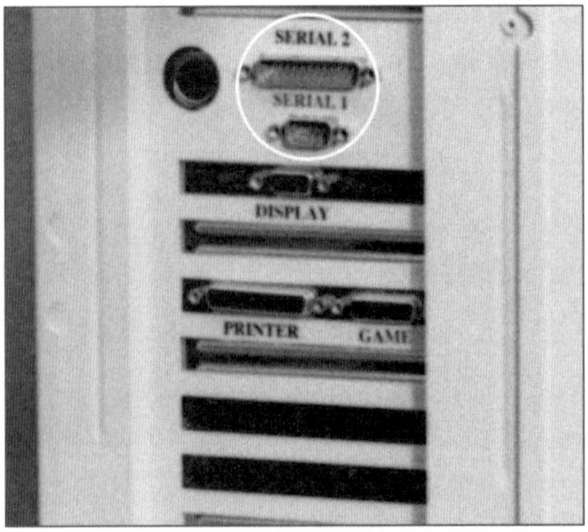


**Abb. 6.2: Eine serielle Schnittstelle ist ein Muss, wenn Sie eines der Interfaces anschliessen wollen.**

Die Ausstattung mit Schnittstellen ist bei älteren Computern weniger ein Thema als bei den neueren. Denn bei vielen aktuellen Computern, vor allem Notebooks und kompakteren PCs, verzichten die Hersteller manchmal auf die serielle Schnittstelle, auch V24 oder RS232-C genannt.

Schwierig wird es auch, wenn die einzige Schnittstelle bereits belegt ist, etwa durch ein Modem oder eine Maus. In beiden Fällen gibt es zwei Alternativen:

- Wenn der PC zusätzlich eine (freie) USB-Schnittstelle besitzt, können Sie einen Adapter verwenden, der das Signal umwandelt. Diese Kabel gibt es für etwa 20 Euro im Fachhandel.
- Wenn der PC mit Steckplätzen für Erweiterungskarten ausgestattet ist, können Sie eine zusätzliche Schnittstellenkarte installieren. Bei Notebooks gibt es diese auch in den kompakten Scheckkartengrößen PC-Card (auch PCMCIA genannt).

## Windows

Der beste Computer ist nichts ohne das passende Betriebssystem, und hier sollten Sie mindestens Windows 98 verwenden, und zwar die zweite Ausgabe, auch Second Edition genannt. Grund: Erst in dieser Ausgabe war das Betriebssystem ausgereift und kommt auch mit den neueren Programmen zurecht, die von den Softwareherstellern inzwischen meist geliefert werden. Auf kleineren Computern, also solchen mit Pentium III oder Celeron bis zu einem Gigahertz Taktfrequenz ist dieses Betriebssystem sogar Windows XP vorzuziehen. Sie können auch Windows XP einsetzen, vorausgesetzt, die Ausstattung mit Speicher entspricht den oben genannten Vorgaben.

### So laufen DOS-Programme problemlos in Windows 2000 und XP

Wenn Sie einen neueren Computer besitzen, auf dem Windows 2000 oder XP als Betriebssystem installiert ist, kann es passieren, dass ein Steuerprogramm, das für MS-DOS geschrieben wurde, nicht funktioniert. Damit müssen Sie rechnen. Es gibt allerdings ein paar Möglichkeiten, wie Sie es trotzdem benutzen können.

### Verknüpfung

Ist das Programm auf die Festplatte übertragen, richten Sie in der Regel eine Verknüpfung ein.

- Dazu klicken Sie auf dem Desktop mit der rechten Maustaste und wählen Sie *Neu > Verknüpfung*.

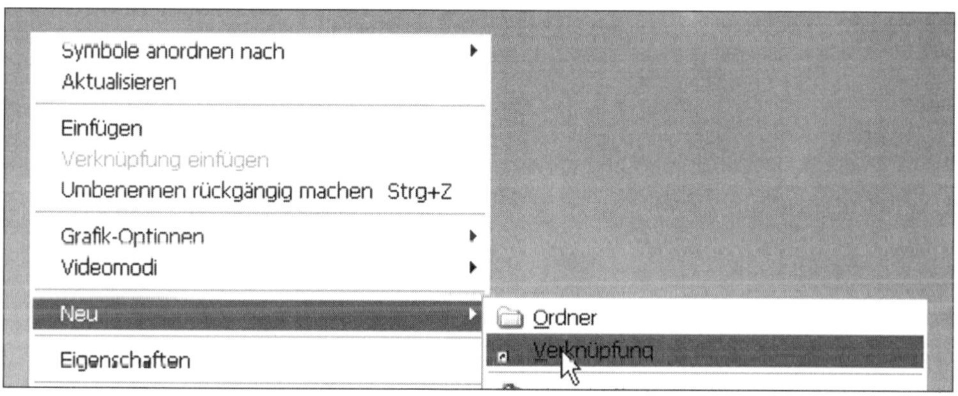


ABB. 6.3: ERSTELLEN SIE FÜR DAS DOS-PROGRAMM AUF DEM DESKTOP EINE VERKNÜPFUNG.

- Tragen Sie den Pfad ein oder wählen Sie ihn über die Schaltfläche *Durchsuchen*.

ABB. 6.4: GEBEN SIE EINEN AUSSAGEKRÄFTIGEN NAMEN FÜR DAS PROGRAMM EIN.

- Klicken Sie auf *Weiter*. Geben Sie einen Namen ein und klicken Sie auf *Fertigstellen*.

- Klicken Sie mit der rechten Maustaste auf das Symbol und wählen Sie *Eigenschaften*. Wählen Sie das Register *Kompatibilität*.

- Wählen Sie bei Kompatibilitätsmodus den Listeneintrag *Windows 95*, und legen Sie ggf. die Anzahl der Farben auf 256 fest. Mit diesen Einstellungen sollte das Programm funktionieren.

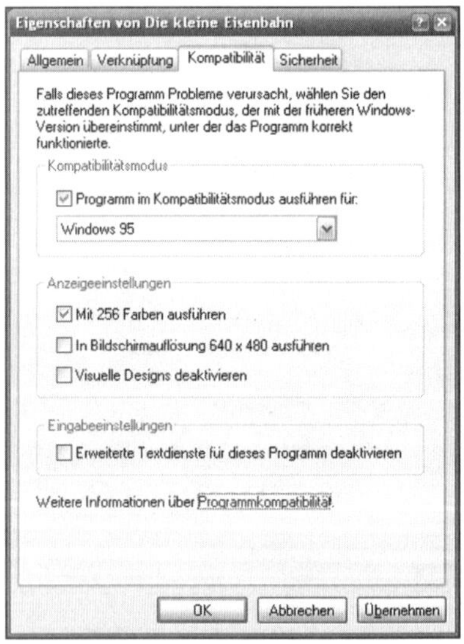


ABB. 6.5: LEGEN SIE DIE RAHMENBEDINGUNGEN FEST, UNTER DENEN DAS PROGRAMM UNTER XP FUNKTIONIERT.

### Dual-Boot-System installieren

Will das DOS-Programm gar nicht mit Ihrem Windows zusammenarbeiten, bleibt Ihnen nur die Möglichkeit, ein Dual-Boot-System aufzubauen. Dabei teilen Sie Ihre Festplatte in zwei Teile (Partitionen), die jeweils ein eigenes Betriebssystem haben.

Natürlich brauchen die Teile nicht gleich groß zu sein, für MS-DOS und das Programm reichen bestimmt 5 Gigabyte aus. Beim Start wählen Sie anschließend aus, ob Sie das normale Windows XP benutzen wollen oder das ältere MS-DOS. Die exakte Funktionsweise können wir an dieser Stelle nicht erklären, es empfiehlt sich, die Konfiguration entweder von einem PC-Fachmann vornehmen zu lassen oder entsprechende Literatur zu konsultieren.

## Rechnerkonfigurationen

### Minimal-Konfiguration

- Pentium III oder Celeron, 500 MHz Taktfrequenz
- Arbeitsspeicher 128 MB
- Festplatte 10 Gigabyte IDE
- Windows 98 SE

### Optimal-Konfiguration

- Intel Pentium IV oder Celeron bzw. AMD Sempron oder Athlon 1600
- Arbeitsspeicher 512 MB
- Festplatte 40 Gigabyte Enhanced IDE (UDMA 66)
- Windows XP Home

**Andere Computerwelten**

Wer einen Mac besitzt, muss deswegen nicht auf die Steuerung verzichten. Es gibt mehrere Programme für den Mac, die jedoch zum Teil ältere Versionen des Betriebssystems erfordern. Grundsätzlich ist meistens eine serielle Schnittstelle notwendig, da die meisten Adapter der Digitalsysteme über diese Schnittstelle angesprochen werden.

Da neuere Macs (seit iMac) nur noch über USB verfügen, ist ein entsprechendes Adapterkabel notwendig. Achten Sie darauf, dass es auch am Mac funktioniert. Bei Gravis (*www.gravis.de*) gibt es einen solchen Adapter für etwa 40 Euro (Art.Nr. 103702).

Für Linux gibt es ein Steuerungsprogramm namens SpDrs60 (siehe *www.linux-modellbahn.de*), für dessen Einsatz sind jedoch fortgeschrittene Linux-Kenntnisse erforderlich. Es ist zwar möglich, Windows-Programme in Linux zu „fahren“. Soll der PC nur zur Steuerung der Anlage dienen, ist jedoch die Installation von Windows vorzuziehen, da die Schnittstellenansteuerung und der Datentransport sonst gestört sein könnten.

## Blocksystem

Die große Bahn macht es, und auch in der Modellbahnerei hat es sich bewährt: Was der etwas sperrige Ausdruck Blocksystem meint, ist das, was man als Fußgänger oder Autofahrer im Straßenverkehr eigentlich auch täglich praktiziert: Erst nachsehen, ob alles frei ist, dann erst losgehen oder losfahren. Beim Blocksystem auf einer Modellbahnanlage ist das genauso. Hierzu teilt man die gesamte Anlage in viele so genannte Blöcke auf. Dabei handelt es sich aber um Gleisabschnitte, die nicht unbedingt tatsächlich auf der Anlage abgeteilt oder isoliert werden müssen. Zunächst einmal existieren sie nur auf dem Papier.

Sie müssen anhand Ihres Gleisplanes überall dort einen neuen Block vorsehen, wo Sie Kontrolle über den Zug ausüben und ihn steuern wollen. Solange der Zug nur geradeaus über eine längere Strecke fährt, könnte man die gesamte Strecke als einen Block definieren. Immer dort, wo sich der Zug z. B. einem Signal, einer Kreuzung, einer Weiche oder einer anderen, besonderen Stelle nähert, wo er angehalten, abgestellt oder einfach nur kontrolliert werden soll, muss ein neuer Block beginnen. Wenn man will, kann man aber natürlich auch ein längeres, gerades Gleis in mehrere Blöcke aufteilen.

Noch einmal zur Erinnerung: Diese Aufteilung geschieht erst einmal nur auf dem Papier. In einem zweiten Schritt überträgt man diese Aufteilung dann in seine PC-Software.

Das Verfahren hat den Vorteil, dass Sie einzelnen Abschnitten auf der Anlage gewissermaßen einen Namen geben, den Sie selbst und den auch der PC zur Steuerung nutzen kann. Will der PC einen Zug nun eine ganz bestimmte Strecke von Punkt A zum Punkt B fahren lassen, überprüft er erst, ob alle Blöcke, also Gleisabschnitte, auf dem Weg dorthin frei sind. Besetzt ist ein solcher Block immer dann, wenn sich entweder ein Zug oder eine Lok innerhalb des gedachten Bereiches befindet oder wenn ein Zug oder eine Lok diesen Block bereits für sich reserviert hat – wenn Zug oder Lok also gleich dort eintreffen wird. Nur ein freier Block kann von einem anderen Zug oder einer anderen Lok angefordert werden. Wenn die Anforderung negativ verläuft, d. h., wenn der Zug den angeforderten Block nicht zugeteilt bekommt, probiert der PC eine oder mehrere Alternativen aus.

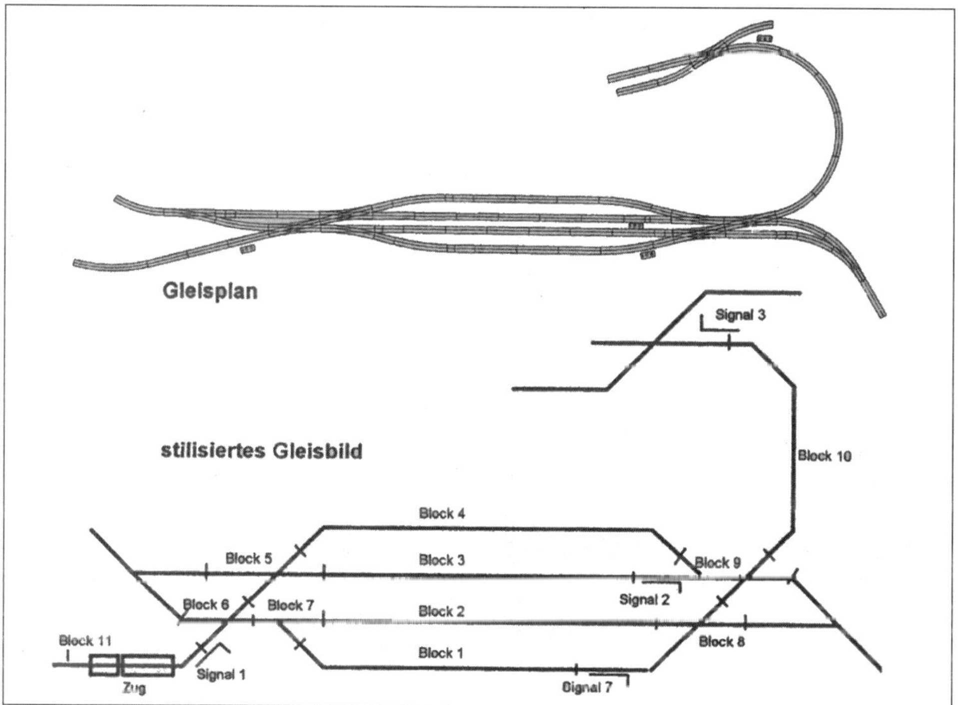


**Abb. 6.6: Die Modellbahn-Anlage wird in Blöcke aufgeteilt.**

Je mehr echte Kontaktstellen man im Gleis montiert und der PC ihren Zustand erfährt, desto sicherer funktioniert dieses Prinzip. Sie werden noch sehen, dass auch mit virtuellen, also nicht tatsächlich vorhandenen Kontaktstellen, die Realisation eines solchen Blocksystems möglich ist.

## Software im Überblick

Die Reihenfolge, in der die einzelnen Programme hier besprochen werden, stellt keine wertende Rangfolge dar. Sie finden die Programme dem Alphabet nach geordnet. Demo-Versionen aller hier erwähnten Programme finden Sie übrigens im Internet. Die Links dazu sind jeweils am Ende der kurzen Software-Vorstellungen aufgeführt. Im Folgenden stellen wir nur eine kleine Auswahl dar. Alle Programme vorzustellen, dafür fehlte hier jedoch der Platz. Einen ganz guten Eindruck über die gängigste Software bekommen Sie aber dennoch.

### Comboard für den Märklin-Einsteiger

Die Firma Märklin bietet mit diesem Programm aus dem Jahr 1997 ein Tool für das hauseigene Digitalsystem an, mit dem man ebenfalls höchstens die allerersten Schritte und Erfahrungen machen kann. Der größte Nachteil zuerst: Einen Automatikbetrieb kann man damit nicht realisieren, weil sich nur die Magnetartikel und Besetztmelder ansprechen und kontrollieren lassen, die Loks jedoch nicht. Die Steuerung für Lokomotiven sei „in Planung“ hieß es dazu lange Zeit vom Hersteller. Außerdem besteht keine Verbindung in beiden Richtungen zwischen Zentrale mit angeschlossenen Keyboards und dem PC. Im Klartext: Wenn Sie mit dem Keyboard von Hand eine Weiche schalten, merkt der PC davon nichts – die Anzeige dort bleibt unverändert. Grund: Die Märklin-Zentrale behält diese Informationen einfach für sich. Eine gleichzeitige Benutzung von PC und Keyboards sei „... daher nicht empfehlenswert ...“ liest man dazu in der Anleitung.

Man muss das Programm daher weniger als Steuersoftware für eine Anlage, sondern eher als digitales Gleisbildstellpult betrachten. Es lag daher lange Zeit dem alten Märklin-Interface kostenlos bei. Der Nachfolger, das Programm *Steuern und Schalten* kann deutlich mehr, es kostet aber auch knapp 200 Euro.

Aber: Machen Sie sich selbst ein Bild – die Funktionen, die vorhanden sind, sind nämlich recht ordentlich gelöst. Auch als Einsteiger kommt man mit der Software gut zurecht. Als Erstes zeichnet man sein Gleisbild mit allen Elementen, die es haben soll. Dafür ruft man im Menü *Baukasten* zunächst die Funktion *Gleis* auf. Ein gerades Gleiselement erscheint in der oberen Ecke. Man kommt nicht gleich drauf, wie es weitergeht: Drückt man gleichzeitig die [Strg]-Taste, kann man weitere dieser Gleiselemente zeichnen. Durch Druck auf die rechte Maustaste erscheint ein Fenster, in dem man auch andere Gleisformen auswählen kann. Man wählt sie mit der linken Maustaste im

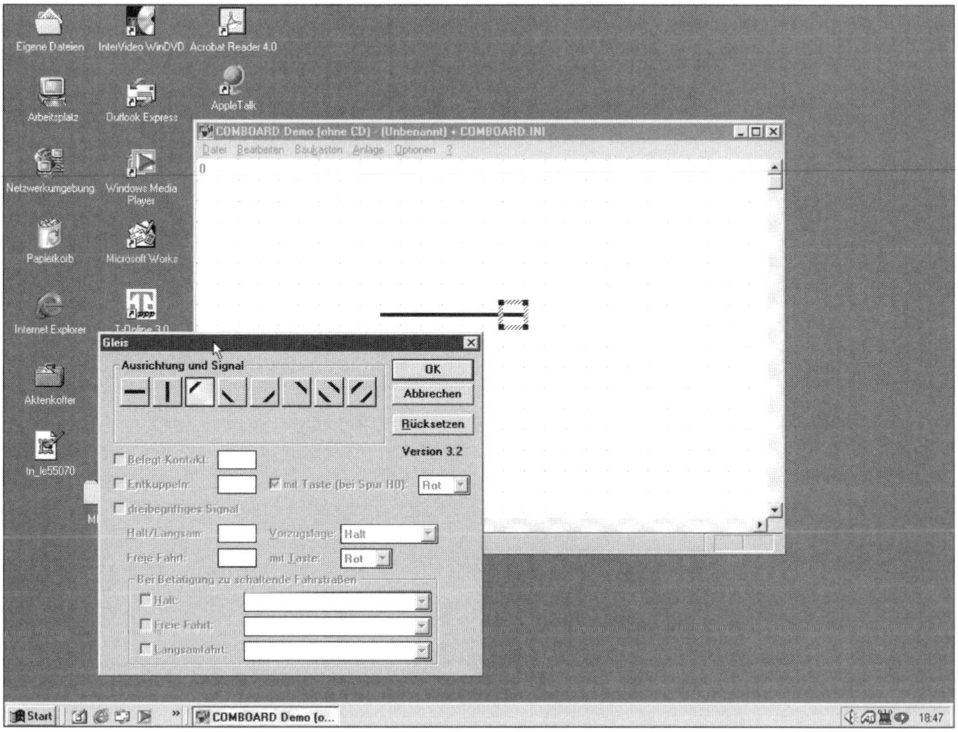


**Abb. 6.7: Das Programm Comboard von Märklin kann noch keine Loks steuern.**

Fenster aus und platziert sie im Stellwerksfenster. Ebenfalls mit der linken Maustaste lässt sich schließlich das gesamte Gleisstück, das man gezeichnet hat, verschieben. Auch Elemente wie Weichen oder Taster können Sie auf diese Weise einbauen. Das Vorgehen ist dabei immer gleich: Objekt platzieren und anschließend mit der rechten Maustaste anklicken. Im erscheinenden Fenster können Sie dann die digitalen Adressen der Komponenten eingeben.

Auch Besetztmelder werden so integriert: Sie klicken mit der rechten Maustaste das Gleisstück an, das der Stelle entspricht, an der Sie den Belegtmelder in der Anlage installiert haben. Im nun erscheinenden Fenster aktivieren Sie den Schalter Belegt-Kontakt und tragen im Feld dahinter die digitale Adresse ein.

Im Menü *Optionen* können Sie dann alle weiteren Einstellungen über die Option *COMBOARD* vornehmen. Das Einrichten eines Blocksystems ist nämlich prinzipiell möglich. Dabei überwacht der PC, ob ein bestimmter Blockabschnitt, den Sie für einen Zug anfordern, tatsächlich frei ist. Nur wenn das so ist, bekommen Sie freie Fahrt und können mit dem Zug in diesen Block einfahren.

Auch ein Drehkran und eine Drehscheibe oder Schiebebühne aus dem Märklin-Programm können über COMBOARD gesteuert werden. Das Platzieren dieser Elemente funktioniert wie bei allen anderen auch: Mit der rechten Maustaste ruft man schließlich das Menü zum Einstellen auf: Zum Beispiel die Anzahl der Gleise, die an der Drehscheibe bedient werden sollen, und natürlich die digitale Adresse werden hier eingegeben.

**Kurzinfo**

| | |
|---|---|
| *Programmname:* | *Comboard* |
| *Hersteller:* | *Scharnagl Industrie-Software* |
| *Vertrieb:* | *Märklin* |
| *Anforderungen Hardware:* | *PC mit 80486-DX-Prozessor (Herstellerangabe) bzw. Minimal-Konfiguration* |
| *Anforderungen Software:* | *Windows 3.1/95* bzw. Windows 98* |
| *Preis:* | *liegt Märklin-Interface bei* |
| *Unterstützte Systeme:* | *Märklin/Motorola* |
| *Internet:* | *www.maerklin.de* |
| *Demo-Version:* | *www.maerklin.de/service/bilder/setup.exe* |
| *Beschreibung:* | *reines Gleisbildstellwerk, kein per Fahrplan gesteuerter Betrieb möglich* |

## Die kleine Eisenbahn

Dieses Programm trägt seinen Namen zu Recht: Es ist nämlich vor allem auf die Steuerung einer Modellbahn-Anlage im Selectrix-System zugeschnitten, die bekanntermaßen am meisten von Nutzern der Spur N eingesetzt wird.

Mit *Die kleine Eisenbahn* (DKE) kann man bis zu 40 Blockabschnitte kontrollieren, 62 Lokomotiven ansprechen und bis zu 256 Magnetartikel schalten. Das Programm ist recht leistungsfähig, an die zum Teil etwas umständliche Bedienung muss man sich aber erst gewöhnen. Das gilt vor allem dann, wenn man als PC-Nutzer zu DKE kommt. In der Version 1.5, die den Tests für dieses Buch zugrunde lag, sollte man damit beginnen, im Menü *Programm* die Option *Optionen* aufzurufen, um die Basis-Einstellungen vorzunehmen.

Hierbei können Sie die verwendete serielle PC-Schnittstelle einstellen, an die Sie Ihre Modellbahn-Anlage angeschlossen haben. Auch die Geschwindigkeit

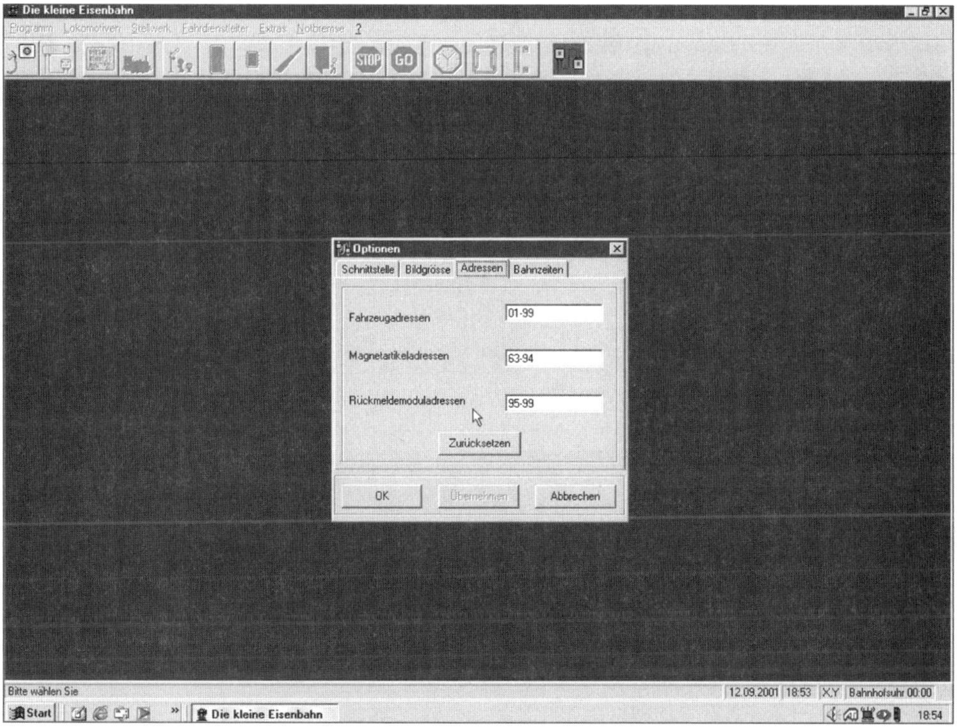


**ABB. 6.8: IM *OPTIONEN*-DIALOG LEGEN SIE AUCH DIE VERTEILUNG DER ADRESSEN FEST.**

der Kommunikation zwischen Zentrale und PC sowie zwischen Zentrale und angeschlossenen Besetztmeldern können Sie hier einstellen.

Die wichtigste Karteikarte im *Optionen*-Fenster ist die mit der Bezeichnung *Adressen*. Hier legt man nämlich fest, welche Selectrix-Adressen für welche Zwecke genutzt werden sollen. Sie erinnern sich: Bei Selectrix ist man da recht frei, da sowohl Fahr- als auch Schalt- und Rückmelde-Informationen allesamt über den Selectrix-Bus wandern. Damit der PC aber weiß, welche Art von Daten er wohl von welcher Adresse zu erwarten hat, stellt man die eigene Wahl und Verteilung hier ein. Später, in den weiteren Fenstern, erscheinen dann zum Beispiel bei den zur Verfügung stehenden Lokadressen auch nur die hier voreingestellten. Schließlich können Sie unter *Bahnzeiten*

### Hinweis

*Da es in den Dialogboxen von DKE leider keine integrierte Hilfefunktion gibt, sollten Sie bei den ersten Schritten mit dem Programm das Hilfe-Programm über das Menü ? und die Option Hilfe aufrufen und es durch Anklicken des Verkleinern-Knopfes (das ist der erste der drei Knöpfe oben rechts im Hilfe-Fenster) in die Windows-Taskleiste legen. So ist Hilfe immer sofort zur Stelle, wenn Unklarheiten bestehen.*

noch einstellen, mit welchem Zeitfaktor der Fahrplan ablaufen soll. Mit anderen Worten: Hier bestimmen Sie, wie viel Bewegung auf einer Anlage sein soll, indem Sie festlegen, ob eine reale Minute einer dreiviertel, halben, viertel oder sechstel Minute auf der Modellbahn entsprechen soll.

Wie bei den meisten Steuerprogrammen beginnt man auch bei DKE damit, die eigene Anlage zu zeichnen. Generell gilt: Es kommt hier nicht darauf an, dass die Größenverhältnisse korrekt sind – das Wichtigste ist, dass Sie sich orientieren können. Dazu klickt man zunächst auf die Schaltfläche *Stellwerk bearbeiten*; das ist die mit den kleinen Schraubendreher. Es erscheint eine leere Fläche mit Punktraster, in die Sie nun Ihre Anlage einzeichnen können. Die dafür nötige Werkzeugleiste erscheint, indem Sie die Schaltfläche ein zweites Mal anklicken.

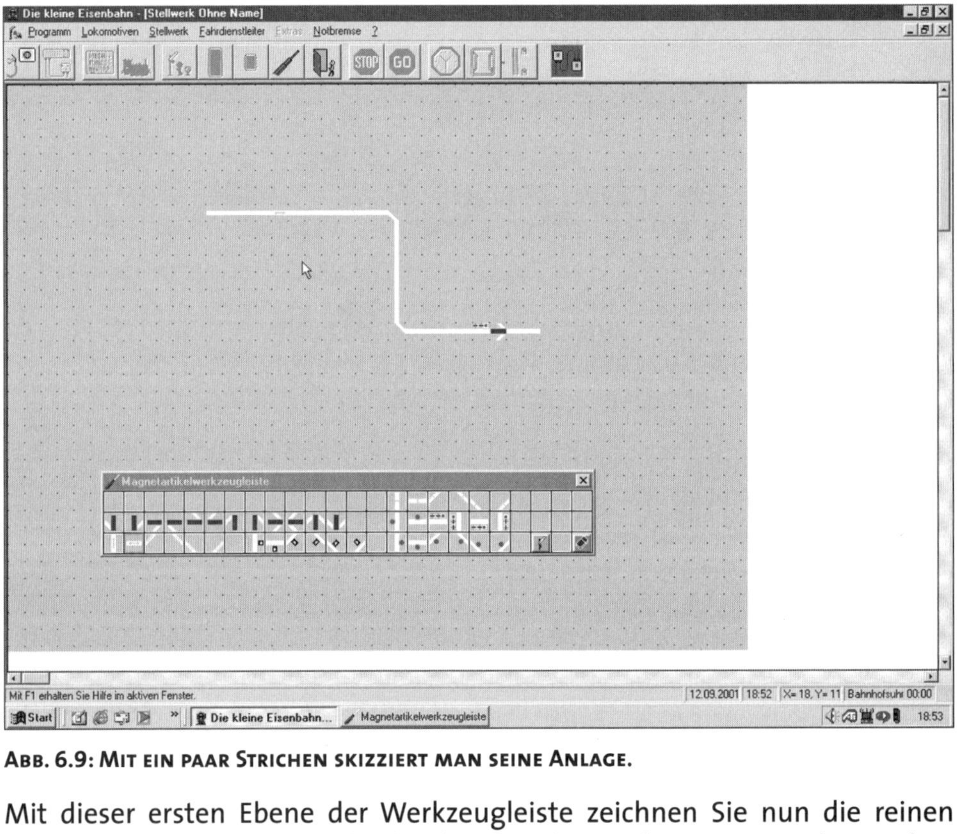


**Abb. 6.9: Mit ein paar Strichen skizziert man seine Anlage.**

Mit dieser ersten Ebene der Werkzeugleiste zeichnen Sie nun die reinen Gleise. Wenn Sie einen Fehler löschen möchten, aktivieren Sie den *Radiergummi*, löschen das entsprechende Gleisstück und deaktivieren den *Radiergummi* wieder – etwas umständlich. Weichen, Signale und andere Elemente erscheinen übrigens erst, nachdem man die kleine Schaltfläche mit dem Signal aktiviert hat. Zurück zu den Gleiselementen gelangen Sie, indem Sie die *Signal*-Taste wieder deaktivieren.

So lange Sie die Elemente nur einzeichnen, weiß das Programm noch nicht, was es tun soll. Die platzierten Weichen, Besetztmelder und Signale müssen in einem zweiten Schritt mit dem Selectrix-System verbunden werden. Dazu wird für jedes Element die Selectrix-Adresse eingetragen. Zu diesem Zweck müssen Sie den Zeichenmodus erst durch Anklicken der kleinen Ausgangstür verlassen und die Dialogbox *Besetztmelder* oder *Funktionsdecoder* aufrufen. Hier sind dann jeweils nur die Selectrix-Adressen zu finden, die Sie vorher den einzelnen Funktionstypen zugeordnet haben.

Um nun auch automatische Zugfahrten zu programmieren, müssen Sie so genannte *Blockstellen* einrichten. Dabei handelt es sich in DKE stets um eine Fahrt von einem Gleiskontakt zum nächsten. Alle Weichen und Signale, die auf dem Weg dorthin liegen, werden dabei mit eingeschlossen und auch die Lok, die diese Aktionen vollführen soll, wird mit angegeben. Klicken Sie hierzu im Menü *Fahrdienstleiter* auf die Option *Blockstelle*. Sind trotz der umständlichen Bedienung alle Eingaben gemacht, kann man mit dem Programm schließlich einen Fahrplan herstellen, indem man die zuvor eingerichteten Blockstellen zu einem Fahrprogramm verweben muss. Dabei muss man natürlich selbst darauf achten, dass die Zugfahrten auch wie geplant möglich sind. Der PC achtet beim Betrieb mit *Die kleine Eisenbahn* lediglich darauf,

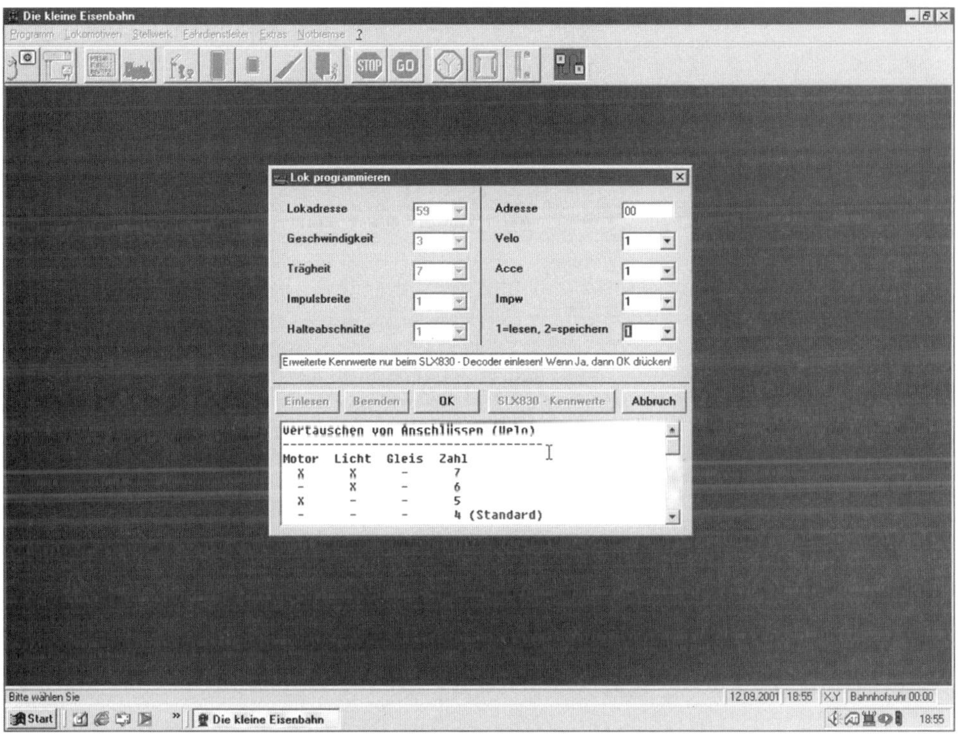


**Abb. 6.10: Auch das Programmieren von Lokdecodern ist mit DKE möglich.**

dass es keine Zusammenstöße gibt. Einen außergewöhnlichen Fahrbetrieb kann man mit diesem kleinen Programm jedoch nicht realisieren.

*Die kleine Eisenbahn* besitzt jedoch ein Programm-Modul, für das allein sich die Anschaffung beinahe lohnt: Mit dem Programm kann man nämlich die herkömmlichen und auch die neuen Selectrix-Decoder vergleichsweise komfortabel programmieren. Allerdings muss man auch hier mindestens zwei Programmier-Durchläufe machen: Beim ersten werden nur die so genannten erweiterten Funktionen der neuen Selectrix-Decoder von MÜT und Rautenhaus unter der für die neuen Funktionen frei gehaltenen Lokadresse 00 in den Decoder geschrieben. Anschließend muss man dann noch die eigentlichen Fahreigenschaften unter der echten Lokadresse programmieren. Warum die Programmierung hier nicht in einem Durchgang erfolgen kann, ist nicht so ganz einsichtig.

Eine nette Funktion ist indes die Möglichkeit, eine kleine Lokdatenbank anzulegen, die bei allen Aktionen im Programm mit den Loks zur Darstellung genutzt wird. Sogar Bilder der Loks lassen sich hier einbinden, so dass diese zum Beispiel beim Aufruf eines Bildschirm-Fahrreglers angezeigt werden.

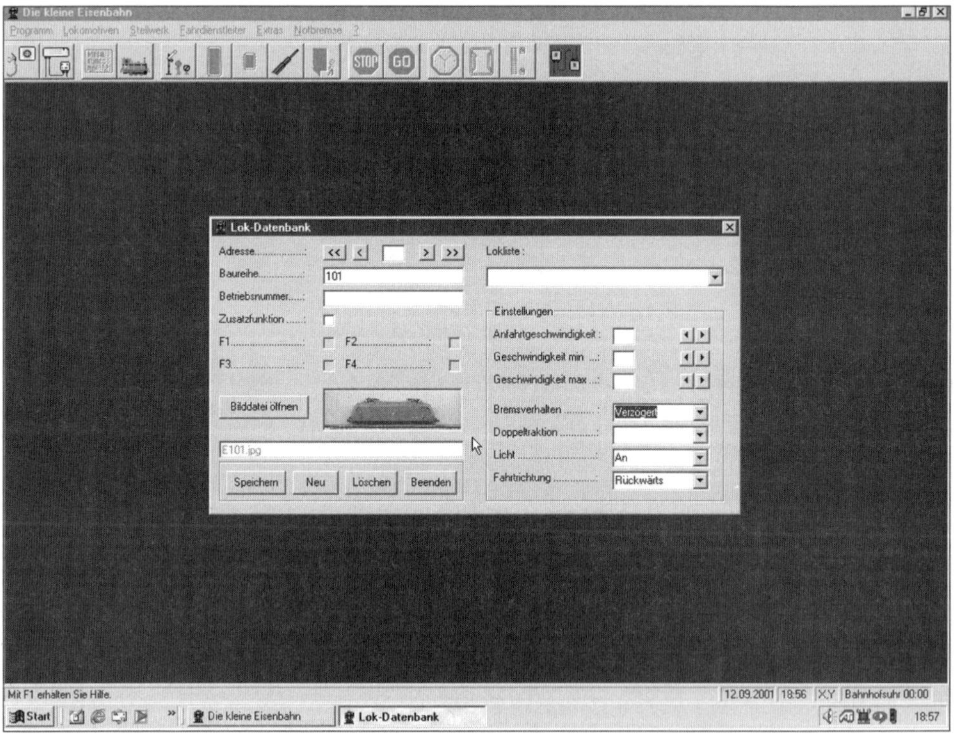


**Abb. 6.11: In der Lokdatenbank kann man seine Fahrzeuge mit Bild erfassen.**

Die Software liegt den Startsets von Rautenhaus/MDVR kostenlos bei, so dass man damit seine ersten Schritte in die Welt der digitalen, mit Selectrix gesteuerten Modellbahn unternehmen kann. Genau dafür eignet sich „Die kleine Eisenbahn" auch recht gut, wenngleich die Benutzerführung stellenweise doch etwas umständlich ist.

Wer ernsthaft seine Modellbahn mit dem Computer steuern möchte, der sollte nach den ersten Versuchen und dem aufkommenden Wunsch nach mehr Möglichkeiten daher dann auf eines der vielen anderen Programme umsteigen. Die Software befindet sich aber auch weiterhin noch in der Entwicklung und soll in den nächsten Monaten noch verbessert und mit weiteren Funktionen ausgestattet werden. Ein Blick auf die Website des Vertreibers lohnt sich daher. Dort soll man auch Demo-Versionen der jeweils aktuellen Ausgabe herunterladen können. Und wer weiß: Vielleicht wird aus der „kleinen Eisenbahn" ja irgendwann auch noch eine größere.

**Kurzinfo**

| | |
|---|---|
| *Programmname:* | *Die kleine Eisenbahn (DKE)* |
| *Hersteller:* | *Hans-Georg Campe* |
| *Vertrieb:* | *Modellbahn-Digital-Versand Radtke (MDVR)* |
| *Anforderungen Hardware:* | *PC mit Pentium-Prozessor, 100 MHz* |
| *Anforderungen Software:* | *Windows 95/98/Me* |
| *Preis:* | *60 Euro (oder kostenlos im Startset)* |
| *Unterstützte Systeme:* | *Selectrix* |
| *Internet:* | *www.mdvr.de* |
| *Demo-Version:* | *www.mdvr.de/download/dkedemo.zip* |
| *Beschreibung:* | *viel versprechender Ansatz, stellenweise umständliche Bedienung* |

## Modellbahn-Elektronik-Steuerung (MES)

Dieses Programm fällt völlig aus dem Rahmen. Die Basis stammt aus dem Jahr 1985 und so wirkt die Software auch auf den ersten Blick. Es läuft noch unter MS-DOS. Es gibt keine von Windows bekannten Fenster oder Menüs, auch mit der Maus kann man nichts ausrichten. Das Programm gehört aber trotzdem zu den leistungsfähigsten, die es bisher gibt. Die herausragende Besonderheit besteht darin, dass das Programm MES die Loks, die auf der von ihm gesteuerten Anlage fahren, ganz genau kennt. Es kennt die Art, wie jede Lok beschleunigt, ihre Höchstgeschwindigkeit, ihr Bremsverhalten. Auf Basis nur weniger echter Gleiskontakte kann das Programm somit errechnen, wo genau sich eine Lok und damit ein Zug gerade befinden. Jede Lok wird dazu mittels eines zum Programm gehörenden Tools „kalibriert". Das bedeutet, dass man mit der Lok genau vorgegebene Fahrten durchführt und die Ergebnisse in den PC eingibt. Aus diesen Daten ermittelt MES dann jeweils ein exaktes Lokprofil, das als Basis für die Berechnung der Zugpositionen dient.

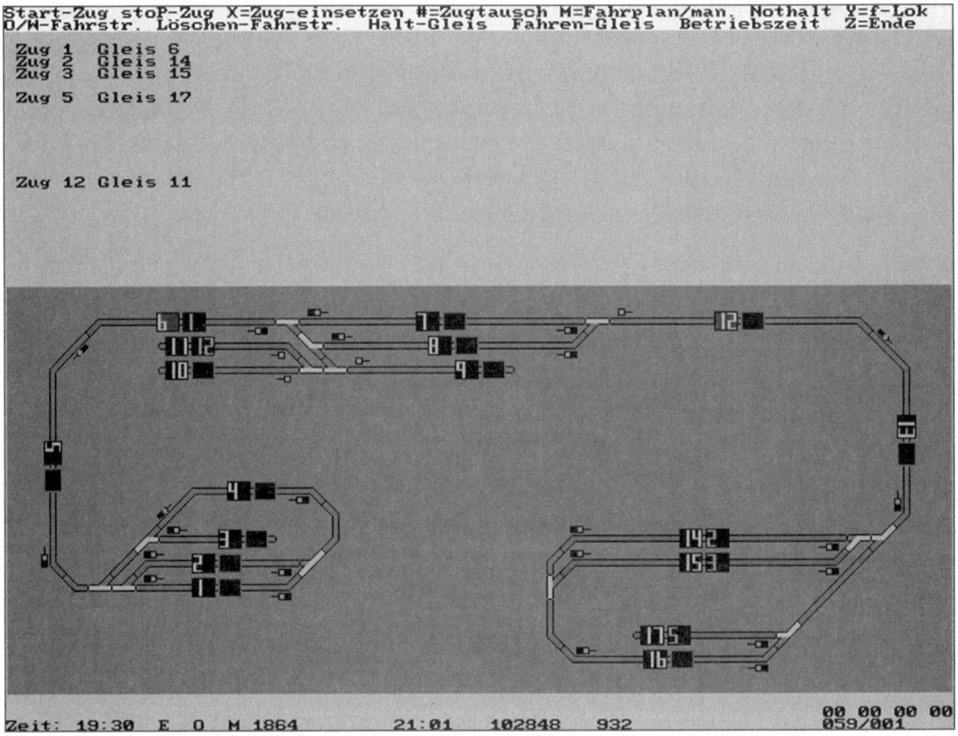


**Abb. 6.12: MES ist ein DOS-Programm, leistet aber trotzdem Erstaunliches.**

Noch eine zweite Besonderheit gibt es bei MES: Das Programm kennt nämlich nicht nur seine Loks ganz genau, sondern ist außerdem auch über die exakten Längen jedes einzelnen Gleises im Bilde. Der PC muss also die beiden Informationen „Welche Lok fährt zur Zeit auf welchem Gleis" nur kombinieren, um ein genaues Bild vom jeweils aktuellen Stand auf einer Anlage zu bekommen. Auch wenn sich die Beschreibung beim ersten Mal vielleicht seltsam anhört und Sie vielleicht zweifeln, ob eine digitale Modellbahnsteuerung auf dieser Basis funktionieren kann – das Programm arbeitet gut und macht erstaunlich exakte Zugfahrten und genaue Stopps an Signalen oder Bahnsteigen möglich. Voraussetzung dafür ist aber natürlich, dass alle Loks auch tatsächlich so reagieren, wie MES es erwartet. Ist eine Lok defekt, fährt sie also plötzlich nicht mehr so wie in der Kalibrierungsphase, dann kann es zu Problemen kommen. Wenn sie sich aber nicht innerhalb eines einstellbaren Zeitrahmens bei einem echten Gleiskontakt einfindet, was als Basis für eine neue Positionsberechnung durch die Software benutzt werden kann, wird sie als „verloren" gemeldet und der Betrieb bleibt stehen. Man muss dann den Fehler von Hand beseitigen und kann den Betrieb anschließend wieder aufnehmen.

Auch die „Philosophie" beim Verkauf des Programms an einen Selectrix-Modellbahner unterscheidet sich deutlich von der anderer Hersteller: Man kauft nämlich eine fertige Lösung. Um das Einrichten der Software, um das Zeichnen des Gleisplans und das Einbauen von Meldern in das virtuelle Stellwerk muss man sich als Anwender nicht kümmern. Man bekommt das Programm, das bereits die Daten der eigenen Anlage enthält. Zu diesem Zweck muss man dem Vertreiber der Software eine Handskizze seiner Anlage mit Gleislängen und allen Details zuschicken. Nach diesen Daten wird dann die Software eingerichtet und getestet. Erst dann, wenn alles läuft, endet die Service-Phase. Änderungen an diesem Gleisplan kann man aber nachträglich jederzeit auch selbst durchführen. MES gibt es in verschiedenen Versionen: Die simpelste enthält keine grafische Darstellung des Gleisbildes – wohl keine sehr empfehlenswerte Lösung. Die Versionen mit Gleisbildanzeige sind dann für verschieden große Anlagen zu haben: Maximal können bis zu 250 Blockstrecken, 320 Weichen und 111 Loks gesteuert werden. Dabei ist ein manueller oder natürlich ein automatischer Betrieb nach einem vorher aufgestellten Fahrplan möglich. MES eignet sich übrigens für die Baugrößen N und Ho, ist aber auf das Selectrix-System beschränkt.

Statt mit Fahrstufen arbeitet MES mit der Angabe „Kilometer pro Stunde", so dass so richtig echtes Lokführer-Feeling aufkommt. Dabei gibt es eine erlaubte Höchstgeschwindigkeit für jeden Zug und nicht nur für eine Lok. Denn schließlich besitzt eine Lok ein anderes Fahrverhalten, wenn sie Waggons im Schlepptau hat. Auch für jedes Gleis, jede Weiche kann eine eigene, erlaubte Geschwindigkeit angegeben werden, so dass ein Zug, der zwar eigentlich schneller fahren könnte, auf einer entsprechend eingerichteten Strecke auch nur die erlaubte Geschwindigkeit erreichen wird.

Für jeden Zug können Sie im Fahrplan bis zu 250 einzelne Schritte programmieren, so dass sich ein sehr abwechslungsreicher Fahrbetrieb realisieren lässt. Dabei kann man sogar Ausweich-Möglichkeiten für jeden Zug im Voraus bestimmen: Ist also ein bestimmter Abschnitt gerade nicht frei, in den ein herannahender Zug einfahren will, wird die Ausweich-Strecke benutzt. Allerdings gilt natürlich auch hier: Nur das, was Sie selbst vorgedacht haben, wird später auf der Anlage passieren. Es wird somit nicht vorkommen, dass

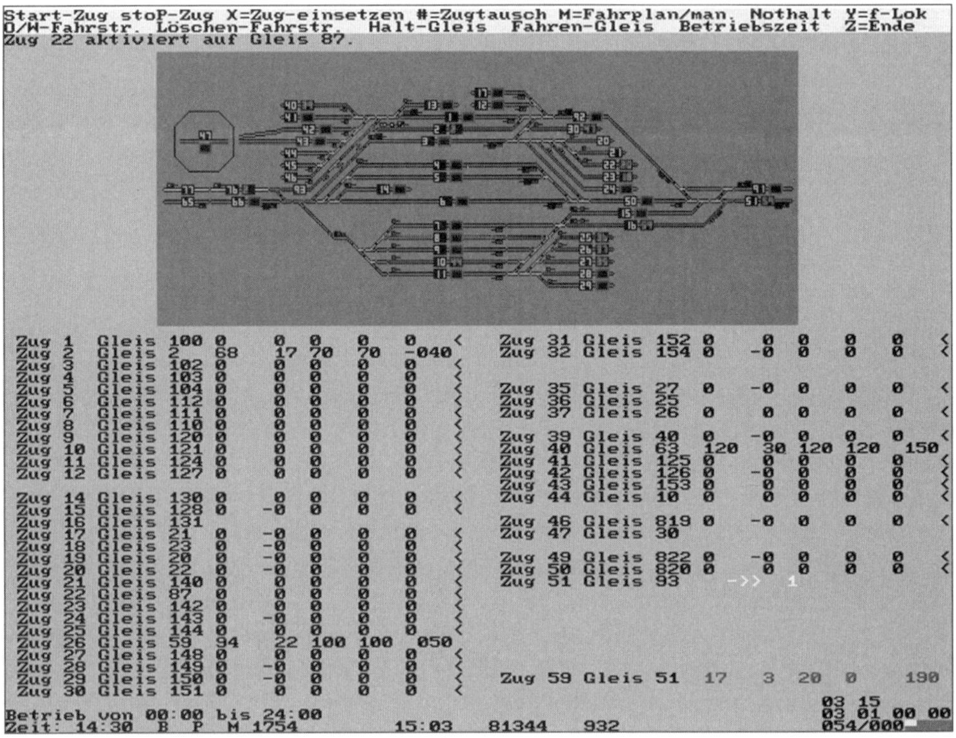


**Abb. 6.13: Züge kann man per MES auch von Hand steuern.**

ein Zug plötzlich ganz woanders steht, wo Sie ihn vorher noch nie gesehen haben. Letztendlich fährt jeder Zug seinen Fahrplan ab, wobei der PC und die Software darauf achten, dass es keine Kollisionen gibt und der Fahrbetrieb möglichst realistisch aussieht.

Auch das manuelle Fahren eines Zuges ist natürlich möglich. Hierfür sind zwei virtuelle Fahrregler vorgesehen, die man individuell mit Zugnummern belegen kann. Die beiden erscheinen auf dem Bildschirm und erlauben die gleichzeitige Steuerung von zwei Zügen. Mehr könnte man aber auch wohl nicht im Auge behalten oder kontrollieren.

### Kurzinfo

| | |
|---|---|
| *Programmname:* | *Modellbahn-Elektronik Steuerung (MES)* |
| *Hersteller:* | *Heinrich O. Maile* |
| *Vertrieb:* | *Modellbahn-Service Ehret* |
| *Anforderungen Hardware:* | *PC mit 80286-Prozessor, Farbbildschirm* |

| | |
|---|---|
| *Anforderungen Software:* | *MS-DOS 3.2 und höher* |
| *Preis:* | *230 bis 600 Euro (je nach Funktionsumfang)* |
| *Unterstützte Systeme:* | *Selectrix* |
| *Internet:* | *www.ms-ehret.de* |
| *Demo-Version:* | *kann gegen 20 Euro bestellt werden* |
| *Beschreibung:* | *sehr leistungsfähiges, aber umständlich zu bedienendes DOS-Programm, das eigentlich eine Windows-Oberfläche benötigt* |

## MZS-PC zur Steuerung der Gartenbahn

Die etwas sperrige Bezeichnung MZS steht für Mehrzugsteuerung und gehört zu einem Programm, das von der Firma Lehmann für die hauseigene LGB-Gartenbahn und das dazu passende Digitalsystem kostenlos angeboten wird. Man kann es sich aus dem Internet laden, es liegt auf CD aber auch jedem LGB-Interface und jedem Programmier-Modul bei.

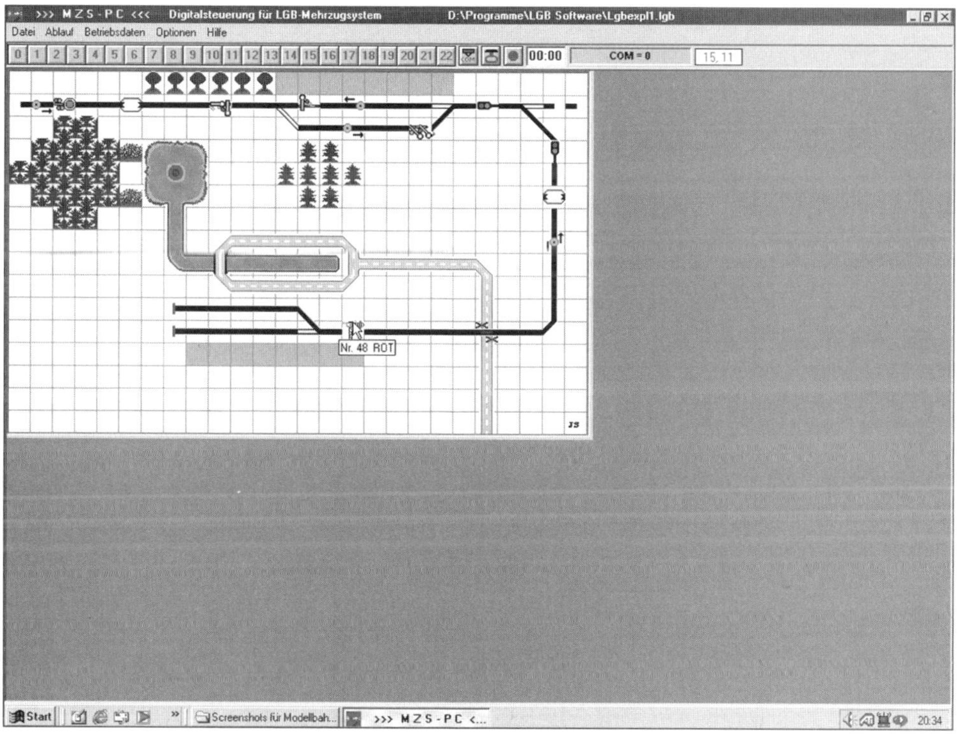


**Abb. 6.14: MZS-PC ist ein recht leistungsfähiges Programm für die LGB-Gartenbahn.**

Das Programm macht insgesamt einen ausgereiften Eindruck und ist sehr einfach zu bedienen. Ein Gleisbild hat man mit wenigen Mausklicks gezeichnet – selbst PC-Einsteiger werden kaum Probleme damit haben. Die Symbole und Funktionen sind nahezu selbst erklärend.

Zu den erwähnenswerten Funktionen gehört auch die Möglichkeit, von einer Lok auf dem PC gespeicherte Sounddateien abspielen zu lassen. Möglich wird das durch Schienenkontakte und eine perfekte Einbindung der LGB-Software in das Digitalsystem.

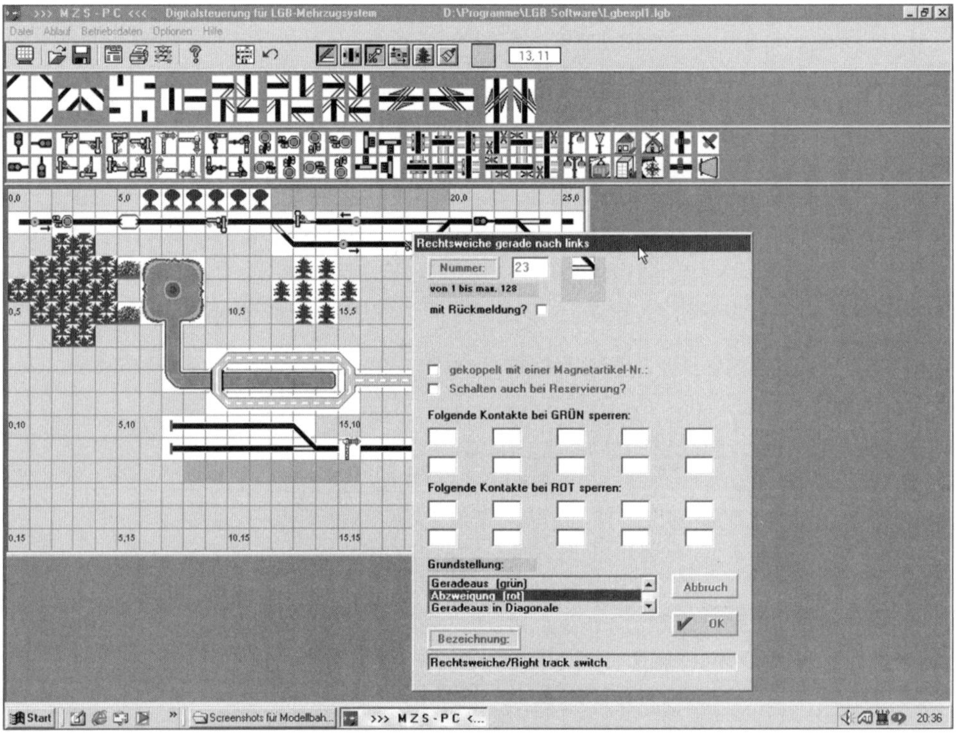


**Abb. 6.15: In diesem Fenster werden die Details der Magnetartikel eingetragen.**

Machen Sie also einfach einmal ein paar erste Schritte mit dem Programm, um zu sehen, wie einfach es sich bedienen lässt. Die Werkzeugleiste oberhalb der Arbeitsfläche hält die nötigen Optionen als Schaltflächen bereit: Klickt man sie an, erscheinen darunter die zur Verfügung stehenden Elemente, die man auf einfachste Weise im Gleisplan platzieren kann. Maximal sechs dieser Leisten mit den entsprechenden Elementen kann man auf diese Weise ein- und ausblenden. Am einfachsten platziert man die Gleis-Elemente in der freien Fläche: Anklicken, auf die gewünschte Stelle der Gleisplan-Fläche klicken, fertig.

Wo es mehr einzustellen gibt, wird man von der Software unmittelbar daran erinnert. So erscheint zum Beispiel nach dem Ablegen einer Weiche direkt und automatisch das Fenster zum Einstellen der digitalen Adresse und weiterer Optionen. Dabei nimmt die Software nur die digitalen Adressen an, die noch nicht vergeben wurden. Das ist vorbildlicher Bedienungskomfort – besser kann man das nicht machen. In diesem Zusammenhang sei auch das ausführliche Handbuch erwähnt, das als PDF-Datei mit auf der CD liegt und über das ebenfalls mitgelieferte Programm Acrobat Reader am Bildschirm angezeigt, aber auch ausgedruckt werden kann.

Beim Zeichnen des Gleisplans muss man sich bei MZS-PC nicht nur auf die technischen Elemente beschränken, von denen alle vorhanden sind, die der Hersteller im Programm hat. Sogar an die unterschiedlichen Signaltypen haben die Programmierer gedacht. Zusätzlich lassen sich aber auch Gestaltungselemente wie Brücken, Tunnelportale, Wasser und Bäume mit ins Gleisbild übernehmen. Möchte man ein Feld mit einem Element wieder löschen, kann man das mithilfe der Funktion *Rücksetzen letztes Symbol* tun. Auch ein leeres Feld steht zur Verfügung: Wählt man es aus und platziert es über einem bereits gezeichneten Bereich, wird dieser gelöscht.

Nun wollen Sie aber auch schon mal die erste Lok fahren lassen. Bevor das jedoch möglich ist, sollten Sie allerdings ein paar der Loks anlegen, dem PC also ein paar Details über Ihre Loks mitteilen. Wählen Sie hierzu das Menü *Datei* und daraus die Option *Erstellen > Verändern Lokliste* aus. Noch immer befinden Sie sich in der so genannten Aufbauphase des Programms, bei der alle Menüs und Funktionen ganz auf die Herstellung des Gleisbildes ausgerichtet sind.

In das Feld *Loknummer* tragen Sie nun die Lokadresse ein, auf die Sie die jeweilige Lok programmiert haben. Auch zwei Felder für eine Text-Bezeichnung des Fahrzeuges ist vorhanden: In das erste Feld kann man eine kurze Bezeichnung mit bis zu zehn Zeichen eintragen (zum Beispiel: *Putzlok*). Das Feld daneben hat Platz für eine ausführlichere Beschreibung (z. B. *Schöma Schienenreinigungslok*).

Die weiteren Felder kennen Sie vermutlich schon vom Programmieren von Lokdecodern: Hier können Sie, unabhängig von gewählten Lokdecoder-Einstellungen, Minimal- und Maximalgeschwindigkeit, Anfahr- und Bremsverzögerung einstellen. Eine Funktion, die offenbar für die älteren LGB-Lokdecoder gedacht war, bei denen man diese Einstellungen noch nicht im Decoder selbst machen konnte. Bei den aktuellen LGB-Decodern kann man diese Parameter aber direkt programmieren, so dass man die Werte dann in diesem Dialog unverändert lassen sollte.

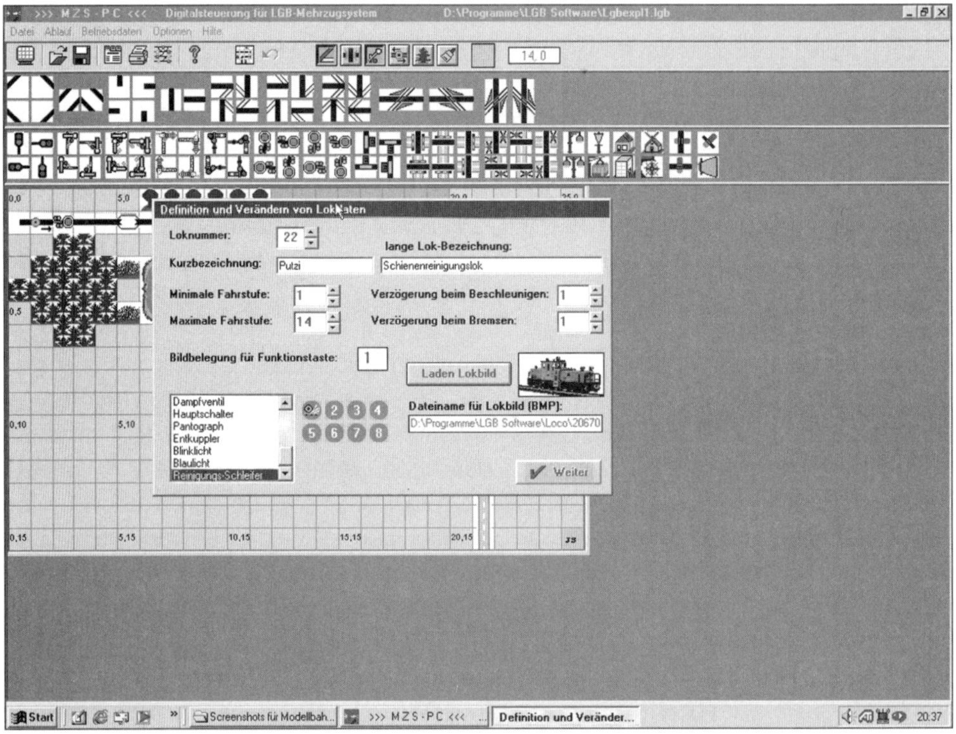


**Abb. 6.16: In diesem Fenster legt man seine vorhandenen Loks an.**

Die weiteren Einstellungen sind für das Erscheinungsbild des Bildschirm-Fahrreglers wichtig. Sie können das Bild Ihrer Lok laden und auch die Funktionen wie Lokpfeife oder andere Geräusche, die die Lok beherrscht, in Form von kleinen Icons auf die virtuellen Funktionstasten legen. Probieren Sie es aus: Klicken Sie auf die einzelnen Buttons der Funktionstasten und ordnen Sie ihnen die Beschreibungen wie *Pfeife*, *Glocke* oder *Rauch* zu. Klicken Sie dann auf die Schaltfläche *Laden Lokbild* und suchen Sie im Unterverzeichnis *Loco* die jeweilige Lok anhand ihrer Bestellnummer aus. Um bei dem Beispiel von eben zu bleiben: *20670.bmp* wäre die Bilddatei für die Schienenreinigungslok. Klicken Sie die Bilddatei doppelt an, wird sie geladen und innerhalb des dafür vorgesehenen Rahmens erscheinen.

Klicken Sie nun die Schaltfläche *Betriebsdaten Ansicht* in der Funktionsleiste an und machen Sie sich ein Bild von Ihrer Anlage. Hier sind alle Elemente aufgelistet, die eine Funktion haben. Die erste Schaltfläche mit dem großen *M* listet alle Magnetartikel auf, der zweite Knopf lässt eine Liste mit allen Weichen erscheinen. Wenn Sie auf das Icon mit der kleinen Lok klicken, können Sie alle Lokomotiven sehen, die Sie in der Lokdatenbank eingerichtet haben. Das Interessante an den Betriebsdaten ist, dass die Fenster, wenn man sie im

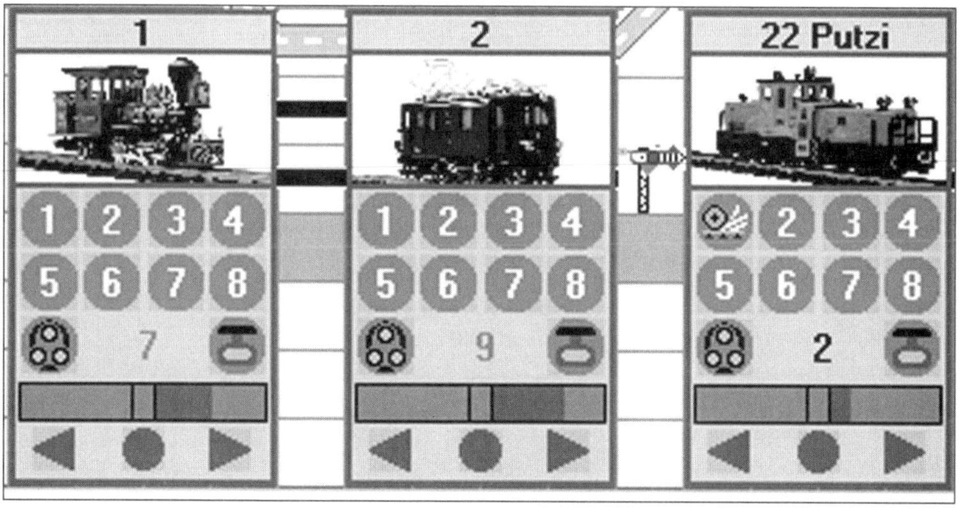


Abb. 6.17: Die Fahrregler nutzen die Lok-Einstellungen zur Darstellung.

laufenden Betrieb abfragt, die exakten Daten der Weichen, Signale, Loks und der anderen Komponenten anzeigen können und man so stets einen aktuellen Statusbericht über die Situation auf der Anlage bekommt. Auch ausdrucken können Sie diese Listen.

Speichern Sie zwischendurch Ihre Einstellungen, indem Sie im Menü *Datei* die Option *Speichern* anwählen. Sie können einen beliebigen Namen vergeben und sehen dabei auch die Beispiel-Dateien, die der Hersteller mitgeliefert hat. Schalten Sie das Programm nun in die so genannte Ablaufphase um. Im Gegensatz zum Aufbau des virtuellen Stellwerks wird hier nun Betrieb gemacht. Dies geschieht, indem Sie im Menü *Ablauf* die Option *Erst-Start* anwählen. Es gibt dort auch noch die Option *Fortsetzung*, die man aktiviert, wenn man nach einem Nothalt wieder dort weitermachen möchte, wo man aufgehört hat.

Die Bildschirmanzeige verändert sich ein wenig und es erscheinen in der oberen Leiste die 23 bei LGB Digital verfügbaren Lokadressen mit ihren Nummern 0 bis 22. Klicken Sie die Nummern der Loks an, die Sie bereits eingerichtet haben. Der dazu gehörende Fahrregler erscheint auf dem Bildschirm, der von der Bedienung her dem echten Universalhandy ähnelt.

Es gibt die beiden Pfeiltasten für die Richtung und die Geschwindigkeit, es gibt die runde Stopp-Taste in der Mitte und man kann über die Funktionstasten die Sonderfunktionen wie Licht und Geräusche ein- und ausschalten. Auch eine Notbremse fehlt nicht – sie lässt die Lok ruckartig zum Stillstand kommen. Probieren Sie es aus: Sobald Sie mit der Maus auf eine der Pfeiltas-

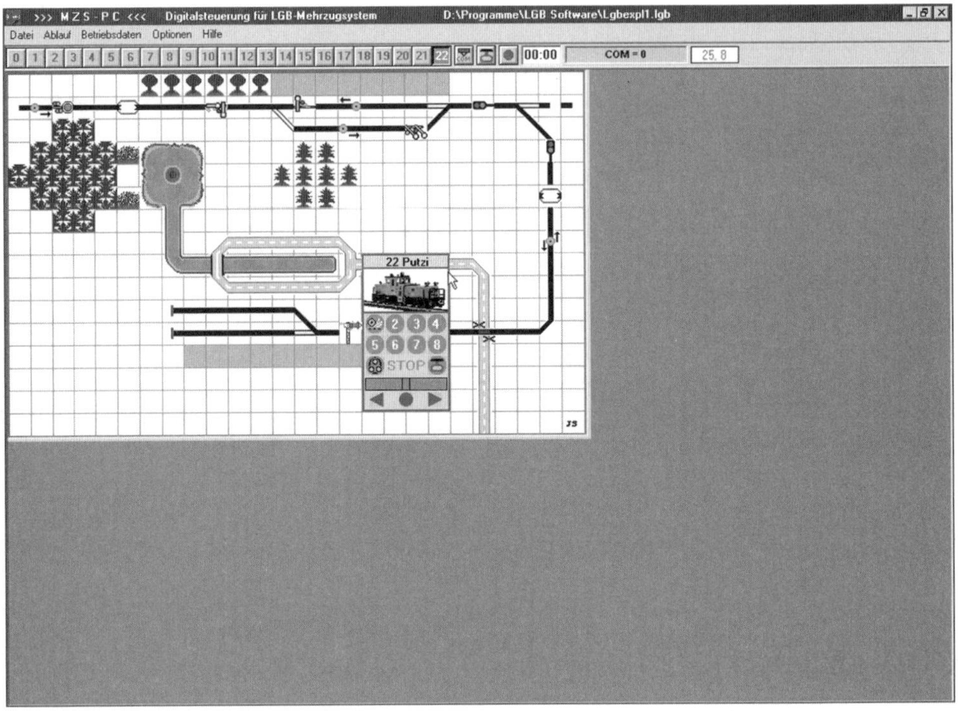


**Abb. 6.18: In der Ablaufphase wird die Anlage gesteuert.**

ten klicken, wird die zu erreichende bzw. dann erreichte Fahrstufe angezeigt und die Lok setzt sich in Bewegung. Das vorhin ausgesuchte Bild der Lok macht es gleich auf den ersten Blick möglich, die angewählte Lok zu erkennen. Acht dieser kleinen Lok-Fenster können gleichzeitig auf dem Bildschirm zu sehen sein. Das hat nicht nur den Grund, dass das virtuelle Stellwerk ansonsten zu unübersichtlich werden würde, sondern liegt auch daran, dass bei LGB Digital maximal acht Loks gleichzeitig auf einer Anlage unterwegs sein können.

Auch das Schalten von Weichen und Signalen haben die Programmierer der Software sehr einfach gelöst. Probieren Sie es aus: Man schaltet einen Magnetartikel über die linke und die rechte Maustaste hin und her – ein Signal wechselt dann von „Stopp“ auf „Freie Fahrt“, eine Weiche schaltet von Abzweig auf geradeaus.

Nach den ersten Versuchen mit dem Programm sind Sie nun vermutlich daran interessiert, ein paar der möglichen Feinheiten kennen zu lernen. Schalten Sie das Programm dazu zurück in die Aufbauphase, indem Sie im Menü *Datei* die Option *Verändern Gleisbild* auswählen. Genauso einfach wie das Zeichnen der Gleise kann man mit dem Programm nämlich auch komplette Fahrstraßen anlegen. Noch einmal zur Erinnerung: Eine Fahrstraße ist eine definierte Strecke, wobei alle auf dem Weg liegenden Magnetartikel automatisch geschaltet werden. Wird die Fahrstraße wieder freigegeben, schaltet der PC alle Magnetartikel wieder in ihre Ausgangsposition zurück. Um nun eine Fahrstraße einzurichten, positionieren Sie zunächst zwei Fahrstraßen-Symbole in Ihrem Gleisplan. Definieren Sie eines als Start- und eines als Zielpunkt der Fahrstraße. Wählen Sie dann die auf dem Weg liegenden Magnetartikel und ihre Schaltpositionen aus. Wenn Sie nun wieder in den Ablauf-Modus wechseln, können Sie die Fahrstraße per Maus aktivieren, wobei die zur Fahrstraße gehörenden Elemente rot, das bedeutet reserviert, dargestellt werden.

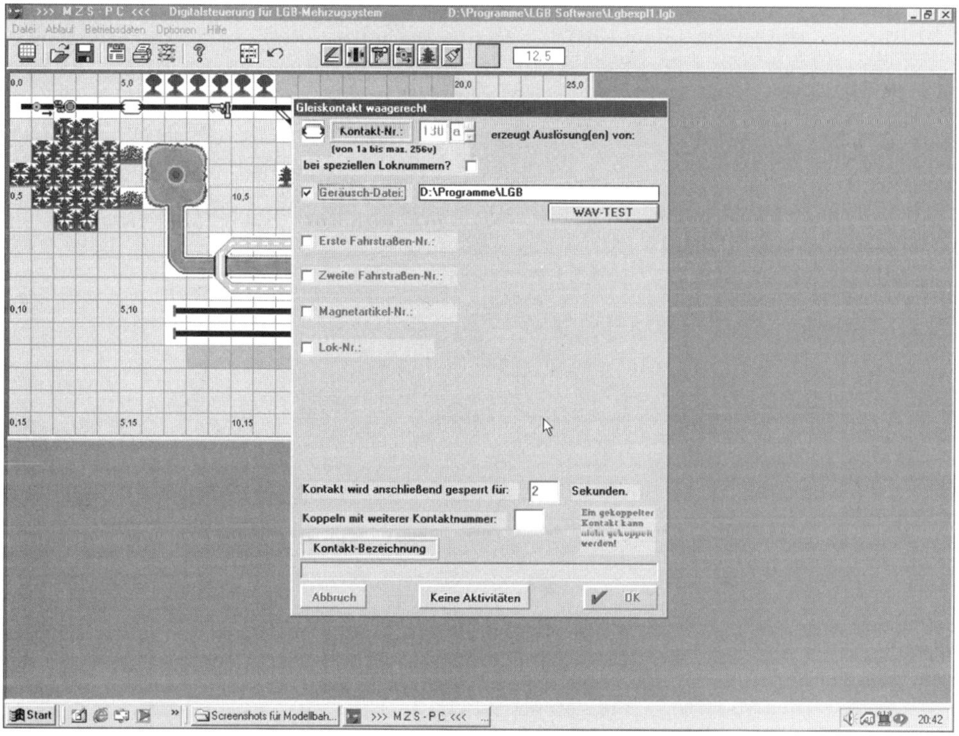


**Abb. 6.19: Über Kontakte kann man die LGB-Anlage automatisieren.**

Eine der wichtigsten Funktionen von MZS-PC sind die so genannten Kontakte. Sie können entweder tatsächlich in Form von Gleiskontakten vorhanden oder aber als virtuelle Kontakte nur angenommen sein. Dabei muss ein virtueller Kontakt stets in einer gewissen Beziehung zu einem echten Kontakt stehen. So könnte ein virtueller Kontakt zum Beispiel nach Ablauf einer eingestellten Zeit nach dem Schalten eines realen Kontaktes ausgelöst werden. Über Kontakte lassen sich Loks fahren, Magnetartikel schalten oder komplette Fahrstraßen anfordern. Ein Kontakt kann entweder von Hand oder durch eine fahrende Lok ausgelöst werden. Eine Vielzahl an Automatik-Funktionen wird hierdurch möglich.

Eine ganz besondere Möglichkeit besteht darin, Tondateien im gängigen WAV-Format abzuspielen. Einige gehören bereits zu MZS-PC dazu und werden automatisch bei der Programm-Installation mit eingerichtet, weitere könnte man natürlich auch selbst aufzeichnen und im entsprechenden Unterverzeichnis WAV ablegen.

Fährt also eine Lok zum Beispiel über einen Kontakt, spielt der PC eine vorher eingestellte Sounddatei ab. Das könnten die Glocken einer Kirche, eine Bahnhofsansage oder aber das Rattern des Zuges sein. Steht der PC (vielleicht sogar in Gestalt eines tragbaren Notebooks älterer Bauart) bei einer Gartenanlage zum Beispiel sicher und vor dem Wetter geschützt im Gartenhaus, könnten trotzdem kleine Lautsprecher, die über ein Kabel mit dem Ausgang der Soundkarte des Mobil-PCs verbunden sind, zum Beispiel im Inneren des Bahnhofsgebäudes untergebracht sein. Durch Kontakte gesteuert, die die Loks auslösen, kann man auf diese Weise eine ganz besonders realistische Sound-Kulisse schaffen.

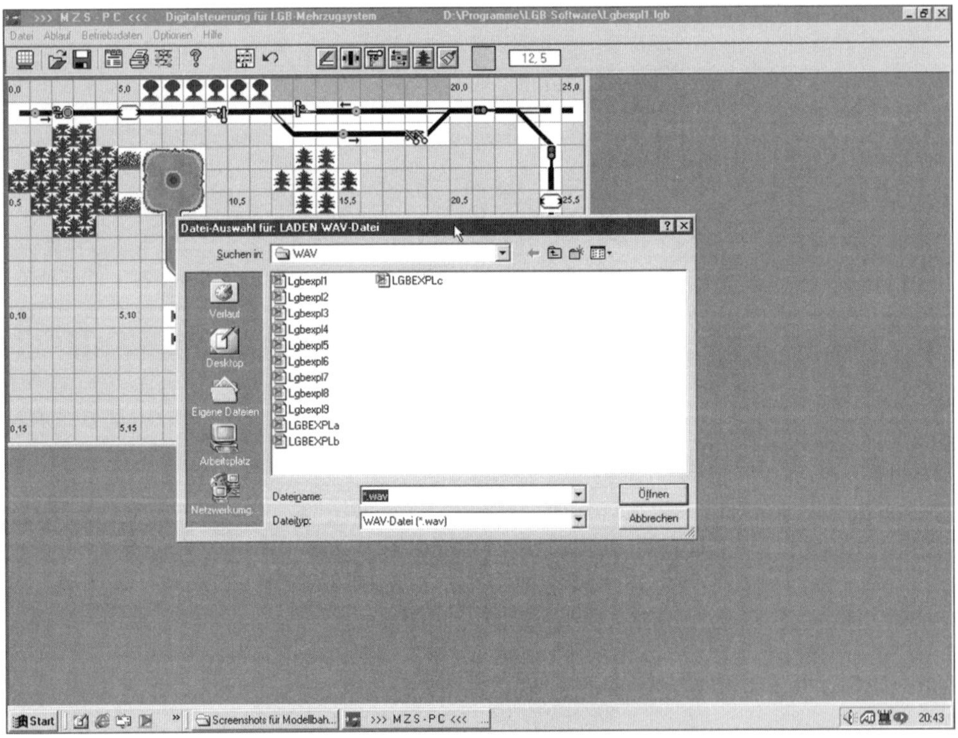


**Abb. 6.20: Kontakte können auch das Abspielen von Sounddateien auslösen.**

Da man an Kontakte bestimmte Aktionen knüpfen kann, sind diese auch der Schlüssel zu automatischen Betriebsabläufen in MZS-PC. Sie können Loks fahren lassen, Magnetartikel oder Fahrstraßen schalten und vieles mehr. Kontakte können aber nicht nur von Hand oder von einer Lok ausgelöst werden. Sie lassen sich auch über die interne Uhr der Software bedienen. Um diese Möglichkeiten auszuprobieren rufen Sie im Menü *Optionen* die Funktion *Uhrzeitsteuerungen* auf.

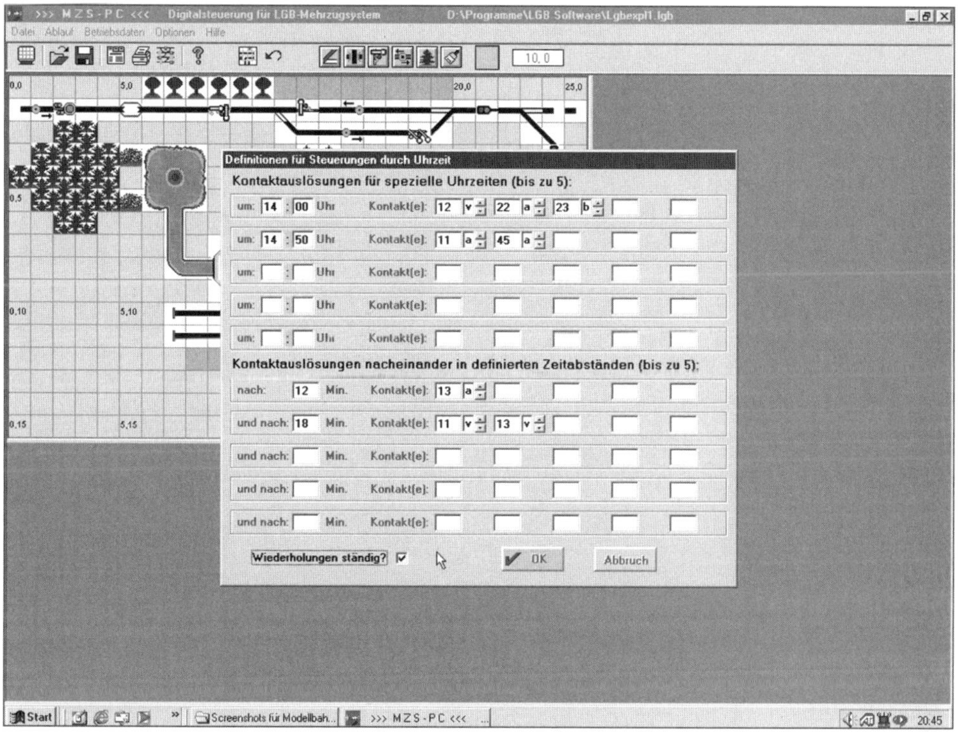


**ABB. 6.21: KONTAKTE LASSEN SICH AUCH ZEITGESTEUERT AUSLÖSEN.**

Im nun erscheinenden Fenster können Sie im oberen Teil genaue Uhrzeiten angeben, zu denen die jeweiligen Kontakte aktiviert werden sollen. Das können natürlich auch virtuelle Kontakte sein. Im unteren Teil des Fensters lassen sich Kontakt-Auslösungen einstellen, die in regelmäßigen Abständen nacheinander und – wenn das Kästchen *Wiederholungen ständig?* aktiviert wurde – immer wieder erfolgen sollen. Die Uhrzeit ist dabei übrigens mehr oder weniger fiktiv: Es kann sich um die tatsächliche Uhrzeit oder um die so genannte Modellzeit handeln, die schneller läuft als die echte Zeit, damit man auch richtig zum Spielen kommt. Die interne Uhr taucht im Ablauf-Modus automatisch in der oberen Leiste auf. Klickt man sie doppelt an, erscheint das entsprechende Einstell-Fenster, in dem man den Faktor wählen kann, um den die Modellzeit schneller laufen soll.

Sie merken vielleicht schon, dass man mit dem Programm wesentlich mehr anstellen kann als man vielleicht zunächst vermuten würde. Das gilt erst recht, wenn man sich die Möglichkeiten der so genannten Lokverfolgung näher ansieht, die man ebenfalls über das Menü Optionen aufrufen kann, was allerdings nur so lange möglich ist, wie Sie sich im Aufbau-Modus befinden.

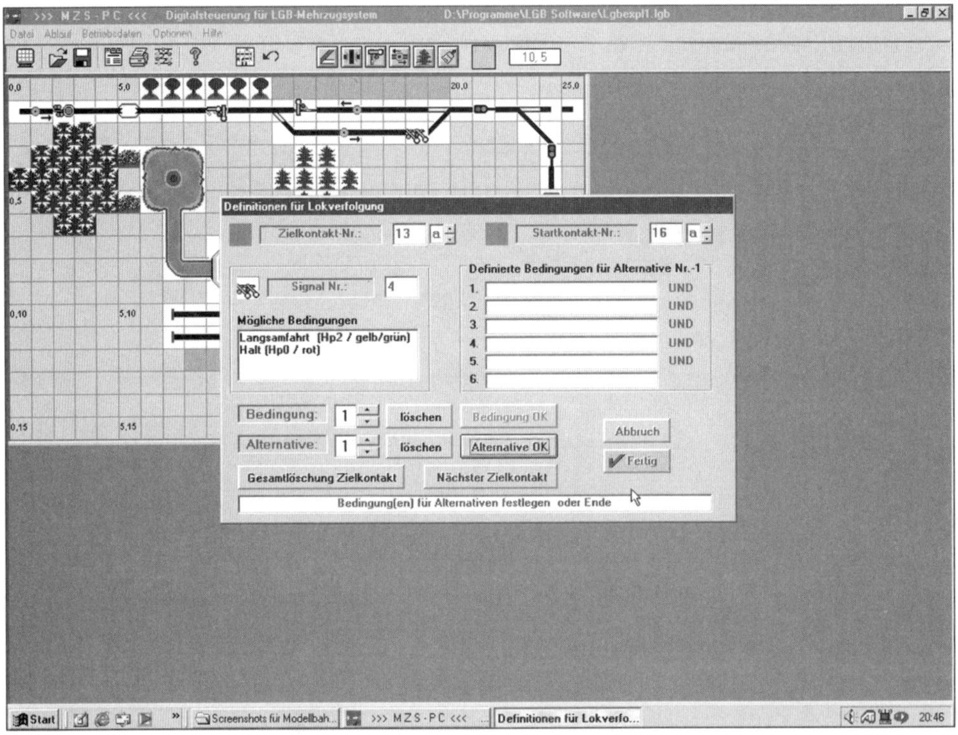


**ABB. 6.22: WEGBESCHREIBUNGEN VON EINEM KONTAKT ZUM ANDEREN ERLAUBEN DIE LOKVERFOLGUNG.**

Das Prinzip der Lokverfolgung basiert auf der Erkenntnis, dass eine Lok ja in der Regel fährt. Wenn sie dabei einen Kontakt auslöst, wird das ja vermutlich nicht der erste gewesen sein. Ausgehend von einem Startpunkt der Lokfahrt versucht das Programm daher herauszufinden, ob vor dem jetzt ausgelösten Kontakt schon ein anderer an der Reihe war. Dabei helfen ihm die Wegbeschreibungen, mit denen man vorher genau festgelegt hat, welche Stationen auf dem Weg von einem Kontakt zu einem anderen Kontakt passiert werden mussten und in welchem Zustand sich diese befinden mussten. Auch Alternativen lassen sich dabei angeben. Stimmen diese Bedingungen mit der tatsächlichen Situation überein, übergibt die Software eine Loknummer von einem Kontakt zum nächsten und zeigt die Nummer in der Nähe des Kontakt-Icons im Gleisbild an. Auf diese Weise sieht man im Betrieb die Loknummern und Lok-Bezeichnungen auf dem Bildschirm wandern und weiß somit immer genau, wo eine Lok gerade ist.

Im Rahmen dieses Buches alle Möglichkeiten der Software zu beschreiben, würde den Rahmen sprengen. Die kostenlose Software ist aber eine gute Alternative zu manchem Programm, für das man etwas bezahlen muss. Es ist allerdings für LGB-Gartenbahnen und den Betrieb mit dem an DCC angelehnten LGB-Digitalsystem entwickelt worden.

Jeder, der ein für den Betrieb ja ohnehin nötiges LGB-PC-Interface oder ein Programmier-Modul zur Konfiguration von Lok- und Magnetartikeldecodern kauft, bekommt es kostenlos dazu.

**Kurzinfo**

| | |
|---|---|
| *Programmname:* | *MZS-PC* |
| *Hersteller:* | *Ernst Paul Lehmann Patentwerk* |
| *Vertrieb:* | *Ernst Paul Lehmann Patentwerk* |
| *Anforderungen Hardware:* | *PC mit 80486-Prozessor, Farbbildschirm* |
| *Anforderungen Software:* | *Windows 95/98/Me* |
| *Preis:* | *kostenlos* |
| *Unterstützte Systeme:* | *DCC/ LGB Digital* |
| *Internet:* | *www.lgb.de* |
| *Demo-Version:* | *ftp://www.lgb.de/INST-MZS_V5.exe* |
| *Beschreibung:* | *ein leistungsfähiges, stabiles und leicht bedienbares Programm für erste und fortgeschrittenere Ansprüche. Auch Automatikbetrieb ist möglich. Programmiert auch Decoder.* |

## Railroad & Co. TrainController

Dieses Programm wirkt auf den ersten Blick so, als hätte man seine Möglichkeiten schnell erfasst. Während manches andere Programm gleich schon zu Anfang mit unterschiedlichen Fenstern, üppigen Buttons und großen Icons daherkommt, gibt sich der TrainController vergleichsweise bescheiden.

Das Programm gehört zu einer ganzen Railroad & Co.-Software-Familie, in der es zum Beispiel auch ein Programm zum Programmieren von Decodern gibt. Trotz des englischen Namens ist TrainController ein Programm, das in Deutschland entwickelt wurde und wird. Der Programmierer Jürgen Freiwald ist verantwortlich für die Software, mit der man von der kleinen bis hin zur ganz großen Anlage alles steuern kann.

Der größte Vorteil von TrainController ist: Sein Programmierer ist selbst ein Modellbahner, der das Ohr immer ganz nah an den Anwendern seiner Software hat. So gibt es eine Nutzergruppe im Internet, in der die Benutzer der Software untereinander und mit dem Programmierer diskutieren können. Tritt ein Problem mit dem Programm auf oder wird der Wunsch nach einer bestimmten Funktion lauter, kann man mit dem Macher der Software darüber diskutieren.

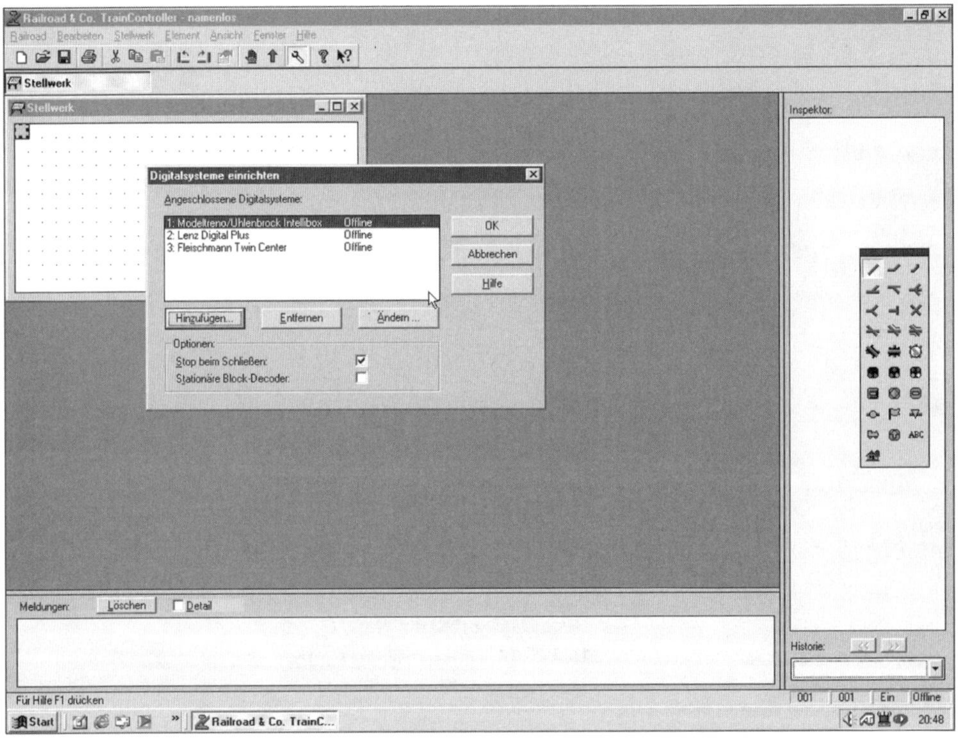


**Abb. 6.23: Als Erstes sollte man das gewünschte Digitalsystem einrichten.**

Wenn man das Programm startet, öffnet sich ein übersichtlich gestalteter Bildschirm. Das Stellwerk-Fenster ist zur Zeit noch leer. Das soll sich aber schnell ändern.

Als Erstes sollten Sie aber aus dem Menü *Railroad* die Option *Digitalsysteme einrichten* auswählen. In dem nun erscheinenden Fenster finden Sie die gerade installierten Digitalsysteme. Wenn Sie das Programm zum ersten Mal nutzen, wird hier vermutlich nur ein System aufgeführt sein oder die Liste ist völlig leer.

Klicken Sie daher nun auf die Schaltfläche *Hinzufügen* und aktivieren Sie anschließend die ausklappbare Liste der möglichen Digitalsysteme, die von TrainController unterstützt werden, indem Sie auf den Pfeil nach unten klicken. Wählen Sie aus der angezeigten Liste Ihr verwendetes Digitalsystem aus. Wenn Sie das Programm zunächst einmal ohne eine angeschlossene Modellbahn-Anlage testen möchten, wählen Sie aus der ausklappbaren Liste hinter *Serielle Schnittstelle* die Option *Offline*, andernfalls geben Sie die Schnittstelle an, über die Sie Ihren PC mit dem Interface oder der Zentrale verbunden haben.

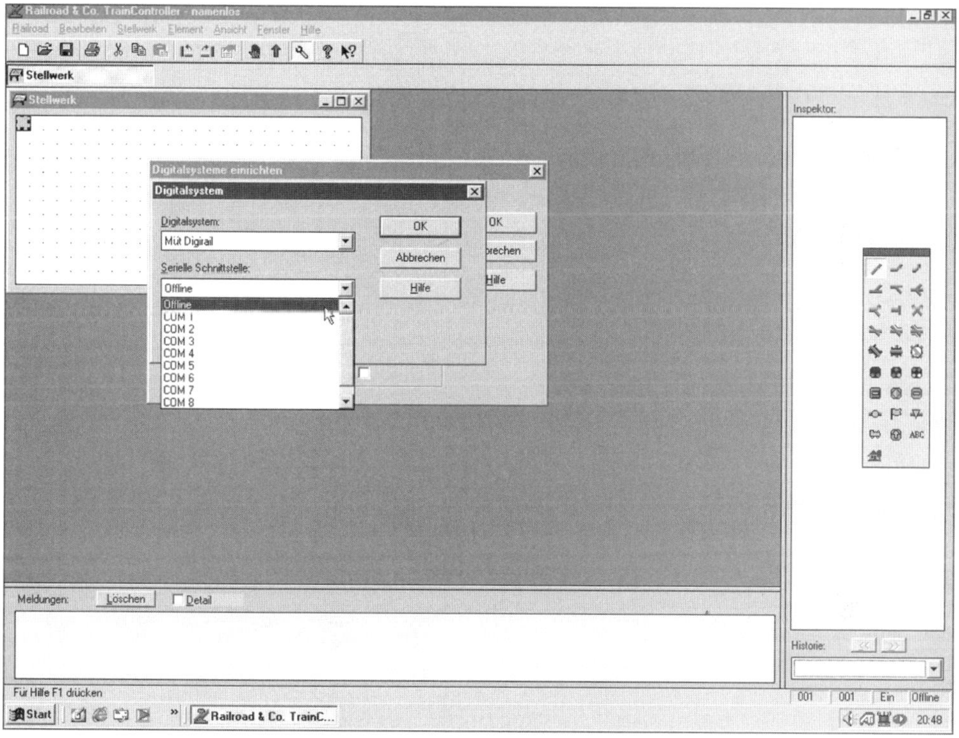


**ABB. 6.24: DIE OPTION *OFFLINE* ERLAUBT DEN TESTBETRIEB OHNE ANGESCHLOSSENE ANLAGE.**

Das Kästchen vor der Option *Weichen und Signale überwachen* sollten Sie unbedingt aktivieren, wenn Sie wollen, dass Ihr PC und Ihre Zentrale richtig eng zusammenarbeiten. Wenn hier ein Häkchen zu sehen ist, schaut der PC regelmäßig nach, ob Sie vielleicht eine Weiche oder ein Signal von Hand zum Beispiel an der Zentrale geschaltet haben, und aktualisiert die Anzeige auf dem Bildschirm. Bei Märklin-Digital-Anlagen können Sie diese Option aber auch getrost deaktivieren, was PC-Rechenzeit spart, weil hier ohnehin keine Rückmeldungen über die Position von Magnetartikeln von der Zentrale an den PC erfolgen. Die Option *Sendepause* ist wichtig, wenn Sie ein Digitalsystem verwenden, das die sehr schnell vom PC kommenden Signale gar nicht so fix verarbeiten kann. Nach jedem Befehl macht der PC daher dann erst einmal ein kleines Päuschen, damit die Zentrale Zeit hat, den Befehl abzuarbeiten. Die Länge dieser Pause lässt sich hier in Millisekunden einstellen. In diesem Zusammenhang sei auf die Hilfe-Funktion des TrainControllers hingewiesen: Egal, wo Sie sich im Programm gerade befinden – zum nächsten Hilfe-Bildschirm, der dann stets exakt die Hilfe-Texte enthält, die zum Thema passen, ist es immer nur einen Mausklick weit. Mit der großen Version des TrainControllers können Sie übrigens gleich bis zu neun Digitalsysteme an Ihren PC anschließen – sofern dieser so viele Schnittstellen und genügend Power besitzt. So ist es zum Beispiel möglich, ein System nur zum Fahren und ein zweites nur zum Schalten und für die Rückmeldungen zu nutzen. In der Bedienung merken Sie innerhalb des Programms dann hiervon nichts.

Nun sollten Sie aber Ihren ersten Gleisplan mit TrainController zeichnen oder besser Ihr erstes Gleisbild, denn wie meistens in den Computer-Stellwerken kommt es nicht auf eine maßstabgerechte Darstellung Ihrer Anlage an, da die Darstellung der Gleise nicht für interne Zwecke des Programms genutzt wird, sondern nur Ihnen bei der Orientierung helfen soll, wo welches Element auf Ihrer Anlage platziert ist.

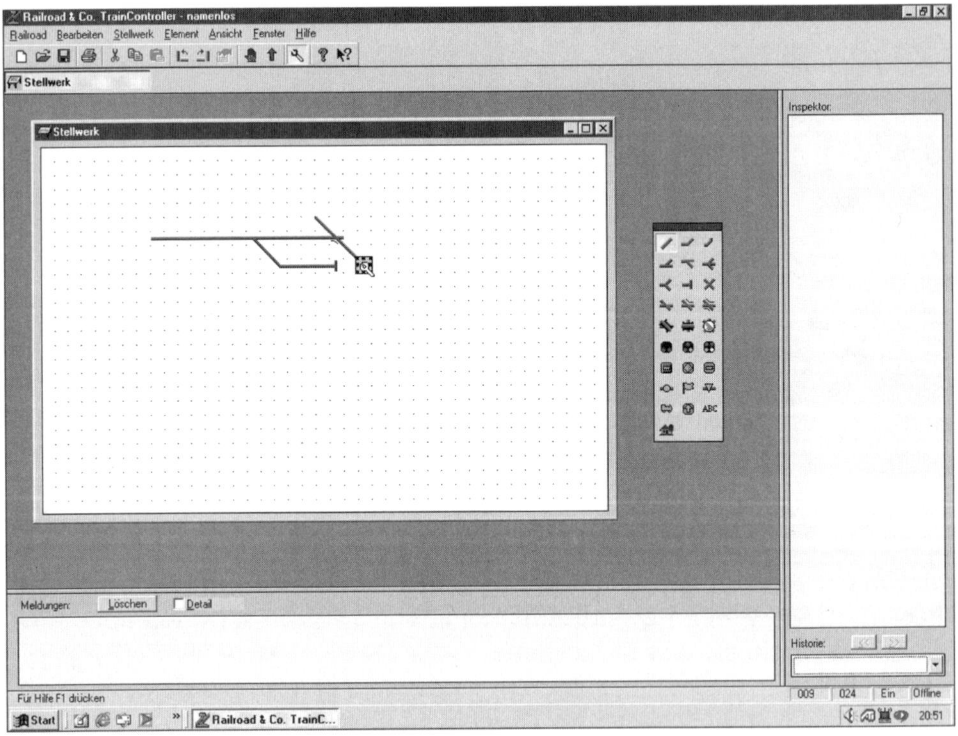


**Abb. 6.25: Das Zeichnen eines Gleisbildes ist recht komfortabel möglich.**

Schalten Sie nun den Editiermodus ein. Sie finden die entsprechende Menüoption im Menü *Ansicht*. Auch das Icon in der Leiste oben mit dem Schraubenschlüssel führt zum gleichen Ergebnis. Nun sollten Sie das Stellwerk-Fenster auf eine Größe einstellen, die für Ihre Anlage in etwa passend ist. Sie können diese Einstellung später noch jederzeit korrigieren, wenn Sie feststellen, dass das nötig ist. Rufen Sie dazu die Option *Einstellungen* aus dem Menü *Stellwerk* auf. Im auftauchenden Fenster stellen Sie nun die Anzahl der Kästchen-Zeilen und Spalten ein, die Sie voraussichtlich zum Zeichnen brauchen werden. Maximal können Sie hier den Wert 99 eingeben. Jedes Gleiselement passt später in eine der so entstehenden Zellen. Sie können Ihrem Stellwerk einen Namen geben, was vor allem dann interessant ist, wenn Ihre Anlage so groß ist, dass Sie sie auf mehrere Stellwerk-Fenster verteilen müssen oder möchten. Verlassen Sie nun dieses Fenster und beginnen Sie mit dem Zeichnen des Gleisplans.

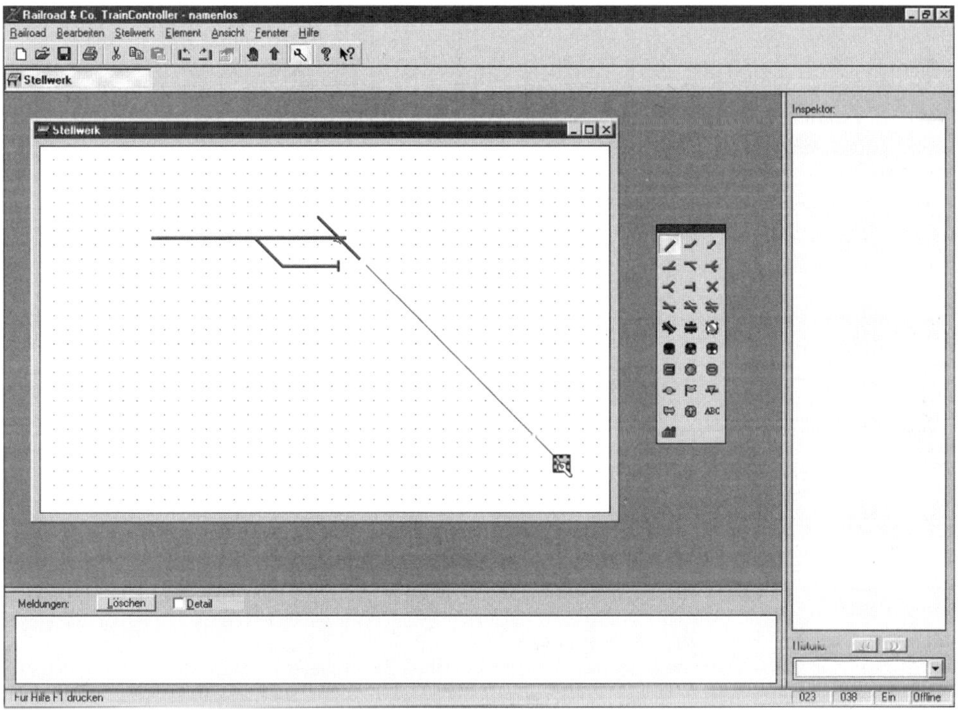


**Abb. 6.26: Die Zeichenfunktion von TrainController ist intelligent.**

Die Werkzeugleiste, die frei auf dem Bildschirm verschiebbar ist, hält alle Elemente, die im Gleisplan verwendet werden können, bereit. Klicken Sie ein Gleiselement mit der linken Maustaste an und bewegen Sie den Mauscursor ins Stellwerk-Fenster hinein. Klicken Sie einmal. Auf der aktivierten Zelle erscheint ein Auswahlrahmen und der Mauscursor wird zu einem kleinen Schraubenschlüssel. Klicken Sie noch einmal, und das Gleiselement wird platziert. Wenn Sie größere Gleisstrecken zeichnen möchten, können Sie die AltGr-Taste zu Hilfe nehmen. Drücken Sie die Taste und klicken Sie nun im Stellwerkfenster in eine Zelle. Halten Sie die Maustaste gedrückt und bewegen Sie den Cursor zum Zielpunkt. Eine dünne Linie erscheint und deutet an, dass hier eine längere Gleisstrecke entstehen soll. Berühren Sie in diesem Zustand eine Zelle, in der der Endpunkt der Strecke nicht liegen kann, erscheint ein Verbotszeichen. Lassen Sie die Maustaste am gewünschten Endpunkt los. Die Gleisstrecke erscheint und wird „sicherheitshalber" mit einem Prellbock abgeschlossen.

Wenn Sie ein wenig mit dieser Funktion herumexperimentieren, werden Sie feststellen, dass sie intelligent ist. Kreuzen Sie nämlich mit einer Linie eine andere, versucht TrainController, eine Weiche oder sogar eine Kreuzung einzubauen. Das funktioniert natürlich nur, wenn die Winkel auch stimmen, in denen sich die Linien berühren. Am Beispiel einer Weiche können Sie nun ausprobieren, wie man die Ansammlung von Linien auf dem Schirm nun mit seinem Digitalsystem verbinden kann. Klicken Sie eine entweder frei eingezeichnete oder „entstandene" Weiche mit der rechten Maustaste an. Im nun erscheinenden Kontextmenü, das man so nennt, weil es, abhängig vom Zusammenhang, immer andere Optionen enthalten kann, taucht auch die Option *Eigenschaften* auf. Wählen Sie sie aus.

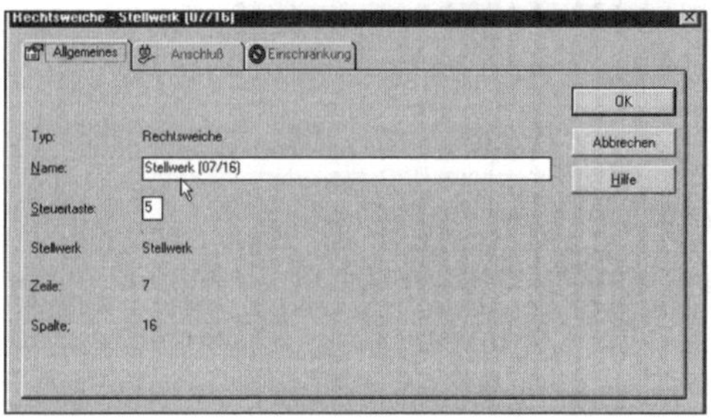


**ABB. 6.27: IN DIESEM FENSTER WERDEN DIE TECHNISCHEN DETAILS DER WEICHE EINGETRAGEN.**

Das Fenster hat drei Ebenen: Auf der ersten Karteikarte werden allgemeine Einstellungen vorgenommen. Hier können Sie der Weiche einen möglichst eindeutigen Namen und/oder eine Nummer geben. Bei dem Feld *Steuertaste* wird auch noch einmal deutlich, dass man ein spezielles, externes Keyboard nicht braucht, wenn man seine Anlage mit einer Software wie TrainController steuert.

In diesem Feld können Sie für die aktuelle Weiche nämlich eine Taste angeben, mit der Sie sie von Hand schalten können. Wohlgemerkt: Hierbei handelt es sich um eine zusätzliche Möglichkeit. Die Funktion, die Weiche per Mausklick im Stellwerk zu bedienen oder dies automatisch vom PC erledigen zu lassen, ist hiervon natürlich völlig unabhängig. Die Tasten *A* bis *Z* und *0* bis *9* können mit Magnetartikel-Funktionen belegt werden. So könnten Sie sich zum Beispiel eine Schablone als Gedankenstütze für die Tastatur basteln, sie auflegen und das Keyboard des PCs als Weichenkeyboard nutzen.

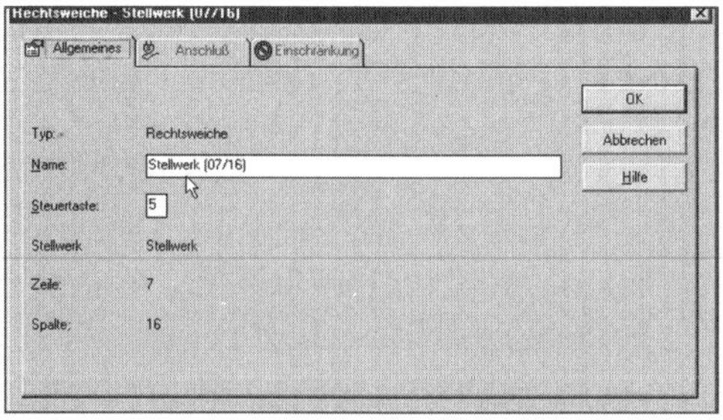


**ABB. 6.28: SOGAR DIE ANSCHLUSSBELEGUNG ZUM MAGNETARTIKELDECODER KANN MAN ÄNDERN.**

Auf der Karteikarte *Anschluß* wird es spannend: Hier werden die digitalen Details der Weiche eingetragen. Die Ausklapp-Liste *Digitalsystem* enthält die Systeme, die Sie vorher als erlaubte und eingesetzte Systeme angegeben haben. In das Feld *Adresse* tragen Sie nun die digitale Adresse der Weiche ein, um die es geht. Zur Erinnerung: Die Adressen werden beim Programmieren der Weichendecoder vergeben und sind meistens fortlaufend.

In das Feld *Schaltzeit* können Sie die Dauer des Impulses in Millisekunden eintragen, die TrainController für das Schalten der Weiche benutzen soll. Zum Beispiel bei Motorweichen kann es wichtig sein, diese Zeit zu verlängern, da diese ein wenig länger zum Umlegen der Weichenzunge brauchen. Besonders praktisch ist die Funktion, einen eventuell gemachten Verdrahtungsfehler per Software „auszubügeln". Im Feld *Anschlussbelegung* können Sie nämlich die Pole tauschen, mit denen Sie die Weiche an den Magnetartikeldecoder angeschlossen haben. Wenn Sie schon ein Digitalsystem und Ihre Anlage mit dem PC verbunden haben, dann ist jetzt bereits der Zeitpunkt gekommen, an dem Sie die gerade eingerichtete Weiche testen können.

Klicken Sie mit der Maus auf das Weichen-Icon neben dem Begriff *Test*. Ist alles korrekt eingetragen, müsste sich die Weiche nun bereits schalten lassen. Anhand des gelben Balkens können Sie überprüfen, ob die Position, die TrainController für die Weiche annimmt, mit der tatsächlichen Stellung der Weichenzunge übereinstimmt. Falls nicht, müssen Sie die Anschlussbelegung tauschen. Das Feld *Normalzustand* können Sie mit einem Häkchen aktivieren, um eine Anfangsposition zu definieren. Wenn Sie das konsequent bei allen Magnetartikeln einstellen, können Sie, wenn es mal nötig wird, über die Option *Zurücksetzen* im Menü *Railroad* die gesamte Anlage in eine Art Nullstellung versetzen.

Die Karteikarte *Einschränkung* sei auch noch kurz erwähnt: Hier lässt sich einstellen, dass das Schalten der Weiche nur erfolgen soll, wenn die dort aufgeführten Regeln beachtet worden sind. So können Sie zum Beispiel festlegen, dass die Weiche nur dann geschaltet werden darf, wenn ein bestimmtes Signal auf Grün steht und ein bestimmter Kontaktmelder anzeigt, dass auf dem Gleis, das am Abzweig der Weiche montiert ist, kein Zug steht. Es handelt sich dabei gewissermaßen um ein vorgeschaltetes Sicherungssystem, das man verwenden kann, um Unfälle zu vermeiden. Je weiter Sie in die Einrichtung

Ihrer Anlage und das Übertragen der Situation auf der Anlage in das Programm voranschreiten, desto mehr werden Sie Anwendungsfälle für diese Funktion entdecken.

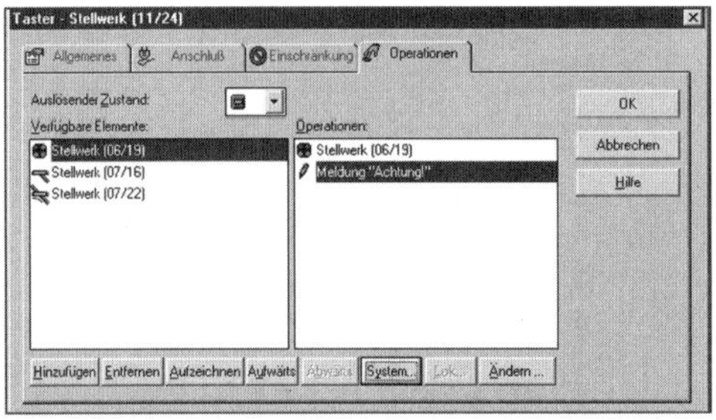


**ABB. 6.29: SIGNALE UND ANDERES ZUBEHÖR KÖNNEN EBENFALLS DEFINIERT WERDEN.**

Damit können Sie die Definition der Weiche nun abschließen und mit allen anderen Weichen genauso verfahren. Signale haben, wie Sie schon wissen, auf einer digital gesteuerten Anlage ja nur Dekorationswert, also können Sie deren Einrichtung auch später noch erledigen, wenn der Fahrbetrieb bereits funktioniert. Nichts spricht aber natürlich dagegen, das bereits jetzt am Anfang zu machen. Auch Entkupplungsgleise und anderes Zubehör, das an einen Magnetartikel- oder Funktionsdecoder angeschlossen wurde, können Sie auf die gleiche Weise ins Gleisbild einbauen und einrichten. Zubehör wird am besten mithilfe von Schaltern oder Tastern definiert, was genau wie bei den Weichen funktioniert. Es spielt übrigens bei Signalen und anderen Zubehör-Elementen keine Rolle, wo im Gleisbild Sie diese positionieren. Wichtig ist nur, dass Sie sich orientieren können.

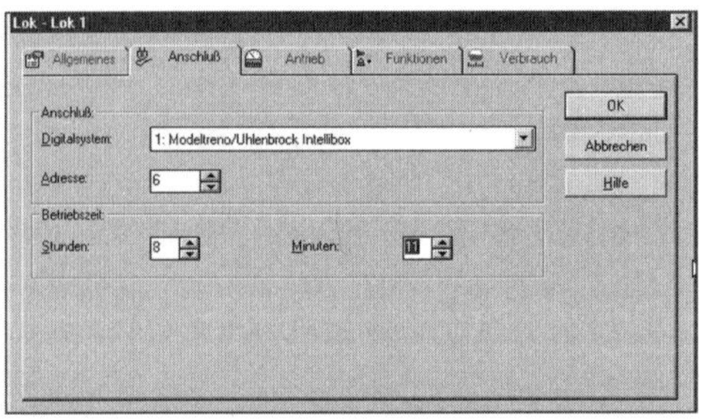


**ABB. 6.30: TRAINCONTROLLER MUSS DIE EIGENSCHAFTEN SEINER LOKS KENNEN.**

Bevor Sie gleich noch weitere Details Ihrer Anlage in den TrainController übertragen, möchten Sie nun vielleicht auch schon einmal die eine oder andere Lok oder einen ganzen Zug unter Kontrolle des TrainControllers fahren lassen. Also dann: Rufen Sie einen Lokführerstand auf, indem Sie im Menü *Fenster* die Option *Neuer Lokführerstand* anklicken. Es erscheint eine Art Mini-Cockpit. Wählen Sie nun über das Menü *Bearbeiten* die Funktion *Eigenschaften* an, um Ihre erste Lok einzurichten.

Auf der ersten Karteikarte *Allgemein* des Fensters *Lok* vergeben Sie einen Namen für die Lok. Hier geht es noch nicht um ihre digitale Adresse, daher können Sie hier ihre Bezeichnung (zum Beispiel *BR 101* oder *Museumslok*) eingeben. Die Definition der Farbe wird später gebraucht, wenn es um Automatik-Funktionen geht. Dann steht eine Farbe für eine bestimmte Lok. Am besten ist es, wenn Sie daher bereits hier eine Farbe vergeben und diese nach

Möglichkeit auch nicht zweimal verwenden. Geben Sie außerdem den Maßstab, also die Spurweite, ein, in der die Lok fährt. Die genaue Definition der Lok, ob es sich also um eine Dampf-, E- oder Diesellok handelt, wird gebraucht, um den Verbrauch zum Beispiel von Wasser oder Kohle zu simulieren. Sie sehen spätestens hier, mit welch großer Liebe zum Detail die Software programmiert wurde.

Die nächste Karteikarte *Anschluß* ist unter anderem für die digitale Adresse der Lok vorgesehen. Hier tragen Sie die Lokdecoder-Adresse in das Feld *Adresse* ein und überprüfen auch noch einmal, ob darüber das richtige Digitalsystem eingestellt ist. In das Feld *Betriebszeit* geben Sie den Wert ein, wie lange die Lok bereits seit der letzten Inspektion auf der Anlage gefahren ist. Wenn Sie diese Funktion gewissenhaft nutzen, wird Ihnen später auch genau angezeigt, wann eine Lok wieder gewartet werden muss. Im gleichen Fenster gibt es auch noch die Felder, die sich auf ein Zugnummern-Erkennungssystem, das mit so genannten Transpondern arbeitet, beziehen. Weitere Informationen zu dieser Funktion finden Sie in Kapitel 7 „Modellbahn de Luxe“. Diese noch recht neue Technik findet in der Modellbahnerei gerade ihren Anfang. TrainController ist bereits darauf vorbereitet.

Wenn Sie zunächst einmal keine weiteren Einstellungen vornehmen, sondern erst einmal testen möchten, wie es sich mit TrainController fahren lässt, können Sie die nächsten Abschnitte überspringen und später lesen. Hier geht es nämlich um das „Feintuning“ der Loks, was jedoch für einen Automatikbetrieb Ihrer Anlage unbedingt erfolgen sollte, damit der Fahrbetrieb reibungslos funktioniert.

In der Karteikarte *Antrieb* wird es richtig interessant. Hier könnnen Sie nämlich TrainController ganz exakt auf jede einzelne Lok einstellen. Sie müssen dies für jede Lok einzeln vornehmen. Die Einstellung der *Geschwindigkeit Vorwärts* und *Rückwärts* ist ganz besonders ausgeklügelt. Es geht hier nämlich um die so genannte vorbildbezogene Geschwindigkeit. Im Idealfall informieren Sie sich darüber, wie schnell die „große“ Lok, also nicht das Modell, fahren kann oder konnte. Diesen Wert geben Sie an dieser Stelle ein. TrainController wird es dann nicht zulassen, dass das Modell schneller fährt, so dass sich die Lok immer ganz realistisch verhalten wird. Das Programm nimmt hierfür auch die Angabe des *Maßstabes* aus der Karteikarte *Allgemein* des Fensters *Lok* zu Hilfe.

Hinter den Schaltflächen *Kriechgeschwindigkeit* und *Geschwindigkeitsprofil* verbergen sich zwei weitere, äußerst leistungsfähige Funktionen. Klicken Sie zunächst auf die erste Schaltfläche. Hier können Sie einstellen, bei welcher Geschwindigkeit Ihre Lok gerade eben noch fährt, ohne zu ruckeln. Je nach

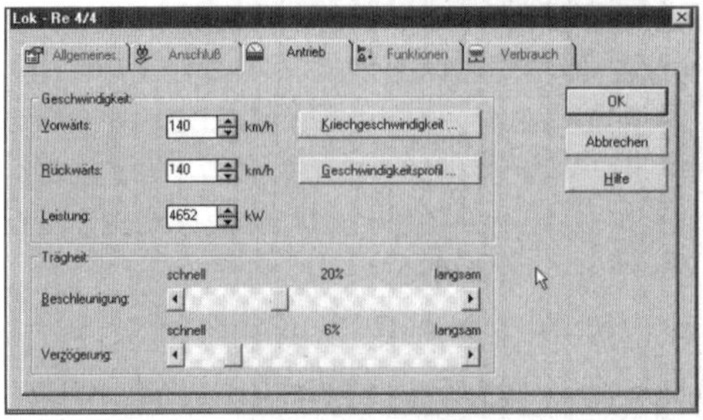


**ABB. 6.31: DIE ANGABEN ZUR GESCHWINDIGKEIT MACHEN DEN BETRIEB REALISTISCH.**

verwendetem Motor und Fabrikat der Lok kann das nämlich bei besonders niedrigen Geschwindigkeiten auftreten, was ärgerlich ist und dann nach elektrischer Spielzeug-Eisenbahn aussieht. Mit dieser Funktion können Sie das verhindern. Setzen Sie Ihre Lok aufs Gleis und lassen Sie sie mithilfe des in diesem Fenster angebrachten Fahrreglers anfahren. Die Geschwindigkeit, mit der die Lok gerade eben nicht mehr ruckelt, sichern Sie durch Anklicken der Schaltfläche *Speichern*.

Eine ganz zentrale Funktion, die man hier kaum vermuten würde, versteckt sich hinter der Schaltfläche *Geschwindigkeitsprofil*. Wenn Sie den Abschnitt über die Modellbahn-Elektronik-Steuerung MES weiter vorne in diesem Kapitel gelesen haben, dann ahnen Sie vielleicht schon, was es damit auf sich hat. Klicken Sie die Schaltfläche jetzt an.

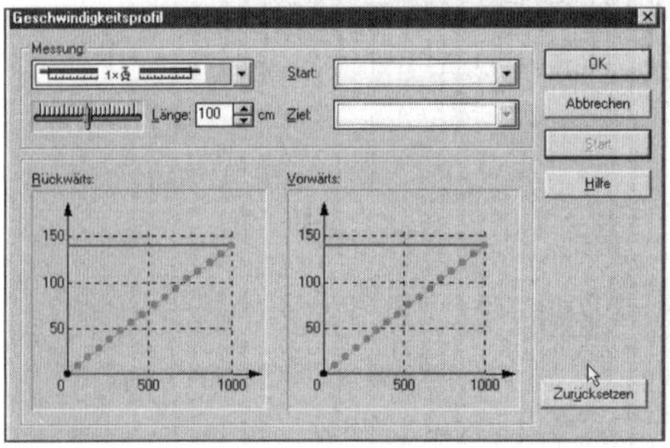


**ABB. 6.32: DAS GESCHWINDIGKEITSPROFIL IST EIN WICHTIGER FAKTOR DES AUTOMATIKBETRIEBES.**

Für jede Lok können Sie angeben, wie schnell sie tatsächlich fahren kann. Denken Sie hierzu noch einmal daran, wie ein Automatikbetrieb funktioniert: In der Regel gibt es auf der Anlage Gleiskontakte, über die das Digitalsystem und damit der PC erfährt, wenn eine Lok an einer bestimmten Stelle der Anlage eintrifft. Da man aus Kosten- und Zeitgründen ja nicht die gesamte Anlage mit Gleiskontakten überziehen kann, wird man versuchen, mit möglichst wenigen davon auszukommen. Die Strecke zwischen zwei Gleiskontakten ist dabei also nicht wirklich überwacht. Der PC registriert normalerweise lediglich, wann eine Lok einen Gleiskontakt überfahren hat und wann einen weiteren. Je größer dieser Abstand ist, desto ungenauer wird die Einflussmöglichkeit der Software, weil sie nicht genau weiß, wo sich die Lok gerade befindet. Erst dann, wenn die Lok den zweiten Gleiskontakt erreicht hat, kann sie ihre Daten aktualisieren. Wenn Sie im Automatikbetrieb nun Ihre Loks zum Beispiel sehr exakt anhalten lassen möchten, aber nicht so viele echte Gleiskontakte anbringen wollen, kann das zum Problem werden. TrainController bietet hierfür aber die Möglichkeit, so genannte virtuelle Kontakte einzusetzen, die nicht tatsächlich auf der Anlage vorhanden sind. Damit diese Technik jedoch exakt funktioniert, muss die Software genau wissen, wie sich eine Lok üblicherweise verhält.

Das Geschwindigkeitsprofil liefert diese Daten. Je genauer TrainController weiß, wie sich eine Lok verhält, wie schnell sie also tatsächlich eine Strecke zwischen einem Start- und einem Zielpunkt abfahren kann, desto exakter wird das Programm die Loks später steuern können. Das Geschwindigkeitsprofil wird über Messungen erreicht. Man lässt die Lok also eine gewisse Strecke abfahren und gibt ein, wie lange sie dafür gebraucht hat.

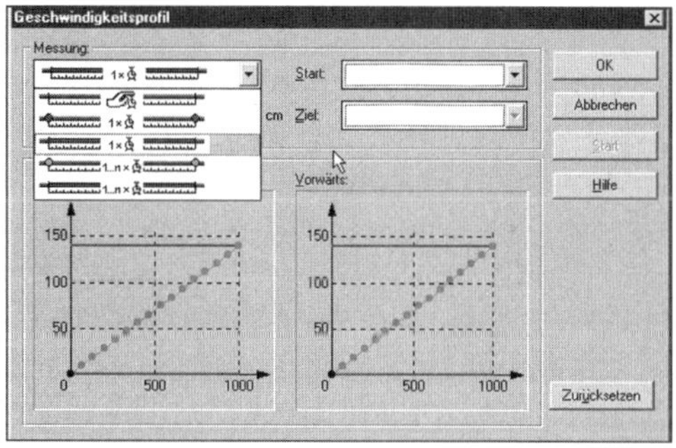


**Abb. 6.33: Verschiedene Messmethoden stehen zur Auswahl.**

TrainController hält gleich fünf Messmethoden bereit, mit denen man die nötigen Werte ermitteln kann – die fünfte ist dabei die Exakteste. Die erste Möglichkeit ist die der manuellen Messung. Dabei gibt man zunächst die Länge einer Messstrecke in Zentimetern an. Sie sollten noch wissen und beachten, dass TrainController intern immer mit 1.000 Fahrstufen rechnet, unabhängig davon, wie viele Stufen der in die Lok eingebaute Decoder kennt. Nun stellen Sie die Lok, für die das Geschwindigkeitsprofil angelegt werden soll, ein Stückchen vor Beginn der gedachten Messstrecke aufs Gleis. Bewegen Sie nun den Fahrregler bis zu einer gewünschten Fahrstufe, für die Sie den Wert ermitteln wollen. Die Lok fährt an, beschleunigt und erreicht schließlich den Anfang der Messstrecke. Betätigen Sie in diesem Moment den *Start*-Knopf mit der Maus. Sobald das Ende der Messstrecke erreicht ist, klicken Sie denselben Knopf noch einmal an, der dann die Beschriftung *Stopp* trägt. Die Software errechnet daraus nun das Geschwindigkeitsprofil für diese Fahrstufe. Niemand wird diese Prozedur 1.000-mal machen. Obwohl: Je mehr Messungen man vornimmt, desto exakter wird die Einschätzung der Lok.

Schon beim Lesen dieser Beschreibung werden Sie wahrscheinlich gedacht haben: Na ja, besonders exakt kann das ja nicht sein, denn es kommt natürlich immer noch die eigene Reaktionsfähigkeit hinzu. Wie schnell schafft man es, den Knopf anzuklicken, wenn die Lok das Ende der Messstrecke erreicht hat? Und weil das so ist, gibt es noch vier andere Messmethoden, die Sie allesamt im Ausklappmenü *Messung* finden. Die zweite Möglichkeit ist die Messung für eine Fahrstufe mit je einem Start- und einem Zielkontakt. Mit anderen Worten: Das Drücken von *Start* und *Stopp* nimmt Ihnen Ihre Anlage ab, weil Sie bereits installierte Gleiskontakte als Start- und Zielpunkt wählen. Wenn Sie Methode 2 wählen, können Sie im Ausklappmenü daneben nun auch die verfügbaren Melder auswählen.

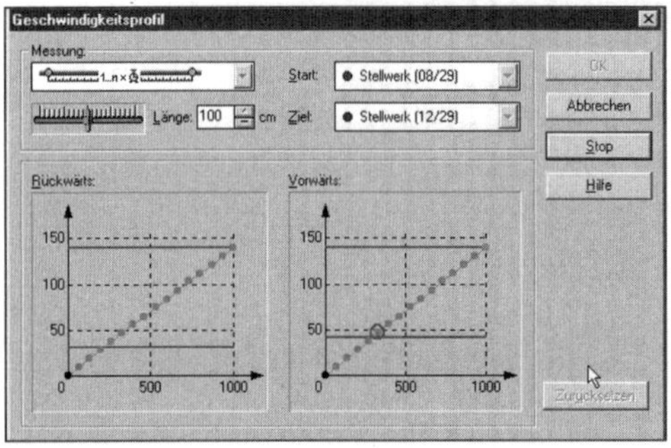


**ABB. 6.34: ZWISCHEN ZWEI MELDERN WIRD DIE GESCHWINDIGKEIT GEMESSEN.**

Wenn Sie die Lok über eine kreisförmige Teststrecke fahren lassen möchten, können Sie als Start- und Zielmelder sogar ein und denselben Gleiskontakt wählen. Es gibt noch eine weitere Messmethode mit Gleisbesetztmeldern, bei der die Messung gestartet wird, wenn die Lok in den vom Gleisbesetztmelder kontrollierten Abschnitt eingefahren ist. Beendet wird sie dann, wenn die Lok wieder draußen ist. Und schließlich existieren noch zwei Komfort-Versionen, bei denen alles automatisch geregelt ist. TrainController setzt die Lok dann ausgehend von der eingestellten Kriechgeschwindigkeit bis hin zur Höchstgeschwindigkeit mit ansteigenden Fahrstufen in Bewegung und ermittelt so selbsttätig die für das Programm wichtigen Werte. Es gibt hierbei ebenfalls wieder eine Methode für Gleiskontakte und eine für Gleisbesetztmelder. Wichtig ist allerdings, dass Kriech- und Höchstgeschwindigkeit wie vorhin beschrieben exakt eingestellt worden sind.

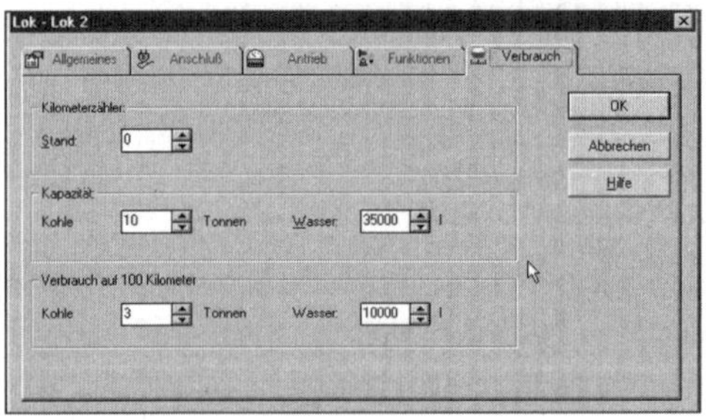


**ABB. 6.35: SOGAR DER VERBRAUCH VON KRAFTSTOFF LÄSST SICH EINTRAGEN.**

Noch viele weitere Möglichkeiten haben Sie bei TrainController, Einstellungen für Ihre Loks vorzunehmen – man könnte ein ganzes Buch mit den Funktionen füllen. Natürlich können Sie zum Beispiel die Sonderfunktionen der Lokdecoder definieren und einstellen. Sie können Sounddateien mit Lok- oder Zuggeräuschen definieren und abspielen. In der Karteikarte *Verbrauch* lässt sich sogar nachhalten, wie viel Diesel-Kraftstoff (bei einer Diesellok) oder Wasser und Kohle (bei einer Dampflok) verbraucht wird.

Verlassen Sie nun die *Eigenschaften* der Lok wieder und kehren Sie zurück zum *Lokführerstand* Ihrer Lok. Auch der *Editiermodus* kann nun fürs Erste ausgeschaltet werden, indem Sie den kleinen Schraubenschlüssel in der Schaltleiste deaktivieren. Die einzelnen Fenster des TrainControllers lassen sich frei auf dem Bildschirm verschieben, so dass Sie bei geschickter Aufteilung Ihres Bildschirms alles Nötige stets im Blick haben. Klicken Sie, falls nötig, auf den Knopf für die maximale Größe des Programm-Fensters (das ist das mittlere Symbol ganz rechts oben), um die für die Positionierung der programminternen Fenster zur Verfügung stehende Fläche möglichst groß zu machen. Der Lokführerstand besteht aus einer grafischen Tacho-Anzeige, zwei Schiebereglern und einigen Knöpfen. Die Funktion des Tachos ist klar, der vorhin eingestellte Gesamt-Kilometerstand der Lok ist hier ebenfalls zu finden. Der grüne Regler ist für die Beschleunigung zuständig. Bewegen Sie ihn nach rechts, um die Lok vorwärts fahren zu lassen. Der rechte Anschlag des Schiebers steht für die vorher eingestellte maximale Geschwindigkeit. Der rote Schieberegler ist, ganz wie beim Vorbild, die Bremse. Sie muss zum schnellen Halten betätigt werden. Experimentieren Sie einfach ein wenig mit den beiden Schiebern, um das Zusammenspiel zu erleben.

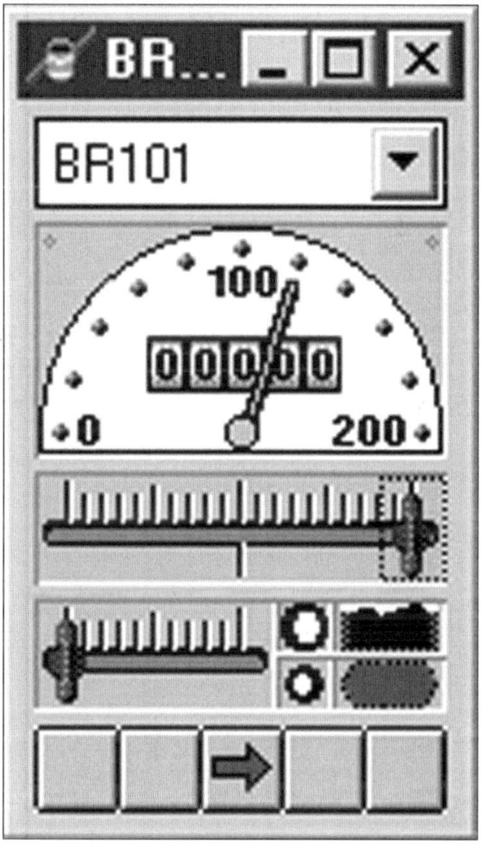


Abb. 6.36: Auch die Blocksignale werden im Lokführerstand angezeigt.

Je nachdem, welche Funktionen Ihre Lok beherrscht, sind die Tasten rechts und links vom Fahrtrichtungswahlschalter belegt. Mit der Maus lassen sich die Funktionen ein- und ausschalten. Interessant ist noch, dass Sie sich beim Fahren mit dem Lokführerstand gewissermaßen ganz auf den Verkehr konzentrieren können. Begegnen Ihnen unterwegs Blöcke und Signale, wird Ihnen dies mithilfe der kleinen Lämpchen im Lokführerstand angezeigt. Dabei funktioniert das wie beim großen Vorbild, so dass man sich schon wieder ganz wie ein richtiger Lokführer fühlen kann.

Probieren Sie nun noch einige Automatikfunktionen aus, mit denen es beim TrainController möglich ist, automatische Zugfahrten durchzuführen, um die Anlage in Teilen zu automatisieren. Wichtige Begriffe in diesem Zusammenhang sind die beiden Himmelsrichtungen *westlich* und *östlich*, die vom TrainController zur Angabe der Fahrtrichtung eines Zuges benutzt werden. Wohl gemerkt: Die *Lokrichtung* ist etwas anderes, da sie sich auf die Richtung bezieht, in die das Vorderteil der Lok zeigt. Die *Fahrtrichtung* hingegen ist die Richtung, in die ein Zug fährt. Die westliche Richtung ist im TrainController links und durch die Farbe blau repräsentiert, östlich ist rechts und gelb. Sie können aber natürlich auch andere Definitionen verwenden. Wichtig ist nur, dass Sie sich auf Fahrtrichtungen festlegen, um später bei der Definition von Strecken eine Orientierung zu haben.

Rufen Sie nun das Fenster *Fahrdienstleiter* auf. Die Menüs des Programms bekommen nun teilweise andere Optionen. Der Fahrdienstleiter ist der Programmteil, mit dem Sie den Automatikbetrieb einrichten und steuern können, wobei natürlich auch manuelle Zugfahrten möglich sind. Auch TrainController arbeitet mit dem Blocksystem. Es handelt sich bei den Blöcken eher um gedachte Abschnitte auf der Anlage, denen allerdings Kontaktmelder (echte als Gleiskontakte oder virtuelle) oder so genannte Bahnwärter zugeordnet sind. Der Sinn von Kontaktmeldern und Bahnwärtern ist es, festzustellen, ob sich in einem Block ein Zug befindet oder dieser frei ist.

Die Blöcke richten Sie, wie vorher schon erwähnt, auf dem Papier und innerhalb Ihres Gleisplanes ein. Ein Block im TrainController entsteht dadurch, dass man einen *Kontaktmelder* oder *Bahnwärter* einrichtet und dem Block zu-

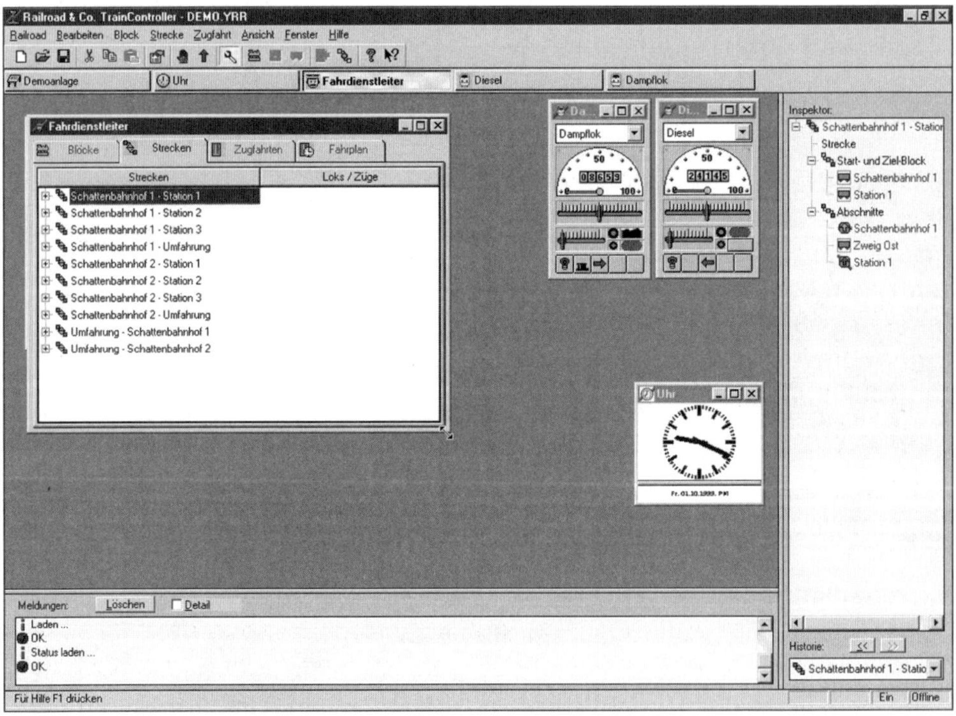


**ABB. 6.37: DER *FAHRDIENSTLEITER* STEUERT DIE AUTOMATIK-FUNKTIONEN.**

weist. Stellen Sie sich einen Kontaktmelder oder Bahnwärter so vor wie einen Bahnarbeiter, der einen bestimmten Gleisabschnitt überwachen kann. Sobald er sieht, dass sich in „seinem“ Abschnitt ein Zug aufhält, hebt er die Fahne. Wenn der Abschnitt wieder frei ist, nimmt er die Fahne wieder nach unten. Die Position dieser Fahne kann vom Fahrdienstleiter gewissermaßen mit einem Fernglas beobachtet werden. Aus der Position aller Fahnen kann sich der Fahrdienstleiter einen Gesamtüberblick über seine Anlage verschaffen. Die Möglichkeiten des Fahrdienstleiters sind so vielfältig, dass sie hier aus Platzgründen nur angerissen werden können.

Richten Sie sich nun eine *Zugfahrt* ein, um das Prinzip kennen zu lernen und eine Basis für weitere Experimente zu schaffen. Das ist sogar ohne angeschlossene Modellbahn-Anlage möglich. Wenn Sie bereits einen Gleisplan gezeichnet haben, greifen Sie sich eine Stelle heraus, die Sie verwenden möchten. Andernfalls zeichnen Sie sich einfach einen kleinen Plan, der für die ersten Versuche aus einer einfachen Geraden bestehen kann.

Aktivieren Sie den *Editiermodus*. Bringen Sie zwei *Kontaktmelder* an den Gleisen an, indem Sie das Element *Kontaktmelder* aus der Box mit den Elementen auswählen und zwei davon auf dem Gleis platzieren. Vergeben Sie nun auch die digitalen Adressen, indem Sie das Fenster *Eigenschaften* für jeden *Kontaktmelder* aufrufen und die Adressen in der Karteikarte *Anschluss* eintragen. Wenn Sie das Ganze nur simulieren möchten, vergeben Sie zwei beliebige Adressen.

Im Fenster *Inspektor* können Sie die gemachten Einstellungen kontrollieren, wenn Sie den jeweiligen Kontaktmelder anklicken. Wählen Sie nun im Menü *Fenster* die Option *Fahrdienstleiter* und erzeugen Sie zwei neue Blöcke. Klicken Sie dazu auf die Karteikarte *Blöcke* und wählen Sie oben im Menü *Block* zweimal hintereinander die Option *Neuer Block* aus. Beide Blöcke werden nun im Fenster aufgelistet. Klicken Sie nun den Eintrag *Block 1* doppelt an. Es erscheint das Auswahl-Fenster *Block*. Wählen Sie die Karteikarte *Melder* an. Sie sehen nun die beiden Kontaktmelder, die Sie eben eingerichtet haben. Anhand der beiden Zahlenwerte hinter den Blocknamen (z. B. *05/20*) können Sie die Melder recht gut identifizieren. Klicken Sie im Fenster für den *Block 1* den ersten Melder einfach an

**Hinweis**

*Unten rechts im TrainController-Programmfenster finden Sie übrigens die jeweils aktuelle Position mit Zeilen- und Spaltennummer. Wenn Sie also Schwierigkeiten haben sollten, die Melder zu identifizieren, klicken Sie sie an und merken sich die dort angezeigten Positionsangaben. Der erste Wert steht für die Zeile, der zweite für die Spalte im Stellwerk.*

und wählen Sie den Knopf *Hinzufügen*. Der Melder erscheint im rechten Fenster unter *Benutzte Melder*.

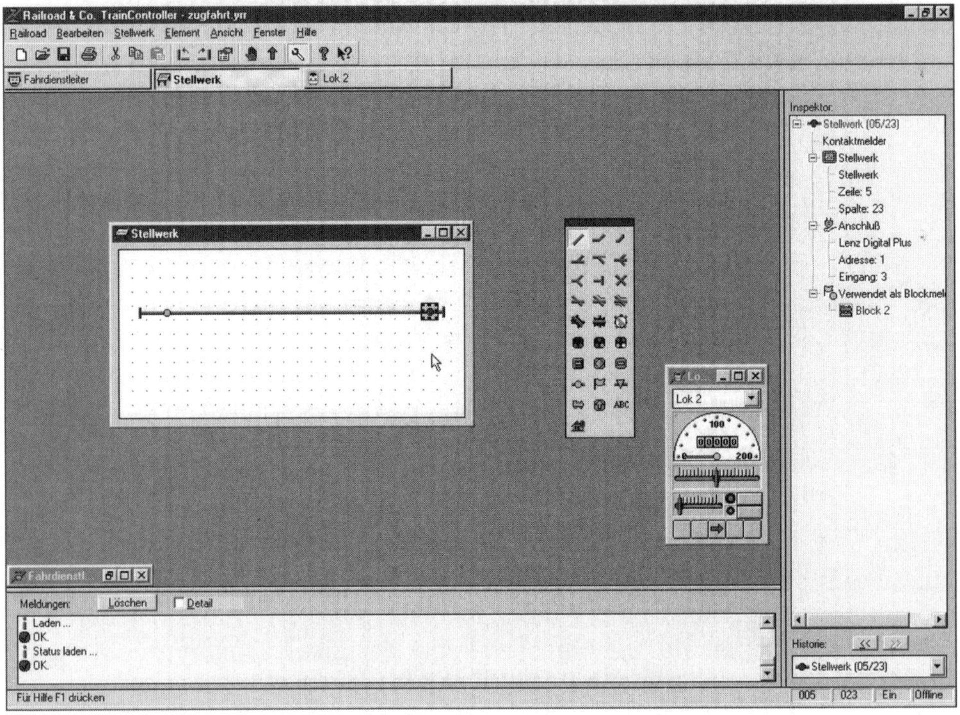


**Abb. 6.38: Die erste automatische Zugfahrt mit dem TrainController.**

Klicken Sie für den ersten (linken) Melder das dritte Kästchen unter *Halt/Brems* an. Sie definieren ihn dadurch als Haltemelder in westlicher Fahrtrichtung. Definieren Sie den zweiten (rechten) Melder als Haltemelder in östlicher Fahrtrichtung, indem Sie das erste Kästchen unter *Halt/Brems* aktivieren. Wählen Sie im *Fahrdienstleiter* nun die Karteikarte *Strecke* an und erzeugen Sie eine neue Strecke, indem Sie im Menü *Strecke* die Option *Neue Strecke* wählen. Die beiden Blöcke müssten im nun erscheinenden Fenster unter *Verfügbare Elemente* auftauchen. Wählen Sie nun erst den ersten Block an und klicken Sie auf *Hinzufügen*. Verfahren Sie genauso beim Block 2. Nun haben Sie eine Strecke definiert, in der die beiden Blöcke vorkommen.

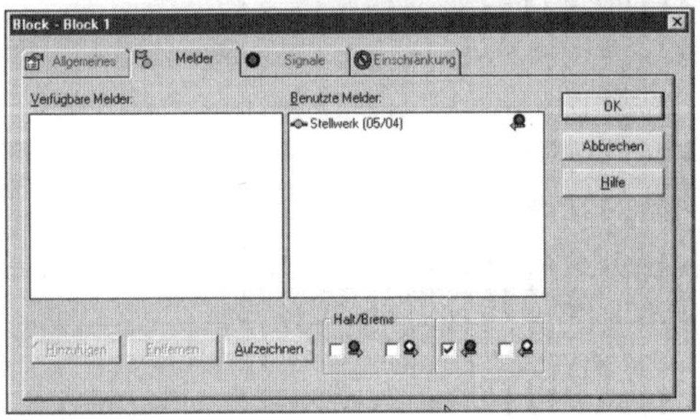


**Abb. 6.39: Jedem Block wird ein Melder zugeordnet.**

Klicken Sie dann auf die Karteikarte *Zugfahrt* und erzeugen Sie eine neue Zugfahrt, indem Sie im Menü *Zugfahrt* die Option *Neue Zugfahrt* anwählen. Wählen Sie in der Ausklappliste *Strecke* des nun auftauchenden Fensters die eben erzeugte Strecke aus. Öffnen Sie nun einen *Lokführerstand* für die Lok, mit der Sie Ihre erste Zugfahrt durchführen möchten. Legen Sie die Lok so wie weiter vorne beschrieben an und geben Sie dabei auch die digitale Adresse der Lok an. Nun müssen Sie diese Lok noch dem Block 1 zuweisen. Das geschieht über das Menü *Block* und die Option *Zug zuweisen*. Stellen Sie dabei die *Lokrichtung* vom Melder 1 in Richtung auf den Melder 2 richtig ein, indem Sie im Fenster *Zug zuweisen* ganz unten die entsprechende Pfeilrichtung aktivieren.

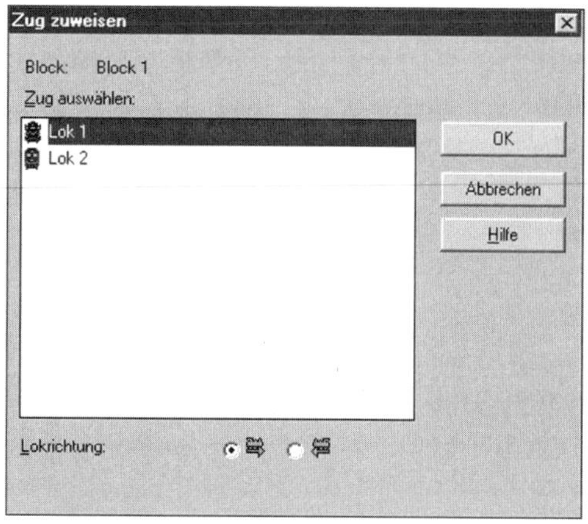


**Abb. 6.40: Die Lok wird dem Block 1 zugewiesen.**

Verlassen Sie nun den Editiermodus. Wenn tatsächlich eine Lok am Meldepunkt 1 steht, können Sie die Zugfahrt starten, indem Sie bei aktiviertem Fahrdienstleiter-Fenster im Menü *Zugfahrt* die Option *Start* auswählen (sonst ist das Menü nicht sichtbar). Im Fenster *Meldungen* unten am Bildschirm können Sie verfolgen, was geschieht. Wenn Sie das Ganze nur simulieren möchten, müssen Sie nach dem Verlassen des Editiermodus im Stellwerk den ersten Melder mit der Maus aktivieren und dann die Zufahrt starten. Im Fenster *Meldungen* können Sie sehen, dass die gedachte Lok los fährt, bis Sie mit der Maus den zweiten Melder aktivieren. Wenn eine echte Lok fährt, wird sie natürlich die Melder bedienen.

Noch ein Wort zur Möglichkeit, virtuelle Kontaktmelder einzusetzen. Sie wissen bereits, dass Sie mithilfe dieser Funktion Geld und Arbeit sparen können. Allerdings muss es natürlich auch echte Melder geben, da die Anlage mit nur virtuellen Meldern nicht funktionieren würde, da der PC nie wüsste, wo sich die von ihm zu kontrollierenden Loks und Züge gerade befinden. Zu einem virtuellen Melder muss es daher so genannte Referenzmelder geben, die es dem TrainController möglich machen, zu berechnen und zu erahnen,

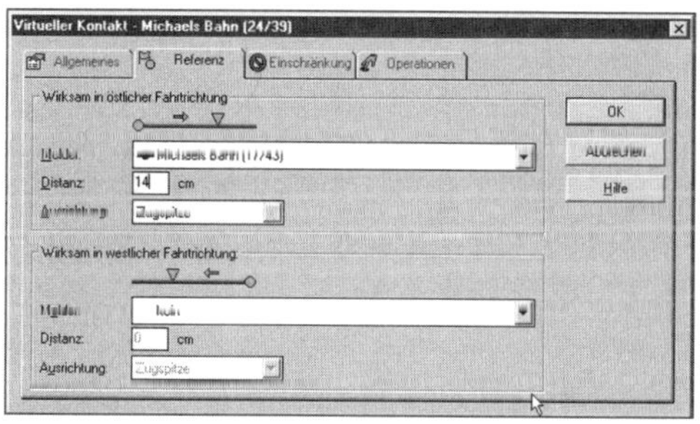


**Abb. 6.41: Virtuelle Kontaktmelder brauchen echte Referenzmelder.**

wo ein Zug sich gerade befindet. Probieren Sie die Funktion einfach aus: Positionieren Sie einen virtuellen Kontakt bei aktivem Editiermodus aus dem *Elemente*-Fenster in Ihrem Gleisplan und rufen Sie die *Eigenschaften* dieses Melders auf. Im nun erscheinenden Fenster können Sie den virtuellen Melder definieren. Eine wirklich praktische Sache, die gut funktioniert.

Seit der Version 4.5 ist der TrainController sogar in der Lage, ganz besonders komfortabel mit Drehscheiben umzugehen. Eine Drehscheibe – wohl der Traum so mancher Modellbahner und immer Blickfang auf einer Modellbahn-Anlage – kann von TrainController nicht nur bewegt werden. Es ist auch möglich, der Software zu sagen, dass eine Lok immer in eine ganz bestimmten Richtung, zum Beispiel in den Lokschuppen, einfahren soll. Der PC übernimmt dann die Steuerung der Lok vollautomatisch, so dass zum Beispiel eine Dampflok nach erfolgter Rangieraktion immer so im Lokschuppen steht, dass der Schornstein herausschaut. Die Drehscheibe lässt sich also vollständig in Automatik-Abläufe einbinden.

Teure Spezialmodule oder gar Digital-Drehscheiben sind zum Betrieb einer Drehscheibe mit TrainController indes nicht nötig: Ein Relais sowie ein einfacher Magnetartikeldecoder reichen völlig aus. TrainController ist übrigens auch die Basis für eine ganz neue Software, die unter der Bezeichnung Rocomotion seit Mitte 2005 von Roco angeboten wird.

**Kurzinfo**

| | |
|---|---|
| *Programmname:* | *Railroad & Co. TrainController* |
| *Hersteller:* | *Freiwald Software* |
| *Vertrieb:* | *Freiwald Software* |
| *Anforderungen Hardware:* | *PC mit Pentium I, Farbbildschirm* |
| *Anforderungen Software:* | *Windows 3.1/95/98/Me/NT/2000/XP* |
| *Preis:* | *249 Euro* |
| *Unterstützte Systeme:* | *alle gängigen* |
| *Internet:* | *www.freiwald.com* |
| *Demo-Version:* | *www.freiwald.com/seiten/index.html, Download* |
| *Beschreibung:* | *sehr leistungsfähig, stabil und leicht bedienbar, für Einsteiger, Fortgeschrittene und Profis* |

## Railware

Wo ein TrainController mit Understatement seine Funktionen so lange verbirgt, bis man sie braucht, schlägt Railware sofort laut und bunt zu: Nach dem Programmstart öffnet sich eine Vielzahl von Fenstern, die man völlig frei auf dem Bildschirm positionieren kann. Das kann vorteilhaft, aber auch verwirrend sein. Sogar eine Titelmusik gibt's.

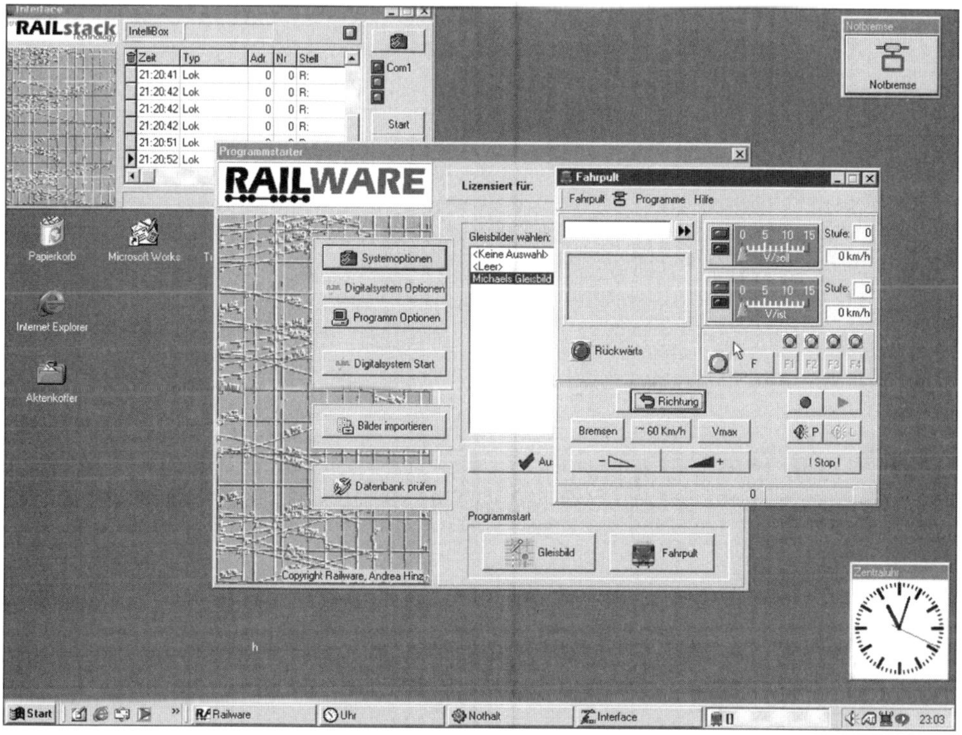


**ABB. 6.42: RAILWARE BESTEHT AUS MEHREREN EINZELPROGRAMMEN.**

Railware verwaltet gleich vier Digitalsysteme parallel, so dass man zum Beispiel eines zum Fahren, eines zum Schalten und eines zum Rückmelden anschließen kann. Bei der Auswahl des Systems ist man indes nicht eingeschränkt: Nahezu jedes gangige Digitalsystem wird unterstützt. Zu den herausragenden Funktionen von Railware gehören die Möglichkeit, im Club-Betrieb mehrere Systeme miteinander zu vernetzen sowie die Einbindung eines so genannten „Videowagens" oder einer Videolok, wobei man beide natürlich separat kaufen muss. Es ist hiermit möglich, am Bildschirm einen Zug so zu steuern, als würde man selbst in der Lok sitzen. Eine kleine Videokamera, die in die Lok eingebaut ist, liefert dann die Bilder von der Anlage aus Sicht des virtuellen Lokführers. Das Bild wird ins Fenster eines Lokführerstandes eingespielt, so dass die Illusion nahezu perfekt ist.

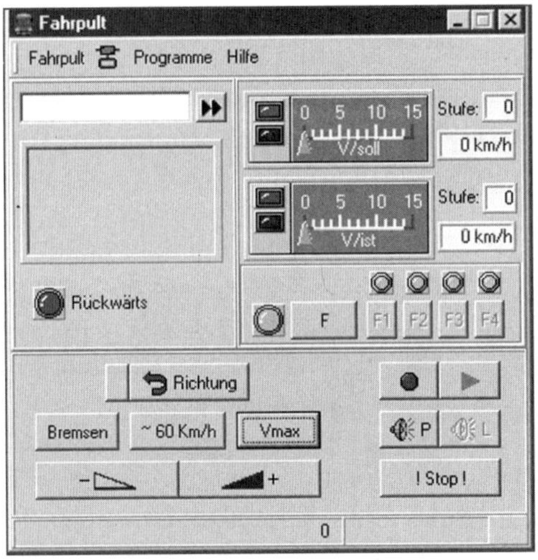


**Abb. 6.43: Bei der Gestaltung der Dialogfenster haben sich die Programmierer von Railware viel Mühe gegeben.**

Das Zeichnen eines Gleisplans funktioniert mit Railware sehr schnell und unproblematisch. Man wählt das entsprechende Gleiselement aus dem Fenster *Design* aus und platziert es im Gleisbild. Soll es gedreht werden, klickt man es einfach an seinem Platz so oft an, bis es die richtige Position hat.

Für die Einrichtung von Blöcken und des Automatikbetriebes muss man, wie bei anderen Programmen auch, tief in das Programm einsteigen.

Eine Funktion sei jedoch noch besonders hervorgehoben: Der so genannte *AutoRouter* erlaubt es, eine Zugfahrt relativ schnell einzurichten. Sie müssen lediglich Start- und Zielbahnhof eingeben und die Richtung eintragen. Den Rest erledigt Railware mit den vorher programmierten Informationen über die Anlage. 30 Tage lang kann man die Software übrigens mit vollem Funktionsumfang kostenlos testen, danach wird sie zu einer eingeschränkten Light-Version.

## Kurzinfo

| | |
|---|---|
| *Programmname:* | *Railware* |
| *Hersteller:* | *Railware* |
| *Vertrieb:* | *Railware, Andrea Hinz* |
| *Anforderungen Hardware:* | *PC mit Pentium-Prozessor* |
| *Anforderungen Software:* | *Windows ab Version 95* |
| *Preis:* | *251 Euro* |
| *Unterstützte Systeme:* | *alle gängigen* |
| *Internet:* | *www.railware.de* |
| *Demo-Version:* | *Auf der Website unter Download* |
| *Beschreibung:* | *leistungsfähiges und umfangreiches Programm, stellenweise unübersichtliche Bedienung* |

## Soft-Lok

An diesem Programm scheiden sich die Geister. Es gibt Modellbahner, die es für die beste Steuerungssoftware überhaupt halten, andere finden es nur furchtbar. Sie sollten sich Ihre eigene Meinung bilden.

Soft-Lok ist ein MS-DOS-Programm, das zwar auf einem PC unter Windows läuft, das allerdings nur innerhalb eines DOS-Fensters läuft oder nachdem man Windows ausgeblendet und durch Doppelklick auf *MS-DOS Eingabeaufforderung* eine Reise zurück in die Vergangenheit angetreten hat. Schon an der Installation von Soft-Lok werden vermutlich die meisten PC-Nutzer, die ihre ersten Erfahrungen bereits zu Windows-Zeiten gemacht haben, scheitern.

Es ist absolut unverständlich, warum der Programmierer nicht wenigstens die Installation ein wenig einfacher gestaltet hat. Man muss nämlich nach wie vor peinlich genau Quell- und Ziellaufwerk und die Verzeichnisse angeben, sonst findet das Installationsprogramm gar nichts. Angesichts großer Festplatten, auf denen unter Umständen mehrere Laufwerke mit vielen Unterverzeichnissen eingerichtet sind, ist das eine echte Zumutung. Eine derartig antiquierte Installationsroutine ist für eine im Jahr 2005 verkaufte Software wohl nicht mehr akzeptabel und den Nutzern auch nicht zuzumuten.

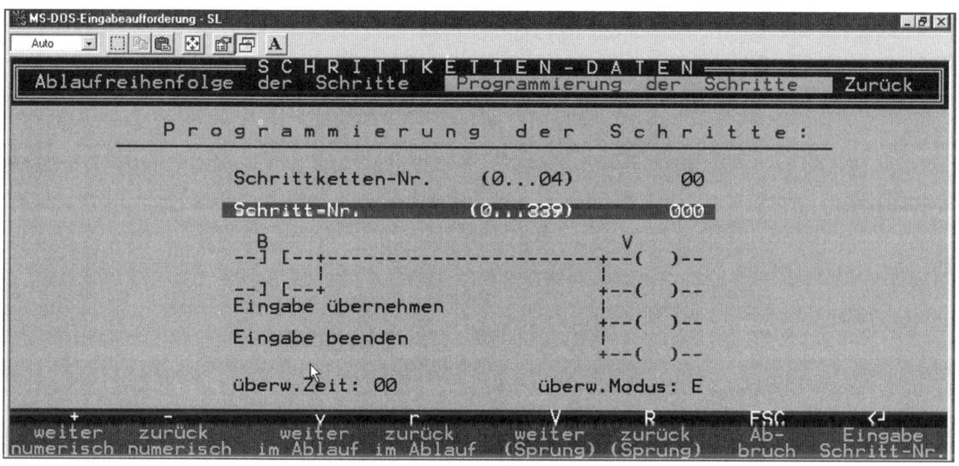


**ABB. 6.44: SOFT-LOK IST SEHR UMSTÄNDLICH IN DER BEDIENUNG.**

Es ist auch unverständlich, warum in der Dokumentation zur Demo Version so wenig auf die Benutzer eines Windows-PCs eingegangen wird. Selbst betagtere PCs, die nach ihrem Büroleben nun im Modellbahn-Keller ihr Gnadenbrot als Steuer-Computer bekommen, dürften heute wohl bereits mit Windows ausgestattet sein. Mit dem MS-DOS-Befehl *MEM* solle man den verfügbaren MS-DOS-Speicher überprüfen, wird man aufgefordert. Die meisten Nutzer werden vermutlich noch nicht einmal wissen, wie man Windows verlassen und ein MS-DOS-Fenster starten kann – von der MS-DOS-Eingabeaufforderung ganz zu schweigen.

Die Eingabemasken wirken auch in der neuesten Version wie aus einer längst vergangenen Computer-Zeit: Wo in einer Zeile zu wenig Platz war, wurde zum Teil abenteuerlich abgekürzt, so dass man als Soft-Lok-Neuling nur noch Bahnhof versteht (Beispiel: *HptStrt liegt an)*. Der zentrale Begriff in Softlok ist „Schrittkette". Jede Aktion, die ein Zug auf der Anlage macht, wird in Form einer solchen Schrittkette programmiert. Dabei handelt es sich in etwa um Programmieranweisungen, die auf kryptische Art und Weise eingegeben werden müssen. Dabei ist schon die Eingabemaske, die ja beim Eingeben helfen soll, so schwer zu verstehen, dass man schnell die Lust verliert, sich überhaupt noch weiter damit zu beschäftigen.

Sie sollten sich selbst ein Bild von diesem Programm machen. Es gilt als sehr leistungsfähig und überall werden größere Anlagen damit gesteuert. Man muss aber bereit sein, sich in die antiquierte Philosophie der Software einzudenken, was stellenweise so kompliziert ist, dass man mehr Zeit am PC als mit seinem Hobby Modellbahn verbringts. Soft-Lok müsste also dringend überarbeitet und mit einer modernen, den Erkenntnissen heutiger Benutzerführung entsprechenden Oberfläche versehen werden, um weiter gegen die Konkurrenz bestehen zu können. In der aktuellen Form und zu einem Preis von etwa 200 Euro kann man es zur Zeit leider nur eingeschränkt empfehlen.

## Kurzinfo

| | |
|---|---|
| *Programmname:* | *Soft-Lok* |
| *Hersteller:* | *Wolfgang Schaphals* |
| *Vertrieb:* | *Wolfgang Schaphals* |
| *Anforderungen Hardware:* | *PC mit 80286-Prozessor, Farbbildschirm* |
| *Anforderungen Software:* | *MS-DOS 5.0 oder höher* |
| *Preis:* | *Mini-Version 50 Euro, Vollversion 200 Euro* |
| *Unterstützte Systeme:* | *DCC, Selectrix, Märklin/Motorola, FMZ u. a.* |
| *Internet:* | *www.soft-lok.de* |
| *Demo-Version:* | *www.soft-lok.de/produkte/software.php* |
| *Beschreibung:* | *leistungsfähiges, aber vergleichsweise kompliziert zu bedienendes DOS-Programm* |

## Win Digipet

Bei diesem Programmnamen denkt man zunächst einmal an alles Mögliche, aber wohl nicht an eine digitale Modellbahnsteuerung. Die Benutzeroberfläche des Programms ist insgesamt aufgeräumt, man findet sich auch als Neuling sehr gut zurecht. Wichtige Funktionen wurden, wie bei Windows-Software üblich, in Fenstern mit vielen Karteikarten zusammengefasst, so dass man alles immer in greifbarer Nähe hat. Während Win Digipet früher ein Programm nur zur Steuerung von Anlagen im Motorola-Format war, beherrscht die aktuelle Version zusätzlich den Umgang mit einer Intellibox, Roco Digital sowie Digital Plus 2.0 und 3.0.

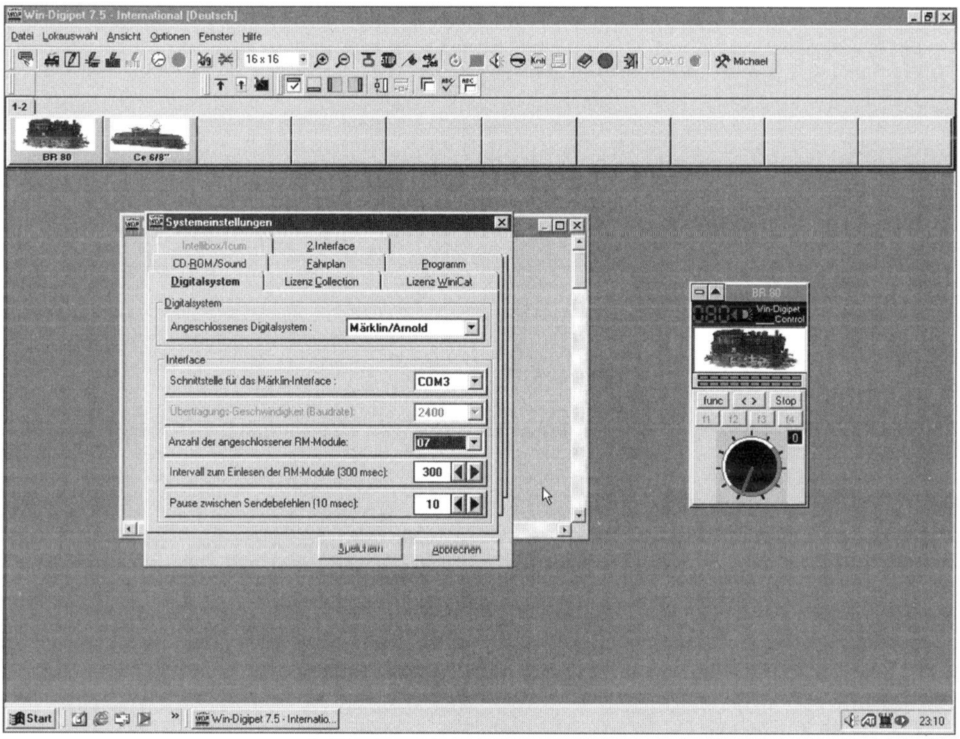


ABB. 6.45: WIN DIGIPET IST ÜBERSICHTLICH AUFGEBAUT UND GUT ZU BEDIENEN.

Grundsätzlich gibt es zwei Versionen: Eine kleinere erschien im SYBEX-Verlag (60 Euro) und kann bis zu 30 Loks steuern. Bis zu fünf Züge können in einem Fahrplan unterwegs sein, bis zu 75 Magnetartikel lassen sich ansprechen. Bis zu 99 Loks dagegen kann die große Version steuern, bei den Magnetartikeln gibt es keine Einschränkung.

Das große Win Digipet ist ein multimediales Programm. Eine Fülle an Lokbildern gängiger Fahrzeuge, Lok-Sounds und sogar Videosequenzen werden mitgeliefert. Bei der Anschaffung der großen Version von Win Digipet kann man übrigens wählen: Es gibt eine Version mit (200 Euro) und eine ohne (100 Euro) Fahrplanbetrieb. Eigentlich muss man da als digitaler Modellbahner nicht lange überlegen: Nur mit Fahrplan-Funktion ist ein Automatik-Betrieb möglich. Übrigens kann man auch von der kleinen Version zur großen aufsteigen, wenn man Spaß an der Software gefunden hat. Eine spezielle Upgrade-Version (150 Euro) ist erhältlich.

**Kurzinfo**

| | |
|---|---|
| *Programmname:* | *Win Digipet* |
| *Hersteller:* | *Dr. Peter Peterlin* |
| *Vertrieb:* | *Modellplan (große Version), SYBEX (kleine Version)* |
| *Anforderungen Hardware:* | *PC mit Pentium-Prozessor* |
| *Anforderungen Software:* | *Windows 3.11 (für Version 6.0)*<br>*Windows ab Version 95 (ab Version 7.6)* |
| *Preis:* | *SYBEX-Version: 60 Euro*<br>*große Version: 100 Euro ohne, 200 Euro mit Fahrplan-Automatik* |
| *Unterstützte Systeme:* | *Motorola, Uhlenbrock Intellibox, Roco Digital, Lenz Digital Plus 2.0 und 3.0* |
| *Internet:* | *www.win-digipet.de* |
| *Demo-Version:* | *www.windigipet.de/download.html* |
| *Beschreibung:* | *einfach zu bedienendes, sehr leistungsfähiges Programm mit sympathischer und gut strukturierter Oberfläche* |

# 7 Modellbahn de Luxe

Wenn Sie sich bis hierher gearbeitet haben, dann wissen Sie schon eine ganze Menge über die digitale Modellbahn. Und vielleicht haben Sie sich sogar schon für ein System entschieden.

Seitdem die Digitaltechnik ihren Weg auch auf die Modellbahnanlagen gefunden hat, ist es in der Modellbahn-Branche ähnlich spannend wie in der Informationstechnik: Überall werkeln und basteln die Entwickler an neuen Lösungen, ständig kommen neue Decoder, Programme und andere Komponenten hinzu. Einige der neusten Entwicklungen sollen Sie nun noch kennen lernen.

## Decoder-Programmierung am PC

Bisher gab es nur zwei Möglichkeiten, einen Lokdecoder zu programmieren: Entweder es handelt sich um ein Modell mit DIP-Schaltern – dann muss der Schraubendreher ran. Oder der Lokdecoder wird über die Zentrale programmiert – das macht, wie Sie ja bereits gesehen haben, nicht immer nur Freude, weil die Entwickler meist zwar brillante Techniker, oft aber nur eingeschränkt begabte Software-Ergonomie-Spezialisten sind. Die aus der Historie der Decoder entstandenen Unzulänglichkeiten bei der Programmierung haben aber auch einige Entwickler erkannt und eigene Lösungen dafür entwickelt.

### Railroad & Co. TrainProgrammer

Die Modellbahn-Steuerungssoftware TrainController aus der Railroad & Co.-Familie kennen Sie ja bereits. Aus der gleichen Software-Schmiede kommt auch ein Programm, mit dem man komfortabel seine Loks, oder besser: die Lokdecoder darin, programmieren kann.

Und nicht nur das. Auch die Magnetartikel- und Rückmeldedecoder lassen sich damit recht einfach programmieren. Eine Demoversion ist im Internet erhältlich.

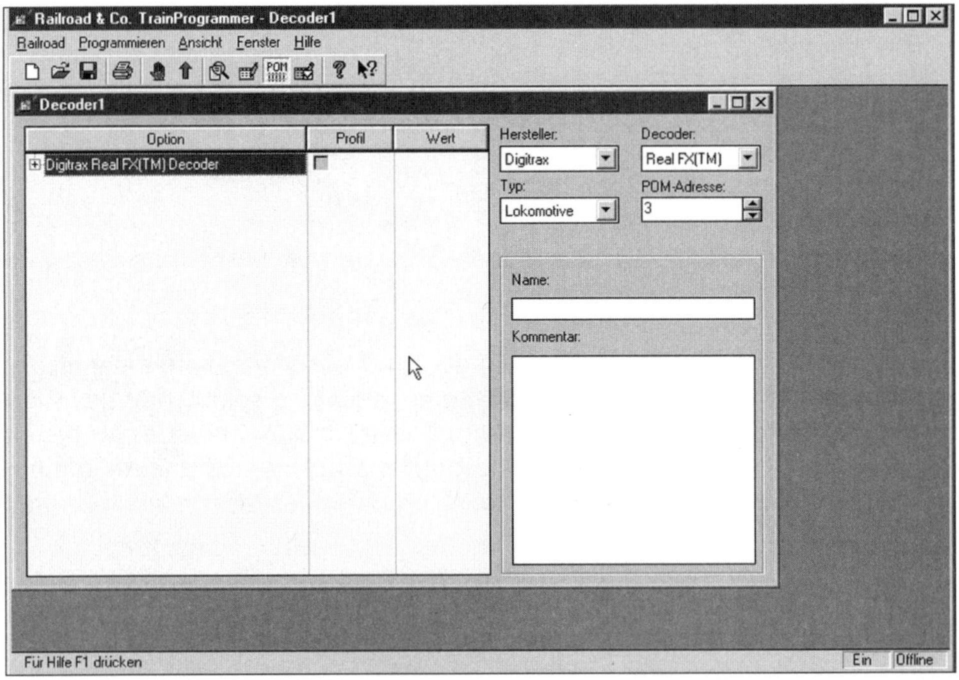


**Abb. 7.1: Der TrainProgrammer aus der Railroad & Co.-Familie.**

Mit der aktuellen Vollversion des TrainProgrammers lassen sich übrigens bisher generell nur DCC-kompatible Decoder programmieren – was sich in einer späteren Version vielleicht noch ändern wird. Das Programm besteht aus drei Bereichen: Oben gibt es, wie üblich, eine Werkzeugleiste, in der Sie die wichtigsten Funktionen per Mausklick aufrufen können. Auf der linken Seite des Programmfensters finden Sie die programmierbaren Parameter mit ihren Werten, auf der rechten Seite können Sie in Ausklapp-Menüs einstellen, um welchen Decoder-Typ es sich handelt.

Wer sich ein wenig mit Windows auskennt, der wird auch den so genannten Explorer kennen. So nennt man die Oberfläche, in der man in Windows mit Dateien, Ordnern und Laufwerken umgehen kann. Wenn man im Windows-Explorer im Menü *Ansicht* die Option *Explorerleiste > Ordner* auswählt, dann erscheint auf der linken Seite eine grafische Darstellung der Inhalte des ausgewählten Objekts. Ein kleines Plus-Zeichen zeigt an, dass sich hier noch weitere Objekte befinden, ein Minus-Zeichen bedeutet, dass man die erweiterte Darstellung durch einen Klick auf das Minus-Zeichen wieder ausblenden kann. Dem gleichen Bedien-Konzept folgt auch der TrainProgrammer. Klicken Sie das kleine Plus-Zeichen vor einer Bezeichnung einfach einmal an: Weitere Unterpunkte erscheinen, die wieder neue Unterpunkte besitzen. Durch dieses Ordner-Prinzip kann man, wenn man will, die Oberfläche sehr aufgeräumt und übersichtlich halten.

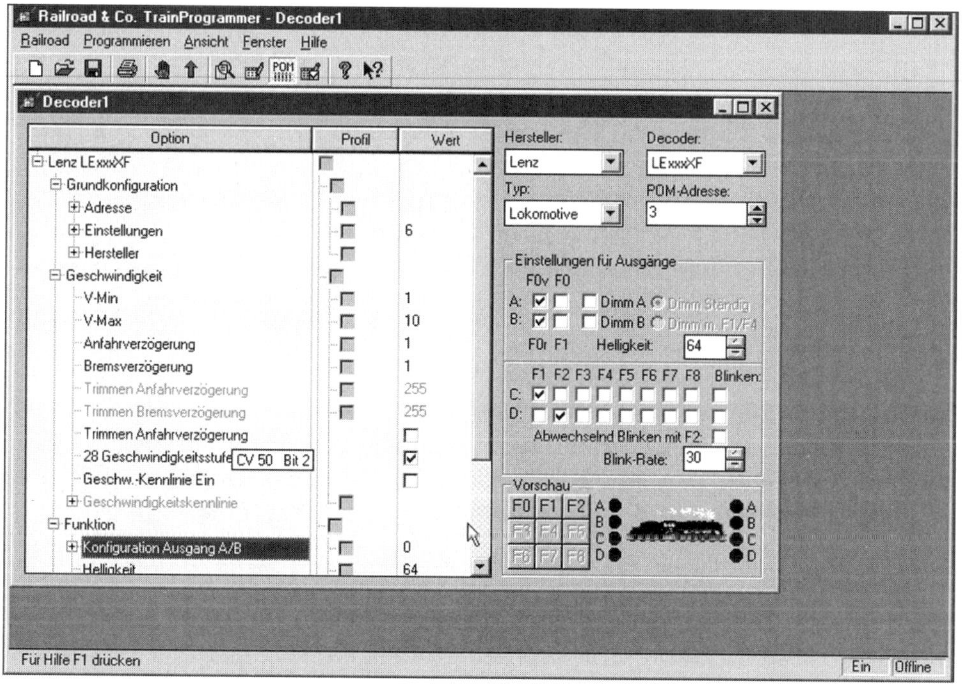


**ABB. 7.2: DER TRAINPROGRAMMER WIRD ÄHNLICH WIE DER WINDOWS-EXPLORER BEDIENT.**

Überzeugen Sie sich nun als Erstes, dass das richtige Digitalsystem angewählt ist. Wählen Sie dazu im Menü *Railroad* die Option *Digitalsysteme einrichten* aus. Sie sehen im Aufklapp-Menü, das nach Klick auf *Hinzufügen* erscheint, dass die Liste in der aktuellen Version 4.1 recht kurz ist: Lediglich Digital plus, Intellibox und Digitrax stehen zur Auswahl.

Wenn Sie bereits ein Digitalsystem angeschlossen haben, wählen Sie auch die serielle Schnittstelle Ihres PCs aus, über die der Anschluss erfolgt. Wenn Sie erst einmal ein wenig testen möchten, wählen Sie bei *Serielle Schnittstelle* die Option *Offline* aus. Aktivieren Sie außerdem unbedingt das von Ihnen benutzte System durch Setzen des Häkchens hinter *Dieses System zum Programmieren verwenden*. Hinter dem ausgewählten System erscheint dann ein *(P)*.

Als Programm für DCC-Decoder beherrscht TrainProgrammer natürlich auch die sehr praktische Funktion PoM (*Programming On The Main*, Programmierung auf dem Hauptgleis). Das Programmieren ist also bei Decodern, die diese Funktion beherrschen, auch direkt auf der Anlage möglich, ohne ein

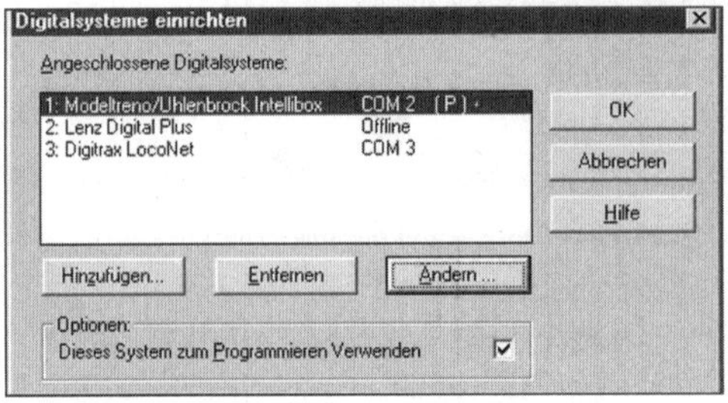


**Abb. 7.3: Vor der Programmierung muss das benutzte Digitalsystem ausgewählt werden.**

spezielles Programmiergleis verwenden zu müssen. Sie finden die Option *PoM* als Icon in der Funktionsleiste am oberen Rand oder im Menü *Programmieren*. Ansonsten funktioniert das Programmieren eines Lokdecoders mit dem Train-Programmer aber genauso wie mit der Zentrale: Die Lok wird aufs Gleis gestellt, das mit der Zentrale verbunden ist. Die Programmier-Befehle gelangen nun nicht mehr direkt von der Zentrale, sondern vom PC über die Zentrale zum Lokdecoder.

Die Lok steht auf dem Gleis, alles ist angeschlossen und eingestellt? Dann beginnen Sie doch am besten damit, die Decoder-Werte erst einmal auszulesen. Klicken Sie dazu auf das Icon mit der kleinen Lupe in der Funktionsleiste oder wählen Sie die Option *Lesen aus Decoder* aus dem Menü *Programmieren* aus.

Wenn alles klappt, sehen Sie nach kurzer Zeit die derzeit gespeicherten Werte des Decoders. Sie können nun jeden einzelnen Wert verändern und in den Decoder schreiben. Dies geschieht durch Klick auf das Icon mit dem Block und dem Schreibstift oder über die Option *Schreiben in Decoder* aus dem Menü *Programmieren*.

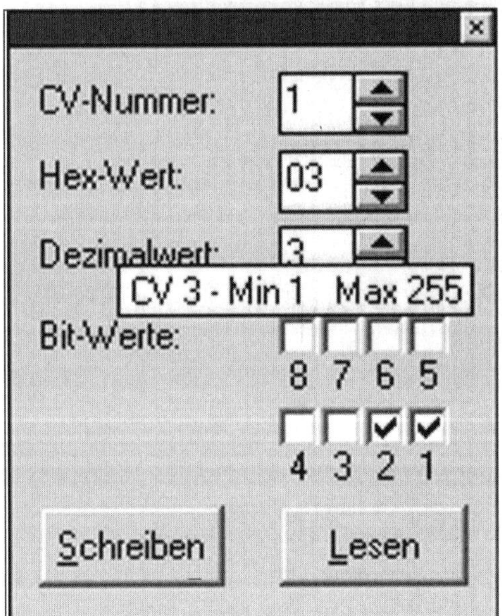


**Abb. 7.4: Der Decoder kann direkt programmiert und getestet werden.**

Über die so genannte Profil-Funktion lassen sich übrigens auch gleich mehrere veränderte Werte in einem Rutsch in den Decoder schreiben. Das kann enorm praktisch sein. Aktivieren Sie dazu die Option *Profil-Modus* im Menü *Programmieren*. Wenn Sie nun in der Spalte *Profil* im Hauptfenster ein Häkchen hinter einen Parameter setzen, wird dieser Wert beim nächsten Schreibvorgang in den Decoder übertragen und dort gespeichert.

Wer möchte, kann den Decoder aber natürlich auch wie bisher direkt programmieren. Wählen Sie dazu die Option *Direkt-Programmierer* aus dem Menü *Ansicht* aus. Hier lassen sich dann die einzelnen Configuration Variables (CV) wie gewohnt direkt durch Eingabe der Bits oder Zahlenwerte einstellen. Das kann dann wichtig sein, wenn Sie z. B. von einem Hersteller eine bestimmte Information bekommen, einen Wert in eine Configuration Variable zu schreiben, um eine bisher unbekannte Funktion zu aktivieren.

In diesem Fall gibt es vielleicht im TrainProgrammer noch keine Klarschrift-Erklärung im Hauptfenster für diese Funktion. Wählen Sie dann die Nummer der CV im Direkt-Programmierer an und stellen Sie die Werte entsprechend ein. Ein Klick auf *Speichern* löst den Schreibvorgang aus.

Auch das kleine Testfenster kann enorm hilfreich sein. Es funktioniert wie eine Art Mini-Fahrregler, über den Sie die wichtigsten Decoder-Eigenschaften, die Sie vielleicht eben verändert haben, sofort testen können, ohne den TrainProgrammer verlassen zu müssen. Sie rufen das Testfenster auf, indem Sie die entsprechende Option im Menü *Ansicht* anwählen.

### KurzInfo

| | |
|---|---|
| *Programmname:* | *Railroad & Co. TrainProgrammer* |
| *Hersteller:* | *Freiwald Software* |
| *Vertrieb:* | *Freiwald Software* |
| *Anforderungen Hardware:* | *PC mit Pentium I* |
| *Anforderungen Software:* | *Windows 3.1/95/98/Me/NT/2000/XP* |
| *Preis:* | *55 Euro* |
| *Unterstützte Systeme:* | *DCC* |
| *Internet:* | *www.freiwald.com* |
| *Demo-Version:* | *www.freiwald.com/software/tpsetup.exe* |

## ESU LokProgrammer

Die Ulmer Firma ESU hat ein System im Programm, mit dem man gleich zwei Fliegen mit einer Klappe schlagen kann: Zum einen können Sie die hauseigenen DCC-Decoder komfortabel programmieren. Die zweite Möglichkeit ergibt sich daraus, welche Funktionen die LokSound-Decoder haben: Wie der Name es schon andeutet, handelt es sich bei den Decodern um solche, die den Loks, in die sie eingebaut werden, Sound bringen. Mit dem LokProgrammer kann man auch diese Funktion komfortabel programmieren und sogar neue Sounds in den Decoder übertragen.

Da die Soundfunktionen in einem herkömmlichen DCC-Decoder natürlich nicht vorhanden sind, ist das Programmieren eines LokSound-Decoders nicht so ohne weiteres möglich. Außer der eigentlichen Programmier-Software braucht man auch noch ein kleines Interface.

Dieses Interface benötigt eine freie serielle Schnittstelle, damit es am PC angeschlossen wird. Wenn Ihr PC nur zwei serielle Schnittstellen besitzt und eine davon durch die Maus belegt ist, müssen Sie unter Umständen für die Dauer des Programmiervorgangs eines LokSound-Decoders die Verbindung zwischen PC und Zentrale trennen.

Zwei Drähte führen vom Interface zu einem Programmiergleis, auf das man die Lok mit dem eingebauten Decoder stellen muss. Als Erstes wird dann der Inhalt des Decoders ausgelesen, auf dessen Basis man weiter programmieren kann.

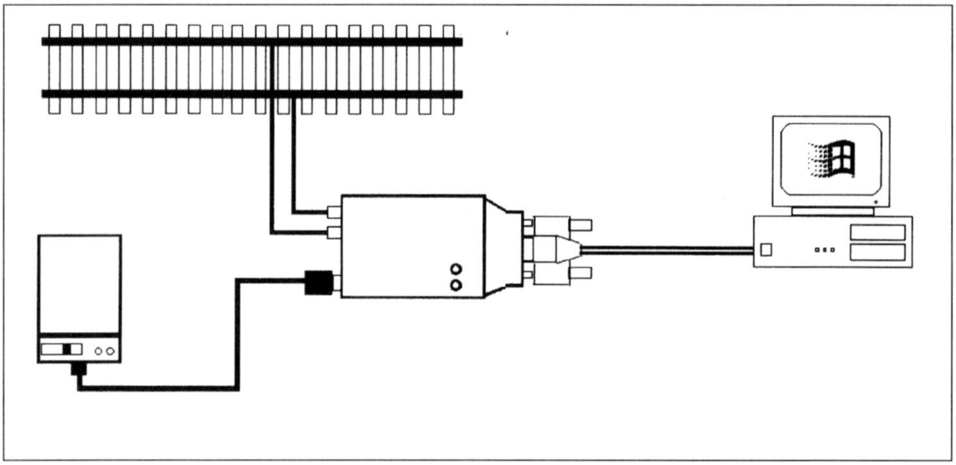

**Abb. 7.5: So wird der LokProgrammer angeschlossen.**

Ein LokSound-Decoder der neusten Generation ist übrigens äußerst flexibel einsetzbar: Der Lokdecoder-Teil ist nämlich multiprotokollfähig. Das heißt, er versteht sowohl Befehle im Märklin/Motorola- als auch im DCC-Format nach NMRA. Die Umschaltung erfolgt vollautomatisch – man muss nichts umstellen oder umkonfigurieren. Damit ist ein solcher Decoder ideal für alle Loks der Baugrößen TT, Ho, o und größer, ganz gleich ob es sich um ein Wechselstrom- oder Gleichstrom-System handelt. Der Decoder ist zwar ein wenig größer, und einen kleinen Lautsprecher muss man auch noch im Gehäuse unterbringen. Dafür hat man durch den Einbau aber gleich zwei Fliegen mit einer Klappe geschlagen: Man hat seine Lok digitalisiert und sie gleich auch noch soundfähig gemacht.

Die Sound-Daten werden im Inneren des Decoders auf einem so genannten Flash-Baustein gespeichert, der die Daten speichert, auch wenn keine Spannung anliegt. Andererseits kann der Inhalt aber immer wieder gelöscht oder einfach überschrieben werden. Etwa 11,8 Sekunden Geräusch passen in einen LokSound-Decoder, die aber in eine Art Schleife gelegt werden können.

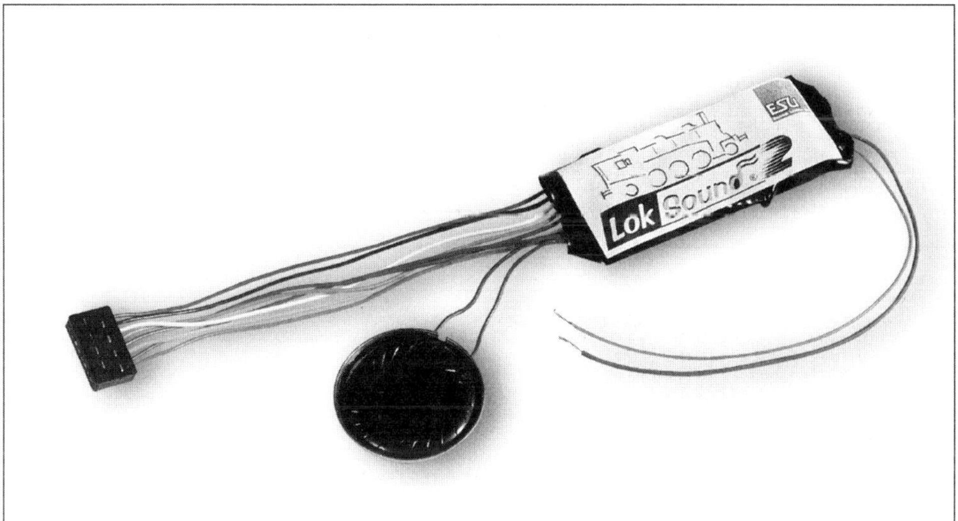


**Abb. 7.6: Ein LokSound-System besteht aus Decoder und Lautsprecher.**

Ein immer gleich bleibendes Geräusch, wie zum Beispiel die Motoren einer Diesellok, ist dann eigentlich nur ein kurzes Geräusch, das jedoch immer wieder abgespielt wird, ohne dass dies dem Zuhörer bewusst wird. So passen in diesen auf den ersten Blick recht kleinen Speicher gleich mehrere, kurze Geräuschfetzen. Der Decoder muss nur wissen, wie lang jedes einzelne ist und wie oft hintereinander er jeden dieser „Fetzen" abspielen muss, um die Illusion eines längeren Sounds zu erzeugen. Eine clever ausgedachte Lösung.

Schaut man sich die Programmiermöglichkeiten ein wenig näher an, dann sieht man, dass es sogar die Möglichkeit gibt, zwischen Standgeräusch und Fahrgeräusch zu unterscheiden. Kein Wunder, schließlich weiß der Decoder ja ganz genau, ob die Lok gerade fährt oder steht – er ist es ja, der sie dazu veranlasst. Sie sehen, dass es eine perfekte Kombination ist, einen Lok- und einen Sound-Decoder zu vereinen. Unverständlich, warum auf diese Idee nicht schon vorher jemand gekommen ist.

**Abb. 7.7: So sitzt ein LokSound-Decoder mit Lautsprecher in einer Lokomotive.**

Als Geräusche, die Sie über den LokProgrammer in den Decoder übertragen, können Sie übrigens entweder die von ESU gelieferten Sounddateien nehmen. Ohne Probleme können Sie aber auch eigene Sounds aufnehmen, im PC bearbeiten und dann mithilfe des LokProgrammers in den LokSound-Decoder übertragen. Zum Bearbeiten können Sie jedes Soundprogramm benutzen, das die so genannten WAVE-Dateien erzeugen kann.

Ein Shareware-Programm, das äußerst leistungsfähige CoolEdit, das zum Teil sogar von Hörfunk-Reportern genutzt wird, liefert ESU gleich mit. Wenn Sie sich für die LokSound-Systeme interessieren: Sie werden von der Firma NOCH vertrieben. Ein multiprotokollfähiger LokSound2-Decoder mit bereits gespeichertem Geräusch einer Dampf-, Diesel- oder US-Diesellok kostet etwa 150 Euro, der LokProgrammer ist für ca. 90 Euro zu haben. Erforderlich ist, wie erwähnt, ein PC mit Windows 95 oder 98.

Decoder von ESU wird man übrigens in Zukunft wohl noch öfter finden: Einige Modellbahn-Hersteller, darunter auch die österreichische Firma Roco, bauen ESU-Decoder gleich ab Werk in ihre Lokomotiven ein.

## LGB Programmier-Modul

Die Programmierung von LGB-Lokdecodern und auch Magnetartikel-Decodern ist „von Hand" eine ziemlich komplizierte Angelegenheit. Das hat man wohl auch bei ihrem Hersteller erkannt und bietet mit dem Programmier-Modul mittlerweile eine Kombi-Lösung aus Hard- und Software an. Das eigentliche Modul steckt in einem LGB-typischen Gehäuse und wird über ein serielles Kabel direkt mit einer freien Schnittstelle des PCs verbunden. Die Verbindung zum Decoder geschieht über das beiliegende Kabel.

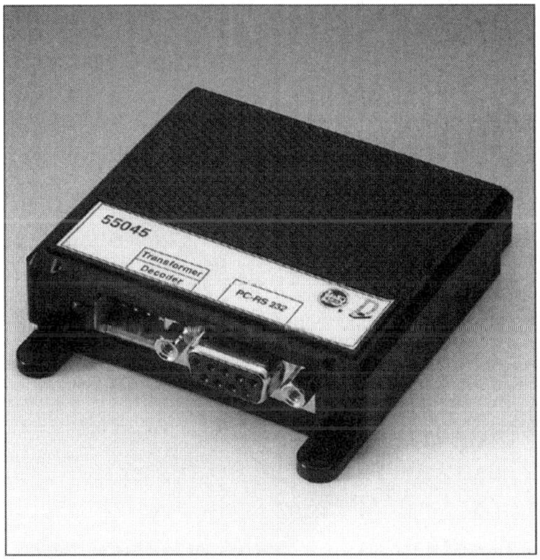


**Abb. 7.8: Das Programmiermodul von LGB programmiert Lok- und Weichendecoder.**

Als Software liegt eine neue Version des bekannten LGB-Programms MZS-PC bei, mit dem sich auch eine komplette Gartenbahn-Anlage steuern lässt. Mithilfe der Software kann man komfortabel die einzelnen Parameter der Decoder am Bildschirm programmieren und den gesamten Datensatz dann in den Decoder übertragen. Ein Modul, das man sich anschaffen sollte, wenn man seine Anlage häufiger umgestalten und seine Loks öfter umprogrammieren will. Auch als Besitzer einer sehr großen Anlage wird man das Modul sehr gut gebrauchen können.

Wer jedoch nur ein paar Loks besitzt und seine Decoder ein Mal programmiert, der sollte sich den Kauf überlegen, da das Modul nach der Startphase der Anlage vermutlich dann nur noch äußerst selten zum Einsatz kommen dürfte.

# Systeme zur Nummernerkennung

Zu guter Letzt sei Ihnen noch ein Thema näher gebracht, das in den nächsten Jahren vermutlich noch an Bedeutung gewinnen wird. Es handelt sich dabei um Decoder, die nicht nur digitale Daten empfangen, sondern auch senden können. Eine Lok, die einen Melder passiert, wird dabei also nicht nur als reiner Stromverbraucher erkannt. Nur durch eine ausgeklügelte Verfolgung durch den PC ist es nämlich bei digitalen Steuerungen bisher möglich, Rückschlüsse darauf zu ziehen, um welche Lok es sich wohl handeln mag, die da gerade über den Melder fährt.

Die neuen Systeme und neuen Decoder, die zum Teil erst angekündigt, zum Teil aber auch schon auf dem Markt sind, gehen da viel weiter. Fährt eine Lok an einem Melder vorbei, sendet sie exakte Informationen, wer sie ist. Der PC und die Steuer-Software erfahren dadurch ganz genau, wo sich welche Loks aktuell befinden und können noch wesentlich perfektere Fahrpläne und Zugfahrten möglich machen. Im Gleisbild innerhalb einer Steuer-Software kann so auch die Lok- oder Zugnummer immer genau an der Stelle angezeigt werden, an der sich die Lok gerade befindet.

Zurzeit ist für die Übertragung der Zugnummer meist noch ein spezielles Sendemodul nötig, das man mit in die Lok einbauen muss. Für Digital plus hat die Firma Lenz bereits das Railcom vorgestellt, bei dem die Sendetechnik künftig in den Lokdecoder integriert ist. Ebenfalls mitteilsam sind die DHL-Decoder von MÜT und Rautenhaus/MDVR für das Selectrix-System. Sie sind nämlich in der Lage, ihre Adresse zu melden.

Nötig für die Auswertung dieser Daten ist allerdings ein spezieller, intelligenter Belegtmelder. MÜT will ihn unter seiner Marke Digirail demnächst zeitgleich mit einem Update für die eigene Zentrale multi control 2004 auf den Markt bringen. Dann wird die Zentrale aus dem Gleis erfahren, welcher Zug gerade über einen bestimmten Gleisabschnitt braust oder im Schattenbahnhof steht. Und was die Zentrale erst einmal weiß, das erfährt auch im Nu der PC, so dass diese Technik ganz neue Möglichkeiten eröffnet.

Es gibt aber noch ein weiteres Verfahren, das zurzeit wohl noch günstiger und auch schon länger auf dem Markt ist. Kleine, so genannte Transponder werden hierfür eingesetzt. Die Firma Helmo bietet ein derartiges System an, das auch bereits von einigen Steuerprogrammen (z. B. Win-Digipet, TrainController) unterstützt wird. Die Transponder-Technik wird schon heute erfolgreich etwa in Warenhäusern eingesetzt, wo die auf den Waren unsichtbar angebrachten Transponder an der Tür Alarm auslösen, wenn man vergessen hat, die Waren zu bezahlen. Wenn sich RFID-(Radio Frequency Identifikation) Chips durchsetzen, können die Loks sogar per Funk identifiziert werden.

In ein paar Jahren wird die digitale Kommunikation zwischen Modellbahn-Lok und PC vermutlich schon etwas ganz Normales sein. Irgendwann wird man dafür auch keine Kabel mehr benötigen. Die Hersteller sorgen durch ihre behutsame Einführung von Neuerungen, dass der Anwender trotzdem auch seine bisher gekauften Komponenten weiter benutzen kann. So bleibt das Hobby digitale Modellbahn spannend!

# Anhang: Gleispläne, Adressen und Links

## Gleispläne

### Großzügige Anlage auf dem Dachboden

Wenn man ein wenig am Gleisplan herumtüftelt, kann man auch in einer großen Spurweite einen abwechslungsreichen Fahr- und Rangierbetrieb realisieren. Wichtig: Es muss auch im Untergrund reichlich Platz sein.

- Ca. 126 Quadratmeter

- Spurweite: IIm (LGB)
- Zweileiter Gleichstrom
- 2 Ebenen
- 6 Stromkreise
- 268 Meter Gleislänge
- 57 Weichenantriebe
- 42 Signale
- 120 Gleiskontakte

- 1 Durchgangs-Schattenbahnhof
- 4 Schattenbahnhofs-Abstellgleise
- 2 verdeckte Kehrschleifen

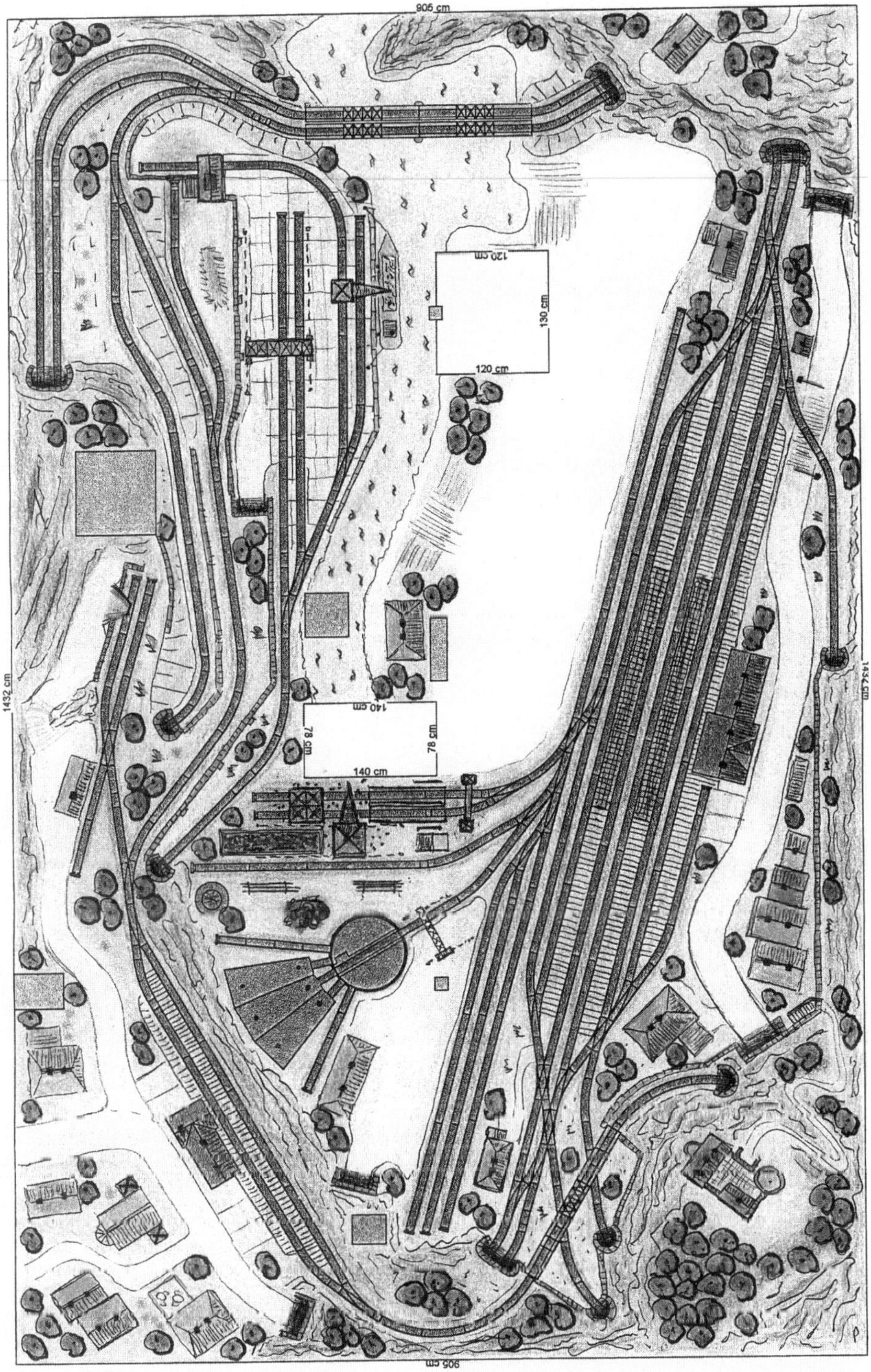


**Abb. A.1: Gleisplan-Entwurf und Zeichnung: Rüdiger Eschmann**

## Mittelgroße H0-Anlage in C-Form

Auch die Drehscheibe ist bei dieser Anlage natürlich digital gesteuert. Auf der rechten Seite gibt es sogar eine Seilbahn.

- Ca. 16,1 Quadratmeter

- Spurweite: Ho
- Mittelleiter Wechselstrom
- 4 Ebenen
- 7 Stromkreise
- 197 Meter Gleislänge
- 97 Weichenantriebe
- 73 Signale
- 216 Gleiskontakte

- 2 Durchgangs-Schattenbahnhöfe
- 1 Kopf-Schattenbahnhof
- 15 Schattenbahnhofs-Abstellgleise
- 1 Verteilerkreisel
- 1 Gleiswendel
- 6 verdeckte Kehrschleifen

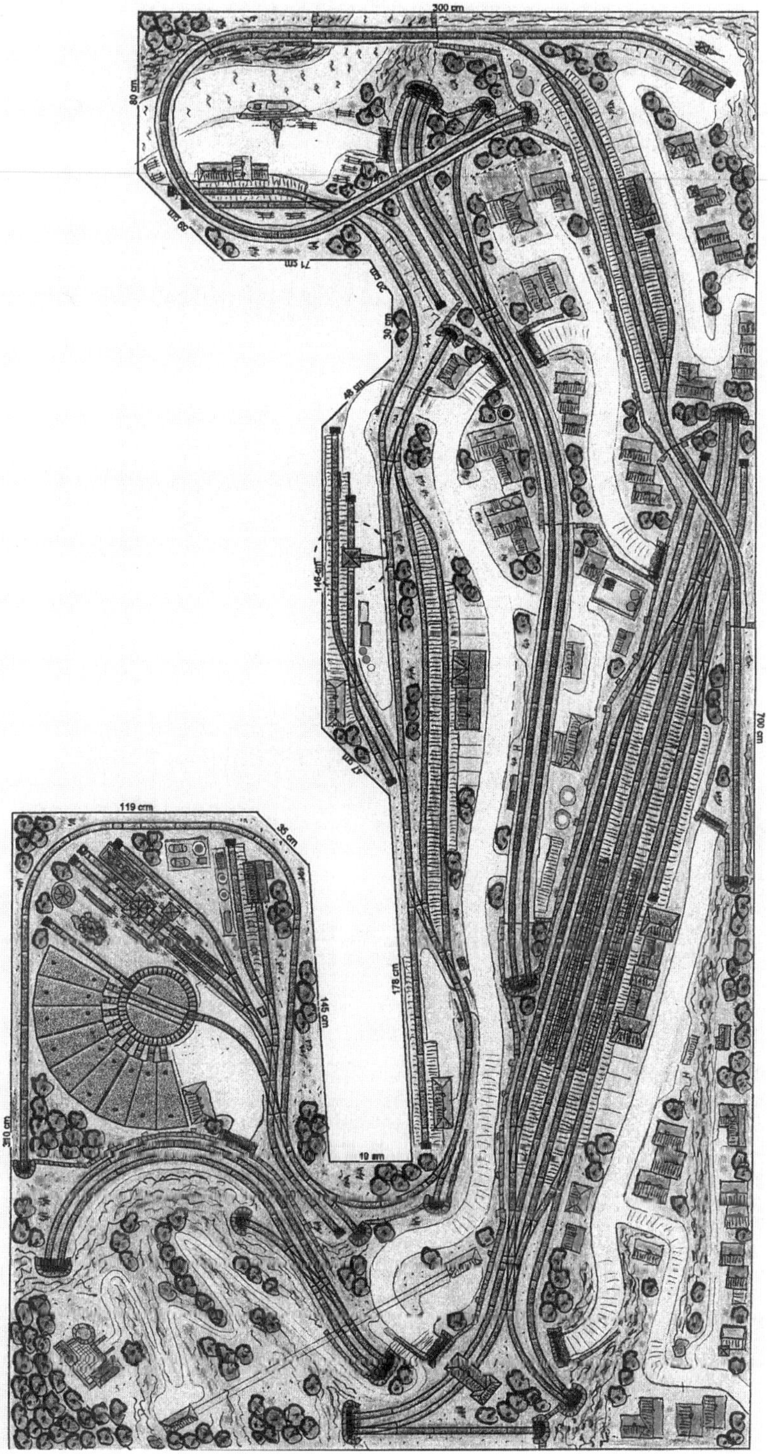


Abb. A.2: Gleisplan-Entwurf und Zeichnung: Rüdiger Eschmann

## H0-Anlage in U-Form mit zwei Gleissystemen

Auch zwei Gleis- und Stromsysteme finden bei einer vom PC gesteuerten Modellbahn-Anlage problemlos zueinander.

- Ca. 9,5 Quadratmeter

- Erstes System in der 1., 2. und 3. Ebene:
- Spurweite: Ho
- Mittelleiter Wechselstrom

- Zweites System in der 3., 4. und 5. Ebene:
- Spurweite: Hom
- Zweileiter Wechselstrom
- 5 Ebenen
- 6 Stromkreise
- 134 Meter Gleislänge
- 82 Weichenantriebe
- 54 Signale
- 168 Gleiskontakte

- 2 Durchgangs-Schattenbahnhöfe Ho
- 12 Schattenbahnhofs-Abstellgleise Ho
- 1 Kopfgleis-Schattenbahnhof Hom
- 5 Schattenbahnhofs-Abstellgleise Hom
- 1 Verteilkreisel

- 2 Gleiswendel
- 6 verdeckte Kehrschleifen

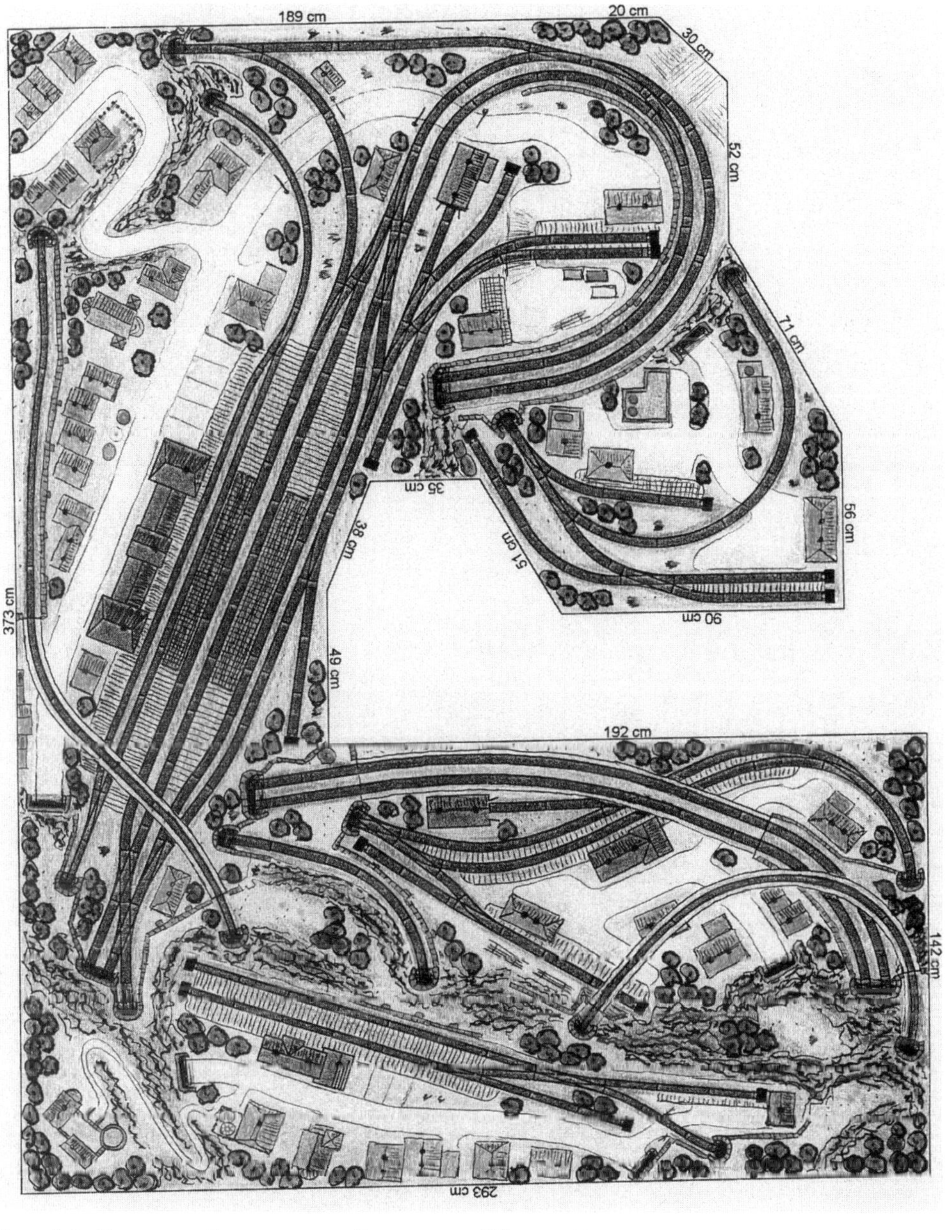


ABB. A.3: GLEISPLAN-ENTWURF UND ZEICHNUNG: RÜDIGER ESCHMANN

## Größere H0-Anlage in U-Form

Ist sie nicht ein Traum? Sogar eine Hafen-Anlage gibt es hier. Die Loks parken im großen Lokschuppen mit digital gesteuerter Drehscheibe.

- Ca. 29,4 Quadratmeter

- Spurweite: Ho
- Mittelleiter Wechselstrom
- 5 Ebenen
- 8 Stromkreise
- 274 Meter Gleislänge
- 152 Weichenantriebe
- 86 Signale
- 264 Gleiskontakte

- 3 Durchgangs-Schattenbahnhöfe
- 21 Schattenbahnhofs-Abstellgleise
- 1 Verteilerkreisel
- 1 Gleiswendel
- 8 verdeckte Kehrschleifen

**Abb. A.4: Gleisplan-Entwurf und Zeichnung: Rüdiger Eschmann**

## Kleine Anlage in U-Form

Auch wenn man nur relativ wenig Platz zur Verfügung hat: Die Digitaltechnik macht selbst dann einen interessanten und überraschenden Zugverkehr möglich.

- Ca. 6,3 Quadratmeter

- 88 Meter Gleislänge
- 68 Weichenantriebe
- 168 Gleiskontakte
- 26 Lichtsignale

- 3 Durchgangs-Schattenbahnhöfe
- 12 Schattenbahnhofs-Abstellgleise
- 3 Kehrschleifen

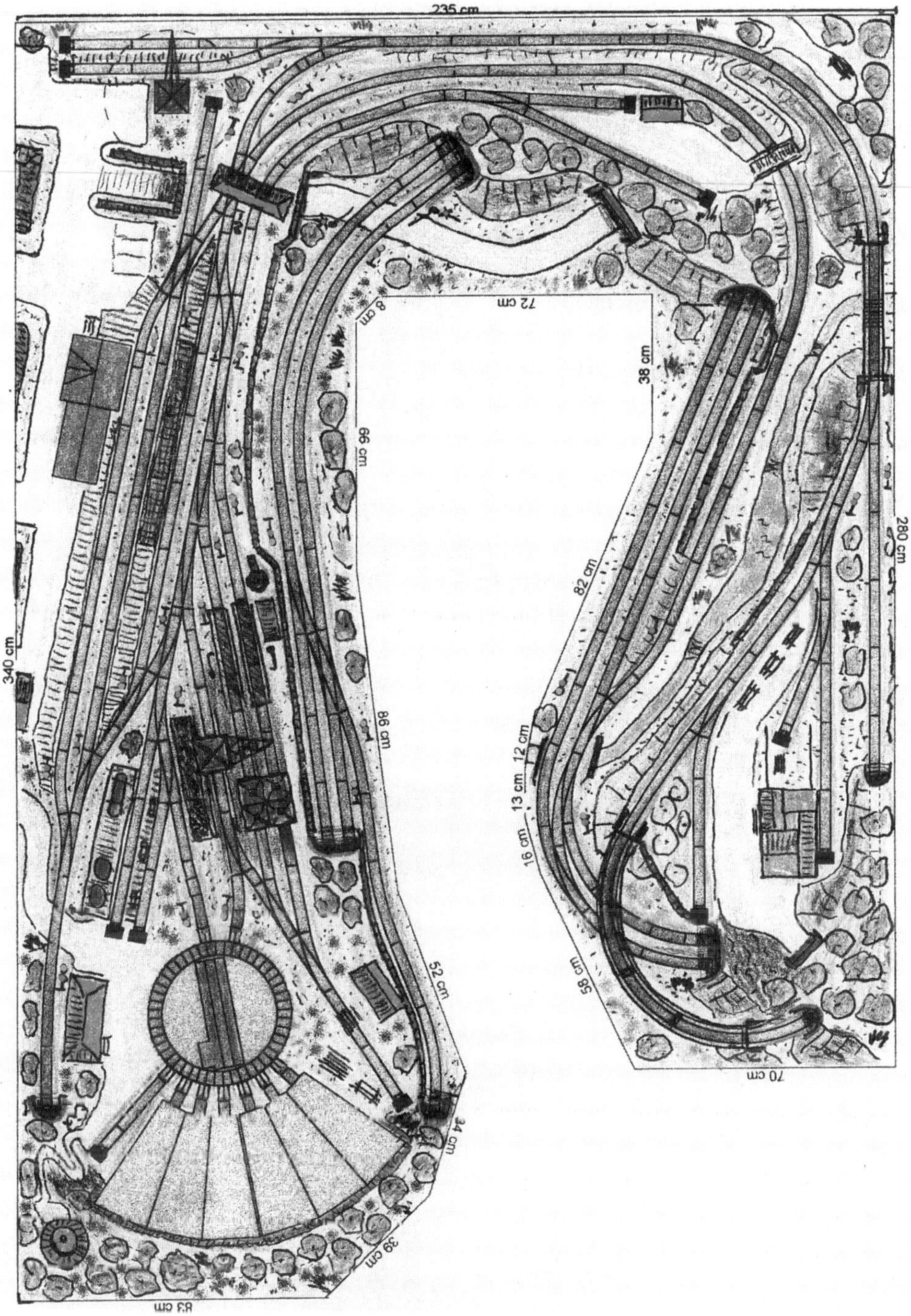


ABB. A.5: GLEISPLAN-ENTWURF UND ZEICHNUNG: RÜDIGER ESCHMANN

## Adressen von Herstellern

**Abbink Software**
Lauerstraße 42
41812 Erkelenz
Tel. 02432/908333 • Fax 01212/617877678
E-Mail über Formular auf der Website
*www.abbinksoftware.de*
Produkte: Software WinDigital, MacDigital, iTrain

**Dipl.-Ing. Uwe Blücher**
Elektronikentwicklung
Barstraße 23
10713 Berlin
Tel. 030/51654328 • Fax 030/51654329
uwe@bluecher-elektronik.de
*www.bluecher-elektronik.de*
Produkte: Digital-Decoder

**Gunnar Blumert**
**Softwareentwicklung**
Waldstraße 117
25712 Burg/Dithmarschen
Tel. 04825/2892 (Mo.–Fr. 14:30 bis 16:30 Uhr) • Fax 04825/1217
*www.winrail.de*
Produkte: Software WinRail

**BRAWA**
Artur Braun Modellspielwarenfabrik GmbH + Co.
Uferstraße 26–28
73625 Remshalden
Tel. 07151/979350 • Fax 07151/74662
*www.brawa.de*
Produkte: Decoder für Lokomotiven

**Busch GmbH & Co. KG**
Heidelberger Straße 26
68519 Viernheim
Tel. 06204/600710 • Fax 06204/600719
info@busch-model.com
*www.busch-model.com*
Produkte: Elektronik für Modellbau (auch Digitaltechnik, z. B. Sound-Decoder), Programm PCRail für Windows

**Digitrax, Inc.**
450 Cemetery Street
Suite #206
Norcross, Georgia, 30071
Tel. +1-770-441-7992 • Fax +1-770-441-0759
sales@digitrax.com
*www.digitrax.com*
Produkte: Digital-Decoder (DCC) und Zentralen, Vertriebsadressen in Deutschland auf der Website abrufbar

**cT Elektronik**
Grillparzergasse 5
A-2700 Wiener Neustadt
Tel. +43-664-4719963
Tel. und Fax +43-2622-82086
*www.tran.at*
Produkte: Digital-Decoder (DCC)

**Digitaltrain Modellbahntechnik**
Kirchstraße 17
57537 Selbach
Tel. 02742/723984 (Mo. 20–22 Uhr)
digitaltrain@t-online.de
*www.digitaltrain.de*
Produkte: Digital-Decoder für Loks, Magnetartikel und Booster

**ESU electronic solutions ulm**
Industriestraße 5
89081 Ulm
Tel. 0700/37872537 • Fax 0700/7872538
vertrieb@loksound.de
*www.loksound.de*
Produkte: Digital-Decoder und Steuergeräte

**Gebr. FLEISCHMANN GmbH & Co. KG**
Postfach 910148
90259 Nürnberg
Tel. 0911/3370-0 • Fax 0911/3370-299
info@fleischmann.de
*www.fleischmann.de*
Produkte: komplettes Modellbahnprogramm in H0 und N, Digital-Decoder und Steuergeräte (DCC)

**Ernst Paul Lehmann Patentwerk (LGB)**
Saganer Straße 1–5
90475 Nürnberg
Tel. 0911/83707-0 • Fax 0911/83707-70
info@lgb.de
*www.lgb.de*
Produkte: komplettes Modellbahnprogramm in Spur G, Digital-Decoder und Steuergeräte (DCC)

**Lenz Elektronik GmbH**
Huettenbergstraße 29
35398 Giessen
Tel. 06403/900-10 • Fax 06403/900-155
info@lenz-elektronik.de
*www.lenz-elektronik.de*
Produkte: Decoder (DCC) und Zentralen

**Gebr. Märklin & Cie. GmbH**
Stuttgarter Straße 55–57
73033 Göppingen
Tel. 07161/608-0 • Fax 07161/608-550
*www.maerklin.de*
Produkte: Dkomplettes Modellbahnprogramm in H0, I und Z, Digital-Decoder und Steuergeräte (Motorola, Märklin Systems)

**Dr. Peter Peterlin**
Tilsitstraße 2a
50354 Hürth
Tel. 0172/2011009 (Montags 20–22 Uhr) • Fax 02233/943923
www.win-digitpet.de
Produkte: Programm Win-Digipet

**ROCO Modellspielwaren GmbH**
Rifer Hauptstraße 21
A-5400 Hallein
Österreich
Tel. +43-57626-0 • Fax +43-057626-1199
roco@roco.cc
*www.roco.cc*
Produkte: komplettes Modellbahnprogramm in H0 und N, Digital-Decoder und Steuergeräte (DCC)

**Dipl.-Ing. W. Schapals**
Industriestraße 14
87719 Mindelheim
Tel. 08261/7399650 • Fax 08261/7399651
Schapals@soft-lok.de
*www.softlok.de*
Produkte: Programm (Softlok)

**TRIX Modelleisenbahn GmbH & Co. KG**
Trautskirchener Straße 6–8
90431 Nürnberg
Tel. 0911/36012-0 • Fax 0911/36012-46
*www.trix.de*
Produkte: komplettes Modellbahnprogramm in Ho und N, Digital-Decoder und Steuergeräte (Selectrix, DCC)

**Uhlenbrock Elektronik GmbH**
Mercatorstraße 6
46244 Bottrop
Tel. 02045/85830 • Fax 02045/85840
info@uhlenbrock.de
*www.uhlenbrock.de*
Produkte: Digital-Decoder (mehrere Systeme) und Zentralen

**Viessmann Modellspielwaren GmbH**
Am Bahnhof 1
35116 Hatzfeld
Tel. 06452/93400 • Fax 06452/934019
info@viessmann-modell.de
*www.viessmann-modell.de*
Produkte: Digital-Decoder (alle
Systeme) und Zubehör

**ZIMO ELEKTRONIK**
Schönbrunner Straße 188
A-1120 Wien
Tel. +431-81310070 • Fax 0043-1-81310078
info@zimo.at
*www.zimo.at*
Produkte: Digital-Decoder (DCC) und Zentralen

## Links

Neben den Herstellern von Digitalkomponenten gibt es eine ganze Reihe von Händlern, Modellbahnclubs und privaten Anbietern, die ihre digitalen Ambitionen im Netz dokumentieren. Die folgende Linkliste hat weder den Anspruch, komplett zu sein, noch aktuell – einen guten Start bieten die Adressen in jedem Fall.

**Eurotrain**
*www.eurotrain.de*
Händlerverbund mit besonderem Katalog und Angeboten

**Modellbahn-Portal**
*www.modellbahnportal.de*
Herstellerunabhängiges Portal mit Informationen, Fotos und vielen Links

**Modellbahn-Software**
*www.modellbahnsoftware.de*
Info-Seite über Programme rund um die Modellbahn, beschreibt über 140 verschiedene Titel

**Digitale Modellbahn**
*www.digit-modellbahn.de*
Infoseite zu diesem Buch

# Index